食品工学

日本食品工学会
編集

朝倉書店

書籍の無断コピーは禁じられています

　書籍の無断コピー（複写）は著作権法上での例外を除き禁じられています。書籍のコピーやスキャン画像、撮影画像などの複製物を第三者に譲渡したり、書籍の一部をSNS等インターネットにアップロードする行為も同様に著作権法上での例外を除き禁じられています。

　著作権を侵害した場合、民事上の損害賠償責任等を負う場合があります。また、悪質な著作権侵害行為については、著作権法の規定により10年以下の拘禁刑もしくは1,000万円以下の罰金、またはその両方が科されるなど、刑事責任を問われる場合があります。

　複写が必要な場合は、奥付に記載のJCOPY（出版者著作権管理機構）の許諾取得またはSARTRAS（授業目的公衆送信補償金等管理協会）への申請を行ってください。なお、この場合も著作権者の利益を不当に害するような利用方法は許諾されません。

　とくに大学教科書や学術書の無断コピーの利用により、書籍の販売が阻害され、出版じたいが継続できなくなる事例が増えています。

　著作権法の趣旨をご理解の上、本書を適正に利用いただきますようお願いいたします。

［2025年6月現在］

はしがき

　食品に関する科学を広く食品科学といい，生物資源（食塩などの一部を除く）を加工して食品または食品素材を製造し，それらを摂取したときに体内で起こる現象までを取り扱う広範な学問分野である．食品は食べ物であるので，後者，すなわち口に入ってからのことに関心がもたれることが多い．しかし，地域や年により品質が異なり，腐敗などの品質劣化を受け易い生物資源から一定の品質で安全な食品や食品素材を大量に，かつ安価に製造することは容易ではない．このような難しい問題を抱える食品の製造について広く研究し，その成果を通じて人類の健康で豊かな生活に貢献しようとする学問分野が食品工学（food engineering）である．

　このような明確な使命と目的をもつ食品工学は，工学，農学，生活科学などの多くの分野で研究されてきた．この分野のさらなる進展を図るため，食品に関する工学的な研究や実際の製造に携わる研究者や技術者が大同して，2000年に日本食品工学会が設立された．食品工学は食品の製造工学を志向する学生や技術者のみならず，食品の開発や機能の解明に携わろうとする者にとっても必須の知識であるが，食品工学に関する初学者向けの教科書が少ない．そこで，日本食品工学会の設立10周年記念事業の一環として，大学や高等専門学校の学生向けの教科書の刊行を企画した．なお本書は，食品工学を履修することなく食品関連企業に就職した若手研究者や技術者が自習するためにも活用いただけると期待する．

　食品工学は，工学，農学，生活科学などの多くの分野で教授されるが，工学的な取扱いに不慣れな学生や初学者が多い．そこで各章のはじめに，その章で取り上げる項目に関連する身近な疑問を提示するとともに，その疑問に答えるには何を知らなければならないかを指針として示した．また，その章で理解してほしい事柄をキーワードとして列記した．さらに，多くの例題を示して理解を助けるとともに，章末には演習問題を付けた．

　食品工学の学習は，小麦粉や酒といった具体的な食品の製造の流れに沿って，そこで使われる操作や装置を学ぶ方法と，殺菌や加熱，冷却などに共通する伝熱などの操作の原理と解析法を学ぶ方法があり，それぞれに長短がある．本書は，いろいろな場面への応用性の広い後者の観点から編集されている．しかし，この方法では具体的な製造法や装置がイメージしにくい．そこで，学会内の組織の一つであり，企業に所属する会員が互いに勉強し情報を共有する場であるインダストリー委員会の全面的な協力を得て，各種の食品製造プロセスや装置を第20章にまとめて示した．この章は本書の最大の特徴の一つであり，各章で学習する操作が実際にどのように活かされているのかを知ることができる．

　大学などでは半期15回の授業が多い．そこで本書は，半期2回（通年）で食品工学の基礎が一通り学習できるように編成した．なお，90分の授業時間では時間が不足する項

目もあろう．そのような場合は，例題などを活用して，学生に予習や復習をすすめていただきたい．半期の科目として教授される場合は，学科の実情などを考慮して項目を選択いただければ幸いである．

　各章の執筆者には，上述の趣旨と方針に沿って執筆していただいた．食品に関心をもつ多くの学生や若手研究・技術者が本書を通じて，食品を合理的に製造するための工学的基礎知識を習得し，人類の豊かな生活の実現に貢献いただくことを期待する．

　2012 年 2 月

　　　　　　　　　　　　　　　　日本食品工学会 設立 10 周年記念事業実行委員会
　　　　　　　　　　　　　　　　教科書刊行ワーキンググループ
　　　　　　　　　　　　　　　　　安 達 修 二
　　　　　　　　　　　　　　　　　古 田　　武
　　　　　　　　　　　　　　　　　古 橋 敏 昭
　　　　　　　　　　　　　　　　　渡 辺 晋 次 （五十音順）

編集者

日本食品工学会 設立10周年記念事業実行委員会
教科書刊行ワーキンググループ

執筆者

中 西 一 弘	中部大学応用生物学部環境生物科学科	1章,15章
宮 脇 長 人	石川県立大学生物資源環境学部食品科学科	2章,3章,6章
土 戸 哲 明	関西大学化学生命工学部生命・生物工学科	4章
酒 井 　 昇	東京海洋大学海洋科学部食品生産科学科	5章
矢 野 卓 雄	広島市立大学大学院情報科学研究科創造科学専攻	7章
藤 井 智 幸	東北大学大学院農学研究科附属先端農学研究センター	8章,9章,10章
植 田 利 久	慶應義塾大学理工学部機械工学科	11章,12章
羽 倉 義 雄	広島大学大学院生物圏科学研究科生物機能開発学専攻	13章
中 嶋 光 敏	筑波大学生命環境系・北アフリカ研究センター	14章
﨑 山 高 明	東京海洋大学海洋科学部食品生産科学科	16章
山 本 修 一	山口大学大学院医学系研究科応用分子生命科学系専攻	17章
熊 谷 　 仁	共立女子大学家政学部食物栄養学科	18章
安 達 修 二	京都大学大学院農学研究科食品生物科学専攻	19章,付録
日本食品工学会インダストリー委員会		20章
古 田 　 武	鳥取大学名誉教授	付録

（執筆順）

目　　次

1. **食品と工学**　（第1回）··· 1
   1.1　理学（科学）と工学 ··· 1
   1.2　食品工学とは ··· 1
   1.3　移動現象の重要性 ··· 2
   1.4　工学基礎 ··· 3
   1.5　液状食品の加熱操作 ··· 3
   　演　習 ··· 5
2. **食品工学の基礎計算**　（第2回）·· 6
   2.1　次元と単位 ··· 6
   2.2　測定値と誤差および有効数字 ···································· 7
   2.3　実験式の作成と対数グラフ表示 ································ 7
   2.4　次元解析 ··· 8
   2.5　無次元数 ··· 9
   　演　習 ··· 9
3. **物質収支・エネルギー収支**　（第3回）·································· 10
   3.1　物質収支 ··· 10
   3.2　エネルギー収支 ··· 11
   3.3　物質移動方程式およびエネルギー方程式 ···················· 13
   　演　習 ··· 13
4. **殺　　菌** ··· 15
   4.1　殺菌の速度論　（第4回）··· 15
   4.2　高温短時間殺菌法　（第5回） ································· 18
   　演　習 ··· 20
5. **伝　　熱** ··· 21
   5.1　伝導伝熱　（第6回）··· 21
   5.2　対流伝熱　（第7回）··· 23
   5.3　熱交換操作　（第8回）··· 27
   　演　習 ··· 29
6. **凍結と解凍**　（第9回）··· 31
   6.1　凍結食品の伝熱物性 ··· 31
   6.2　凍結・解凍における伝熱現象の解析 ·························· 33
   6.3　実際の食品の凍結・解凍 ·· 35

演 習······35

7. 濃　　縮　（第10回）······36
7.1　蒸発缶······36
7.2　蒸発量と所要熱量······37
7.3　多重効用蒸発缶······37
7.4　水蒸気······38
演 習······38

8. 平衡と物質移動　（第11回）······40
8.1　食品の状態と水分活性······40
8.2　曲がった界面が関与する変化······41
8.3　拡散とFickの法則······42
8.4　物質移動係数······43
演 習······44

9. 蒸　　留　（第12回）······46
9.1　気液平衡······46
9.2　単蒸留······48
9.3　連続式蒸留······49
演 習······51

10. 抽　　出　（第13回）······52
10.1　抽出の特徴と例······52
10.2　固体からの抽出······53
10.3　液液平衡と単回抽出······54
10.4　多回液液抽出······56
10.5　超臨界流体抽出······56
演 習······56

11. 流　　動······57
11.1　流動の基礎とNavier-Stokes方程式　（第14回）······57
11.2　乱流と管路の圧力損失　（第15回）······62
演 習······65

12. 攪拌と乳化　（第16回）······67
12.1　液体の攪拌と混合······67
12.2　乳化操作······70
12.3　スケールアップ······70
12.4　攪拌所要動力，動力数······71
演 習······72

13. レオロジー　（第17回）······73
13.1　固体の弾性変形······73
13.2　液体の非ニュートン流体······74
演 習······78

14. 固液分離 ··· 79
14.1 沈降と分級 (第18回) ··· 79
14.2 濾過 (第19回) ··· 84
演習 ··· 87

15. 膜分離 (第20回) ··· 88
15.1 膜分離法の種類と食品工業における利用 ··· 88
15.2 膜とモジュール ··· 89
15.3 膜分離機構と膜透過流束 ··· 90
15.4 膜分離法の操作法 ··· 93
演習 ··· 93

16. 吸着と洗浄 ··· 94
16.1 吸着平衡 (第21回) ··· 94
16.2 吸着操作 (第22回) ··· 99
16.3 付着と洗浄 (第23回) ··· 102
演習 ··· 105

17. 乾燥 ··· 107
17.1 湿り空気の性質と制御 (調湿) (第24回) ··· 107
17.2 乾燥機構 (第25回) ··· 110
17.3 乾燥機構と品質・保存安定性の関係 (第26回) ··· 115
演習 ··· 118

18. 保存 (第27回) ··· 120
18.1 食品の保存性と温度 ··· 120
18.2 食品の水分活性と保存性 ··· 121
18.3 非晶質食品のガラス転移と保存性 ··· 122
演習 ··· 125

19. バイオリアクター ··· 126
19.1 酵素を用いた反応器 (第28回) ··· 126
19.2 ガス吸収 (第29回) ··· 129
19.3 微生物の培養 (第30回) ··· 131
演習 ··· 134

20. 主な食品加工装置とプロセス ··· 136
20.1 プレート式殺菌装置 ··· 137
20.2 レトルト殺菌装置 ··· 138
20.3 通電加熱装置 ··· 139
20.4 缶詰の殺菌装置 ··· 139
20.5 加熱攪拌装置 ··· 140
20.6 急速凍結装置 ··· 140
20.7 アイスクリーム製造装置 ··· 142
20.8 真空濃縮装置 ··· 142

20.9　遠心薄膜蒸発装置……………………………………………………… 144
20.10　油脂の製造装置………………………………………………………… 144
20.11　抽出装置………………………………………………………………… 145
20.12　撹拌槽…………………………………………………………………… 146
20.13　マーガリンの製造……………………………………………………… 147
20.14　油脂精製の濾過装置…………………………………………………… 148
20.15　醤油諸味の圧搾装置…………………………………………………… 148
20.16　生醤油の濾過装置……………………………………………………… 149
20.17　野菜の搾汁装置………………………………………………………… 150
20.18　膜型浄水装置…………………………………………………………… 151
20.19　チーズホエイの脱塩濃縮装置………………………………………… 151
20.20　トマトジュースの逆浸透膜濃縮装置………………………………… 152
20.21　CIP装置………………………………………………………………… 153
20.22　コーヒーの噴霧乾燥装置……………………………………………… 153
20.23　粉乳の製造装置………………………………………………………… 154
20.24　野菜の凍結真空乾燥装置……………………………………………… 156
20.25　中間水分食品の実例…………………………………………………… 156
20.26　固定化酵素による油脂のエステル交換反応………………………… 157
20.27　通気発酵による食酢の製造…………………………………………… 158
20.28　パン酵母の流加培養装置……………………………………………… 159

付　　録……………………………………………………………………… 161
付録A　食品工学を学ぶための数学的基礎事項………………………… 161
付録B　主な食品の物性値………………………………………………… 168
付録C　単位換算表………………………………………………………… 172
付録D　飽和水蒸気表……………………………………………………… 173
付録E　重要数値および換算式…………………………………………… 173

記　号　表……………………………………………………………………… 174
演習の略解……………………………………………………………………… 178
索　　引………………………………………………………………………… 179

第1章
食品と工学
(第1回)

[Q-1] 食品をつくるのになぜ工学が必要なのですか？

解決の指針
　人類の糧である食品を設計するに当たって，食品およびその原料の物理的，化学的および生化学的特性の理解が重要であることはいうまでもない．しかし，意図した食品を実用レベルで，しかも社会の要請に応じてつくるためには工学の考え方や知識が必要不可欠である．

【キーワード】　食品工学，科学と工学，工学基礎，スケールアップ

　本章ではまず，一般に工学とはどのように定義されるのか，食品工学とはどのような学問領域であるのか，および食品工学における工学基礎のかかわりなどについて述べる．次に，液状食品の加熱操作を例として，食品の製造・加工およびそのプロセスの構築・開発における工学基礎および工学的考え方の重要性について考察する．

1.1 理学（科学）と工学

　20世紀の最も卓越した天才学者であるEinstein（アインシュタイン）は，科学者（scientist）と工学者（engineer）を"Scientists are those people who solve the problems which they can solve, and engineers are the people who solve the problems which have to be solved."と定義している．すなわち，Einsteinの定義によるとscientistは自分自身が興味を抱く事柄・現象の解明を目指して仕事をする人々であり，engineerは人類や社会にとって必要な事柄を達成するために仕事をする人々である．人類や社会が必要な事柄としては，下水道や通信網の整備，各種工業製品や医薬品および食料品などの製造・供給など枚挙に暇（いとま）がない．Engineerの仕事には社会が必要とするほとんどすべての事柄が対象として含まれるが，それらの重要性は時代や環境により変わることはいうまでもない．一方，scientistは自分自身が興味を抱いたテーマであるなら何でも自由に選べることになるが，テーマ設定は責任を伴うだけではなく，倫理面からの制約を受けるであろう．このような観点から最近では，工学は一般に，科学の原理および科学知識を基礎として，人類および公共の安全，健康，福祉のために必要なことがらを創意工夫により実現するための学問分野として定義されている．ちなみに，**工学**（engineering）の語源は，creation（創造または作ること）を意味するラテン語の"ingenerare"であり，**科学**（science）の語源は knowledge（知識）を意味するラテン語の"scientia"である．

1.2 食品工学とは

　食品工学（food engineering）は「生化学，栄養化学，微生物学などの基礎知識と**工学基礎**（engineering science）としての化学工学の方法論を用いて，食品の製造・加工およびそのプロセスの構築・開発あるいは改良を目的とする学問分野」として定義される．食品を製造・加工する装置・機械の設計，包装，計測・制御，品質管理，保存，さらに広義には農産物の収穫・加工も食品工学の対象である．近年では，バイオテクノロジーやナノテクノロジーを取り入れた新規な食品製造・加工プロセスの開発も食品工学分野で進められている．食品は人類の糧であるので，食品の製造・加工プロセスの構築・開発においては，生産性のみに着目した取扱いは許されない．食品の安全性，衛生状態，栄養価や風味など，食品特有の因子も考慮しなければならない．

1.3 移動現象の重要性

1.3.1 熱力学と移動現象論

ここでは，工学基礎の中心となる移動現象論の重要性について述べる．まず，熱力学と移動現象論の差異について考えてみよう．例として，熱の移動を取り上げる．図1.1に示すように，外部からは遮断された系Aと系Bが接触しているとする．系Aと系Bはともに理想気体であり，その温度をそれぞれT_1とT_2とし，$T_1 < T_2$と仮定する．このとき，熱は温度の高い系Bから低い系Aに移動する（ただし，熱の移動中は両系の温度は変わらないと仮定する）．このとき，系Aと系Bを合わせた系全体のエントロピー変化ΔSは，式（1.1）で与えられるようにプラスになり，自然科学の原理の一つである熱力学の第二法則を満足する．

$$\Delta S = \frac{\Delta Q}{T_1} - \frac{\Delta Q}{T_2} > 0 \quad (1.1)$$

すなわち，熱力学第二法則は，熱は高温側から低温側に伝わるというわれわれの経験から得られる知見に対して科学的根拠を与える．しかし，熱力学第二法則は，熱が移動する速度に関しては何らの答えも与えない．実際には，熱は瞬間的に系Bから系Aに移動するのではなく，ある有限の速度により伝わる．移動現象論は，熱の移動速度だけではなく，物質の移動速度，運動量の移動速度をさまざまな条件・状況に対して，定量的に記述するための基礎学問である．

1.3.2 定常状態と非定常状態

定常状態とは，系内の各位置での状態が時間により変化しない状態をいう．図1.2(a)に示すように，外部から遮断された二つの空間AおよびBが隔壁をはさんで接触しており，両方の空間の入口から温度T_1と温度T_2（$T_1 < T_2$）の流体（気体または液体）がそれぞれ一定の流速で流入し，出口から流出する．熱は空間Bを流れる温度の高い流体から空間Aを流れる温度の低い流体のほうに移動する．空間Aを流れる流体の温度は，入口から出口に向けて上昇し，一方空間Bを流れる流体の温度は低下する．ただし，流れに垂直方向の温度分布は無視する．二つの空間AおよびB内を流れる流体の流れ方向の温度分布は通常，速やかに定常状態に達する．定常状態においては，空間AおよびB内を流れる流体の温度が，それぞれT_1^*およびT_2^*に達する距離（長さ）xは，二つの流体間の熱移動速度により決まる．xは熱移動速度が速い場合は短く（x_1，図1.2(b)），遅い場合は長くなる（x_2，図1.2(c)）．熱移動速度を定量的に評価すると，距離（長さ）xを予測することができる．

一方，各位置の温度が時間とともに変化する非定常伝熱の例として，図1.3に示すように，初期温度がT_1の球状の固体が温度T_2の流体中に吊されている状態を考える．ここで，$T_1 < T_2$であり，T_2は常に一定とする．熱は温度の高い流体から固体に移動し，固体中の温度が時間とともに上昇する．球状固体内の，たとえば中心の温度がある温度に到達する時間は，流体から球表面および球表面から球中心部に運ばれる熱の移動速度により決まる．熱移動速度が速い場合は時

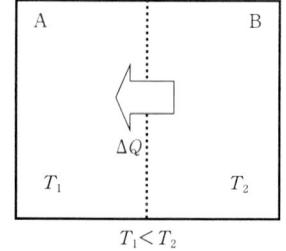

図1.1 閉鎖系での熱の移動

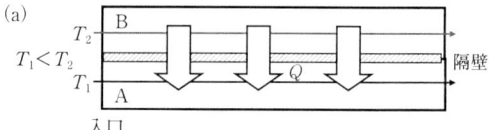

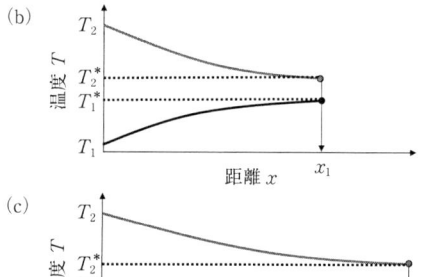

図1.2 流れ系での熱移動の温度分布に及ぼす影響
隔壁をはさんで接触している二つの空間AおよびBの入口から，温度T_1と温度T_2（$T_1 < T_2$）の流体（気体または液体）が，それぞれ一定の流速で流入する．定常状態では，空間AおよびB内を流れる流体の流れ方向の温度分布は，時間に関係なく一定となる．(a)隔壁を通しての熱移動，(b)BからAへの熱移動速度が速い場合，(c)BからAへの熱移動速度が遅い場合．

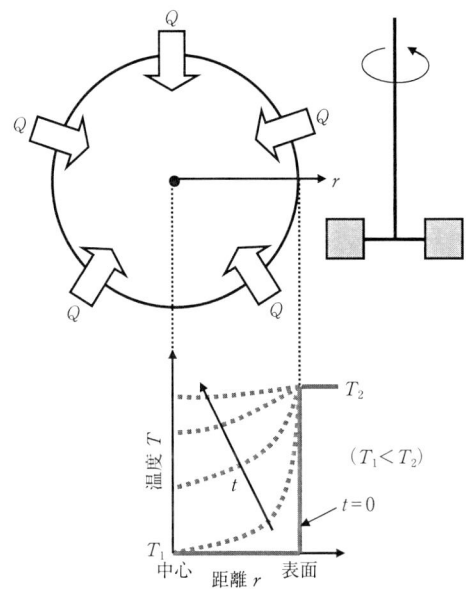

図1.3 球状固体の温度分布と中心温度の時間変化
初期の温度が T_1 の球状の固体が温度 T_2 の流体中（$T_1 < T_2$）につるされている．球状固体の中心温度は，経時的に変化し（非定常状態），十分に長い時間が経過すると T_2 に達する．球状固体周囲の流体の温度は場所によらずに，常に一定の T_2 とする．

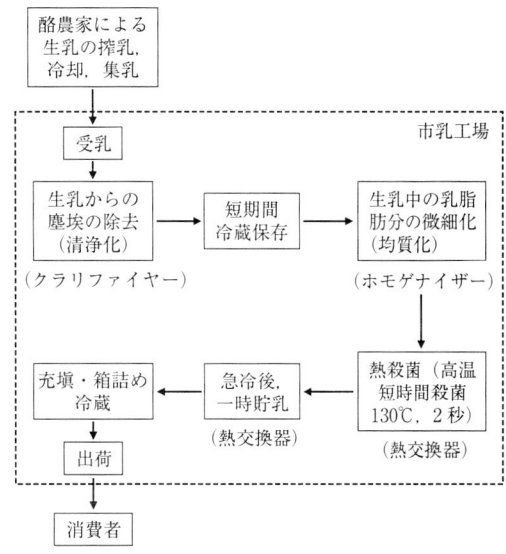

図1.4 市乳製造プロセスの概要

間は短く，熱移動速度が遅い場合は長くなる．

1.4 工学基礎

自然科学の原理を応用に結び付けるために必要な基礎を工学基礎と定義する．食品工学の分野では，上述した移動現象論および（工業）反応速度論が工学基礎の中心となる．

食品の製造・加工に用いられるプロセスは，化学プロセスと同様に，混合，溶解，加熱，冷却，乾燥，殺菌，反応，分離などの**単位操作**（unit operation）が複数個，組み合わさって構成される．図1.4は市乳の製造プロセスを示す．酪農家が搾乳した牛乳は，タンクローリーで市乳工場に運ばれる．市乳工場で，清澄化，冷却，均質化，加熱殺菌，冷却などの複数の単位操作を経て市乳が製造され，最後に瓶や紙容器に充填され，消費者の手元に届く．図1.4の各単位操作の中で起こっている現象を定量的に把握することにより，装置のサイズや適切な操作条件を決定することができる．そのためには，上述した移動現象論および（工業）反応速度論を基礎とする工学基礎の知識が必要である．食品中の各成分の劣化・変性速度や微生物の死滅速度も反応速度論と同様に工学基礎に関連する問題である．食品の製造・加工プロセスの構築以外に，食品包装材の設計や食品の保蔵条件の設定に対しても工学基礎の知識が必要となる．

なお，technology と engineering は，日本語ではいずれも「工学」という言葉で表され，混同して使用されることがある．しかし厳密には，両者は本来別の学問体系である．上述したように，engineering は science に裏づけされた engineering science（工学基礎）がその基盤にあり，一方 technology は個別的技術を意味する．

1.5 液状食品の加熱操作

ここでは，液状食品の加熱操作を例に取り上げ，加熱方法の選択や加熱条件の決定に際して，どのような因子を考慮すべきか，工学基礎がどのようにかかわるのかについて述べる．

液状食品を加熱する場合，研究室と実際の食品製造プロセスでは，処理する液量が著しく異なる．研究室で，たとえば $0.1\,dm^3$（100 mL）の溶液を加熱する場合は，$0.2\,dm^3$ 程度の大きさのビーカーに溶液を入れて，ビーカー底面からバーナーで加熱するとか，ビーカーをホットプレート上に載せて加熱する，湯浴中にビーカーを浸けて加熱する，または溶液中に適当なサイズの投げ込みヒーターを浸して直接加熱するなどに

より，比較的短時間で所定の温度まで加熱することができる．加熱の際に溶液をガラス棒などにより攪拌すると，加熱時間が短縮される．しかし，実際の食品製造における処理量は $0.1\,dm^3$ よりもはるかに大きく，$100\,m^3$（$100\,kL$）またはそれ以上の場合も少なくない．このような大量の液状食品を加熱する場合，どのようにすればよいのだろうか？　液状食品を加熱する場合，加熱できるだけでは不十分であることはいうまでもない．液状食品中には熱により変性・劣化する成分も数多く含まれているので，経済的にも栄養学的にも加熱に要する時間を十分に短くすることが不可欠である．ここでは，下記の①～④の四つの加熱方法に着目して実際の食品製造プロセスに適用する場合の課題と問題点について工学基礎の観点から考える．

①円筒状の容器（槽）に液状食品を入れ，容器の底面からバーナーまたは電気ヒーターで加熱する方法

②液状食品中に加熱用（電気）ヒーターを挿入し，液状食品を直接加熱する方法（図 1.5(a)）

③上記②のヒーターの代わりに，たとえば蛇管を液状食品中に設置し，蛇管内に高温の熱水または加熱水蒸気を流して加熱する方法（図 1.5(b)）

④二重円管の内側の円管内に液状食品を流し，内管と外管のスペースに高温の熱水または加熱水蒸気を連続的に供給することにより加熱する方法（図 1.5(c)）

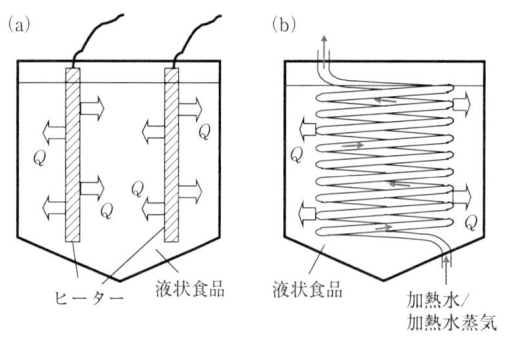

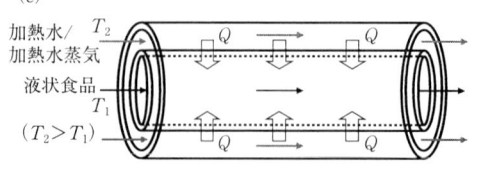

図 1.5　種々の加熱方法
(a) ヒーターを用いた加熱．溶液を攪拌すると熱移動が促進される．
(b) 蛇管型熱交換器による加熱．溶液を攪拌すると熱移動が促進される．
(c) 二重円管型熱交換器による加熱．

①の方法は，実際の食品製造プロセスで使用されることはない．簡単のために，研究室で使用するビーカーと実際のプロセスで使用する容器（槽）が相似形であり，直径と高さ（底面から液面までの）は同じ長さの D とする．この場合，液量（$\pi D^3/4$）は D の三乗に比例し，底面の加熱面積（$\pi D^2/4$）は D の二乗に比例する．したがって，底面単位面積当たりの加熱量が同じ場合は，D が100倍大きくなったとすると，液量は100万倍に増加するが，供給される総熱量は1万倍しか増加しない．十分に攪拌することにより容器内の溶液の温度を均一にできたとしても，所定の温度に達するまでに要する時間は，液量が少ない場合よりも途方もなく長くなること，さらに熱の外部環境への損失が大きい場合は所定の温度に達しないことが容易に想像できる．本加熱法を用いて液状食品の温度を所定の温度まで加熱するには，容器の底面積を広くして総加熱量を増やす必要がある．一方，底面積が大きく，高さの低い容器を使用すると，容器の設置面積はとてつもなく大きくなる．このような**スケールアップ**（scale-up）の問題は，実験室レベルで開発した装置類を実生産に適用する場合には常につきまとう．

②の方法（図 1.5(a)）は，原理的には可能であるが，下記に述べる問題点を解決する必要がある．本方法では，熱はヒーターの表面から溶液中に運ばれる．まず，ヒーター表面近傍の液温が上昇する．さらに，熱はヒーターから熱伝導と自然対流伝熱により溶液本体に運ばれるので，液本体の温度の上昇はきわめて緩やかである．しかし，溶液を攪拌し強制対流を起こすことにより，ヒーターから溶液への熱の移動速度を飛躍的に高くすることができる．溶液が所定の温度に達するために必要な加熱時間は，上述したように熱移動速度を定量的に評価することにより推定できる．加熱中のヒーター表面には，液状食品中のタンパク質などの成分が付着する．とくに，ヒーター表面の温度が高い場合は，タンパク質が無機物などと会合して，表面上に緻密なスケール層が形成される．その結果，ヒーター表面からの熱移動速度が低下する．加熱操作終了後には，装置壁面だけではなくヒーターの洗浄も行う必要がある．洗浄条件についても検討しなければならない．このように，加熱方法・条件だけではなく装置の洗浄方法・条件に対する解決策を検討したうえで，本加熱法の液状食品の加熱に対する適用の可能性を判断しなければならない．

③の方法（図1.5(b)）は，実際の食品製造プロセスにおいてしばしば使用される蛇管式熱交換器を用いる加熱法の一つである．熱交換器は温度の高い流体から低い流体に効率的に熱を移動させる装置である．本法は比較的少量の溶液の加熱に用いられる．蛇管内部に一定の流速で高温の液体または加熱水蒸気を流す．熱は蛇管から溶液側に移動するので溶液の温度が上昇する．この方法においても，蛇管表面から液本体への熱移動速度を高くするために，溶液の撹拌を行う必要がある．蛇管内に供給する熱水または加熱水蒸気の温度や流量を決定するには，移動現象論に基づいた工学基礎による解析が必要である．さらに，②の場合と同様に，操作終了後の蛇管や容器の洗浄の問題も考慮しなければならない．

④の方法（図1.5(c)）は二重円筒型の熱交換器を用いる加熱法であり，実際の食品加工・製造プロセスにおいて大量のミルクや果汁などの液状食品の加熱殺菌に使用されている．この方法と③の方法との異なる点は加熱水または加熱水蒸気だけではなく，液状食品も管内を入口から出口に向けて流れることである．本法は，原理的には図1.2に示す場合と同様である．熱が，外管と内管の間の環状部分を流れる高温側流体から内管内液側に移動することにより液状食品の温度が上昇する．液状食品の温度は入口から出口に向けて上昇し，所定の温度にまで加熱される．一方，高温側流体の温度は低下する．本法では溶液を撹拌することはできないが，液の流れを乱流にすることにより熱移動速度が促進される．本法では，内管と外管のサイズ（長さ，直径，管厚さ）や，加熱水または加熱水蒸気の入口温度や流量を決定しなければならない．これらの問題は，③の場合と同様に，移動現象論という工学基礎に基づく解析により解決できる．本法においても，操作終了後の熱交換器の洗浄方法・条件を検討する必要がある．

上述したように，水溶液の加熱という一見単純な操作においても，実際の食品製造・加工プロセスで取り扱われる大量の液状食品を処理する場合は，さまざまな因子を考慮しなければならない．少量の液状食品を用いる場合は，試行錯誤により容易に条件を検討することができるが，大量の溶液を処理する場合は同じ方法論をとることはできない．たとえ可能であるとしても，試行錯誤の回数を極力少なくしなければならない．そのためには，工学基礎の知識に基づいて，加熱方法や装置のサイズ，操作条件などを推定することが不可欠である．加熱に要する時間だけではなく，食品特有の問題としての栄養成分の変化，成分や風味の劣化・変性，微生物の増殖，装置壁面でのスケールの形成，操作終了後の洗浄などについても検討しなければならない．経済性，消費エネルギーや環境汚染の問題も考慮しなければならない．以上の諸問題を考慮して，最終的に加熱プロセスの仕様や操作条件を決める必要がある．

上述したことからわかるように，工学基礎の知識は食品の製造・加工またはその製造プロセスの開発に従事する人々にとって必要不可欠である．一方，食品開発の基礎研究に従事する人々にとっても，工学基礎の知識を学習することなしに新規な製品を開発することは難しいことを認識する必要がある．

演 習

1.1 市乳製造プロセス以外の食品製造・加工プロセスを取り上げ，どのような単位操作から構成されているかを調べよ．

1.2 1.5節で述べた①の加熱法で，(1) 撹拌しなければ容器内の溶液の温度はどのような分布を示すか，また (2) どのようなことが起こるかを考えよ．

1.3 自然対流伝熱と強制対流伝熱は，それぞれどのような熱の移動機構かを説明せよ．

1.4 1.5節で述べた四つの加熱方法以外の加熱方法を考え，その問題点などについて述べよ．

第2章
食品工学の基礎計算
（第2回）

> [Q-2] 圧力は単位面積当たりの力と定義されるのに，kg/cm² という単位の圧力計があるのはなぜですか？
>
> 🧺 **解決の指針**
> これまでにいろいろの単位系があり，分野によって別々に用いられてきた．国際単位系（SI単位系）はこれらを統一する絶対単位系であるが，古い機器などではまだ従来の単位系のものが残されていることも多い．

【キーワード】 次元，単位，基本単位，組立単位，SI単位，測定値と誤差，有効数字，無次元数，次元解析

物理量の次元と単位の基本概念について学習し，これまで分野によって別々に用いられてきた単位系を統一する絶対単位系としての国際単位系（SI単位系）について学び，従来用いられてきた非SI単位系との比較を行う．次に，測定値と誤差，有効数字について，さらに無次元式を用いた実験式の整理法，そのための有効な手段である次元解析について学習する．

2.1 次 元 と 単 位

すべての物理量は**次元**（dimension）と**単位**（unit）をもつ．次元とは物理量の種類，単位はそれを定量的に表すときの基準値である．たとえば，「長さ」という次元は，m, cm, インチなどの単位によって表される．長さ，質量，時間などは基礎次元と呼ばれる．現在最も広く用いられているSI単位系では，基礎次元に対して，表2.1に示す七つの**基本単位**（fundamental unit）と二つの補助単位を定めている．

基本単位を組み合わせることによって，いろいろな物理量を表すことができる．たとえば，面積は m² によって，速度は m/s によって表される．このような単位を**組立単位**（derived unit）または誘導単位という．SI組立単位の例を表2.2に示す．また，これらのSI

表 2.1 SI 基本単位と補助単位

分類	物理量	SI 単位の名称	記号
基本単位	長さ	メートル	m
	質量	キログラム	kg
	時間	秒	s
	電流	アンペア	A
	熱力学的温度	ケルビン	K
	物質量	モル	mol
	光度	カンデラ	cd
補助単位	平面角	ラジアン	rad
	立体角	ステラジアン	sr

表 2.2 SI 組立単位の例

物理量	SI 単位の名称	記号	基本単位および組立単位による定義
エネルギー	ジュール（joule）	J	$kg \cdot m^2 \cdot s^{-2}$
力	ニュートン（Newton）	N	$kg \cdot m \cdot s^{-2} = J \cdot m^{-1}$
仕事率	ワット（watt）	W	$kg \cdot m^2 \cdot s^{-3} = J \cdot s^{-1}$
圧力	パスカル（pascal）	Pa	$kg \cdot m^{-1} \cdot s^{-2} = N \cdot m^{-2}$
周波数	ヘルツ（hertz）	Hz	s^{-1}
電荷	クーロン（coulomb）	C	$A \cdot s$
電位差	ボルト（volt）	V	$kg \cdot m^2 \cdot s^{-3} \cdot A^{-1} = J \cdot A^{-1} \cdot s^{-1}$
電気抵抗	オーム（ohm）	Ω	$kg \cdot m^2 \cdot s^{-3} \cdot A^{-2} = V \cdot A^{-1}$
コンダクタンス	ジーメンス（siemens）	S	$A^2 \cdot s^3 \cdot kg^{-1} \cdot m^{-2} = \Omega^{-1}$
電気容量	ファラッド（farad）	F	$A^2 \cdot s^4 \cdot kg^{-1} \cdot m^{-2} = A \cdot s \cdot V^{-1}$
インダクタンス	ヘンリー（henry）	H	$kg \cdot m^2 \cdot s^{-2} \cdot A^{-1} = V \cdot s \cdot A^{-1}$
磁束	ウェーバー（weber）	Wb	$kg \cdot m^2 \cdot s^{-2} \cdot A^{-1} = V \cdot s$
磁束密度	テスラ（tesla）	T	$kg \cdot s^{-2} \cdot A^{-1} = V \cdot s \cdot m^{-2}$

表2.3 SI接頭語

大きさ	SI接頭語	SI記号
10^{18}	エクサ (exa)	E
10^{15}	ペタ (peta)	P
10^{12}	テラ (tera)	T
10^{9}	ギガ (giga)	G
10^{6}	メガ (mega)	M
10^{3}	キロ (kilo)	k
10^{2}	ヘクト (hecto)	h
10	デカ (deca)	da
10^{-1}	デシ (deci)	d
10^{-2}	センチ (centi)	c
10^{-3}	ミリ (mili)	m
10^{-6}	マイクロ (micro)	μ
10^{-9}	ナノ (nano)	n
10^{-12}	ピコ (pico)	p
10^{-15}	フェムト (femto)	f
10^{-18}	アット (atto)	a

単位系と組み合わせて，桁数が大きすぎたり小さすぎる場合のスケールの調整に用いられる接頭語を表2.3に示す．

単位系の違いは基礎次元の単位の違いによる．SI単位系以外にも，たとえば，フィート (ft)，インチ (in)，ポンド (lb)，キログラム重 (kgf)，カロリー (cal)，馬力 (HP) などを用いる非SI単位がまだ使われることも多い．[Q-2] はこのような例の一つであり，kgは力の単位であるキログラム重 (kgf) を意味する．SI単位系とその他の単位系との換算表を巻末の付録Cに示す．

また，比重や濃度・組成などの記述において，同じ種類の物理量の比率を必要とすることもある．比重は物質の密度と指定された温度における水の密度との比であり，濃度は特定成分の全体に占める割合で，注目する物理量の違いに応じて，質量分率，体積分率，モル分率などが用いられ，化学や食品の分野では非常に重要である．また，環境分野などで用いられるppm（百万分率）やppb（10億分率）などもこの範疇にある．これらはいずれも，同じ物理量の比であるため無次元であるが，その意味を明示するために，[g/g]，[mol/mol] などと表現されることもある．

2.2
測定値と誤差および有効数字

われわれがある物理量を知りたい場合には何らかの測定を行う．しかし，**測定値は必ず誤差**（error）を伴っており，その影響をなるべく小さくするために，測定を多数回繰り返して平均値をとることがよく行われる．このような目的で，物理量 x を n 回測定して，$x_1, x_2, \cdots, x_n$ およびその平均値 X を得たとする．このときの標本分散 s は次式により計算される．

$$s^2 = \sum_{i=1}^{n} \frac{(x_i - X)^2}{n-1} \tag{2.1}$$

統計理論によれば，この測定によって得られた平均値 X の真の値は，測定回数 n が十分大きい場合，信頼確率95%で，

$$X \pm \frac{1.96s}{\sqrt{n}} \tag{2.2}$$

の範囲に存在する．この信頼確率を99%とする場合は，式 (2.2) の係数1.96を2.58とすればよい．

このように，物理量の測定値は必ず誤差を含んでおり，さらに測定機器による制約もあるため，測定された数値には信頼できる桁数，すなわち**有効数字** (significant figure) がある．有効数字は測定の種類によって異なるが，一般に，測定機器によって表示されたすべての数値が有効数字ではない場合もあるので注意を要する．また，ある有効数字の測定データを用いて計算などを行う場合，計算結果の有効数字がもとのデータの有効数字を超えないことにも気をつける必要がある．

2.3
実験式の作成と対数グラフ表示

いま，n 個の物理変数 $F_1, F_2, F_3, \cdots, F_n$ の間にある未知の関係があるとする．これらの関係を知るために，実験を繰り返すことによって，一般的には以下のような関係式を得ることができる．

$$\phi(F_1, F_2, \cdots, F_n) = 0 \tag{2.3}$$

しかし，このように関与するすべての物理量の間の関係式を直接的に求めようとすることは無駄な実験を必要とし有効でない場合がある．n 個の物理変数を組み合わせて**無次元数** (dimensionless number) として整理することにより，独立な変数の数を減らして，実験式の整理が効率的になる場合がある．また，無次元数は単位系に影響されないことも大きな特長である．

実験結果を無次元数で整理した例として，図2.1に粘性流体の中におかれた球に働く力に及ぼす，流体の物性および流動条件の影響を解析した結果を示す．この場合，流速 u，球の直径 D，それに働く力 F，流体の密度 ρ と粘度 μ の五つの物理量の関与が予想され

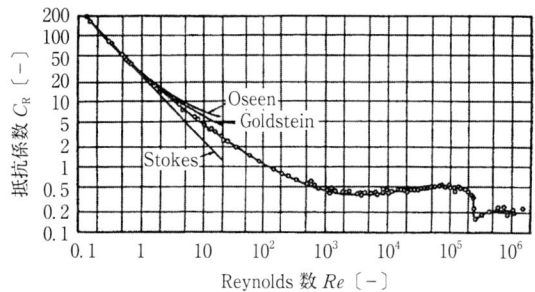

図 2.1 粘性流体の中におかれた球に対する抵抗係数とReynolds数との関係

るが，実験結果は Reynolds（レイノルズ）数 $Re(=Du\rho/\mu)$ と抵抗係数 $C_R(=(8/\pi)[F/(D^2u^2\rho)])$ の二つの無次元数によって明確に整理されることがわかる．また，その関係は両対数グラフに表示されており，このような対数グラフ表示が実験結果の整理に有効なことも多い（付録 A.4.2 を参照）．

2.4 次元解析

前項で説明した実験結果の無次元数による整理においては，**次元解析**（dimensional analysis）の考え方が有効である．いま，n 個の物理変数 $F_1, F_2, F_3, \cdots, F_n$ の間に，式 (2.3) の関係があるとする．これらの変数を組み合わせることによって無次元数 π_i を導くことができる．この関係にかかわる基礎次元の数を f 個とすると，独立に選ぶことのできる無次元数の数は

$$n - f = m \tag{2.4}$$

となり，これら m 個の無次元数は以下のように書き表すことができる．

$$\pi_1 = F_1^{a_1}F_2^{b_1}F_3^{c_1}\cdots F_f^{f_1}F_{f+1}$$
$$\pi_2 = F_1^{a_2}F_2^{b_2}F_3^{c_2}\cdots F_f^{f_2}F_{f+2}$$
$$\pi_m = F_1^{a_m}F_2^{b_m}F_3^{c_m}\cdots F_f^{f_m}F_{f+m} \tag{2.5}$$

これを π 定理という．式 (2.5) の各式において，変数 π_i を無次元化するように，指数 $a_i, b_i, \cdots, f_i$ を決定する．このように決定された無次元数を用いると，式 (2.3) は次のように書き表される．

$$\phi_1(\pi_1, \pi_2, \pi_3, \cdots, \pi_m) = 0 \tag{2.6}$$

このようにすることによって，独立変数の数を n 個から m 個に減らして実験式を整理することができる．このような方法を次元解析という．

【例題 2.1】 図 2.1 に示した，一様な流速 u [m/s] の粘性流体の中におかれた直径 D [m] の球に働く力 F [kg·m/s^2] について次元解析を適用せよ．

〈解〉 この場合，さらに流体の密度 ρ [kg/m^3] と粘度 μ [kg/(m·s)] が現象に関与することが想定される．そこで，式 (2.3) に相当する式は以下のようになる．

$$\phi(D, u, \rho, \mu, F) = 0 \tag{2.7}$$

関与する基礎次元は長さ [L]，質量 [M]，時間 [T] の三つであるので，π 定理より独立な無次元数は $5-3=2$ 個となる．したがって，これらを以下のように書き表してみる．

$$\pi_1 = D^{a_1}u^{b_1}\rho^{c_1}\mu \tag{2.8}$$
$$\pi_2 = D^{a_2}u^{b_2}\rho^{c_2}F \tag{2.9}$$

π_1 についてその次元を，それぞれの構成変数の次元から検討すると以下のようになる．

$$\pi_1 : L^{a_1}[L^{b_1}/T^{b_1}][M^{c_1}/L^{3c_1}][M/(L \cdot T)]$$

これを無次元とするために，長さ，質量，時間のそれぞれの次元について，指数間で以下の関係式が成立する．

$$L : a_1 + b_1 - 3c_1 - 1 = 0$$
$$M : c_1 + 1 = 0$$
$$T : -b_1 - 1 = 0$$

この連立方程式を解くと，$a_1 = -1, b_1 = -1, c_1 = -1$ である．したがって，

$$\pi_1 = \frac{\mu}{Du\rho} \tag{2.10}$$

が得られる．同様にして，π_2 については次式が得られる．

$$\pi_2 = \frac{F}{D^2u^2\rho} \tag{2.11}$$

π_1 はその逆数 $Du\rho/\mu$ の形で用いられることが多い．これは Reynolds 数 Re といわれる無次元数で，慣性力と粘性力の比という物理的意味をもつ．これらの無次元数を用いることにより，以下のような実験式が仮定できる．

$$\frac{F}{D^2u^2\rho} = C\left(\frac{Du\rho}{\mu}\right)^n \tag{2.12}$$

この問題に関する実際の解は，すでに図 2.1 に示したように，抵抗係数 C_R 対 Reynolds 数の両対数プロットとして報告されている．なお，抵抗係数 C_R は次式によって定義される．

$$F = C_R\left(\frac{Su^2\rho}{2}\right) \tag{2.13}$$

ここで，S は流れの中におかれた物体の断面積であり，

表2.4 代表的な無次元数とその物理的意味

名称	記号	無次元項	物理的意味
Reynolds 数（レイノルズ）	Re	$\dfrac{\rho u L}{\mu}$	慣性力 / 粘性力
Euler 数（オイラー）	Eu	$\dfrac{P}{u^2 \rho}$	圧力 / 慣性力
Froude 数（フルード）	Fr	$\left(\dfrac{u^2}{Lg}\right)^{1/2}$	慣性力 / 重力
Weber 数（ウェーバー）	We	$\dfrac{\rho u^2 L}{\sigma}$	慣性力 / 表面張力
Nusselt 数（ヌッセルト）	Nu	$\dfrac{hd}{k}$	対流伝熱 / 伝導伝熱
Sherwood 数（シャーウッド）	Sh	$\dfrac{kd}{D}$	対流物質輸送 / 拡散物質輸送
Prandtl 数（プラントル）	Pr	$\dfrac{\nu}{\alpha}$	運動量輸送 / エネルギー輸送
Schmidt 数（シュミット）	Sc	$\dfrac{\nu}{D}$	運動量輸送 / 物質輸送

球の場合 $S=\pi(D/2)^2$ であるので,

$$C_R = \dfrac{8}{\pi}\left(\dfrac{F}{D^2 u^2 \rho}\right) \tag{2.14}$$

となり，図 2.1 の結果は式（2.12）の実験式と対応している．式（2.12）の指数 n は図 2.1 の曲線の勾配により決定され，この値は Reynolds 数が低い領域（層流域）では一定値（－1）であるが，Reynolds 数が増加して乱流域に近づくとともに減少して，やがてゼロに近い値となり，抵抗係数に及ぼす粘度の影響は小さくなることがわかる． 〈完〉

2.5 無次元数

以上の次元解析を適用することにより多くの無次元数が得られる．実験結果を無次元数を用いて整理することにより，変数の数を最小にして現象を一般化し，その特徴について考察することができる．無次元数はそれぞれの物理的意味を有しているが，それらのうちでとくに物理的意味の明確なものについては名前がつけられている．それらの例を表 2.4 に示す．

演 習

2.1 巻末の付録 C の表を用いて，大気圧 1 気圧（1 atm）をヘクトパスカル（hPa）に換算せよ．また，これは水銀柱の高さで表すと何 mmHg になるか．

2.2 古い参考書に気体定数は 1.987 cal/(K・mol) と記されていた．これを J/(K・mol) 単位に変換せよ．

2.3 市販されている家庭用バターは 225 g のものが多い．これはなぜか．

2.4 ある野球投手は球速 155 km/h の投球をすることができる．この球速は mph（マイル毎時）に換算するといくらか．ただし，1 マイルは 1.609 km である．

2.5 重さ m のおもりをつけた，ひもの長さ l の振り子がある．この振り子の周期を τ とするとき，これらの間の関係式を次元解析により求めよ．ただし，重力加速度を g とし，ひもの重さおよび振り子の振動に及ぼす空気抵抗は無視できるものとする．

第3章
物質収支・エネルギー収支
（第3回）

> [Q-3] ショ糖水溶液を蒸発缶で濃縮する場合，発生する水蒸気量とショ糖濃度との関係，およびそれに必要なエネルギーはどのように求めるのですか？
>
> **解決の指針**
> ショ糖水溶液を濃縮する場合，その濃度は蒸発水量によって変化する．そこで，ショ糖の最終濃度が指定された場合，系に対する定常物質収支を考えることによって得られる方程式をもとに，必要な蒸発水量を求める．また，必要なエネルギーはエネルギー収支式を用いて計算する．

【キーワード】 質量保存則，定常物質収支，非定常物質収支，定常エンタルピー収支，非定常エンタルピー収支，物質移動方程式，エネルギー方程式

装置などの着目する系への入出力に対して，質量保存則，物質収支式，エネルギー収支式を適用することによって系の挙動を知ることができる．系への入出力がバランスして時間的な変化がない場合は定常状態，そうでない場合は非定常状態としての取扱いが必要になる．このような物質収支やエネルギー収支を流体などの微小要素に適用することにより，一般化した物質移動方程式やエネルギー方程式を得ることができる．

3.1 物質収支

3.1.1 物質収支の基礎

物質収支式では，装置などの系に対して，着目成分の流入速度，流出速度および生成速度のバランスを考える必要があり，一般化すると次のように表すことができる．

（着目成分の蓄積速度）＝（着目成分の流入速度）
－（着目成分の流出速度）
＋（着目成分の生成速度）
(3.1)

式（3.1）の左辺の蓄積速度は，流入・流出・生成の速度のバランスであり，この値が正のときは系内の着目成分の濃度は時間とともに増加し，逆にこの値が負のときには濃度は時間とともに減少する．このように，蓄積速度がゼロでない場合，または入出量などが時間によって変化し，その結果，系内の状態が時間によっ

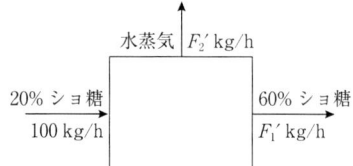

図 3.1 蒸発缶によるショ糖水溶液の濃縮における物質収支

て変化する状態を**非定常状態**（unsteady state）という．これに対して，入出量などが時間によらず一定の値で，蓄積速度もゼロとなり，系内の状態が一定になる場合を**定常状態**（steady state）という．

【例題3.1】 20％（w/w）のショ糖水溶液を100 kg/hの流量で蒸発濃縮装置に供給し，ショ糖濃度を60％（w/w）に濃縮したとき，装置内で蒸発した水の量は何 kg/h か？
〈解〉 図3.1に示すように，20％のショ糖水溶液が100 kg/hの流量で蒸発装置に流入して濃縮され，流出する60％のショ糖溶液の流量を F_1' kg/h，蒸発水流量を F_2' kg/h とすると，全体の**質量保存則**（law of conservation of mass）から，

$$100 = F_1' + F_2' \tag{3.2}$$

が得られる．また，ショ糖に関する物質収支式は，

$$(100)(0.2) = (0.6)F_1' + (0)F_2' \tag{3.3}$$

となる．式（3.1）と式（3.2）を連立して解くことにより，濃縮されたショ糖水溶液の流出量 $F_1' = 33.3$ kg/h および蒸発水流量 $F_2' = 66.7$ kg/h が得られる． 〈完〉

3.1.2 定常物質収支

定常状態における物質収支（**定常物質収支**，steady state mass balance）の例として，系に対して多くの入出量がある場合を考える（図3.2）．ここで，F_i は系に流入する質量流量［kg/h］，F_i' は系から流出する質量流量［kg/h］である．また，$x_i, y_i, z_i, \cdots$ は各成分の流入濃度，$x_i', y_i', z_i', \cdots$ は流出濃度である．系内で

図 3.2 多くの入出力がある場合の定常物質収支

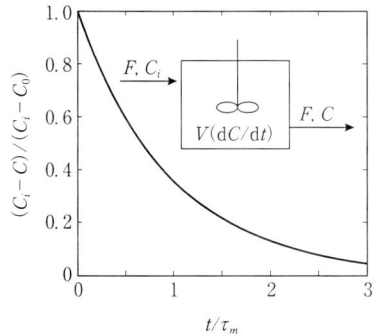

図 3.3 完全混合槽における過渡応答曲線
（ステップ応答曲線）

の各成分の生成はないとすると，質量保存則より全体の収支は次式のようになる．

$$F_1 + F_2 + \cdots + F_m = F_1' + F_2' + \cdots + F_n' \tag{3.4}$$

また，成分 x について，次の収支式が成り立つ．

$$F_1 x_1 + F_2 x_2 + \cdots + F_m x_m = F_1' x_1' + F_2' x_2' + \cdots + F_n' x_n' \tag{3.5}$$

この式はすべての他の成分 $y, z, \cdots$ についても成立し，連立方程式が得られる．このような連立方程式を解くことにより必要な解が得られる．例題 3.1 のショ糖水溶液の濃縮について，式 (3.4) と式 (3.5) をそれぞれ適用した結果が式 (3.2) と式 (3.3) である．

3.1.3 非定常物質収支

次に，**非定常物質収支**（unsteady state mass balance）の例として，容積 V で着目成分の濃度が C_0 の液体が入っている完全混合撹拌槽に，一定流量 F で着目成分の濃度が C_i の液体を供給するステップ応答を考える（図 3.3）．槽内での物質生成はないものとし，槽内の着目成分の濃度を C とすると，式 (3.1) の各項は，

（着目成分の蓄積速度）$= V\left(\dfrac{dC}{dt}\right)$

（着目成分の流入速度）$= FC_i$

（着目成分の流出速度）$= FC$

となり，物質収支式は以下のようになる．

$$V\frac{dC}{dt} = F(C_i - C) \tag{3.6}$$

平均滞留時間を $\tau_m (= V/F)$ とすると，式 (3.6) は次式のようになる．

$$\frac{dC}{dt} = \frac{C_i - C}{\tau_m} \tag{3.7}$$

初期 ($t=0$) の槽内濃度を C_0 として，式 (3.7) を積分すると，

$$\frac{C_i - C}{C_i - C_0} = \exp\left(-\frac{t}{\tau_m}\right) \tag{3.8}$$

を得る．式 (3.8) で表される曲線を過渡応答曲線という（図 3.3）．式 (3.8) は $t \to \infty$ で定常状態となり，$C = C_i$ となる．

3.2 エネルギー収支

3.2.1 エネルギー収支の基礎

着目する系に対するエネルギー収支は一般に次式で書き表される．

（エネルギー蓄積速度）＝（エネルギー流入速度）
　　　　　　　　　　　－（エネルギー流出速度）
　　　　　　　　　　　＋（エネルギー生成速度）
(3.9)

エネルギーにはいろいろの形態があるが，食品工学で取り扱う現象は圧力が一定の条件であることが多く，このような条件で使いやすい，内部エネルギーと気体膨張仕事を合わせた状態変数であるエンタルピーを用いることとする．エンタルピーはある基準状態に対する熱蓄積状態を表すもので熱含量ともいう．

3.2.2 定常エンタルピー収支

物質収支に対する図 3.2 と同様に，多くの入出力があり，エネルギーの蓄積速度が 0 の場合を考える（定常エンタルピー収支，steady state enthalpy balance）．この場合にも，質量保存則が成立するので，式 (3.4) は同様に成立する．さらに，エンタルピー収支を考えると次式を得る．

$$F_1 c_1 T_1 + F_2 c_2 T_2 + \cdots + F_m c_m T_m + Q$$
$$= F_1' c_1' T_1' + F_2' c_2' T_2' + \cdots + F_n' c_n' T_n' + Q' \tag{3.10}$$

ここで，c と T はそれぞれ入出力の比熱容量および温

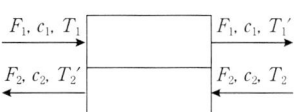

図 3.4 熱交換器におけるエネルギー収支
添字 1 と 2 はそれぞれ被加熱媒体と加熱媒体を表す．

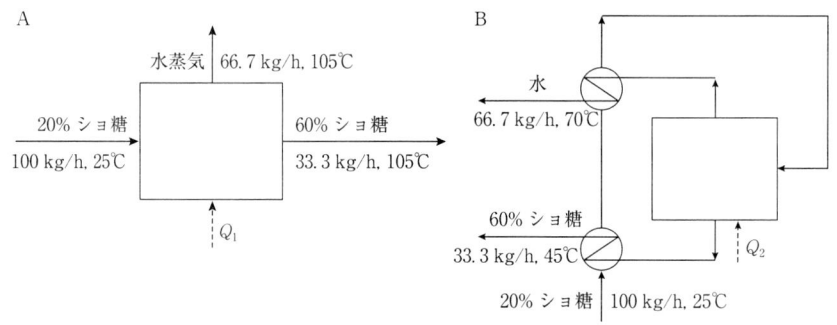

図 3.5 蒸発缶によるショ糖水溶液の濃縮における熱収支
A：エネルギー回収しない場合，B：熱交換器を用いてエネルギー回収する場合．

度．Q は流入流体による持ち込み以外の系外からの加熱によるエンタルピー流入量，Q' は流出流体による持ち出し以外の冷却によるエンタルピー流出量である．

このような場合の簡単な例として，系外からの加熱・冷却のない熱交換器を考える．このとき，図 3.4 に示すように，被加熱媒体"1"が加熱媒体"2"によって加熱され，流入する二つの流体は互いに接触しないので，熱交換の前後でそれぞれの流量は変化せず，またそれぞれの比熱容量も温度に依存しないとすると，式(3.10) のエンタルピー収支式は次のようになる．

$$F_1 c_1 T_1 + F_2 c_2 T_2 = F_1 c_1 T_1' + F_2 c_2 T_2' \quad (3.11)$$

したがって，たとえばそれぞれの流体の流量と入口温度および被加熱流体の出口温度を指定すると，加熱流体の出口温度を知ることができる．

【例題 3.2】 例題 3.1 における各流れの温度を図 3.5A のようにしたときの熱収支について検討せよ．

〈解〉この場合，系外からの加熱があり，図 3.5A に示すように，すでに物質収支はわかっている．ショ糖水溶液の入口温度を 25°C，濃縮したショ糖水溶液および水蒸気の出口温度はいずれも 105°C とし，水，20%（w/w）ショ糖水溶液および 60%（w/w）ショ糖水溶液の比熱をそれぞれ 4.18，3.59 および 2.42 kJ/(kg・K) とする．水蒸気のエンタルピーは，水を 105°C まで加熱する顕熱エンタルピーと，水を気化するための潜熱（蒸発）エンタルピー（2260 kJ/kg）の和であることを考慮すると，式 (3.10) は次のようになり，この式からショ糖水溶液の濃縮に必要な加熱エネルギー Q_1 を求めることができる．

$$(100)(3.59)(25) + Q_1$$
$$= (33.3)(2.42)(105) + [(66.7)(4.18)(105)$$
$$+ (66.7)(2260)]$$
$$Q_1 = 179500 \text{ kJ/h}$$

この加熱エネルギーはかなり大きいため，図 3.5B のように熱交換器を用いて原料を予熱することによりエネルギー回収を図ることとする．このとき，液の比熱などは上記と同様とすると，式 (3.10) は次のようになり，この場合に必要な加熱エネルギー Q_2 を求めることができる．

$$(100)(3.59)(25) + Q_2 = (33.3)(2.42)(45) + (66.7)(4.18)(70)$$
$$Q_2 = 14170 \text{ kJ/h}$$

Q_2 の値をエネルギー回収しない場合の Q_1 と比較すると 1 桁以上の違いがあり，エネルギー回収によって必要なエネルギーが大きく低下できることがわかる．これは，蒸発潜熱エンタルピーの値がきわめて大きいためであり，蒸発缶ではこのエネルギーの回収が操作コストの削減に重要である． 〈完〉

3.2.3 非定常エンタルピー収支

非定常エンタルピー収支（unsteady state enthalpy balance）の例として，缶内の流体が十分に混合されている容量 V のジャケット式加熱缶に温度 T_i，比熱容量 c の流体を流量 F で連続的に供給して加熱する場合を考える（図 3.6）．ジャケット内の流体の温度 T_w は一定に保たれているとする．伝熱面積を S，総括伝熱係数（第 5 章参照）を U とすると，ジャケット加熱により流入するエンタルピー Q は以下のようになる．

$$Q = SU(T_w - T)$$

この系に対するエンタルピー流入速度は，流入流体が持ち込むエンタルピーと，このジャケット加熱による項との和であることを考慮し，缶内でのエネルギー生成はないものとすると，式 (3.9) の各項は，

$$(\text{エンタルピー蓄積速度}) = cV\left(\frac{dT}{dt}\right)$$
$$(\text{エンタルピー流入速度}) = cFT_i + SU(T_w - T)$$
$$(\text{エンタルピー流出速度}) = cFT$$

となり，

$$cV\frac{dT}{dt} = cF(T_i - T) + SU(T_w - T) \quad (3.12)$$

を得る．ここで，平均滞留時間 $\tau_m (= V/F)$ および次式によるパラメータ β を用いて式 (3.12) を変形する．

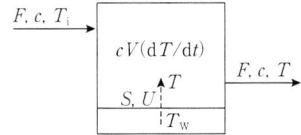

図 3.6 ジャケット式加熱缶における非定常エネルギー収支
実線の矢印は流体の移動，点線の矢印は熱エネルギーの移動を示す．

$$\beta = \frac{SU}{cF} \quad (3.13)$$

パラメータ β は，ジャケット加熱による伝熱エンタルピーと液の流出入によるエンタルピーの比を表す．τ_m と β を用いると，式 (3.12) は次のように表される．

$$\tau_\mathrm{m} \frac{dT}{dt} = (T_\mathrm{i} - T) + \beta(T_\mathrm{w} - T) \quad (3.14)$$

流体の初期缶内温度を T_0 とすると，式 (3.14) の解は次式によって与えられる．

$$\frac{(T_\mathrm{i} + \beta T_\mathrm{w}) - (1+\beta)T}{(T_\mathrm{i} + \beta T_\mathrm{w}) - (1+\beta)T_0} = \exp\left[-(1+\beta)\frac{t}{\tau_\mathrm{m}}\right] \quad (3.15)$$

式 (3.15) を図示するとき，図 3.3 の横軸 (t/τ_m) を $(1+\beta)(t/\tau_\mathrm{m})$，縦軸を式 (3.15) の左辺と見なすことにより，図 3.3 をそのまま用いることができる．式 (3.15) は $t \to \infty$ において定常状態となり，以下の式を得る．

$$T = \frac{T_\mathrm{i} + \beta T_\mathrm{w}}{1+\beta} \quad (3.16)$$

このことは，加熱缶内および出口温度は，供給流体による流出入エンタルピーとジャケット加熱エンタルピーとのバランスにより決まることを示す．

3.3

物質移動方程式およびエネルギー方程式

式 (3.1) と式 (3.9) の物質収支およびエネルギー収支の考え方を，流体や固体の微小要素に適用することにより，一般的な**物質移動方程式** (mass transfer equation) および**エネルギー方程式** (energy equation) が得られる．これらの式の導出の詳細は他書に譲るが，結果のみを式 (3.17)〜式 (3.22) に示す．これらは，座標系により記述が異なるものの，いずれにおいても，左辺第 1 項は微小要素内の物質またはエネルギーの蓄積項，第 2 項は対流によって微小要素内に移動する項（v はそれぞれの方向への流速），右辺第 1 項は分子拡散による物質移動（D は分子拡散係数）または伝導伝熱によるエネルギー移動（$\alpha (= k/(\rho c))$ は温度伝導度．ただし，k は熱伝導率，ρ は密度），第 2 項は微小要素内での物質またはエネルギー生成項である．このことより，物質輸送とエネルギー輸送には相似性があることがわかる．実際，2.5 節で示した無次元数である Prandtl（プラントル）数と Schmidt（シュミット）数が等しい場合には，物性条件も等しくなり，両者はまったく同じ挙動をとる．また，いずれの式においても，これらを固体に適用する場合には流動がないため，左辺第 2 項を 0 とすればよい．

<u>物質移動方程式</u>

（直角座標）

$$\frac{\partial C}{\partial t} + \left(v_x \frac{\partial C}{\partial x} + v_y \frac{\partial C}{\partial y} + v_z \frac{\partial C}{\partial z}\right) = D\left(\frac{\partial^2 C}{\partial x^2} + \frac{\partial^2 C}{\partial y^2} + \frac{\partial^2 C}{\partial z^2}\right) + R \quad (3.17)$$

（円筒座標）

$$\frac{\partial C}{\partial t} + \left(v_r \frac{\partial C}{\partial r} + v_\theta \frac{1}{r}\frac{\partial C}{\partial \theta} + v_z \frac{\partial C}{\partial z}\right) = D\left[\frac{1}{r}\frac{\partial}{\partial r}\left(r\frac{\partial C}{\partial r}\right) + \frac{1}{r^2}\frac{\partial^2 C}{\partial \theta^2} + \frac{\partial^2 C}{\partial z^2}\right] + R \quad (3.18)$$

（球座標）

$$\frac{\partial C}{\partial t} + \left(v_r \frac{\partial C}{\partial r} + v_\theta \frac{1}{r}\frac{\partial C}{\partial \theta} + v_\phi \frac{1}{r\sin\theta}\frac{\partial C}{\partial \phi}\right) = D\left[\frac{1}{r^2}\frac{\partial}{\partial r}\left(r^2\frac{\partial C}{\partial r}\right) + \frac{1}{r^2\sin\theta}\frac{\partial}{\partial \theta}\left(\sin\theta \frac{\partial C}{\partial \theta}\right) + \frac{1}{r^2\sin^2\theta}\frac{\partial^2 C}{\partial \phi^2}\right] + R \quad (3.19)$$

<u>エネルギー方程式</u>

（直角座標）

$$\frac{\partial T}{\partial t} + \left(v_x \frac{\partial T}{\partial x} + v_y \frac{\partial T}{\partial y} + v_z \frac{\partial T}{\partial z}\right) = \alpha\left[\frac{\partial^2 T}{\partial x^2} + \frac{\partial^2 T}{\partial y^2} + \frac{\partial^2 T}{\partial z^2}\right] + R \quad (3.20)$$

（円筒座標）

$$\frac{\partial T}{\partial t} + \left(v_r \frac{\partial T}{\partial r} + v_\theta \frac{1}{r}\frac{\partial T}{\partial \theta} + v_z \frac{\partial T}{\partial z}\right) = \alpha\left[\frac{1}{r}\frac{\partial}{\partial r}\left(r\frac{\partial T}{\partial r}\right) + \frac{1}{r^2}\frac{\partial^2 T}{\partial \theta^2} + \frac{\partial^2 T}{\partial z^2}\right] + R \quad (3.21)$$

（球座標）

$$\frac{\partial T}{\partial t} + \left(v_r \frac{\partial T}{\partial t} + v_\theta \frac{1}{r}\frac{\partial T}{\partial \theta} + \frac{v_\phi}{r\sin\theta}\frac{\partial T}{\partial \phi}\right) = \alpha\left[\frac{1}{r^2}\frac{\partial}{\partial r}\left(r^2\frac{\partial T}{\partial r}\right) + \frac{1}{r^2\sin\theta}\frac{\partial}{\partial \theta}\left(\sin\theta \frac{\partial T}{\partial \theta}\right) + \frac{1}{r^2\sin^2\theta}\frac{\partial^2 T}{\partial \phi^2}\right] + R \quad (3.22)$$

演 習

3.1 5％（w/w）の食塩水 1000 kg を蒸発装置で 100 kg

になるまで濃縮したところ，25%（w/w）の飽和食塩水となり，食塩が多量に析出した．このときの蒸発水量と析出食塩量を求めよ．

3.2 式（3.8）において，撹拌槽の出口濃度が，初期濃度と長い時間経過後の最終濃度とのちょうど中間の濃度になるまでの時間を求めよ．

3.3 熱交換器を用いて，温度20℃，流量1000 kg/hの水を80℃まで加熱する．加熱媒体は油を用い，その温度は250℃，流量は2000 kg/hとする．水および油の比熱容量はそれぞれ4.2 kJ/(kg·K)と2.1 kJ/(kg·K)であるとき，この熱交換器の出口における油の温度を求めよ．

3.4 容積$0.1\,\mathrm{m}^3$のジャケット式加熱缶を用いて水を加熱する．20℃の水で満たされた缶に，時間ゼロで50℃の水を流量$0.2\,\mathrm{m}^3$/hで供給を開始した．なお，ジャケット温度はスチーム加熱で100℃とする．ジャケット缶の伝熱面積および総括伝熱係数はそれぞれ，$1\,\mathrm{m}^2$と$2000\,\mathrm{kJ/(m^2 \cdot h \cdot K)}$とし，水の比熱容量は$4000\,\mathrm{kJ/(m^3 \cdot K)}$とする．このとき，以下について答えよ．

（1）缶出口の水温が53℃になるまでに要する時間はいくらか．

（2）十分に長い時間が経過して，定常状態になったときの水の出口温度を求めよ．

第4章
殺　菌

> [Q-4] 牛乳では，なぜ130℃，2秒という高温で短時間の殺菌処理が行われるのですか？
>
> **解決の指針**
>   食品の加熱殺菌では，食品や適用する殺菌装置の特性とともに標的微生物の熱死滅の特性を知ることが必要である．それらの情報をもとに，適切な殺菌処理の方法や条件を設定する．さらに，微生物の熱死滅と食品品質の熱劣化の両反応の特性の違いを理解することにより，高温短時間殺菌法の利点を理解する．

4.1 殺菌の速度論（第4回）

【キーワード】 低温殺菌，高温減菌，生存曲線，D値，z値，熱耐性曲線，加熱致死時間，致死率曲線，F値

殺菌方法には加熱殺菌と薬剤殺菌や放射線殺菌などの冷殺菌があるが，食品に直接適用できる方法としては前者が主流である．ここでは加熱殺菌（とくに湿熱殺菌）についての基礎理論を学ぶ．なお近年では，品質重視の観点から冷殺菌（非熱殺菌）法も注目され，実用的拡大化が期待されている．ここで用いる広義の殺菌の用語は，微生物の栄養細胞を標的とする**低温殺菌**（pasteurization，これを狭義で殺菌と呼ぶ場合もある）と，細菌胞子を標的とする，より**高温での減菌**（sterilization，無菌化，現実的な意味では，病原菌はすべて殺滅させるが，品質との関係で有害菌胞子は生存しても流通上問題を起こさない場合の対応である商業的無菌化）を含む．

4.1.1 微生物の熱死滅とその反応速度

一定温度での加熱処理による微生物の死滅過程は，一般に次の一次反応速度式に従う．

$$\frac{dN}{dt} = -kN \tag{4.1}$$

ここで，Nは試料1 mLまたは1 g当たりの生存数，tは加熱時間［min］，kは死滅速度定数［min^{-1}］である．式（4.1）を積分すると，

$$N = N_0 \exp(-kt) \quad \text{または} \quad \log N = \log N_0 - \frac{k}{2.303}t \tag{4.2}$$

が得られる．したがって，加熱時間に対して生存数の対数をプロットすると図4.1に示す直線が得られ，これを**生存曲線**（survival curve）という．ここで，N_0は初期生存数である．

食品工業では，死滅速度を表すのに生存数を1/10に減少させるのに要する時間である**D値**（decimal reduction time）［min］が使われる．式（4.2）からkとDとの間には次の関係がある．

$$k = \frac{2.303}{D} \tag{4.3}$$

次に，生存曲線を種々の加熱温度T［℃］で作成し，D値の温度依存性を調べると，D値とTの間には一般に次式で示される直線関係が得られる．

$$\log D = -\frac{1}{z}T + \log B \tag{4.4}$$

ここで，zは**z値**（z value）と呼ばれ，D値が1桁変化するのに相当する温度差［℃］であり，Bは定数である．式（4.4）の関係をもとに，加熱温度に対してD値の対数をプロットすると，図4.2に示される直線が得られる．これは，**熱耐性曲線**（thermal

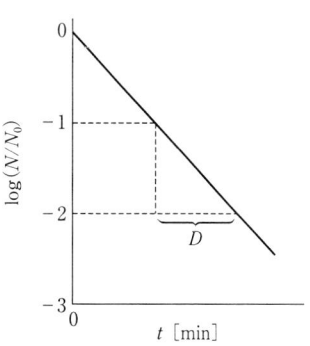

図4.1 加熱処理における生存曲線

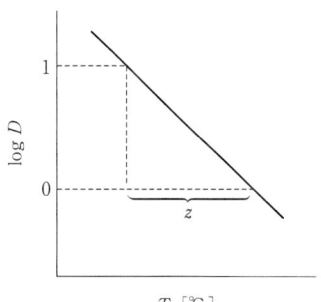

図 4.2 熱耐性曲線

表 4.1 加熱プロセスにおける微生物の死滅反応と食品の劣化反応の特性

反応	z 値 [℃]	活性化エネルギー [kJ/mol]
細菌胞子の湿熱死滅	8～13	240～350
細菌栄養細胞の湿熱死滅	4～7	420～630
食品の熱劣化*	15～80	30～140

＊タンパク質の熱変性を除く．

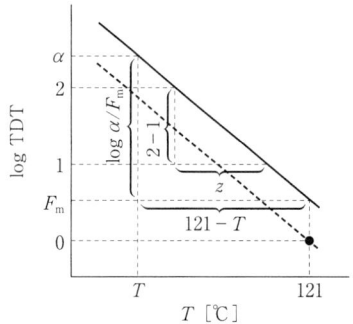

図 4.3 TDT 曲線
太い実線は実測 TDT 曲線，点線は仮想 TDT（あるいは擬 TDT，phantom TDT）曲線．黒点は 121℃で TDT = 1 min（log TDT = 0）の位置を示す点．

resistance curve）または**熱破壊曲線**（thermal destruction curve）と呼ばれる．ここで基準温度として，滅菌処理では 121℃（米国では 250°F）が用いられ，この温度での D 値を $D_{121℃}$ と書く．

上記の z 値は死滅速度の加熱温度依存性を示す指標で，一般に，通常の湿熱処理による栄養細胞の死滅では 4～7℃，細菌胞子では 8～13℃程度である（表 4.1）．なお，乾熱殺菌では，湿熱殺菌に比べて z 値が 2～3 倍程度大きい．

耐熱性の指標としては，さらに**加熱致死時間**（thermal death time：TDT）[min] がある．これは一定条件下，ある温度で殺菌対象系内に存在する一定濃度の微生物のすべてを死滅させるのに要する加熱時間（滅菌所要時間）と定義される．式 (4.4) において温度に対して D 値の代わりに log TDT をプロットした図を TDT 曲線と呼ぶ（図 4.3）．TDT 値と D 値は原理的に比例すると考えられるので，このプロットからも z 値が求まる．

一方，ある温度 T ℃での TDT を α min としたとき，基準温度の 121℃における TDT を F_m（F 値，F value）[min] と定義する．図 4.3 に示す関係から，式 (4.5) が導ける．

$$\log \frac{\alpha}{F_\mathrm{m}} = \frac{121 - T}{z} \qquad (4.5)$$

これから，次式が得られる．

$$\alpha = F_\mathrm{m} 10^{(121-T)/z} \qquad (4.6)$$

4.1.2 加熱プロセスの殺菌能力の評価と殺菌条件の決定

食品の加熱殺菌プロセスは，一般に昇温加熱，定温保持加熱，冷却の各過程からなり，昇温，冷却などの非定温過程を含む．殺菌は定温保持加熱期間だけでなく，それらの非定温過程においても行われるので，プロセス全体の殺菌能力を評価する必要がある．これは，微生物の耐熱性試験と殺菌対象物への熱伝達試験の結果をもとに数学的に決定され，その方法として，数式解析法と一般法（図解法）があるが，ここでは後者によって説明する．

一般法では部分的殺菌の加算性が基礎となっていて，上述のように，微生物の TDT が温度 T で α min のとき，この微生物をその温度で τ min 加熱処理すると，その殺菌は τ/α 達成されたものとする．殺菌プロセスにおいて，温度が変化する場合には各温度で同様の扱いができるものとし，$1/\alpha$ を殺菌率とおくことによって，プロセス全体の殺菌率 A は時間 0 から t まで積分したものとして計算できる．すなわち，

$$A = \int \frac{1}{\alpha} \mathrm{d}t \qquad (4.7)$$

で表される．ここで，過不足のない殺菌条件は $A = 1$ である．

さらに，異なる殺菌プロセス間の殺菌効率を比較できるよう，改良法がある．この方法では，各温度における殺菌加熱量を 121℃における殺菌時間の長さに換算することとし，これらを合計したものを致死率価（lethality）と定義し，プロセスの F 値，F_p [無次元]

と呼ぶ．この場合，加熱と冷却中の温度変化の期間はないものとする．

ここで，各温度での殺菌加熱量を121℃での加熱時間に換算するためには，以下の概念を導入する．

実測したTDT曲線に平行で，121℃でのTDT（すなわちF_m）が1 minの点を通るTDT曲線（この特定のTDT曲線を擬TDT（phantom TDT）曲線という）を描く（図4.3）．この場合，式（4.6）の関係は，$F_m = 1$を代入して

$$\alpha = 10^{(121-T)/z} \tag{4.8}$$

となる．このときの殺菌率$1/\alpha$を致死率L（lethal rate, 致死割合とも呼ばれる）とすると，

$$L = \frac{1}{\alpha} = 10^{(T-121)/z} \tag{4.9}$$

となる．

式（4.9）を用いることにより，F_pは次の式によって表される．

$$F_p = \int L \, dt = \int 10^{(T-121)/z} \, dt \tag{4.10}$$

基準温度を一般化する場合には，式（4.10）の121の代わりにT_rを入れれば，式（4.11）で表され，低温殺菌にも適用できる．

$$F_p = \int 10^{(T-T_r)/z} \, dt \tag{4.11}$$

したがって，各温度での致死率Lを時間に対してプロットし，得られる**致死率曲線**（lethal rate curve）とx軸とで囲まれる部分の面積を求めれば，F_pが求められる（例題4.1参照）．たとえば，F_p値が4の殺菌プロセスは，昇温・冷却に要する時間のない121℃で4分の処理の殺菌能力をもつことを意味するとともに，121℃でのTDT，すなわちF_mが4分の値をもつ微生物を過不足なく殺滅するのに十分であることを意味する．

式（4.10）で，z値を10℃に固定したときのF_p値をF_o値と呼ぶ．このとき，$L = 10^{(T-121)/10}$となり，F_o値は式（4.12）で表され，温度変化だけのデータからこれを求めることができる．

$$F_o = \int 10^{(T-121)/10} \, dt \tag{4.12}$$

一般には，微生物の耐熱性試験によってz値を求めることなく殺菌プロセスの能力を表せるF_o値を用いることが多い．

次に，ある加熱殺菌プロセスにおいて，対象微生物を過不足なく殺滅するための滅菌条件を決定する方法について述べる．

微生物の熱死滅は式（4.2）の対数則に従うので，完全殺菌（滅菌）に要する時間を求めることは理論上不可能である．そこで，プロセスにおける滅菌目標値は基準温度（ここでは121℃）でその微生物数を初期値から何桁低下させるかをエンドポイントとして設定する．すなわち，上述の121℃でのTDTとして定義したF_mを次式によって設定しなおすこととする．

$$F_m = n D_{121℃} \tag{4.13}$$

ここで，n値は微生物数を初期値から何桁低下させるかを表す減少指数で，微生物危害の重要度や処理前の微生物汚染の程度などに応じて変えることができ，一般には安全率を見込んで設定される．一般的な腐敗性の細菌胞子の場合は5，食中毒菌として重要性の高い*Clostridium botulinum*の胞子の場合は12と設定される．後者の場合を例にとると，121℃で生存数を12桁分低下させるのに要する時間加熱処理すれば，すべて死滅すると考える．

この概念をもとに，式（4.10）のF_p値を上述の式（4.13）のF_m値に一致させれば，理論上過不足のない殺菌条件を設定できることになる．F値の理論での非定温過程の扱いにおいては，微生物の耐熱性は加熱期間中変化しないことを前提にしているが，栄養細胞では昇温中に上昇することが知られており，過小評価して殺菌不足になる可能性がある．また，この理論では問題にしていない初期生存数の水準および対象とする食品の容量も考慮する必要がある．

【例題4.1】 図4.4に示す温度経過からなる加熱殺菌プロセスがある．このプロセスにおけるF_o値を，以下の手順に従い，表と図を用いて求めよ．

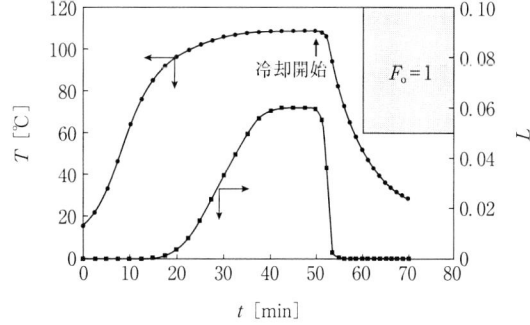

図4.4 ある缶詰食品の加熱殺菌プロセスにおける容器内の冷点（温度の変化が最も遅い場所）における温度経過と致死率曲線

(1) まず，次のような表を作成する．

t[min]	T[℃]	$T-121$ [℃]	L [$=10^{(T-121)/10}$]

(2) 図4.4（拡大するとよい）において，加熱開始から冷却開始までは2.5分間隔，冷却開始以降は1.25分間隔で温度を読み取る．

(3) それぞれの時点での L 値を上の表に従って計算し，それを図4.4の右軸にプロットする．得られる曲線が致死率曲線である．

(4) この致死率曲線と横軸とで囲まれた部分の面積を，同じ図の中に示された単位面積（$F_0=1$）との比較によって求める．得られる値が F_0 値である．

〈解〉 例題の上記手順の①と②については省略し，それに基づく③の L 値をプロットした致死率曲線を図4.4中に示す．④で求めた F_0 値は1.41である． 〈完〉

4.2
高温短時間殺菌法（第5回）

【キーワード】 C 値，Arrhenius プロット，高温短時間（HTST）処理，低温長時間（LTLT）処理，超高温（UHT）処理

食品は一般に pH が中性以下のものが多く，強力な致死作用をもつ神経毒を産生し，耐熱性の胞子（細菌の胞子は芽胞と呼ばれる）を形成するボツリヌス菌（*Clostridium botulinum*）の発育下限pHの4.6を境に，低酸性食品と酸性食品とに大別される．低酸性食品ではこの病原菌を標的とし，酸性食品では酵母やカビなどを中心とする比較的耐熱性の低い栄養細胞を主な対象とする．食品の加熱殺菌の適用においては，殺菌目標水準の達成が必要とされる一方で，品質の低下を極力抑制することも求められる．この目的の点で有利と考えられる高温短時間処理法の理論を学ぶ．

4.2.1 食品の熱劣化とその反応速度

加熱加工食品では必要十分な条件での殺菌処理とともに，加熱によるビタミンの破壊などの品質低下の低減化も図らなければならない．微生物の熱死滅反応と同様，食品の熱劣化反応も次の一次反応速度式に従うと考える．

$$\frac{dQ}{dt} = -k'Q \tag{4.14}$$

ここで，Q は問題とする品質因子の食品単位量当たりの量で，たとえばビタミンの濃度[mg/mL または mg/g]である．t は加熱時間[min]，k' は熱劣化速度定数[min^{-1}]である．加熱時間 t min 後の Q は，初期量（濃度）を Q_0 として，式（4.15）が得られる．

$$Q = Q_0 \exp(-k't) \quad \text{または} \quad \log Q = \log Q_0 - \frac{k'}{2.303}t \tag{4.15}$$

そして，殺菌における F 値と同様に，基準温度での品質低下の加熱量として，次の C 値（cook value）と呼ばれる指標が導入されている．

$$C = \int 10^{(T-T_r')/z'} dt \tag{4.16}$$

ここで z' 値は，品質に関係する物質や官能特性などの熱劣化反応の温度依存性を示し，k' が1桁変化するのに要する温度差を示す．T_r' は品質低下の評価における基準温度で，しばしば100℃が用いられる．上式の C 値は F 値とともに，加熱プロセスの殺菌効果と品質低下の両者間のバランスを考えるうえで有用なものである．

4.2.2 反応速度定数と Arrhenius プロット

加熱プロセスにおける熱死滅と食品の熱劣化の二つの反応の温度依存性を比較する．前者についてはすでに D 値の加熱温度依存性を式（4.4）に示したが，ここでは両反応ともそれぞれ，以下に示す Arrhenius（アレニウス）式（4.17）を用いて考える．

$$k = A\exp\left(-\frac{E}{RT}\right), \quad k' = A'\exp\left(-\frac{E'}{RT}\right) \tag{4.17}$$

または

$$\log k = -\frac{E}{2.303R}\frac{1}{T} + \log A,$$
$$\log k' = -\frac{E'}{2.303R}\frac{1}{T} + \log A' \tag{4.18}$$

式（4.18）をもとに **Arrhenius プロット**（Arrhenius plot，図4.5）を行い，得られる直線の勾配からそれぞれの反応の活性化エネルギー[J/mol]の E と E' が計算できる．ここで，T は絶対温度[K]，R は気体

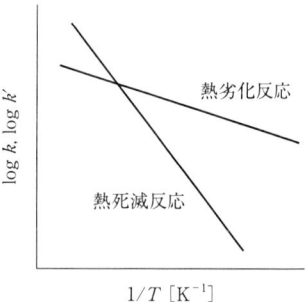

図4.5 微生物の熱死滅反応と食品の熱劣化反応におけるArrhenius プロット

定数［J/(K·mol)］，A と A' は頻度因子（定数で，前指数因子ともいう）［$\min^{-1}$］である．

活性化エネルギーは，前項で述べた z 値とは逆に，値が大きくなるほど少しの温度変化で反応速度が大きく変わることを示す．湿熱処理では，図4.5に示すように，微生物の熱死滅の方が食品の熱劣化よりもプロットの直線の傾きが大きく，したがって，活性化エネルギーの値は大きい（表4.1）．

【例題4.2】 ある缶詰食品において標的である細菌胞子の熱死滅反応に対する活性化エネルギーが 320 kJ/mol で，121℃での k の値が $1.21 \min^{-1}$ のとき，115℃における死滅反応速度定数はいくらか．

〈解〉 この115℃と121℃における Arrhenius 式は，式(4.19)をもとに，

$$\log k_{115℃} = -\frac{E}{2.303R}\frac{1}{388} + \log A$$

$$\log k_{121℃} = -\frac{E}{2.303R}\frac{1}{394} + \log A$$

両者の差をとると，$\log k_{115℃} - \log k_{121℃} = -(E/2.303R)$ $[(394-388)/388 \cdot 394)]$ であり，$E = 320000$ J/mol, $k_{121℃} = 1.21 \min^{-1}$, $R = 8.314$ J/(K·mol) を代入して計算すると，$\log k_{115℃} = 0.01719$，すなわち，$k_{115℃} = 1.04 \min^{-1}$．

〈完〉

4.2.3 高温短時間殺菌の概念

加熱プロセスでは，殺菌目標水準を達成しつつ品質低下を極力抑制することが望まれる．そこで，すでに述べた両反応の温度依存性の違いに基づいて，**高温短時間**（high temperature-short time：HTST）処理と**低温長時間**（low temperature-long time：LTLT）処理のいずれが好ましいかを考える．

これら二つの処理において，等しい殺菌効果を生ずるように，両処理の加熱時間を図4.6のように設定（それぞれ，t_S と t_L）する．殺菌と品質低下の反応の活性化エネルギーの値の違いは高温と低温でのプロットの直線の傾きの差（開き）か，死滅反応のほうが品質低下のそれよりも大きいことを意味する（図中の湾曲矢印参照）．このとき，HTST と LTLT の二つの処理の間で品質低下の程度はどれくらい違うかを比較する．

図4.6から明らかなように，LTLT 処理の場合，品質低下は初期の Q_0 から Q_L の水準に低下しているが，一方の HTST 処理では Q_H にしか低下していない．つまり，等価な殺菌効果をもたらす二つの処理間では，HTST のほうが LTLT よりも品質に与える影響が少ない処理であることが理解できる．この概念は，さらに高温の**超高温**（ultra-high temperature：UHT）処

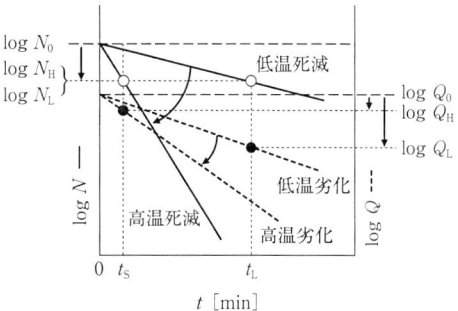

図4.6 高温加熱処理と低温加熱処理における熱死滅と品質低下の反応経過の模式図
両処理とも生残数を N_0 から同じ水準まで低下させた場合（左縦軸），それぞれの所要加熱時間を t_S と t_L とすると，初期値の Q_0 からの品質の低下は高温加熱のほうが小さい．

理にも当てはまる．なお，品質としてタンパク質を重視する場合，その変性反応の活性化エネルギーは熱死滅反応のそれに類似しており，高温短時間処理の利点は失われる．

4.2.4 主な食品の加熱殺菌条件と殺菌装置

液体食品では比較的急速な加熱が可能であり，連続式殺菌装置の利用に伴って無菌充塡法が普及し，容器と食品を別個に殺菌処理後に無菌下で充塡する方式がとられている．わが国の牛乳では，現在は従来のHTST 殺菌法（72〜75℃，20秒程度）よりも UHT 瞬間殺菌法（120〜130℃，1〜3秒，ただし，80℃程度での予熱工程を含む）が主流であるが，上述の理論とは異なる殺菌装置上の点から，牛乳タンパク質の焦げつきが起こりにくい LTLT 法（62〜65℃，30分程度）も利点があるとされる．また，細菌胞子も殺滅させ，常温流通可能なロングライフミルク（LL 牛乳）ではUHT 滅菌法（135〜150℃，1〜5秒程度）が採用される．

その他の液体食品として清涼飲料水では，その規格基準における製造基準により，特定の条件で二酸化炭素を含むものを除き，加熱温度と処理時間が，pH4.0未満のものは65℃で10分，pH4.0以上のもの（pH4.6以上で水分活性が0.94を超えるものを除く）では85℃で30分，またはこれらと同等以上の効力をもつ方法によることとされており，実際の工程ではより高温で短時間の加熱処理が行われるものが多い．

固形食品では，魚肉ソーセージなどの容器包装詰加圧加熱殺菌食品の場合，pH4.6以上で水分活性が0.94を超えるものでは，$C.\ botulinum$ 胞子の殺滅のため中心温度を120℃，4分またはそれと同等以上の効果を

表 4.2 *Clostridium botulinum* の胞子の耐熱性試験により得られたデータ

104℃		108℃		112℃		116℃	
時間 [min]	生存数 [mL^{-1}]	時間 [min]	生存数 [mL^{-1}]	時間 [min]	生存数 [mL^{-1}]	時間 [min]	生存数 [mL^{-1}]
5	6.3×10^6	2	7.1×10^6	1	5.2×10^6	0.25	8.0×10^6
10	2.1×10^6	4	3.3×10^6	2	9.4×10^5	0.50	3.1×10^6
15	5.8×10^5	6	8.2×10^5	3	2.3×10^5	0.75	7.8×10^5
20	1.9×10^5	8	1.9×10^5	4	6.1×10^4	1.00	3.0×10^5

有する方法で殺菌する基準が定められている．この加熱工程では，従来の蒸気を加熱媒体としたレトルト釜による回分式装置が用いられるほか，無菌充填法を利用した種々の連続式殺菌装置も開発され，UHT 滅菌処理されている．

演 習

4.1 上述の式（4.3）にある死滅速度定数 k と D 値との関係式を導け．

4.2 ある食品における *Clostridium botulinum* の胞子の耐熱性を調べたところ，表 4.2 に示す結果が得られた．これをもとに，z 値と $D_{121℃}$ の値を求めよ．なお，初期生存数は各温度で共通で，試料 1 mL 当たり 2.2×10^7 である．

4.3 例題 4.1 に示した図 4.4 の加熱プロセスにおいて，演習 4.2 で用いた *Clostridium botulinum* 胞子を標的微生物としたとき，この菌の食中毒菌としての重大性を考慮して上記の式（4.13）の n の値を 12 とおいた場合，本プロセスは滅菌条件として十分であるか．また，$n=12$ をもとにした理論的な計算上での過不足のない処理条件を設定するには，図 4.4 の温度経過に示した冷却開始時間をいくらに変更すればよいか．

4.4 ある野菜 100 g 中にはチアミンが 0.08 mg 含まれている．この野菜中のチアミンの 121℃ での熱破壊反応における半減期は 30 min であった．この温度でこの野菜を 20 分加熱処理したとき，チアミンの残存量は野菜 100 g 当たりいくらか．また，チアミンの熱破壊反応の z 値を 25℃ としたとき，110℃ での反応速度定数はいくらか．

4.5 演習 4.4 の同じ野菜に付着する微生物として最も耐熱性が高いものは *Bacillus cereus* の胞子であった．その耐熱性を調べたところ，110℃ と 121℃ での D 値は，それぞれ，0.560 min^{-1} と 0.062 min^{-1} であった．これら二つの温度で，この胞子を初期値から $1/10^5$ に減少させたとき，チアミンの残存量を比較せよ．

4.6 演習 4.2 で示された *C. botulinum* 胞子について，その熱死滅データの表を用い，この胞子について熱死滅反応の活性化エネルギーを求めよ．

第5章
伝　熱

> [Q-5] 自動販売機で購入した缶飲料はもったときにペットボトルより冷たいのはなぜか？ また，ホットの缶コーヒーは，激しく振るともてないほど熱いのはなぜか？
>
> **解決の指針**
> 熱は固体の中を温度の高いところから低いところへ伝わる（伝導伝熱）が，そのときの熱の伝わる速度はどのような式で表され，熱の伝わりやすさは何で表されるか？ 5.1節では，この固体内の熱移動である伝導伝熱について考える．一方，固体（缶）と流体（コーヒー）間の伝熱を対流伝熱または対流熱伝達と呼び，流体であるコーヒーをかき混ぜるほど熱の伝わりはよくなる．5.2節では，このときの熱の伝わりやすさはどのように表され，何に影響されるかについて考える．最後に5.3節では，これらの応用として，食品産業における加熱や冷却でよく使われる熱交換器について考える．

5.1

伝導伝熱（第6回）

【キーワード】 伝導伝熱，対流伝熱，放射伝熱，Fourierの熱伝導法則，Stefan-Boltzmannの法則，熱流束，熱伝導率，熱コンダクタンス

食品やその素材類の加工に際して，加熱や冷却などの「熱」の出入り（伝熱）は重要な操作因子であり，製品の品質を決める重要な単位操作である．また，省エネルギーの観点からも装置の伝熱現象は重要である．熱移動には伝導伝熱，対流伝熱および放射伝熱の三基本形式があるが，本節ではまずこれらの伝熱形式がどのような熱移動形態なのかを概説する．次に，伝導伝熱に的を絞り，その基本法則と伝熱速度の大きさの指標となる熱伝導率について説明する．また，熱伝導率は物質によって大きく異なるが，熱伝導率が異なる複数の素材で固体が構成されているときの熱移動速度を示す．時間とともに物体の温度が変化する状態を非定常状態と呼び，重要な問題であるが，非定常伝導伝熱については第6章で取り扱うので，本節では温度が時間によって変化しない状態，すなわち定常状態のみを取り扱う．

5.1.1 熱の伝わり方（基本伝熱形式）

図5.1のように，オーブン内でローストビーフを焼く場合を例として伝熱現象を考える．ガスの燃焼によって暖められた空気からビーフの表面に熱が伝えられる．このときの熱移動が**対流伝熱**（convection heat transfer）である．対流伝熱については5.2節で取り扱う．対流伝熱によって固体（ビーフ）の表面温度が上昇すると，固体内に温度差が生じ，熱はその固体内部を高温側から低温側へ移動する．このような伝熱形式が**伝導伝熱**（conduction heat transfer）である．伝導伝熱については5.1.2項で取り扱う．ガスの燃焼によって加熱されたオーブンの炉壁からはエネルギーが放射される．このエネルギーが，電磁波として空気中を伝搬し，固体に吸収される．このような熱移動形式が**放射伝熱**（radiation heat transfer）である．物体から放射されるエネルギー E は，次式で表され，Stefan-Boltzmann（ステファン-ボルツマン）の法則（Stefan-Boltzmann's law）と呼ばれる．

$$E = \sigma T^4 \qquad (5.1)$$

ここで，$\sigma (= 5.67 \times 10^{-8}\,\mathrm{W/(m^2 \cdot K^4)})$ は，Stefan-Boltzmann定数である．

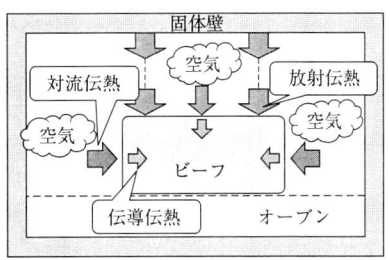

図5.1 熱移動の3基本形式

以上の基本伝熱様式のほかに，「蒸す」操作においては水蒸気が被加熱物の表面で凝縮し，凝縮潜熱により熱が伝わる（凝縮伝熱）．IH（induction heating）においては，トッププレートの下に設置したコイルに電流を流し，そのときに発生する電磁誘導により鍋（金属）を直接加熱し，鍋から食品に伝導伝熱や対流によって熱が伝わる．また，電子レンジで利用されているマイクロ波加熱においては，マグネトロンで発生した電磁波を被加熱物に照射することにより，食品内部から直接加熱することができる．

5.1.2 フーリエの熱伝導法則

図5.2のように，厚さ L の平板の片面を T_0，反対の面を $T_1(T_1 > T_0)$ に保ち十分に時間が経過したとき，伝導伝熱により熱が平板を移動する速度は次式の**Fourier（フーリエ）の法則**（Fourier's law）で表される．

$$q = -k\frac{dT}{dx} = k\frac{T_1 - T_0}{L} \quad (5.2)$$

ここで，q は単位断面積を単位時間に流れる熱量，すなわち**熱流束**（heat flux）[J/(m²·s) または W/m²] であり，k は平板の**熱伝導率**（thermal conductivity, 熱伝導度ともいう）[W/(m·K)] である．式（5.2）は十分時間が経過したとき（定常状態）の熱移動速度を表すが，平板の両面の温度をそれぞれ T_0 および T_1 に設定した直後から熱移動は起こり，平板の温度は時間とともに変化する．このように時間とともに温度が変化する場合の熱流束 q は，式（5.2）を一般化した次式で表される．

$$q = -k\frac{\partial T}{\partial x} \quad (5.3)$$

右辺にマイナスの符号がついているのは，温度勾配が負の（温度が低下する）方向に熱が移動することを示す．

5.1.3 物質の熱伝導率

物質の熱の伝わりやすさを表す物性値が熱伝導率である．主な物質の熱伝導率の値を表5.1に示す（主な食品の熱伝導率を付録の表B.3に示す）．熱伝導率の値は物質によって変わるが，その状態によっても大きく変化し，固体，液体，気体の順で小さくなる．たとえば，水の熱伝導率は氷の約1/4であり，水分の多い食品の場合，凍結状態の熱伝導率は融解状態よりも大きい．同じ固体でも金属と非金属では熱伝導率の値は大きく異なる．アルミ缶とペットボトルでは，約1000倍も熱伝導率が違うため，冷えたジュースを手にもったとき，アルミ缶のほうが冷たく感じる．空気（気体）の熱伝導率はさらに小さく，ガラス綿や発泡ポリスチレンなどの素材の間に空気を多く含む材料が断熱材として使用される．

水分含量の多い食品素材の熱伝導率は，凍結していない場合は 0.2〜0.6 W/(m·K) の範囲にあり，一般に含水率が高いほどその値は大きい．食品素材の種類によって値は変わるが，含水率の関数として与えられている．例として，肉類と野菜類の熱伝導率の経験式を以下に示す．

肉類（$0.6 < w < 0.8$）　　$k = 0.080 + 0.52w$ 　(5.4)

果実・野菜（$0.6 < w$）　　$k = 0.148 + 0.493w$ 　(5.5)

ここで，w は含水率（湿量基準）である．

5.1.4 多層平面壁の伝導伝熱

オーブンや冷蔵庫のように加熱・冷却を伴う機械装置では，熱損失を抑えることは重要であり，装置の壁に断熱材が使用される．しかし，断熱材は一般的に強度が低いために，強度をもった材料と組み合わせて多層の壁（多層壁）が構成される．ここでは，多層壁の

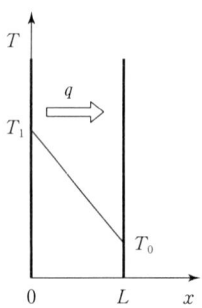

図5.2　平面壁の熱伝導と温度分布

表5.1　物質の熱伝導率

物質名	温度 [℃]	熱伝導率 [W/(m·K)]
水	20	0.594
氷	−15	2.337
空気	20	0.0259
アルミニウム	20	228
鉄	20	49
銅	20	386
木材	20	0.1〜0.3
コンクリート	20	0.7〜1.4
PET樹脂	−	0.24
塩化ビニル樹脂	−	0.1〜0.3
ガラス	20	0.7〜0.9
ガラス綿	100	0.05
コルク	20	0.06
発泡ポリスチレン	−	0.04〜0.05

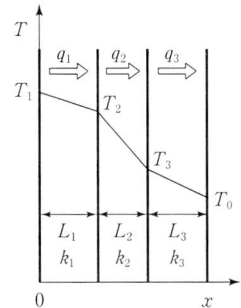

図5.3 3層壁の熱伝導と温度分布

伝導伝熱について考える.

図5.3に示すように3層からなる壁を考え,それぞれの厚さを L_1, L_2, L_3,熱伝導率を k_1, k_2, k_3 とする.また壁の両面の温度が T_0 と T_1 に保たれており,各層の接触面の温度を T_2, T_3 とする.各層にFourierの法則を適用すると各層の熱流束は次式で表される.

$$q_1 = k_1 \frac{T_1 - T_2}{L_1} \quad \text{または} \quad q_1 \frac{L_1}{k_1} = T_1 - T_2 \quad (5.6)$$

$$q_2 = k_2 \frac{T_2 - T_3}{L_2} \quad \text{または} \quad q_2 \frac{L_2}{k_2} = T_2 - T_3 \quad (5.7)$$

$$q_3 = k_3 \frac{T_3 - T_0}{L_3} \quad \text{または} \quad q_3 \frac{L_3}{k_3} = T_3 - T_0 \quad (5.8)$$

定常状態では $q_1 = q_2 = q_3$ が成り立つので,式(5.6)から式(5.8)の両辺の和をとって整理すると

$$q = \frac{T_1 - T_0}{L_1/k_1 + L_2/k_2 + L_3/k_3} = U_W(T_1 - T_0) \quad (5.9)$$

が得られる.ここで,

$$\frac{1}{U_W} = \frac{L_1}{k_1} + \frac{L_2}{k_2} + \frac{L_3}{k_3} \quad (5.10)$$

である.式(5.9)は,U_W [W/(m^2·K)]が既知であれば,多層からなる壁の両面温度から熱流束が求まることを示す.k/L は各層の熱の伝わりやすさを表す尺度であり,**熱コンダクタンス**(conductance)と呼ぶ.逆に,L/k は熱の伝わりにくさ,すなわち熱抵抗を表している.式(5.10)は,直列につながった抵抗の合計は総抵抗となることを表す.したがって,$1/U_W$ が総熱抵抗,その逆数の U_W が多層壁のコンダクタンスである.式(5.10)は電気回路のOhm(オーム)の法則と相似である.

【例題5.1】 冷凍食品を保管する冷蔵倉庫を考え,その壁を外壁タイル(厚さ0.05m),コンクリート(厚さ0.15m),断熱材の3層で構成する.庫内設定温度を−20℃とし,外気の温度が30℃のとき,壁を通しての熱損失を20 J/(m^2·s)以下にするために必要な断熱材の厚さを求めよ.ただし,各層の熱伝導率は0.7,0.8,0.045 W/(m·K)とする.
〈解〉(熱損失)=(熱流束)と考えて,式(5.9)より

$$U_W = \frac{q}{T_1 - T_0} = \frac{20}{30 - (-20)} = 0.4 \text{ W/(m}^2\text{·K)}$$

式(5.10)に各層の厚さと熱伝導率を代入すると

$$\frac{1}{U_W} = \frac{L_1}{k_1} + \frac{L_2}{k_2} + \frac{L_3}{k_3} = \frac{0.05}{0.7} + \frac{0.15}{0.8} + \frac{L_3}{0.045} = 2.5 \text{(m}^2\text{·K)/W}$$

であり,$L_3 = 0.10$ m が得られる.〈完〉

5.2

対流伝熱(第7回)

【キーワード】 強制対流伝熱,自然対流伝熱,温度境界層,Newtonの冷却の法則,熱伝達係数,無次元数(Nusselt数,Reynolds数,Grashof数,Prandtl数),総括伝熱係数

5.1.1項で例示したように,オーブン内での加熱空気からビーフへの伝熱のような,流体-固体間の伝熱を対流伝熱あるいは対流熱伝達という.本節では,対流伝熱の速度は流体と固体の温度差に比例し,比例定数は熱伝達係数として表されること,および熱伝達係数の意味するところを説明する.また,熱伝達係数は,流体の流動状態や固体壁面の形状によって変化し,これを数式で表現するために無次元数が使われる.熱伝達係数は,無次元数の一種であるNusselt(ヌッセルト)数から求められるが,Nusselt数は,他の無次元数(Reynolds(レイノルズ)数,Grashof(グラスホフ)数,Prandtl(プラントル)数)の関数となることを説明する.さらに,5.1.4項で多層平面壁の伝導伝熱を取り扱ったが,本節では伝導伝熱に加えて流体-固体間に熱抵抗がある場合ついて取り扱う.

5.2.1 対流伝熱と熱伝達係数

流体-固体間の伝熱において,ファンなどによる撹拌のように,流体の移動に伴って熱移動が起こる場合を**強制対流伝熱**(forced convection heat transfer)という.一方,外力による撹拌がなくとも流体の自然対流によって伝熱が起こる場合を**自然対流伝熱**(natural convection heat transfer)という.

図5.4のように固体壁の温度を T_1 [K],固体壁から十分離れた位置の流体の温度を $T_0(T_1 > T_0)$ とし,固体壁から流体への熱移動を考える.固体壁から離れた流体は対流によりほぼ一定の温度 T_0 を保持するため,固体壁の近傍に T_1 から T_0 への急激な温度変化の層が生じる.これを**温度境界層**(thermal boundary layer)または温度境膜という.固体壁から

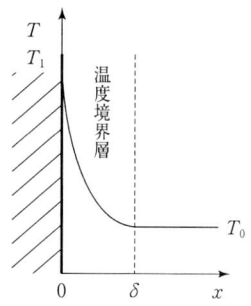

図 5.4 固体壁付近の温度分布と温度境界層

流体への熱移動は温度境界層を通して起こり，その移動速度（熱流束）q [J/(m²·s)] は温度境界層における温度差 (T_1-T_0) に比例するとして次式で表される．

$$q = h(T_1 - T_0) \quad (5.11)$$

式 (5.11) を **Newton**（ニュートン）**の冷却の法則**（Newton's law of cooling）という．この式で定義される係数 h を**熱伝達係数**（heat transfer coefficient，伝熱係数ともいう）[W/(m²·K)] と呼び，h は対流伝熱における熱の伝わりやすさ（コンダクタンス）の尺度となる．

固体壁に接する温度境界層はきわめて薄い流体層であり，ここでは伝導伝熱のみによって熱が移動すると仮定できる．したがって，Fourier の法則から熱流束は次式で表される．

$$q = k_f \frac{T_1 - T_0}{\delta} \quad (5.12)$$

ここで，k_f は流体の熱伝導率，δ は温度境界層の厚さである．式 (5.11) と式 (5.12) の熱流束が等しいとおくと $h = k_f/\delta$ となり，熱伝達係数は流体の熱伝導率と温度境界層の厚さで決まる．しかし，温度境界層の厚さは流体の種類，速度や物性値のほかに，固体壁表面の形状や平滑度などによって大きく変わるため，h は流体の特性だけでは決まらない係数である．加熱された缶コーヒーを激しく振ると，コーヒーと缶の間に存在する温度境界層が薄くなるので，h が大きくなり熱流束が増す．熱く感じるのはこのためである．

5.2.2 対流伝熱における無次元数

熱伝達係数の値は，前述したように流体の特性値のみならず，流動状態によっても変化するため，h を算出する式を個々の状態ごとに示すことは不可能である．そこで多くの場合，第 2 章で述べた次元解析法で得られた以下の**無次元数**（dimensionless number）を用いた相関式として表されている．

Nusselt 数　　$Nu = hL/k_f$
Prandtl 数　　$Pr = C_p\mu/k_f$
Reynolds 数　$Re = Lv\rho/\mu$
Grashof 数　　$Gr = L^3g\beta\rho^2\Delta T/\mu^2$

ここで，C_p, μ, L, v, ρ, β, はそれぞれ流体の比熱 [J/(kg·K)]，粘度 [Pa·s]，代表長さ [m]，流速 [m/s]，密度 [kg/m³]，体積膨張係数 [1/K] であり，g は重力加速度 [m/s²] である．

Nusselt 数（ヌッセルト数）は，固体-流体間の対流伝熱の大きさを表す無次元数で，その他の無次元数の関数として与えられる．

強制対流　　$Nu = f(Pr, Re)$
自然対流　　$Nu = f(Pr, Gr)$

対流伝熱は流体の流れの状態（層流・乱流）によって大きく異なる．強制対流下では，流れの状態は **Reynolds 数**（レイノルズ数）によって識別される．流体が平板に沿って流れる場合は Reynolds 数（代表長さ L は平板先端からの距離がとられる）が 3×10^5 程度までは層流となる．また，流体が円管内を流れる場合は Reynolds 数（代表長さ L は管内径がとられる）が 2×10^3 程度までは層流となり，それ以上で乱流となる．自然対流の場合，Grashof 数が流れの状態

表 5.2 Nusselt 数および熱伝達係数推算式[1]

伝熱面形状	推算式	条件
1. 強制対流伝熱		
平板 （先端から L までの平均 Nu 数）	$Nu_m = \dfrac{h_m L}{k} = 0.664 Re_L^{1/2} Pr^{1/3}$	層流 $Re_L < 3\times10^5$
	$Nu_m = \dfrac{h_m L}{k} = 0.037 Re^{4/5} Pr^{1/3}$	乱流 $Re_L > 3\times10^5$
平板 （空気）	$h = 5.7 + 3.9v$ [J/(m²·s·K)] $h = 7.4v^{0.8}$ [J/(m²·s·K)]	$v<5$　v は流速 [m/s] $5<v<30$
円管 （管内径 D）	$Nu_m = 3.66$ $Nu_m = 4.36$ $Nu = 0.023 Re^{0.8} Pr^{0.4}$	管内層流 $Re_D < 2000$ 管内面温度一定 管内面熱流束一定 管内乱流 $Re_D > 10000$
垂直円筒外壁 （管外径 D）	$Nu = 0.86(Re)^{0.43}(Pr)^{0.3}$ $Nu = 0.26(Re)^{0.6}(Pr)^{0.3}$	層流 $1<Re_D<200$ 乱流 $400<Re_D$
2. 自然対流伝熱		
垂直平板および円筒	$Nu = 0.59(GrPr)^{1/4}$ 　（空気）　$h = 1.31(\Delta T/L)^{1/4}$ $Nu = 0.13(GrPr)^{1/3}$ 　（空気）　$h = 1.8(\Delta T)^{1/3}$	層流 $10^4 < GrPr < 10^9$ 乱流 $10^9 < GrPr < 10^{12}$
水平円柱	$Nu = hD/k = 0.54(GrPr)^{1/4}$ 　（空気）　$h = 1.31(\Delta T/D)^{1/4}$	$10^3 < GrPr < 10^9$
単一球	$Nu = hD/k = 2 + 0.59(GrPr)^{1/4}$	$10^{-4} < GrPr < 10^5$

1) 日本食品工学会編，食品工学ハンドブック，「2.2.2 対流伝熱」，pp. 26-27，朝倉書店 (2006)

を表す無次元数で，**Grashof 数**（グラスホフ数）と**Prandtl 数**（プラントル数）の積の値がおよそ $Gr \cdot Pr \approx 10^9$ で層流から乱流に変化する．

Nusselt 数を求めるための代表的な相関式を表 5.2 に示す．Nusselt 数が求まれば，次式により h が求まる．

$$h = \frac{k_f}{L} Nu \tag{5.13}$$

5.2.3 平面壁の対流伝熱

5.1.4 項で多層平面壁の伝熱を取り扱ったが，多層壁の両側に存在する流体と壁面の熱移動速度が問題となる場合は，対流伝熱を考慮する必要がある．図 5.5 のように，3 層からなる壁を通して高温流体（温度 T_H）から低温流体（温度 T_L）への熱移動を考える．高温流体から固体壁への熱流束 q_H は，高温壁面における熱伝達係数を h_H とすると，Newton の冷却の法則から次式で表される．

$$q_H = h_H(T_H - T_1) \quad \text{または} \quad \frac{q_H}{h_H} = T_H - T_1 \tag{5.14}$$

多層壁の伝導伝熱は，5.1.4 項と同様であるので，

$$q_1 = k_1 \frac{T_1 - T_2}{L_1} \quad \text{または} \quad q_1 \frac{L_1}{k_1} = T_1 - T_2 \tag{5.15}$$

$$q_2 = k_2 \frac{T_2 - T_3}{L_2} \quad \text{または} \quad q_2 \frac{L_2}{k_2} = T_2 - T_3 \tag{5.16}$$

$$q_3 = k_3 \frac{T_3 - T_0}{L_3} \quad \text{または} \quad q_3 \frac{L_3}{k_3} = T_3 - T_0 \tag{5.17}$$

固体壁から低温流体への熱流束 q_L も同様に次式で表される．

$$q_L = h_L(T_0 - T_L) \quad \text{または} \quad \frac{q_L}{h_L} = T_0 - T_L \tag{5.18}$$

ここで，h_L は低温壁面における熱伝達係数である．定常状態では $q_H = q_1 = q_2 = q_3 = q_L (= q)$ が成り立つので，式 (5.14) から式 (5.18) の左辺および右辺をそれぞれ足し合わせて整理すると

$$q = \frac{T_1 - T_0}{1/h_H + L_1/k_1 + L_2/k_2 + L_3/k_3 + 1/h_L} = U(T_H - T_L) \tag{5.19}$$

が得られる．ここで，

$$\frac{1}{U} = \frac{1}{h_H} + \frac{L_1}{k_1} + \frac{L_2}{k_2} + \frac{L_3}{k_3} + \frac{1}{h_L} \tag{5.20}$$

である．式 (5.19) は，U が決まれば熱流束は高温流体と低温流体の温度差から求まることを表す．また，h は対流伝熱のしやすさを表しており，その逆数 $1/h$ は熱の伝わりにくさ，すなわち熱抵抗を表す．したがって式 (5.20) は，総熱抵抗を表す $1/U$ が対流伝熱の抵抗と伝導伝熱の抵抗の和となっていることを示す．U を**総括伝熱係数**（overall heat transfer coefficient）[W/(m^2·K)] と呼ぶ．

【例題 5.2】 例題 5.1 では冷蔵倉庫の外壁と内壁における対流伝熱を無視したが，実際には壁面で対流伝熱が起こっている．冷蔵倉庫の外壁では 1.0 m/s の速度で空気が流れ，冷蔵倉庫の内壁では流速 0.2 m/s の冷気が循環しているときの熱損失を求めよ．

〈解〉 1.0 m/s および 0.2 m/s で空気が流れているときの h は，表 5.2 から $h = 5.7 + 3.9v$ を用いて算出でき，それぞれ 9.6，6.48 W/(m^2·K) となる．式 (5.20) に h と各層の厚さ，熱伝導率を代入すると

$$\frac{1}{U} = \frac{1}{h_o} + \frac{L_1}{k_1} + \frac{L_2}{k_2} + \frac{L_3}{k_3} + \frac{1}{h_i} = \frac{1}{9.6} + \frac{0.05}{0.7} + \frac{0.15}{0.8} + \frac{0.1}{0.045} + \frac{1}{6.48}$$
$$= 2.74 \, (m^2 \cdot K)/W$$

したがって，熱損失は
$$q = U(T_H - T_L) = (1/2.74) \times (30 - (-20)) = 18.2 \, J/(m^2 \cdot s)$$
対流伝熱による熱抵抗がないとしたときの熱損失は 20.0 J/(m^2·s) であるので，対流伝熱を無視すると，約 10% の誤差となる． 〈完〉

5.2.4 円管の伝熱

a. 円管壁の伝導伝熱 高温蒸気や高温液体の輸送あるいは高温流体と低温流体間の熱交換などに円管が使用され，円管の伝導伝熱も重要な問題である．図 5.6 に示すように，管内壁温度が T_1，管外壁温度が T_2 に保たれている円管（長さ L，内半径 R_1，外半径 R_2）を考える．この円管内部に半径 r，厚さ dr の薄い層を考えると，この層を通って移動する熱量 Q [J/s] は Fourier の法則より次式で与えられる．

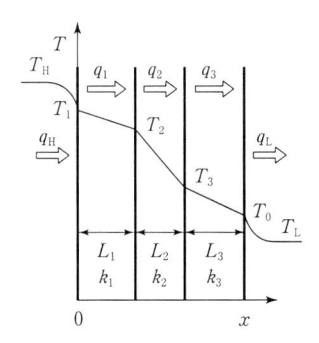

図 5.5 対流伝熱を含む 3 層壁の熱移動

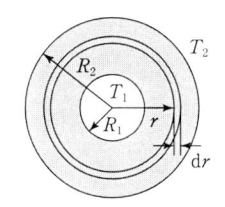

図 5.6 円筒壁の伝導伝熱

$$Q = -kA\frac{dT}{dr} = -k(2\pi rL)\frac{dT}{dr} \qquad (5.21)$$

式 (5.21) を，$r = R_1$ で $T = T_1$ および $r = R_2$ で $T = T_2$ の境界条件を用いて積分する．

$$\int_{R_1}^{R_2} \frac{Q}{2\pi rL} dr = -\int_{T_1}^{T_2} k\, dT \qquad (5.22)$$

定常状態では Q は r に無関係に一定であるから，

$$\frac{Q}{2\pi L}\ln\frac{R_2}{R_1} = k(T_1 - T_2) \qquad (5.23)$$

したがって，

$$Q = \frac{2\pi Lk}{\ln(R_2/R_1)}(T_1 - T_2) \qquad (5.24)$$

式 (5.24) は円管の管壁部分を内壁から外壁へ移動する伝導伝熱量を表す．

b. 多層円管壁の対流伝熱 次に，多層平板壁の対流伝熱と同様に，多層円管壁の対流伝熱を考える．図 5.7 に示すように，2層構造の円管内部と外部に温度がそれぞれ T_i と $T_o (T_i > T_o)$ の流体が流れているとする．円管の長さを L，円管内壁における熱伝達係数を h_i とすると，円管内流体から円管内壁への伝熱量は，Newton の冷却の法則から次式で表される．

$$Q_i = 2\pi R_1 L h_i (T_i - T_1) \quad \text{または} \quad \frac{Q_i}{2\pi R_1 L h_i} = T_i - T_1 \qquad (5.25)$$

各層内の伝導伝熱は，式 (5.24) で表されるので

$$Q_1 = \frac{2\pi L k_1}{\ln(R_2/R_1)}(T_1 - T_2) \quad \text{または} \quad \frac{\ln(R_2/R_1)}{2\pi L k_1} Q_1 = T_1 - T_2 \qquad (5.26)$$

$$Q_2 = \frac{2\pi L k_2}{\ln(R_3/R_2)}(T_2 - T_3) \quad \text{または} \quad \frac{\ln(R_3/R_2)}{2\pi L k_2} Q_2 = T_2 - T_3 \qquad (5.27)$$

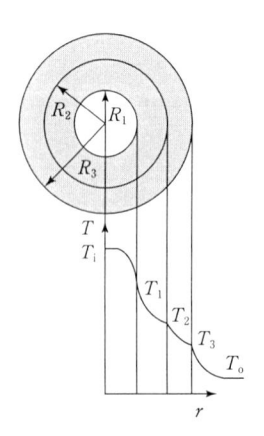

図 5.7 対流伝熱を含む 2 層円筒壁の熱移動

円管外壁における熱伝達係数を h_o とすると，円管外壁から流体への伝熱量も同様に次式で表される．

$$Q_o = 2\pi R_3 L h_o (T_3 - T_o) \quad \text{または} \quad \frac{Q_o}{2\pi R_3 L h_o} = T_3 - T_o \qquad (5.28)$$

定常状態では $Q_i = Q_1 = Q_2 = Q_o (= Q)$ が成り立つので，式 (5.25) から式 (5.28) の両辺の和をとって整理すると

$$Q = \frac{2\pi L}{\dfrac{1}{h_i R_1} + \dfrac{1}{k_1}\ln\dfrac{R_2}{R_1} + \dfrac{1}{k_2}\ln\dfrac{R_3}{R_2} + \dfrac{1}{h_o R_3}}(T_i - T_o) \qquad (5.29)$$

円管壁の外表面を基準面にして，次式で円管の総括伝熱係数 U_C を定義する．

$$Q = U_C A (T_i - T_o) = U_C (2\pi R_3 L)(T_i - T_o) \qquad (5.30)$$

式 (5.29) と式 (5.30) を比較すると，U_C は次式で表される．

$$\frac{1}{U_C} = \frac{R_3}{h_i R_1} + \frac{R_3}{k_1}\ln\frac{R_2}{R_1} + \frac{R_3}{k_2}\ln\frac{R_3}{R_2} + \frac{1}{h_o} \qquad (5.31)$$

式 (5.31) は，容易に N 層の円筒に拡張可能である．

$$\frac{1}{U_C} = \frac{R_{N+1}}{h_i R_1} + \sum_{n=1}^{N} \frac{R_{N+1}}{k_n}\ln\frac{R_{N+1}}{R_n} + \frac{1}{h_o} \qquad (5.32)$$

【例題 5.3】 内径 $d_1 = 27$ mm，外径 $d_2 = 34$ mm の鋼管 ($k = 50.0$ W/(m·K)) を用いて，水蒸気の工場内配管を行う．水蒸気温度が 120℃，工場内温度が 25℃ としたとき，管長さ 1 m 当たりの放熱量を算出せよ．ただし，管外側の対流伝熱に比べて，管内側対流伝熱および管熱伝導率は十分大きいので，管内壁および管外壁の温度は水蒸気温度と等しいとする．次に，管の外側を $k = 0.05$ W/(m·K) の断熱材で厚さ 40 mm に巻くと放熱量は何 % 減少するか．ただし，このときの熱伝達係数は $h_o = 4.0$ W/(m²·K) とする．

〈解〉 管外側の熱伝達係数は，表 5.2 から

$$h_o = 1.31\left(\frac{\Delta T}{D}\right)^{1/4} = (1.31)\left(\frac{120-25}{0.034}\right)^{1/4} = 9.52 \text{ W/(m}^2\cdot\text{K)}$$

$T_2 = 120℃$，$T_o = 25℃$ であるから，式 (5.28) に h_o を代入すると放熱量が求まる．

$$Q_o = 2\pi R_2 L h_o (T_2 - T_o) = (\pi)(0.034)(9.52)(1)(120-25)$$
$$= 96.6 \text{ W}$$

次に，断熱材を巻いた場合を考える．式 (5.31) において，$R_3/(h_i R_1) = 0$ とおくと，円管の総括伝熱係数 U_C は

$$\frac{1}{U_C} = \frac{R_3}{k_1}\ln\frac{R_2}{R_1} + \frac{R_3}{k_2}\ln\frac{R_3}{R_2} + \frac{1}{h_o}$$
$$= \frac{0.057}{50}\ln\frac{0.017}{0.0135} + \frac{0.057}{0.05}\ln\frac{0.057}{0.017} + \frac{1}{4}$$
$$= 1.63 \text{ (m}^2\cdot\text{K)/W}$$

よって，$U_C = 0.61$ W/(m²·K) である．これを式 (5.30) に代入すると

$$Q = U_C(2\pi R_3 L)(T_i - T_o) = (0.61)(2\pi)(0.057)(1)(120-25)$$
$$= 20.8 \text{ W}$$

したがって，断熱量は78%減少する． 〈完〉

5.3

熱交換操作（第8回）

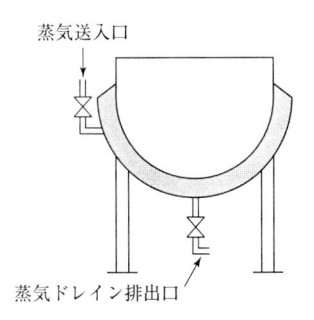

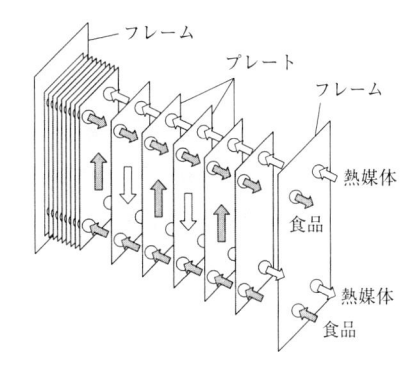

【キーワード】 ジャケット式熱交換器，プレート式熱交換器，チューブ式熱交換器，並流，向流，対数平均温度差

液状食品を加熱する加熱方式には，蒸気などの加熱媒体と液状食品を直接混合する直接加熱式と固体界面を介して加熱する間接加熱式とがある．直接加熱式には，蒸気中に食品を注入するインヒュージョン方式と食品中に蒸気を噴射するインジェクション方式があり，牛乳の殺菌などに使われている．一方，間接加熱式には，熱水や水蒸気の熱媒体は食品と直接に接することなく，ステンレス板などの固体界面を通して液状食品へ熱が移動する．このように高温流体から低温流体へ熱移動を行う操作を熱交換操作といい，その装置が**熱交換器**(heat exchanger)である．熱交換器は種々の液状食品の加熱・冷却に使われている．本節では熱交換器の代表的なものを示すとともに熱交換操作について取り扱う．

5.3.1 熱交換器

液状食品を加熱・冷却するとき，その処理量によって回分的に加熱する場合と連続的に加熱する場合に分けられる．一般に処理量が少ない場合，回分的な処理が行われ，代表的な装置が**ジャケット式熱交換器**(jacket type heat exchanger)である．図5.8に示すように，タンク外部に取り付けた外套部（ジャケット）に熱媒体を流して，タンク内部の液状食品を常に撹拌しながら加熱・冷却する．

連続式の間接加熱装置としては**プレート式熱交換器**(plate type heat exchanger)と**チューブ式熱交換器**(tube type heat exchanger)がよく用いられる．プ

図5.8 ジャケット式熱交換器

図5.9 プレート式熱交換器

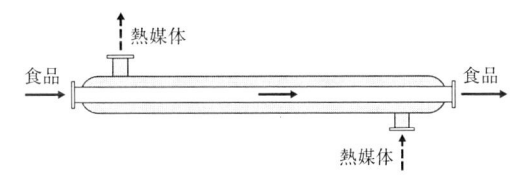

図5.10 二重管式熱交換器

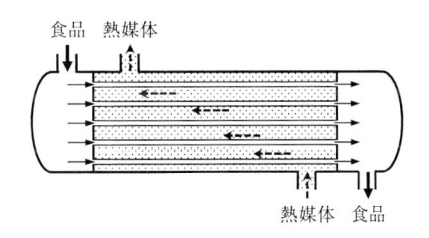

図5.11 多管式熱交換器

レート式熱交換器（図5.9, 20.1節を参照）は，金属プレートを重ね合わせ，プレート間に熱媒体と液状食品を交互に流して加熱を行う．プレートには厚さ0.8〜1.5 mmのステンレスが使用され，表面の形状は特殊に加工されている．これは伝熱面積を大きくするとともに流体を乱流にして，熱交換効率を高めるためである．プレート間の間隙は3〜5 mmと狭いため，固形粒子を含む流体や高粘性の流体には不向きである．

チューブ式熱交換器はステンレスチューブを組み合わせた熱交換器で，いくつかの種類がある．最も単純なものは**二重管式熱交換器**（図5.10参照）で，二重管構造の内管と外管に液状食品と熱媒体を流すことにより，熱交換を行う．伝熱面積はそれほど大きくないため，小流量の生産に利用される．伝熱面積を大きくした代表的なものに，太い円筒に細いチューブを組み込んだ**多管式熱交換器**(shell and tube heat exchanger)（図5.11）がある．チューブ管径を太くすることにより，管内流動の抵抗を小さくできるので，

5.3.2 回分式熱交換器における伝熱

図5.8に示したジャケット式熱交換器を考え，ジャケット内は温度 T_s の飽和水蒸気で満たされているとする．タンク内の液状食品が十分撹拌されて温度が均一であるとすると，時間 dt の間に蒸気から食品へ伝わる熱量 Q [J] は

$$Q = UA(T_s - T)dt \tag{5.33}$$

ここで，U はジャケット壁面の総括伝熱係数 [W/(m²·K)]，A は伝熱面積 [m²] である．dt 間の上昇温度を dT とすると，液状食品の受熱量 Q' は

$$Q' = V\rho C_p dT$$

ここで，V, ρ, C_p はそれぞれ液状食品の体積，密度，比熱である．$Q = Q'$ であるから，両式を等しいとおいて整理すると，

$$\frac{dT}{T_s - T} = \frac{UA}{V\rho C_p} dt \tag{5.34}$$

初期温度を T_0 として積分すると，

$$\ln\frac{T_s - T}{T_s - T_0} = -\frac{UA}{V\rho C_p} t \tag{5.35}$$

または，

$$\frac{T_s - T}{T_s - T_0} = \exp\left(-\frac{UA}{V\rho C_p} t\right) \tag{5.36}$$

上式から液状食品の温度上昇速度は $V\rho C_p / UA$ によって決まり，この値が小さいほど速く蒸気温度に近づくことになる．$\tau = V\rho C_p / UA$ は時間の単位をもち，時定数と呼ばれる．

5.3.3 連続式熱交換器における伝熱

高温流体 A と低温流体 B とが固体壁（板または管）を隔てて，互いに平行に流れる場合を考える．このとき，図5.12に示すように，高温流体 A と低温流体 B が同じ方向に流れる場合を**並流**（parallel flow），対向して流れる場合を**向流**（counter flow）と呼ぶ．いず

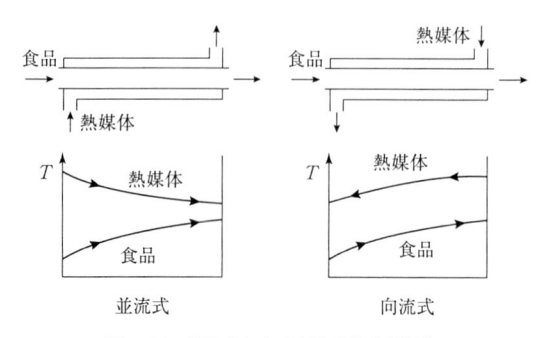

図5.12 並流式および向流式熱交換操作

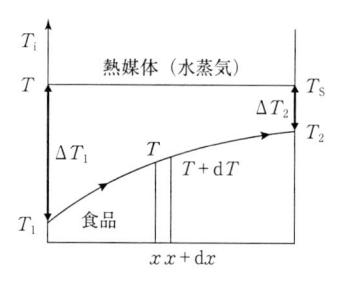

図5.13 熱交換における温度変化

れの場合も，高温流体から低温流体へ熱が移動し，入口から出口に向かって低温流体の温度は上昇する．並流では，入口において両流体の温度差は最も大きく，徐々に温度差は小さくなっていく．向流における流体間の温度差は並流のように単純ではないが，いずれにしても一定ではない．高温流体から低温流体への，固体壁を通しての熱移動は式(5.19)で表されるが，温度差が場所によって変化する場合には，何らかの平均温度差 $(\Delta T)_{av}$ を用いて，次式で伝熱量 Q を計算する．

$$Q = UA(\Delta T)_{av} = W\rho C_p \Delta T_f \tag{5.37}$$

右辺は液状食品が受け取った熱量を表し，W は液状食品の体積流量，ΔT_f は液状食品の入口と出口の温度差である．

次に，平均温度差 $(\Delta T)_{av}$ はどのような式となるかを考える．式の導出を簡単にするために，高温流体として飽和水蒸気を使用すると，高温流体は一定温度 T_s と仮定できる．液状食品は図5.13のように，初期温度 T_1 から最終温度 T_2 まで加熱される．入口から距離 x だけ進んだ位置から微小区間 dx だけ流れる間に，微小熱量 dQ が移動し，液状食品の温度は dT だけ上昇する．このとき，境界の伝熱面積 dA を通って移動する熱量 dQ は

$$dQ = UdA(T_s - T) = W\rho C_p dT \tag{5.38}$$

したがって，

$$\frac{U}{W\rho C_p} dA = \frac{dT}{T_s - T} \tag{5.39}$$

入口から出口まで，すなわち面積に関して $A = 0$ から $A = A$ まで，温度に関して T_1 から T_2 まで積分すると，

$$\frac{UA}{W\rho C_p} = \ln\frac{T_s - T_1}{T_s - T_2} = \ln\frac{\Delta T_1}{\Delta T_2} \tag{5.40}$$

ここで ΔT_1 および ΔT_2 は，それぞれ熱交換器入口および出口の高温流体と低温流体の温度差である．上式を整理すると，$W\rho C_p = UA/\ln(\Delta T_1/\Delta T_2)$ の関係が得られる．この関係を式(5.37)に代入すると，

$$Q = UA(\Delta T)_{av} = \frac{UA(T_2 - T_1)}{\ln(\Delta T_1/\Delta T_2)} \quad (5.41)$$

ここで，$(T_2 - T_1) = (T_S - T_1) - (T_S - T_2) = \Delta T_1 - \Delta T_2$ と変形すると，上式から

$$(\Delta T)_{av} = \frac{\Delta T_1 - \Delta T_2}{\ln(\Delta T_1/\Delta T_2)} = (\Delta T)_{lm} \quad (5.42)$$

この $(\Delta T)_{lm}$ を**対数平均温度差**（logarithmic mean temperature difference）と呼び，熱交換における平均温度差は ΔT_1 および ΔT_2 の対数平均温度差で表される．

以上の導出は高温流体を飽和水蒸気として，温度一定と仮定して行ったが，高温流体が熱水で温度が変化する場合も同じ式が導かれる．

【例題 5.4】 円管の内径 $d_1 = 27$ mm，外径 $d_2 = 30$ mm，管長 5 m の二重管式熱交換器を用いて，環状部に飽和水蒸気を流し，「めんつゆ」を 10℃ から 70℃ まで加熱する．「めんつゆ」の処理量を 2.0×10^{-2} m^3/min とするとき，環状部に流す飽和水蒸気温度を求めよ．環状部を流れる水蒸気の熱伝達係数は十分大きいと考えてよい．ただし，鋼管の熱伝導率を 40 W/(m・K) とし，「めんつゆ」の物性値は，$\rho = 1000$ kg/m^3，$C_p = 4180$ J/(kg・K)，$k_f = 0.62$ W/(m・K)，$\mu = 1.02 \times 10^{-3}$ Pa・s とする．

〈解〉 管内流速および Reynolds 数は

$$v = \frac{2 \times 10^{-2}/60}{(\pi/4)(0.027)^2} = \frac{3.33 \times 10^{-4}}{(\pi/4)(0.027)^2} = 0.582 \text{ m/s}$$

$$Re = \frac{Dv\rho}{\mu} = \frac{(0.027)(0.582)(1000)}{1.02 \times 10^{-3}} = 1.54 \times 10^4$$

したがって，流れは乱流であり，表 5.2 の推算式から Nusselt 数および h を求める．

$$Pr = \frac{C_p\mu}{k_f} = \frac{(4180)(1.02 \times 10^{-3})}{0.62} = 6.88$$

$$Nu = 0.023 Re^{0.8} Pr^{0.4} = (0.023)(1.54 \times 10^4)^{0.8}(6.88)^{0.4} = 110$$

$$h_i = \frac{k_f}{D} Nu = \frac{0.62}{0.027}(110) = 2530 \text{ W/(m}^2\text{・K)}$$

水蒸気側の熱伝達係数は十分大きいとして総括伝熱係数を求める．

$$\frac{1}{U} = \frac{1}{2530} + \frac{0.0015}{40} = 4.33 \times 10^{-4}$$

よって，$U = 2310$ W/(m^2・K) であり，これを式 (5.37) に代入すると

$$(\Delta T)_{av} = \frac{W\rho C_p \Delta T_f}{UA} = \frac{(3.33 \times 10^{-4})(990)(4180)(60)}{(2310)(5)(\pi)(0.027)}$$
$$= 84.4℃$$

式 (5.42) に代入し，

$$(\Delta T)_{av} = \frac{70 - 10}{\ln[(T_S - 10)/(T_S - 70)]} = 84.4℃$$

したがって，$T_S = 128℃$ となる． 〈完〉

演 習

5.1 フーリエの熱伝導法則は式 (5.3) で与えられる．均質素材からなる平板の定常状態における熱流束は式 (5.2) となることを示せ．また，平板内の温度分布はどのような式で表されるか．

5.2 例題 5.1 において，コンクリートおよび断熱材の厚さをそれぞれ半分にしたときの，熱損失の値を求めよ．

5.3 複数の素材が熱移動方向に対して並行に構成されている平板では，各素材に対して式 (5.2) が成り立ち，トータルの熱移動量は各層の熱移動量を足したものに等しいと考えることができる．いま，鉄/断熱材/鉄の3層構造の板を使用して，試験用オーブンを作製する．この3層構造の板は，図 5.14 のように 4 隅が鉄のボルトで固定され，ボルトは板を貫通している．板は厚さ 3 mm の鉄と厚さ 20 mm の断熱材からなり，断面積が 0.16 m^2 で，ボルト 4 本合計の断面積が 2×10^{-4} m^2 である場合，ボルトからの熱損失はトータルの熱損失の何%になるか求めよ．

5.4 全表面積 0.1 m^2，厚さ 0.02 m の発泡ポリスチレン容器に，0℃ の水 500 g と 0℃ の氷 500 g が入っている．外気温が 30℃ として，氷がすべて融解する時間を求めよ．ただし，氷の融解潜熱を 335 kJ/kg，容器外部熱伝達係数を 5.0 W/(m^2・K) とする．

5.5 中空円管（内径 R_1，外径 R_2）の管壁内伝導伝熱を次式のようなフーリエの法則で表したとき，平均面積 A_{av} はどのような式で表されるかせ．

$$Q = kA_{av}\frac{T_1 - T_2}{L} = kA_{av}\frac{T_1 - T_2}{R_2 - R_1}$$

5.6 例題 5.3 において，管壁内の熱伝導抵抗を無視し，管外表面を水蒸気温度と同じとして放熱量を求めた．管壁内の熱伝導抵抗を考慮するときの放熱量と管外表面温度を求めよ．

5.7 例題 5.3 において，断熱材を巻いたときの熱伝達係数を $h = 4.0$ W/(m^2・K) として計算したが，熱伝達率は表面温度によって変化する．例題 5.3 の条件下で断熱材を巻いたときの表面温度と熱伝達係数を推定せよ．

5.8 直径 60 cm の円筒形ジャケット式熱交換器に，深さ 1 m まで 20℃ のスープを入れて攪拌しながら加熱する．ジャケットに 120℃ の水蒸気を入れて加熱するとき，スープが 70℃ に到達する時間を求めよ．ただし，熱交換器の総括伝熱係数は 1000 W/(m^2・K) とし，スープの物性は $\rho = 1010$ kg/m^3，$C_p = 4200$ J/(kg・K) とする．

5.9 向流式チューブヒータを用いて「醤油ベースのたれ」を 20℃ から 70℃ まで加熱する．熱媒体として 90℃ の熱水を使用し，出口温度が 75℃ になるように熱水流量を調節する．総括伝熱係数を 1000 W/(m^2・K) としたとき

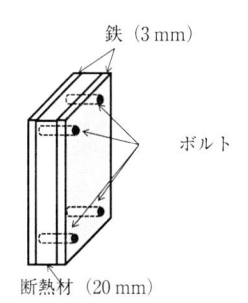

図 5.14 4 隅をボルトで固定された 3 層壁

の必要な伝熱面積を求めよ.ただし,「醤油ベースのたれ」の処理量を$2\times10^{-3}\,\mathrm{m^3/min}$,物性値は$\rho=1005\,\mathrm{kg/m^3}$,$C_\mathrm{p}=4180\,\mathrm{J/(kg\cdot K)}$とする.

5.10 演習5.9において,並流式チューブヒーターを用いる以外,すべての条件を同じとしたときの必要な伝熱面積を求めよ.

第6章
凍結と解凍
（第9回）

> [Q-6] 凍結に比べて，自然解凍は，なぜ長い時間がかかるのですか？
>
> **解決の指針**
> 凍結も解凍も伝熱現象であることに違いはないが，凍結状態と未凍結状態では伝熱速度が大きく異なり，これは水と氷の伝熱物性の差の反映である．したがって，凍結と解凍を同じ温度差で行っても，所要時間に大きな違いが生ずる．また，品質維持のために，解凍は凍結と比較して大きな温度差がとりにくいという事情もある．

【キーワード】 凍結・解凍，伝熱物性，氷結率，密度，比熱，熱伝導度，伝熱モデル，温度伝導度，Plank の解，伝熱方程式，Neumann の解

凍結・解凍問題を解析するには伝熱方程式を用いる必要がある．その際に，問題となるのは潜熱の取扱いと，凍結点付近での食品伝熱物性の強い温度依存性である．本章では，はじめに，氷結率の温度依存性を理解したうえで，このことが原因で，凍結点付近で比熱，熱伝導度（熱伝導率ともいう）などが温度によって大きく変化することを学ぶ．次に，凍結・解凍の伝熱方程式の単純化の仮定をおいた場合の解を学習して，凍結・解凍に関する基本的な考え方を学ぶ．

6.1
凍結食品の伝熱物性

6.1.1 氷結率

食品は多くの場合，水が最大成分であり，凍結によって**伝熱物性**（thermal property）は大きく変化し，水と氷では，比熱が約2倍，熱伝導度が約4倍異なる．

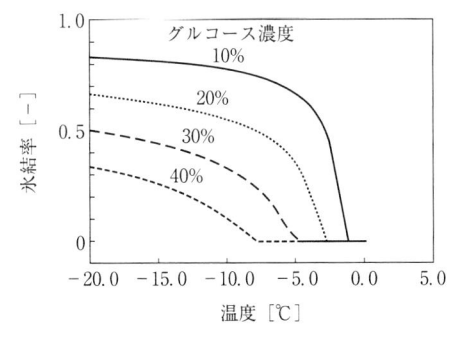

図6.1 グルコース水溶液の氷結率の温度依存性

このことは食品の**凍結・解凍**（freezing, thawing）の挙動に重要な影響を及ぼす．そこで，凍結・解凍の問題を取り扱うためには，まず凍結食品の伝熱物性について知る必要がある．

凍結食品の伝熱物性を論ずる場合，まず食品の**氷結率**（fraction of ice）とその温度依存性を知ることが大切である．図6.1にグルコース水溶液の氷結率の温度依存性を示す．この図からわかるように，氷結率は温度および溶質濃度の関数であり，温度の低下とともに増大し，溶質濃度が増加すると低下して，次の式 (6.1) により記述される．

$$f_i = (x_w - x_b)\left(1 - \frac{T_f}{T}\right) \quad (6.1)$$

ここで，f_i は試料全体における氷の質量分率である氷結率，x_w は湿量基準の含水率，x_b は x_w のうち不凍水の割合である結合水率，T は温度 [℃]，T_f は凍結開始温度 [℃] である．

6.1.2 密度

食品を含め，一般に混合物の**密度**（density）ρ は次式によって計算される．

$$\frac{1}{\rho} = \sum_i \frac{x_i}{\rho_i} \quad (6.2)$$

ここで，x_i と ρ_i はそれぞれ各成分の重量分率と密度である．食品の主要成分の密度は表6.1に示すように，氷も含めて比較的近い値であり，温度依存性もあまり大きくはない．

6.1.3 比熱

一般に混合物の**比熱** c （specific heat）は単純な加成性が成立するため，組成がわかれば次式によって計算できる．この式は凍結食品にも適用できるが，その

表6.1 食品主要成分の密度，比熱，熱伝導度，温度伝導度

成分	密度 [kg/m³]	比熱* [kJ/(kg·K)]	熱伝導度* [W/(m·K)]	温度伝導度 [10⁻⁷m²/s]
水	999.84*	4.176	0.583	1.4*
氷	917*	2.062	2.22	11.74*
タンパク質	1400	2.008	0.179	0.67
炭水化物	1500	1.549	0.201	0.81
脂肪	900〜950	1.984	0.181	0.986

*0℃における値

場合には，式 (6.1) によって氷結率が計算される氷を成分として加える必要がある．

$$c = \sum_i c_i x_i \quad (6.3)$$

ここで，c_i は成分 i の比熱である．食品に含まれる主要な成分の比熱を表6.1に示す．氷の比熱は水の比熱の約 1/2 倍である．一般に，凍結状態の食品の比熱は氷結率の変化による影響により凍結点付近で大きく変化する．

6.1.4 熱伝導度

食品のような不均一系混合物の**熱伝導度**（thermal conductivity）は単に組成のみならず，その三次元構造にも依存するので，有効熱伝導度として取り扱う必要がある．構造を反映した**伝熱モデル**（heat transfer model）の代表的なものとして，直列伝熱抵抗モデル，並列伝熱抵抗モデルおよび分散モデルがある（図6.2）．

食品の主要な成分の熱伝導度を表6.1に示す．水と氷以外では，熱伝導度の値はほぼ 0.2〜0.3 W/(m·K) である．食品のように水を多く含む混合物の有効熱伝導度 k_e は，未凍結状態では，直列，並列と分散のいずれの伝熱モデルも適用できるが，実用上は，次式に示す並列モデルが簡単で便利である．

$$k_e = \sum_i k_i v_i \quad (6.4)$$

直列モデル $k_e = \dfrac{1}{(v_w/k_w) + (v_s/k_s)}$

並列モデル $k_e = k_w v_w + k_s v_s$

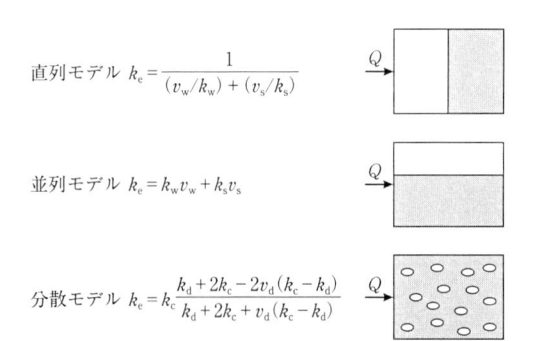

分散モデル $k_e = k_c \dfrac{k_d + 2k_c - 2v_d(k_c - k_d)}{k_d + 2k_c + v_d(k_c - k_d)}$

図6.2 有効熱伝導度 (k_e) を求めるための伝熱モデル
c：連続相，d：分散相，s：溶質相，w：水相．

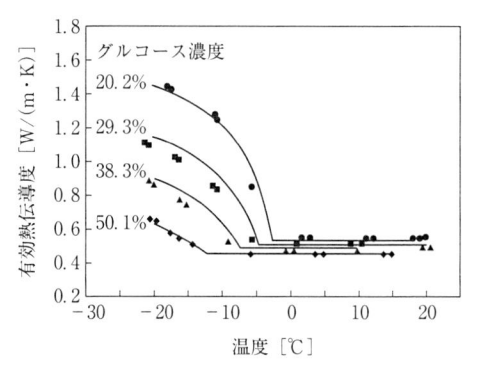

図6.3 グルコース水溶液の有効熱伝導度の温度依存性

ここで，v_i と k_i は成分 i の体積分率と固有熱伝導度である．また，成分 i の体積分率 v_i は重量分率 x_i および密度 ρ_i から次式で計算できる．

$$v_i = \frac{x_i/\rho_i}{\sum_i x_i/\rho_i} \quad (6.5)$$

しかし，近似的に成立する式 (6.4) は熱伝導度が大きく異なる成分を含む場合には有効ではない．その代表的な例が凍結食品である．凍結状態では，食品の熱伝導度は凍結点付近で温度により大きく変化する．これは，水と氷の熱伝導度に約4倍の差があることと，温度により氷結率が大きく変化するためである．

図6.3にグルコース水溶液の有効熱伝導度の温度依存性を示す．有効熱伝導度は未凍結状態では温度によってほとんど変化しないが，凍結状態になると温度に依存して大きく変化する．これは水が氷に変化することによる影響である．

凍結状態における食品の有効熱伝導度は，次式に示す氷を分散相とする分散モデル（Maxwell-Eucken（マックスウェル-オイケン）モデル）により記述することができる（図6.2）．

$$k_e = k_c \frac{k_d + 2k_c - 2v_d(k_c - k_d)}{k_d + 2k_c + v_d(k_c - k_d)} \quad (6.6)$$

ここで，k_c は連続相（濃厚溶液）の熱伝導度，k_d は分散相（氷）の熱伝導度，v_d は分散相の体積分率である．v_d は氷結率の値から式 (6.5) を用いて，また k_c も氷結率がわかれば濃厚溶液相の組成が計算できるため，これと式 (6.4) を組み合わせることにより推定できる．図6.3の実線はグルコース水溶液に対する実測値をこのモデルにより整理した結果である．

6.1.5 温度伝導度

温度伝導度（thermal diffusivity）a は密度，比熱，熱伝導度により次式で定義される．

$$a = \frac{k}{\rho c} \quad (6.7)$$

温度伝導度は非定常伝熱方程式において重要なパラメータである．この値について体積分率に基づく単純加成性の経験式が提案されている．

$$a = \sum_i a_i v_i \quad (6.8)$$

しかし，6.1.3項と6.1.4項で述べたように，比熱および熱伝導度は，とくに凍結領域で複雑な挙動を示すため，上式の経験則の適用範囲には注意する必要がある．表6.1に食品主要成分の温度伝導度を示す．水と氷の値の差は大きく，1桁近く異なる．

6.2
凍結・解凍における伝熱現象の解析

6.2.1 凍結・解凍問題の簡単な取扱い法

十分に攪拌した伝熱媒体中におかれた平板状試料（1％寒天ゲル）の典型的な凍結・解凍曲線を図6.4に示す．凍結時（−18℃）と解凍時（＋18℃）の温度は氷点の温度（0℃）を中点として，対称な条件であるにもかかわらず，凍結と解凍の速度には大きな差があることがわかる．

このような凍結や解凍に関する問題の簡易解法の代表的なものは**Plank（プランク）の解**（Plank's equation）である．これは，問題を簡略化するために以下のことを仮定する．

(1) 食品はあらかじめ凍結点（T_0）まで一様に冷却されている．

(2) 食品中での水分以外の冷却に要する熱量は無視する．

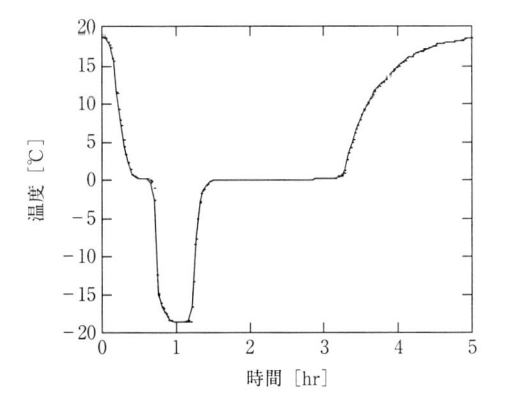

図6.4 強く攪拌した冷媒中における平板状寒天ゲル（1％）の凍結・解凍曲線
試料厚さ4cm，初期温度18℃，凍結時の表面温度＝−18℃，解凍時の表面温度＝18℃．

(3) 食品中の熱伝導度は温度によって変化しない．

いま，厚さ D [m]，表面積 A [m^2] の平板状試料を両表面から冷却し凍結させる場合を考える．凍結潜熱を ΔH_m [J/kg]，冷媒温度を T_c [℃]，表面の熱伝達係数を h [W/(m^2·K)]，凍結相の厚みを X [m] とする．微小時間 dt の間に凍結相厚みが dX だけ成長するのに必要な熱量 dQ は，

$$dQ = A\rho_1 \Delta H_m dX \quad (6.9)$$

である．ここで，ρ_1 は凍結相の密度である．この熱量は表面からの伝熱で供給（除去）されるので，

$$dQ = \frac{1}{1/h + X/k_1} A(T_0 - T_c) dt \quad (6.10)$$

と表される．ここで，k_1 [W/(m·K)] は凍結相の熱伝導度である．式（6.9）と式（6.10）は等価であるので，

$$dt = \frac{\rho_1 \Delta H_m}{T_0 - T_c}\left(\frac{1}{h} + \frac{X}{k_1}\right) dX \quad (6.11)$$

となる．したがって，凍結完了時間 τ [s] は式（6.11）を $X=0$ から $X=D/2$ まで積分することによって得られる．

$$\tau = \frac{\rho_1 \Delta H_m}{T_0 - T_c}\int_0^{D/2}\left(\frac{1}{h} + \frac{X}{k_1}\right)dX = \frac{\rho_1 \Delta H_m}{T_0 - T_c}\left(\frac{D}{2h} + \frac{D^2}{8k_1}\right) \quad (6.12)$$

この式は，他の形状の場合にも成立し，以下のように一般化できる．

$$\tau = \frac{\rho_1 \Delta H_m}{m(T_0 - T_c)}\left(\frac{D}{2h} + \frac{D^2}{8k_1}\right) \quad (6.13)$$

ここで，m の値は，平板（厚み D），円柱および球（それぞれ直径 D）に対して，それぞれ1, 2, 3となる．

また，式（6.13）を初期温度が凍結点とは異なる温度 $T_i (\neq T_0)$ の場合に拡張するには，潜熱 ΔH_m に代わって顕熱分を補正した，次の式による $\Delta H'_m$ を用いる．

$$\Delta H'_m = \Delta H_m + c_2(T_i - T_0) \quad (6.14)$$

ここで，c_2 [J/(kg·K)] は未凍結相の比熱である．

式（6.13）を導く際の考え方は解凍にもそのまま適用できる．このとき，冷媒温度は温媒温度 T_h となり，また密度および熱伝導度は融解相の値 ρ_2 と k_2 を用い，解凍時間は次式で与えられる．

$$\tau = \frac{\rho_2 \Delta H_m}{m(T_h - T_0)}\left(\frac{D}{2h} + \frac{D^2}{8k_2}\right) \quad (6.15)$$

【例題6.1】 厚さ4cmの伝熱のきわめてよい平板状金属容器に入れた0℃の水を−18℃の冷媒に浸して凍結する場合の凍結時間 τ_1，また，同じ容器に入れた0℃の氷を＋18℃の熱媒体に浸して解凍する場合の解凍時間 τ_2 をそ

れぞれ，Plank の解を適用して求めよ．ただし，金属容器内の対流はないものとし，また金属容器外は強い撹拌状態にあるものとする．
〈解〉 試料は平板状なので $m=1$ であり，十分強い撹拌条件で行われているので $h \to \infty$ とすると，式 (6.13) による凍結時間 τ_1，式 (6.15) による解凍時間 τ_2 はそれぞれ次のようになる．

$$\tau_1 = \frac{\rho_1 \Delta H_m}{(T_0 - T_c)} \frac{D^2}{8k_1} \quad (6.16)$$

$$\tau_2 = \frac{\rho_2 \Delta H_m}{(T_h - T_0)} \frac{D^2}{8k_2} \quad (6.17)$$

これらの式に，6.1 節における伝熱物性値（水の凍結潜熱は 3.34×10^5 J/kg）などを代入すると，

$$\tau_1 = \frac{(917)(3.34 \times 10^5)}{18} \frac{0.04^2}{(8)(2.22)} = 1533 \text{ s}$$

$$\tau_2 = \frac{(1000)(3.34 \times 10^5)}{18} \frac{0.04^2}{(8)(0.583)} = 6366 \text{ s}$$

このことから，凍結時間と解凍時間には大きな差があり，その主たる原因は凍結相と融解相との伝熱物性の違いによることがわかる． 〈完〉

6.2.2 凍結・解凍の伝熱方程式と解析解

凍結・解凍過程の伝熱現象の解析は，基本的には式 (3.20)～式 (3.22) のエネルギー方程式によるが，潜熱の取扱いと 6.1 節に示した伝熱物性の温度依存性に留意する必要がある．食品などの内部では対流は無視でき，エネルギー生成もない．また，問題を一次元伝熱の場合に限ると，直角座標系では式 (3.20) に基づき，伝熱方程式 (equation of heat conduction) は以下のようになる．

$$\frac{\partial T}{\partial t} = a \frac{\partial^2 T}{\partial x^2} \quad (6.18)$$

ここに a は温度伝導率である．式 (6.18) に対する代表的な解析解として **Neumann（ノイマン）の解** (Neumann's solution) がある．これは一次元半無限固体の相変化を伴う問題を取り扱うものである．

Neumann の解法を凍結に適用するとき，図 6.5 に示すように，最初に試料全体が温度 V の状態にあり，表面温度を 0（基準）とすることによって凍結を開始し，氷点温度は $T_0 (0 < T_0 < V)$ とする．添字 1 と 2 はそれぞれ，凍結相と融解相を表し，ΔH_m を相変化の潜熱とする．また，時間 t によって変化する凍結層厚みを $X(t)$ とすると，凍結相と融解相の界面，すなわち $x = X(t)$ において，次の二つの境界条件が成立する．

$$T_1 = T_2 = T_0 \quad (6.19)$$

$$k_1 \frac{\partial T_1}{\partial x} - k_2 \frac{\partial T_2}{\partial x} = \Delta H_m \rho_1 \frac{dX}{dt} \quad (6.20)$$

式 (6.20) は，すべての潜熱は凍結相界面で発生する

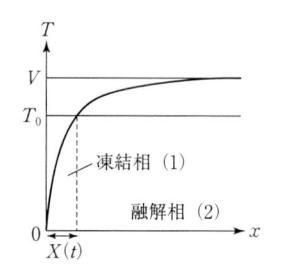

図 6.5 一次元半無限状試料を表面から凍結する問題に対する Neumann の解
初期温度を V，表面温度を 0 とし，凍結温度を T_0 とする．$X(t)$ は凍結相厚さ．

ことを意味する．この仮定により潜熱の取扱いは界面のみに集中させることができ，それ以外の凍結相および融解相部分では式 (6.18) がそのまま適用できる．

この問題に対する解析解は式 (6.21) で与えられる．

$$X(t) = 2\beta (a_1 t)^{1/2} \quad (6.21)$$

ここで，β は次の方程式の解である．

$$\frac{\exp(-\beta^2)}{\text{erf}\beta} - \frac{k_2 a_1^{1/2} (V - T_0) \exp[-(a_1/a_2)\beta^2]}{k_1 a_2^{1/2} T_0 \text{erfc}[\beta(a_1/a_2)^{1/2}]}$$

$$= \frac{\beta \Delta H_m \pi^{1/2}}{c_1 T_0} \quad (6.22)$$

なお，erf は誤差関数，erfc は相補誤差関数で，それぞれ次のように定義される．

$$\text{erf} x = \frac{2}{\pi^{1/2}} \int_0^x \exp(-y^2) \, dy \quad (6.23)$$

$$\text{erfc} x = 1 - \text{erf} x \quad (6.24)$$

また，それぞれの相における温度分布は式 (6.25) と式 (6.26) で表される．

$$T_1 = \frac{T_0}{\text{erf}\beta} \text{erf}\left[\frac{x}{2(a_1 t)^{1/2}}\right] \quad (6.25)$$

$$T_2 = V - (V - T_0) \frac{\text{erfc}\{x/[2(a_2 t)^{1/2}]\}}{\text{erfc}[\beta(a_1/a_2)^{1/2}]} \quad (6.26)$$

解凍の場合にも，同様な手法で解析解が得られる．初期温度を 0 とし，表面温度を $V (> T_0)$ とすることにより解凍を開始する．この場合にも，式 (6.19) と式 (6.20) の二つの境界条件が成立し，融解層厚み $X(t)$ は以下のようになる．

$$X(t) = 2\beta' (a_2 t)^{1/2} \quad (6.27)$$

ここで，β' は次式の解である．

$$\frac{\exp(-\beta'^2)}{\text{erf}\beta'} - \frac{k_1 a_2^{1/2} T_0 \exp[-(a_2/a_1)\beta'^2]}{k_2 a_1^{1/2} (V - T_0) \text{erfc}[\beta'(a_2/a_1)]^{1/2}}$$

$$= \frac{\beta' \Delta H_m \pi^{1/2}}{c_2 (V - T_0)} \quad (6.28)$$

また，各相での温度分布は以下のようになる．

$$T_1 = \frac{T_0 \mathrm{erfc}\{x/[2(a_1 t)^{1/2}]\}}{\mathrm{erfc}[\beta'(a_2/a_1)^{1/2}]} \quad (6.29)$$

$$T_2 = V - \frac{V - T_0}{\mathrm{erf}\beta'} \mathrm{erf}\left[\frac{x}{2(a_2 t)^{1/2}}\right] \quad (6.30)$$

Neumannの解は特殊な場合にしか適用できず，数式表現はやや複雑であるが，解析解であるため，凍結・解凍に関する伝熱物性や操作条件の影響が明快に示されていることが大きな特長である．

6.3
実際の食品の凍結・解凍

凍結・解凍の問題に関して，6.2.1項および6.2.2項に示した解はその適用範囲がきわめて限定されており，複雑な形状を有し，かつ多成分系である実際の食品の凍結・解凍の問題はそれほど単純ではない．しかし，基本的には伝熱方程式に従い，潜熱の取扱いと6.1節で述べた伝熱物性の強い温度依存性を考慮する必要についてはこれまでと同様である．

潜熱に関しては，これを見かけ比熱として扱う方法がある．伝熱方程式（6.18）は温度伝導度を用いずに，密度，比熱，熱伝導度によって書き表すと次のようになる．

$$\rho c \frac{\partial T}{\partial t} = k \frac{\partial^2 T}{\partial x^2} \quad (6.31)$$

この比熱 c の中に，氷結率の温度依存性による潜熱分を付け加えることができる．

$$\rho\left(c + \Delta H_\mathrm{m} \frac{\mathrm{d} f_\mathrm{i}}{\mathrm{d} T}\right)\frac{\partial T}{\partial t} = k \frac{\partial^2 T}{\partial x^2} \quad (6.32)$$

この式は，凍結または解凍の相変化に伴って生ずる潜熱を「凍結領域」の全空間に分散させて取り扱うものであり，この点において，潜熱の取扱いをすべて凍結固液界面に集中させるNeumannの場合とは大きく異なる．潜熱をこのように取り扱い，さらに伝熱物性値の温度依存性を考慮する場合には解析解は得られず，数値解法による必要がある．

また，実際の凍結では，凍結は必ずしも凍結点で開始するとは限らず，しばしば過冷却が起き，このような場合にも数値解法が必要である．

演 習

6.1 例題6.1では，18℃で解凍を行った．しかし，凍結食品の実際の解凍は，品質面に対する考慮から，冷蔵庫解凍（5℃）が推奨されることが多い．この場合の解凍時間をPlankの解を用いて計算せよ．

6.2 例題6.1で，Plankの解（式（6.16））に顕熱補正の式（6.14）を組み合わせて，凍結完了時間を求めよ．

6.3 十分に深い18℃の水を，表面温度-18℃で凍結を開始するとき，凍結時間 t における凍結層厚みを $X_\mathrm{F}(t)$ とする．また逆に，-18℃の半無限状の氷を表面温度18℃で解凍を開始する場合の解凍時間 t' における融解層の厚さを $X_\mathrm{T}(t')$ とする．いま，$X_\mathrm{F}(t) = X_\mathrm{T}(t')$ であるとき，t と t' の比はどのような値となるか．ただし，いずれの場合にも，伝熱は伝導伝熱のみによるものとする．また，式（6.22）および式（6.28）における β および β' の値は，それぞれ，0.249 と 0.193 とする．

第7章
濃　縮
（第10回）

> [Q-7] 果物を搾った果汁から濃縮果汁はどのようにしてつくるのですか？
>
> **解決の指針**
> 　果汁の濃縮方法には，蒸発濃縮，凍結濃縮，膜濃縮があるが，ここでは蒸発濃縮についてのみ学習する．7.1節では，蒸発缶とはどのようなものか？　7.2節では，蒸発缶における物質収支や熱収支はどのようになるか？　7.3節では，熱効率の視点から考案された多重効用蒸発缶とはどのようなものか？　7.4節では，水蒸気とはどのようなものか？　の順に考える．

【キーワード】　蒸発濃縮，蒸発缶，カランドリア，飛沫捕集器，多重効用蒸発缶，効用数，飽和水蒸気

　果実の収穫は通常1年に1回であり，収穫時期や果実の貯蔵期間は限られているので，収穫後，速やかに搾汁が行われる．しかし，一時に1年分の果実飲料製品を製造することができないことや，果実飲料の需要は通年にわたるため，濃縮後，果汁を低温保存し，適時製品化するのが果実飲料の一般的な製造方法である．

　濃縮（concentration）の利点として，濃縮後の果汁は溶質濃度が高いため抗菌効果があり，容積が小さくなることで貯蔵容器も小型化でき，かつ輸送コストも軽減できることが上げられる．さらに，空気に触れる面積が狭くなることで保存中の栄養素の変化も軽減できる．

　果汁のほか，食塩，砂糖，牛乳なども貯蔵や輸送上の利点から濃縮される．濃縮には，蒸発濃縮（evaporative concentration），凍結濃縮（freeze concentration），膜濃縮（membrane concentration）などが用いられる．本章では蒸発濃縮についてのみ学習する．

7.1
蒸　発　缶

　多量の熱を必要とする蒸発濃縮では，水蒸気が熱源として利用され，さまざまな**蒸発缶**（evaporator）が考案されている．図7.1に標準的な蒸発缶を示す．

　この蒸発缶では，下部に位置して溶液を加熱する**カランドリア**（calandria）と呼ばれる多管式熱交換器

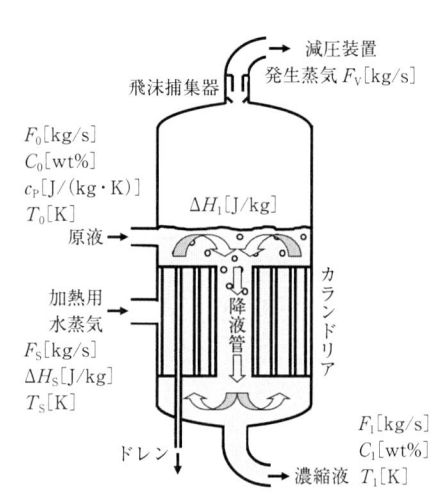

図 7.1 標準的な蒸発缶

$F_0[\text{kg/s}]$
$C_0[\text{wt\%}]$
$c_P[\text{J/(kg·K)}]$
$T_0[\text{K}]$
原液

加熱用水蒸気
$F_S[\text{kg/s}]$
$\Delta H_S[\text{J/kg}]$
$T_S[\text{K}]$

減圧装置
発生蒸気 $F_V[\text{kg/s}]$
飛沫捕集器
$\Delta H_1[\text{J/kg}]$
カランドリア
降液管
ドレン
$F_1[\text{kg/s}]$
$C_1[\text{wt\%}]$
濃縮液 $T_1[\text{K}]$

部分と，上部の水が蒸発するための大きな空間からできている．溶液は水蒸気によって加熱され，沸騰しながらカランドリア部を上昇し，中央の降液管を下降して，循環しながら濃縮される．一方，カランドリア内の加熱用水蒸気は凝縮して，ドレンから排出される．液面で蒸気の泡が壊れる際に飛沫を生じる．この飛沫が発生蒸気とともに蒸発缶外へ飛散することによる溶液の損失を防ぐため，蒸発缶の上部に大きな空間を設けたり，蒸発缶頂部の蒸気の出口に**飛沫捕集器**（mist collector）を設けたりしている．さらに，蒸発缶の頂部は減圧装置へとつながっている．濃縮液は，蒸発缶下部よりポンプを用いて取り出される．

7.2 蒸発量と所要熱量

図7.1の蒸発缶における全物質収支と成分物質収支は，

$$F_0 = F_V + F_1 \tag{7.1}$$
$$C_0 F_0 = C_1 F_1 \tag{7.2}$$

ここで，F_0 は原液の流入量 [kg/s]，F_V は発生蒸気量 [kg/s]，F_1 は濃縮液の流出量 [kg/s]，C_0 は原液中の成分濃度 [%(w/w)]，C_1 は濃縮液中の成分濃度 [%(w/w)] である．

したがって，発生蒸気量（蒸発水量）F_V [kg/s] は次式で表される．

$$F_V = F_0(1 - C_0/C_1) \tag{7.3}$$

蒸発缶では，原液を沸点まで加熱するための顕熱と沸点において蒸発する水の潜熱，ドレンや蒸発缶から損失する熱の合計熱量に相当する加熱用水蒸気を供給する必要がある．したがって，濃縮できる原液量は，供給できる加熱用水蒸気量によって決まる．蒸発缶へ供給される原液の温度を T_0 [K]，蒸発缶内の溶液の沸騰温度を T_1 [K]，溶液の蒸発潜熱を ΔH_1 [J/kg]，原液の比熱を c_0 [J/(kg·K)] とすると，蒸発濃縮に必要な熱量 Q [J/s] は次式で求められる．

$$Q = F_0 c_0 (T_1 - T_0) + \Delta H_1 F_V \tag{7.4}$$

ここでは，ドレンも含めた蒸発缶からの熱損失は無視している．

また，蒸発缶の性能は次の伝熱速度式で表される．

$$Q = UA\Delta T \tag{7.5}$$

ここで，U は総括伝熱係数 [J/(m²·s·K)]，A は蒸発缶の伝熱面積 [m²]，ΔT は加熱用水蒸気の温度と溶液の濃度から沸点上昇を考慮して求めた蒸発缶内の溶液の沸騰温度との温度差 [K] である．

蒸発缶の設計では，原液の処理量と運転条件から Q と ΔT が決まる．適当な U の値を選べば，式 (7.5) から A が求まる．なお，総括伝熱係数 U は溶液の性質や蒸発缶の構造などの影響を受けるため，経験値を参考にする．

加熱用水蒸気は飽和温度 T_S [K] で凝縮し，その際の潜熱 ΔH_S [J/kg] を溶液に与えるとすると，加熱用水蒸気の必要量 F_S [kg/s] は，次式で求まる．

$$F_S = \frac{Q}{\Delta H_S} = \frac{F_0 c_0 (T_1 - T_0) + \Delta H_1 F_V}{\Delta H_S} \tag{7.6}$$

【例題7.1】 20℃, 10%(w/w) の果汁（比熱 3.98×10^3 J/(kg·K)）を 100 kg/h の流量で蒸発缶へ供給し，25% の濃縮果汁（沸点102℃）を得たい．蒸発缶は減圧せず大気に開放し，120℃の加熱用水蒸気の潜熱のみを用いて加熱するとする．必要な加熱用水蒸気量を求めよ．

〈解〉 発生蒸気 F_V は式 (7.3) より，

$$F_V = (100)(1 - 0.1/0.25) = 60 \text{ kg/h}$$

純水の蒸発潜熱を近似的に用いると，飽和水蒸気表（p.173 付録D）から102℃の潜熱は 2.25×10^6 J/kg であるから，必要な熱量 Q は式 (7.4) より，

$$Q = (100)(3.98 \times 10^3)(375 - 293) + (2.25 \times 10^6)(60)$$
$$= 1.67 \times 10^8 \text{ J/h}$$

120℃の水の蒸発潜熱は飽和水蒸気表から 2.20×10^6 J/kg であるから，加熱用水蒸気の必要量 F_S は式 (7.6) より，

$$F_S = \frac{1.67 \times 10^8}{2.20 \times 10^6} = 76 \text{ kg/h.} \qquad 〈完〉$$

7.3 多重効用蒸発缶

発生蒸気は大きな熱量をもっており，熱効率を考えると，発生蒸気をそのまま大気中へ排出することは無駄が多い．数個の蒸発缶を順次連結し，この発生した蒸気を加熱用水蒸気として利用できれば，熱効率が改善される．そこで考案されたのが，**多重効用蒸発缶**（multiple-effect evaporator）である．連結する蒸発缶の数を**効用数**（number of effect）といい，3連の多重効用蒸発缶を三重効用蒸発缶という（図7.2）．

第1蒸発缶へはボイラから加熱用水蒸気 F_0 [kg/s] が供給される．第1蒸発缶から発生した水蒸気 F_{V1} [kg/s] は，第2蒸発缶の熱源として供給される．第1蒸発缶から発生した水蒸気の飽和温度は第1蒸発缶の溶液の沸点より沸点上昇分だけ低い．第2蒸発缶の沸点を第1蒸発缶から発生した水蒸気の飽和温度より低くなるように減圧する．このように蒸発缶を連結することにより，第1蒸発缶へ加熱用水蒸気を供給するだけで，第1蒸発缶と第2蒸発缶ではそれぞれほぼ同量の水が蒸発し，蒸発量は1台の蒸発缶の場合の約2倍になり，供給する加熱用水蒸気量は約1/2に減少する．第3蒸発缶についても同様である．したがって，効用数が n の n 重効用蒸発缶の場合，加熱用水蒸気量は約 $1/n$ となり，必要熱量の大きな改善となる．熱量の点では n が大きいほど有利であるが，設備費，運転費などは大きくなるので，実用されている効用数は2～6くらいである．

【例題7.2】 図7.2の三重効用蒸発缶について，物質収支式，熱収支式，伝熱速度式はどのようになるか．
〈解〉 全物質収支は，

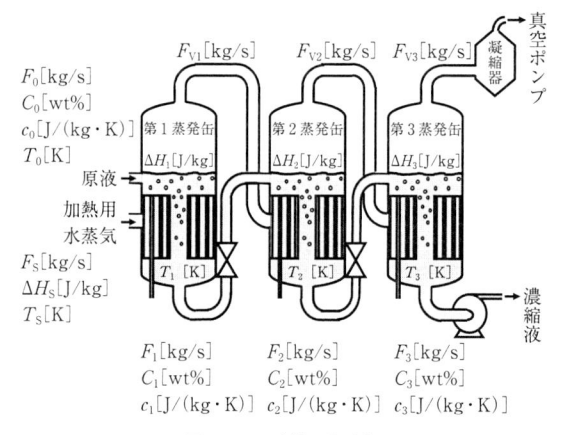

図7.2 三重効用蒸発缶

$$F_0 = F_{V1} + F_{V2} + F_{V3} + F_3 \tag{7.7}$$

なお,
$$F_1 = F_0 - F_{V1}$$
$$F_2 = F_0 - F_{V1} - F_{V2}$$
$$F_3 = F_0 - F_{V1} - F_{V2} - F_{V3}$$

成分物質収支は,
$$C_0 F_0 = C_3 F_3$$

熱収支は,
$$\Delta H_S F_S = F_0 c_0 (T_1 - T_0) + \Delta H_1 F_{V1}$$
$$\Delta H_1 F_{V1} = F_1 c_1 (T_1 - T_2) + \Delta H_2 F_{V2}$$
$$= (F_0 - F_{V1}) c_1 (T_1 - T_2) + \Delta H_2 F_{V2}$$
$$\Delta H_2 F_{V2} = F_2 c_2 (T_2 - T_3) + \Delta H_3 F_{V3}$$
$$= (F_0 - F_{V1} - F_{V2}) c_2 (T_2 - T_3) + \Delta H_3 F_{V3}$$

伝熱速度式は,
$$\left.\begin{array}{l}\Delta H_S F_S = U_1 A_1 \Delta T_1 \\ \Delta H_1 F_{V1} = U_2 A_2 \Delta T_2 \\ \Delta H_2 F_{V2} = U_3 A_3 \Delta T_3\end{array}\right\} \tag{7.8}$$

ここで,
$\Delta T_1 = T_S - T_1$
$\Delta T_2 = T_1 - T_2$,沸点上昇 T_{BPR1} が生ずる場合は,
$\Delta T_2 = T_1 - T_{BPR1} - T_2$
$\Delta T_3 = T_2 - T_3$,沸点上昇 T_{BPR2} が生ずる場合は,
$\Delta T_3 = T_2 - T_{BPR2} - T_3$
一般には,$A_1 = A_2 = A_3$ である。〈完〉

7.4
水 蒸 気

食品プロセスの加熱工程では,鍋や釜をバーナ上において直接加熱する直火式が用いられることがある.しかし,直火式加熱法は局部的な過熱による食品材料の変質を起こすことがあるため,水蒸気を用いた間接加熱法がしばしば用いられる.水蒸気は毒性がなく,装置材料を腐食することもなく,比較的安価で,潜熱が大きいため,間接加熱の熱媒体に適している.

ある温度において,水(液体)と水蒸気(気体)が平衡状態にあるとき,水蒸気の圧力は一定となる.このときの温度を飽和温度,水蒸気を**飽和水蒸気**(saturated water vapor),圧力を飽和水蒸気圧という.飽和温度と飽和水蒸気圧には一定の関係があり,飽和水蒸気表(付録D)として表される.飽和水蒸気を一定圧力下で加熱すると,飽和温度より高温の過熱水蒸気になる.過熱水蒸気は飽和水蒸気よりも大きな熱エネルギーをもつため,食品の調理,乾燥,殺菌などにも利用されている.付録の表D.1飽和水蒸気表では,飽和温度,圧力,エンタルピー,蒸発潜熱が示されている.一定圧力で,0℃の水をある温度の水か水蒸気にするために要する熱量を,その温度と圧力における水または水蒸気のエンタルピーという.また,水から水蒸気へと状態変化する際に出入りする熱量のことを蒸発潜熱という.蒸発潜熱は圧力が低い蒸気ほど大きく,圧力が高くなるにつれて小さくなり,ついには臨界圧力である22.06 MPaで蒸発潜熱は0になる.飽和水蒸気表に示されていない条件では,内挿して用いる.

【例題7.3】 ゲージ圧 $0.43\ \text{kgf/cm}^2$ の飽和水蒸気が冷却されて70℃の凝縮水になった.水蒸気1 kgが放出した熱量を求めよ.なお,ゲージ圧とは大気圧(1.013×10^5 Pa,1 atm,1.03 kgf/cm²)を基準にした圧力のことである.

〈解〉 この飽和水蒸気の絶対圧は,$1\ \text{kgf/cm}^2 = 9.807 \times 10^4$ Paであるから,

$$[\text{ゲージ圧}] + [\text{大気圧}] = 0.43 + 1.03 = 1.46\ \text{kgf/cm}^2$$
$$= 1.43 \times 10^5\ \text{Pa}$$

である.

飽和水蒸気表において,圧力が 1.43×10^5 Paのエンタルピーをみると 2.69×10^6 J/kgである.

また,水の比熱は 4.186 kJ/(kg・K) であるから,凝縮水のエンタルピーは,

4.186 kJ/(kg・K) $\times (343\ \text{K} - 273\ \text{K}) = 0.293 \times 10^6$ J/kg

したがって,放出した熱量は両エンタルピーの差に等しく,$2.69 \times 10^6 - 0.293 \times 10^6 = 2.40 \times 10^6$ J/kg である.〈完〉

演 習

7.1 単効用蒸発缶を用いて,20℃,10%(w/w)の液状食品(比熱 3.77 kJ/(kg・K))を 2000 kg/h の流量で蒸発缶へ供給し,40%に濃縮したい.蒸発缶内の圧力は 1.57×10^4 Paとし,加熱用水蒸気は 1.98×10^5 Paであり,その凝縮水は飽和温度で蒸発缶外へ出るとする.発生蒸気量と必要な加熱用水蒸気量を求めよ.なお,蒸発缶外への熱損失および液の沸点上昇は無視する.

7.2 例題7.1において,総括伝熱係数 U が 7.53 MJ/(m²・h・K) であるときの蒸発缶の伝熱面積を求めよ.

7.3 三重効用蒸発缶において,20℃,5%(w/w)ショ

糖水溶液を第1蒸発缶へ 5000 kg/h で供給し，第3蒸発缶から 20% の濃縮液を得たい．加熱用水蒸気は 1.98×10^5 Pa であり，その潜熱のみを利用する．第3蒸発缶の圧力は 1.23×10^4 Pa としたとき，蒸発缶の伝熱面積を求めよ．ただし，液の比熱はすべて 4.19 kJ/(kg·K) とし，外部への熱損失および沸点上昇は無視する．なお，各蒸発缶の伝熱面積は等しいとし，第1から第3蒸発缶の総括伝熱係数は，順に 8000，7500，7000 kJ/(m²·h·K) とする．

7.4 凍結濃縮や膜濃縮とはどのような濃縮法か．また，用いられる装置とその操作について調べよ．

第 8 章
平衡と物質移動
(第 11 回)

> [Q-8] 砂糖で甘味をつけるとき，大きさが違う食材は同じ時間で味がつくのですか？
>
> 🛁 **解決の指針**
>
> 食品の加工は，食材から食品の状態へ変化させる工程と考えることができる．状態変化を把握するには，平衡論と速度論の双方からの理解が必要である．8.1節では，食品の状態と平衡，とくに水分活性について考える．8.2節では，食品によくみられる気泡を取り上げ，曲がった界面がどのような現象にかかわっているのかを理解する．8.3節では，代表的な速度過程である分子拡散を取り上げ，変化の速度式と物質収支式を組み合わせる考え方を理解し，砂糖などの調味料が食材に浸透する速さについて考える．さら8.4節では，より一般的な物質移動について基本的な考え方に触れる．

【キーワード】 水蒸気圧，水分活性，分子拡散

8.1
食品の状態と水分活性

水と油は混じりあわないが，牛乳は水の中に脂肪が脂肪球という形で分散している．熱力学では，明確な境界で隔てられた一様な性質をもつ部分を相と呼ぶ．牛乳の場合，水相に油相が分散しており，このような液体の連続相中に液体の小滴が分散したものをエマルションと呼ぶ．物質は，気体，液体，固体の三つの状態（超臨界状態を含めれば四つの状態）をとりうるので，液体の連続相中に気泡が分散したものや，気体の連続相中に固体が分散したものもある．前者と後者の例はビールや穀粉である．溶液のように均質と見なせる場合は，構造の影響がなくなるため組成との対応のみを把握すればよいが，食品の多くは多相分散系で，水分が最大の成分であることが多い．

生物や食品中で液相として存在することが多い水は，その存在状態が食品の保蔵と密接に関係している．食品中の水は食品成分との相互作用によってさまざまな存在状態にある．食品成分と強く相互作用して運動性が低くなった水を結合水という．食品成分と結合していない自由水は微生物の生育に利用され，それを少なくすると腐敗を防止できる．**水分活性**（water activity）は，食品中の自由水の割合を知るためのパラメータであり，食品の**水蒸気圧**（water vapor pressure）を P，同一の温度，湿度における純水の蒸気圧を P_0 とすると，水分活性 a_w は

$$a_w = \frac{P}{P_0} \tag{8.1}$$

で表される．食品または純水の蒸気圧は，食品と純水をそれぞれ密閉容器内においたときの気相中の蒸気圧として求められる．

ある液体（たとえば，水）を容器に入れて密閉し，一定の温度，圧力に保つとする．このとき，分子間引力の影響を強く受けている相（液相）から分子が蒸発して，上方の空間（気相）に気化する．しかし一方で，気相から液相へ飛び込み液化する分子もある．引力で分子が集まろうとする傾向と，熱運動で分子がばらばらになろうとする傾向とが平均として釣り合うと，見かけ上変化は止まる．このような状態を平衡状態という．ただし，巨視的には変化は止まっていても，個々の分子は液相と気相の間を行き来し，めまぐるしく居場所を変える．自由水は食品中で純水のように振る舞い，液体または気体として食品の外へ移動することもできる．食品成分と相互作用している水は常に食品中にとどまっているので，自由水が少ないと気相の蒸気圧が減少する．したがって，気相の蒸気圧から水分活性が求められる．

食品の腐敗は，水分活性を低くすることにより防止できる．水分活性を低くするには二つの方法がある．一つは，食品を乾燥させて水分含量を減らす方法である．この方法は昔から広く行われている．しかし，保存性の向上のみを目的として加工条件を決めると，加

工中に食品の組織が物理的に損傷し，品質が劣化することもある．もう一つは，食品中の水分含量を変えずに自由水の量を減らして微生物の生育を抑え，保存性を高める方法である．この方法では，食品中に適当な量の水分が保持されるので，組織は柔らかく，食感はおおむね良好である．

異種分子からなる分子集団においては，化学ポテンシャルはそれぞれの分子種のギブス自由エネルギーGに対する寄与を表し，次のように定義される．

$$\mu_i = \left(\frac{\partial G}{\partial n_i}\right)_{T,P,n_j} \quad (8.2)$$

ここで，nは物質量，iおよびjはそれぞれi番目およびj番目の分子種を示す．$\partial G/\partial n_i$は，n_iを少し増やしたときにGがどれだけ変化するのかを示している．分子種1モル当たりのギブス自由エネルギー変化ではない点に留意する．

多成分系の化学ポテンシャルはある成分がある相から他の相へ移動する過程における平衡と自発的変化の指標となる．食品・食材の状態の変化は刻一刻と進むが，ついには変化しなくなる．アルコール水溶液と水-アルコール混合蒸気との間の気液平衡でも，分子集団を無秩序化しようとする熱運動の傾向と，分子間引力によって分子集団を秩序化しようとする傾向がバランスしたときに変化が止まり平衡状態になる．平衡状態では，どの部分の温度も圧力も等しく，同時にすべての相（気相，液相，固相）で各成分の化学ポテンシャルが等しい．

【例題8.1】 一般に細菌は水分活性0.90以下，酵母は0.88以下，カビは0.80以下で生育できなくなる．しかし，水分活性0.60以下では酸素により脂質の酸化を受けやすくなる．水分活性の観点から，望ましい食品について考察せよ．

〈解〉 食品に保水剤（自由水を補足する物質）を添加することによって，その食品の水分活性を中程度に調整できる．水分活性0.65～0.85（水分含量20～40％）の範囲に調節すると，細菌の生育および脂質の酸化が抑えられていて，適度な水分を含んだ柔らかい食品をデザインすることができる．このような食品を中間水分食品と呼ぶ（第18章を参照）． 〈完〉

8.2
曲がった界面が関与する変化

食品には気泡を含むものが多い．気泡は曲がった界面で覆われている．いま，半径rの気泡が膨張して半径が$r+\Delta r$に変わると，表面積が$8\pi r\Delta r$増加し，表面自由エネルギーが$8\pi\gamma r\Delta r$だけ増加する．ここで，γは表面張力である．気泡が内外の圧力差ΔPによって膨張したとすると，このとき体積が$4\pi r^2\Delta r$だけ増加するので，界面のなした仕事は，$4\pi\Delta P r^2\Delta r$となる（図8.1）．界面のなした仕事がすべて表面の拡張に使われたとすると，これが表面自由エネルギー変化と等しくなるので，

$$\Delta P = \frac{2\gamma}{r} \quad (8.3)$$

という関係が導かれる．これをYoung-Laplace（ヤング-ラプラス）の式と呼ぶ．気泡内の全圧は表面が平らなときよりも高くなる．

一方，凝縮性分子は界面が曲がっていると，平らな表面での飽和蒸気圧よりも低い圧力で凝縮する．曲面での蒸気圧と平らな表面での蒸気圧をそれぞれPとP_0とすると，

$$\ln\frac{P}{P_0} = -\frac{2\gamma V_L}{rRT} \quad (8.4)$$

という関係（Kelvin（ケルビン）の式）が知られている．ここで，V_Lは液体（ここでは水）のモル体積である．Kelvinの式は液滴の蒸気圧や液体中の気泡内部の蒸気圧に対しても適用できる．気泡内の平衡水蒸気圧は，曲がった界面の影響を受けて，平面での平衡水蒸気圧（すなわち，飽和水蒸気圧）よりも低くなることを示している．

Young-Laplaceの式は気泡内の全圧が外圧よりも高くなければならないことを示し，Kelvinの式は気泡内の平衡水蒸気圧が飽和水蒸気圧よりも低くなることを示す．したがって，水蒸気のみからなる気泡は平衡状態では存在することができず，消滅していく．難溶性の気体が共存する場合は，その分圧は界面が平面であるときよりも高い（難溶性気体の存在比が高い）ことになる．気体の溶解度についてはHenry（ヘンリー）の法則

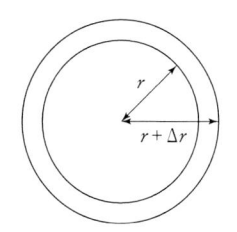

表面自由エネルギーの増加：$8\pi\gamma r\Delta r$
界面のなした仕事：$4\pi\Delta P r^2\Delta r$

図8.1 気泡の膨張に伴う仕事

$$p_B = H x_B \tag{8.5}$$

が知られている．ここで，p_B は気相中の溶質分子の蒸気圧，x_B は液相中の溶質のモル分率である．実用上は，気体の分圧 P_i から液相中の溶質のモル濃度 C_i がわかると便利なので，

$$C_i = K_H P_i \tag{8.6}$$

と表されることもある．炭酸飲料やビールの蓋を開けるときの泡立ちは，気体の分圧が下がったために過飽和となった二酸化炭素が気化したものである．なお，気泡は液体中の微粒子や器壁表面の傷などに起因する不均一核生成によって生じる．

Henry 定数 K_H [mol/(m³·Pa)] は分子の溶解しやすさの指標であり，25℃の水に対する窒素と酸素のHenry 定数はそれぞれ 6.48×10^{-6} mol/(m³·Pa) と 1.30×10^{-5} mol/(m³·Pa) であり，二酸化炭素のそれは 3.39×10^{-4} mol/(m³·Pa) である．二酸化炭素は空気に比べて水への溶解度が大きい．食品に気泡を含ませるときに二酸化炭素が用いられる理由は，二酸化炭素が溶解して pH が下がることによる変敗防止に加えて，身近なガスの中で溶解平衡を最も利用しやすい分子として長い歴史の中で二酸化炭素が選ばれたといえる．二酸化炭素の供給源は酵母や炭酸温泉水であり，現在ではふくらし粉である．

Young-Laplace の式によれば，気泡の内圧は大きい気泡よりも小さい気泡のほうが高い．気体の溶解度は分圧が高いほど高まるので（Henry の法則），小さい気泡の周辺では，大きい気泡よりも多くの気体が溶解する．したがって，気泡間の連続相を介した分子拡散により小さい気泡が消滅し，大きい気泡が成長する．気泡は消滅しやすいので，食品の泡を安定化させるには，界面活性剤を加えて表面張力を下げて気泡内部の圧力を低下させたり，気液界面にタンパク質凝集体（卵白泡沫など）や微粒子（ホイップクリームにおける脂肪球）を吸着させたりする．増粘剤を加えて連続相の粘度を上げることもよく試みられる．

一般に，難溶性の気体の溶解度は温度が高くなると低下する．低温のビールのほうが泡保ちが悪いのは，温度が低いほど二酸化炭素の溶解度が大きいため，過飽和が解消されて気泡に供給される二酸化炭素の量が相対的に少なくなるためである．また，製氷するとき，水に溶解した空気は凍結の進行に伴い凍結濃縮され，過飽和となった空気が微小な気泡をつくると白濁した氷ができる．

【例題 8.2】 表面張力が 50 mN/m の卵液を泡立てたところ，平均気泡径が 10 μm の泡沫を調製することができた．気泡内の全圧は大気圧よりもどのくらい高くなっているか．

〈解〉 式（8.3）より $\Delta P = (2)(50\times10^{-3})/(5\times10^{-6}) = 2\times10^4$ Pa = 20 kPa となる． 〈完〉

8.3 拡散と Fick の法則

砂糖を水に溶かすとき，かきまぜないで静止させておくと，最初は濃度の濃い部分と薄い部分があるが，やがて全体が均一な状態になる．水が動かないのに砂糖が均一になっていくのは，水分子と砂糖分子がそれぞれランダムな運動をしているからである．ランダムな運動により起こる分子の移動を**分子拡散**（molecular diffusion）と呼ぶ．

分子拡散は微視的には分子のランダムな運動によって濃度が均一になっていく現象であるが，巨視的には物質が濃度の高い領域から低い領域へ向かって移動する現象である．このとき，物質移動の推進力は濃度勾配であり，等方性の物質内を単位時間単位面積当たりに移動する物質量，すなわち物質流束 N_A は濃度勾配に比例する．これが Fick（フィック）の第一法則であり，x 方向の一次元分子拡散では，

$$N_A = -D\frac{dC}{dx} \tag{8.7}$$

と表現される．ここで，C と D はそれぞれ物質 A の濃度と拡散係数である．

物体中に仮想的な微小な体積要素を考え，この体積要素（断面積 A，厚さ Δx）について物質の収支を考える（図 8.2）．微小時間 Δt の間の濃度変化 ΔC は両端の壁を通って出入りした物質の量の差を体積要素の体積で割ったものであり，

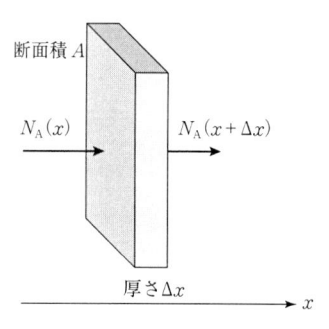

図 8.2 体積要素における物質収支

$$\Delta C = \frac{N_A(x)A\Delta t - N_A(x+\Delta x)A\Delta t}{A\Delta x}$$

$$= \frac{[N_A(x) - N_A(x+\Delta x)]\Delta t}{\Delta x} \quad (8.8)$$

$$\frac{\Delta C}{\Delta t} = -\frac{N_A(x+\Delta x) - N_A(x)}{\Delta x} \quad (8.9)$$

と導かれる．Δ を無限微小増分と考えると，

$$\frac{\partial C}{\partial t} = -\frac{\partial N_A}{\partial x} = -\frac{\partial}{\partial x}\left(-D\frac{\partial C}{\partial x}\right) \quad (8.10)$$

となる．拡散係数 D が一定のときには，

$$\frac{\partial C}{\partial t} = D\frac{\partial^2 C}{\partial x^2} \quad (8.11)$$

と表すことができる．この式は，濃度の時間変化と位置変化とを結びつけるもので，Fickの第二法則と呼ばれる．無限円柱側面からの分子拡散の場合には，

$$\frac{\partial C}{\partial t} = D\left(\frac{\partial^2 C}{\partial r^2} + \frac{1}{r}\frac{\partial C}{\partial r}\right) \quad (8.12)$$

球表面からの分子拡散の場合には，

$$\frac{\partial C}{\partial t} = D\left(\frac{\partial^2 C}{\partial r^2} + \frac{2}{r}\frac{\partial C}{\partial r}\right) \quad (8.13)$$

と表される．ここで，r は円柱または球の半径方向の距離である．

このように，分子拡散のような移動現象を取り扱う場合には，変化の速さに関する法則と収支の関係とを組み合わせて基礎方程式が導かれる．

厚さが有限な平板の表面からの一次元分子拡散について考える．厚さ L の平板（たとえば，スライスしたパイナップル，砂糖の初期濃度 C_0 とする）を濃度 C_S の砂糖溶液に浸すと，平板の両面から砂糖分子が拡散する．平板の片面を $x=0$ とすると，初期条件および境界条件は，

$$t = 0 : C = C_0 \quad (8.14)$$

$$x = 0, x = L : C = C_S \quad (8.15)$$

である．ここで，拡散の基礎方程式 (8.11) を無次元化するために，

$$X = \frac{x}{L} \quad (8.16)$$

$$Y = \frac{C - C_S}{C_0 - C_S} \quad (8.17)$$

とおくと，式 (8.11)，式 (8.14) と式 (8.15) は次のように表される．

$$\frac{\partial Y}{\partial (Dt/L^2)} = \frac{\partial^2 Y}{\partial X^2} \quad (8.18)$$

$$\frac{Dt}{L^2} = 0 ; Y = 1 \quad (8.19)$$

$$X = 0, X = 1 ; Y = 0 \quad (8.20)$$

このように，無次元化された濃度 Y は，無次元化された位置 X と無次元化された時間 Dt/L^2 で表現できる．拡散係数 D が等しいとき，平板の厚さ L が $3L$ になると，時間が $9t$ のときに無次元時間が等しくなる．すなわち，相似となる．したがって，パイナップルのシロップ漬けをつくるとき，厚さを3倍にすると中心での濃度が同じになるまでの所要時間は9倍になる．速く味つけをしたい場合には，サイズを小さくするとよい．

また，拡散係数 D は摩擦係数 f（第11章参照）を用いて，

$$D = \frac{k_B T}{f} \quad (8.21)$$

と表される．ここで，k_B は Boltzmann（ボルツマン）定数である．f は半径 r の球形粒子に対して，

$$f = 6\pi\mu r \quad (8.22)$$

である (Stokes (ストークス) の法則) とすると，

$$D = \frac{k_B T}{6\pi\mu r} \quad (8.23)$$

となる．ここで，μ は溶媒の粘度である．この関係式は，溶媒粘度が等しければ，半径が大きい粒子ほど拡散係数が小さいことを示す．和食の味つけの際に，塩や醤油に比べて甘味がつきにくいのは，砂糖のほうが分子が大きいためである．

食品では，拡散係数や熱伝導度，弾性率などの物性定数の変動が大きい．これは食品の成分組成や不均質構造が変動するためである．食品は生物に由来するので，生の野菜や肉のように細胞構造または分散構造を有するものが多い．したがって，物質移動の機構も食品の複雑な内部構造に依存して単純ではない．食品素材との間で吸着が起こる場合には拡散速度は低下し，多孔質構造をもつ食品では毛細管を通しての物質移動や表面拡散の影響を考える必要もあるであろう．また，固体食品内部で水分の気化または凝縮が起こると，見かけの拡散速度が予測される拡散速度より大きくなることもある．

8.4 物質移動係数

平衡でない二つの相が接すると，平衡になろうとして界面を通して成分の移動，すなわち物質移動が生じる．このような現象の推進力は化学ポテンシャルの差

であるが，化学ポテンシャルよりも濃度のほうが扱いやすいので，通常は物質移動の推進力として，濃度差（気体の場合には分圧差）を用いる．

いま，砂糖を用いて食材を調味する場合を考える．食材表面から離れた領域の流体はよく混合されていて濃度が一定で，界面近傍に存在する有限厚さの境膜（fluid film）をショ糖が分子拡散により移動すると考える．境膜とは，固体のまわりに流体が流れているとき，固体表面近傍に現れるきわめて薄い層流の層のことであり，境膜では流体の流れに乱れがない．したがって，液相が関与する界面を介した物質移動では液境膜での物質移動抵抗が支配的であることが多い．このとき，液境膜におけるショ糖の物質流束 N_A は次式で表される．

$$N_A = k_L(C_i - C_b) \tag{8.24}$$

ここで，k_L は液境膜物質移動係数（mass transfer coefficient），C_i と C_b はそれぞれ界面および液本体における砂糖の濃度である．液境膜の中では砂糖は拡散で移動するので Fick の第一法則（式（8.7））に従う．したがって，式（8.11）より定常状態では，液境膜内での砂糖の濃度分布は次の微分方程式

$$D_L \frac{d^2 C}{dx^2} = 0 \tag{8.25}$$

$$x = 0 : C = C_i \tag{8.26}$$

$$x = \delta_L : C = C_b \tag{8.27}$$

を解くことにより得られ，直線的な濃度分布となる（図 8.3）．なお，D_L は液相におけるショ糖の拡散係数，x は界面からの距離，δ_L は液境膜の厚さである．このとき，k_L は D_L および δ_L と次式の関係にある．

$$k_L = \frac{D_L}{\delta_L} \tag{8.28}$$

したがって，界面と液本体の濃度差が同じであっても，流れの状態が変われば境膜の厚さが変わるので，物質流束も変わる．

物質移動速度は，流体の物性値（密度 ρ，粘度 μ，拡散係数 D），流れの条件（流れの代表速度 u），物質移動が起こる物体の形状（物体の代表長さ L）に依存する．物質移動係数 k に及ぼす因子は，次式のように無次元数で整理される．

$$Sh = f(Re, Sc) \tag{8.29}$$

$Sh = kL/D$ は無次元化された物質移動係数であり，Sherwood（シャーウッド）数と呼ばれる．$Re = \rho u L/\mu$ は Reynolds（レイノルズ）数，$Sc = \mu/(\rho D)$ は Schmidt（シュミット）数である．

【例題 8.3】 流れの中にある球形粒子の表面近傍での物質移動の関係式として，

$$Sh = 2 + 0.6 Re^{1/2} Sc^{1/3}$$

が知られている．水中において，流れの代表速度が 1 m/s，球形粒子の直径が 1 μm，移動する物質の拡散係数が 5×10^{-10} m^2/s であるとき，物質移動係数 k を求めよ．

〈解〉 水は密度 1000 kg/m^3，粘度 0.001 Pa·s であるから，上式を変形した

$$k = \frac{D}{L}\left(2 + 0.6\left(\frac{\rho u L}{\mu}\right)^{1/2}\left(\frac{\mu}{\rho D}\right)^{1/3}\right)$$

にそれぞれの値を代入すると，

$$k = \frac{5 \times 10^{-10}}{10^{-6}}\left(2 + 0.6\left(\frac{(10^3)(1)(10^{-6})}{10^{-3}}\right)^{1/2}\left(\frac{10^{-3}}{(10^3)(5 \times 10^{-10})}\right)^{1/3}\right)$$
$$= 4.78 \times 10^{-3} \text{ m/s}$$

である（流れが遅くなると k がどうなるか考えてみよ）．〈完〉

演 習

8.1 厚さ $2L$ の平板状固形食品を濃度 C_S の調味溶液中

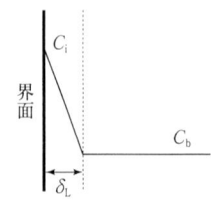

図 8.3 境膜における濃度分布

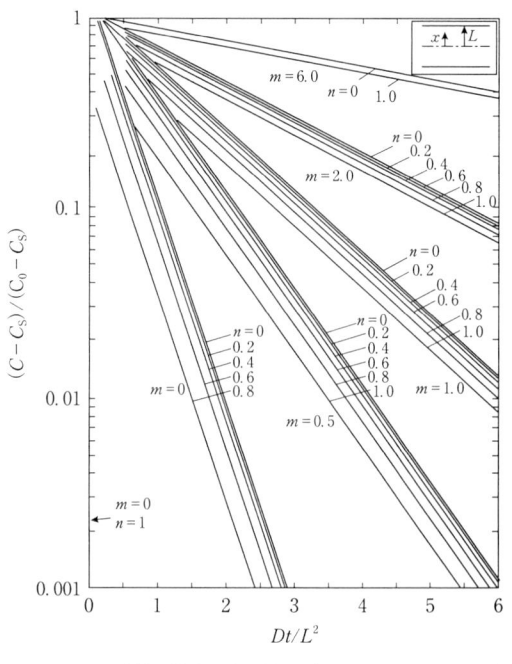

図 8.4 平板試料の濃度分布の線図（$m = D/(kL)$，$n = x/L$）

に浸したとき，調味成分は食品表面からしだいに内部に拡散（浸透）する．浸漬してから t 時間後の食材中心から距離 x の位置での調味料濃度を C とすると，濃度 C（無次元数 $(C-C_S)/(C_0-C_S)$）と t（無次元数 Dt/L^2）の関係は，$m(=D/(k\cdot L))$ と $n(=x/L)$ をパラメータとして，図 8.4 のような線図（Gurney-Lurie（ガーニー-ルーリー）線図）で表される．C_0 は食品中の初期調味料濃度である．ある食材を砂糖溶液（$C_S = 0.50$ kg/kg-sample）に浸して調味したい．試料が 0.03 m の厚さの無限平板と見なせるとき，中心濃度が 0.40 kg/kg-sample になるのに要する時間を Gurney-Lurie 線図を用いて求めよ．ただし，この食材中の砂糖の拡散係数 D は 1.2×10^{-7} m^2/s，初期濃度 C_0 はゼロとする．液境膜物質抵抗が無視できる場合（$k=\infty$ と見なし，線図の $m=0$ の線から必要な値を読み取る）と，$k=2.0\times 10^{-6}$ m/s の場合で比較せよ．

8.2 定常状態において液境膜での濃度分布が直線的になることを示せ．

8.3 気液界面での酸素の移動を考える．気液界面近傍のガス側と液側の両方に境膜が存在すると考える（二重境膜説）と，単位時間単位面積当たりの酸素移動量 N_A は，
$$N_A = k_G(p_b - p_i) = k_L(C_i - C_b)$$
と表される．ここで，k_G はガス側の境膜物質移動係数，k_L は液側の境膜物質移動係数，p_b はガス本体の酸素分圧，p_i は界面における酸素分圧，C_i は界面における酸素濃度，C_b は液本体の酸素濃度である．ここで，液本体の濃度 C_b に平衡な酸素分圧を p^*，ガス本体の酸素分圧 p_b に平衡な酸素濃度を C^* とすると，次のように書き換えられる．
$$N_A = K_G(p_b - p^*) = K_L(C^* - C_b)$$
ここで，K_G はガス境膜基準の総括物質移動係数，K_L は液境膜基準の総括物質移動係数という．気液界面では常に平衡が成立しており，次式（Henry の法則）が成り立つ．
$$C_i = K_H p_i$$
ここで，K_H は Henry 定数である．このとき，$1/K_L$ を k_L，k_G および K_H を用いて表せ．

第9章
蒸 留
(第12回)

> [Q-9] 同じ米を原料にしているのに，焼酎はなぜ清酒よりアルコール濃度が高いのですか？
>
> **解決の指針**
> 清酒も焼酎も水とエタノールを主成分とする食品であるが，焼酎は米を原料とした発酵液を蒸留してつくられる．9.1節では，気液平衡の関係（Raoultの法則など）が蒸留操作の基礎になっていることを理解する．9.2節では，酒類の蒸留に多用されている単蒸留を取り上げ，アルコール濃度を高める手法について理解する．9.3節では，工業的に用いられている連続式蒸留について理解する．

【キーワード】 気液平衡，Raoultの法則，比揮発度，Clausius-Clapeyronの式，温度-組成線図，x-y線図，共沸混合物，単蒸留，Rayleighの式，物質収支，還流比，McCabe-Thieleの作図法，濃縮部操作線，回収部操作線

蒸留は**気液平衡**（vapor-liquid equilibrium）を利用した分離操作であり，発酵液からのアルコール飲料の製造，液状食品からの揮発性成分の除去などに用いられる．一般に，混合物を一相で接触させて異相間で物質交換（物質移動）を行わせると，それぞれの相の各成分の濃度が変化し，平衡に達する．まず，気相および液相における混合物の平衡濃度について考える．

9.1
気 液 平 衡

Raoult（ラウール）は，ジエチルエーテル中のサリチル酸メチルのように比較的不揮発性の溶質の溶液に関して，その蒸気圧を種々の物質について直接測定し，一定温度では気相の分圧が液相のモル分率に比例することを見いだした．この関係を**Raoultの法則**（Raoult's law）と呼ぶ．

$$p_A = p_A^\circ x_A \quad (9.1)$$

ここで，p_Aは気相中の成分Aの分圧，p_A°は純粋な成分Aの蒸気圧，x_Aは溶液中の成分Aのモル分率である．成分AとBの分圧の和を全圧Pとすると，

$$P = p_A + p_B = p_A^\circ x_A + p_B^\circ (1-x_A) = p_B^\circ + (p_A^\circ - p_B^\circ) x_A \quad (9.2)$$

と表される．Raoultの法則が成立する溶液系を理想溶液と呼び，このとき2成分からなる溶液について，その組成とそれぞれの純成分の蒸気圧から，混合蒸気の分圧および全圧が計算できる．しかし，ベンゼン-トルエン系などのように物理化学的特性の似通った系を除いては，この法則に従う溶液系は少ない．

2成分混合溶液でRaoultの法則からのずれが認められる原因は異種分子間相互作用が関与しているためである．異種分子間の分子間力が同種分子間のそれより弱い場合，理想溶液の場合よりも蒸気になる傾向が強い．その結果，溶液の蒸気圧は理想溶液の蒸気圧よりも大きくなる．異種分子どうしが同種分子どうしよりも強く引き合っている場合は，溶液の蒸気圧は理想溶液の蒸気圧よりも小さくなる．

水とエタノールのように混じりあう2種の液体の混合物を加熱すると，液の組成によって沸点が異なり，液組成とは異なる組成の蒸気が発生する．蒸気組成と液組成の比をモル分率で表したものを平衡比と呼ぶ．なお蒸留では，液相および気相（蒸気相）における沸点の低い成分（低沸点成分）のモル分率をそれぞれxとyで表すことが多い．2成分の平衡比の比を**比揮発度**または**相対揮発度**（relative volatility）αと呼び，

$$\alpha = \frac{y_A/x_A}{(1-y_A)/(1-x_A)} \quad (9.3)$$

と定義すると，成分Aの気相でのモル分率y_Aは，

$$y_A = \frac{\alpha x_A}{1+(\alpha-1)x_A} \quad (9.4)$$

と表される．これが気液平衡の一般式である．αは分離の尺度を表し，通常は低沸点成分を成分Aにとる．したがって，αは1より大きい値であり，この値が大きい溶液系ほど蒸留によって分離しやすい．αが一

定のときには x_A 対 y_A のグラフは双曲線型となるが，実際の気液平衡関係は実験によって求めなければならない．

理想溶液の場合には，Raoult の法則を用いてそれぞれの純成分の蒸気圧と液相のモル分率から，成分 A の気相でのモル分率 y_A が，

$$y_A = \frac{p_A}{P} = \frac{p_A^\circ x_A}{p_B^\circ + (p_A^\circ - p_B^\circ) x_A} \quad (9.5)$$

と計算できる．このとき α は，

$$\alpha = \frac{p_A^\circ}{p_B^\circ} \quad (9.6)$$

となる．計算に必要な純成分の蒸気圧 p° は，**Antoine（アントワン）の式**（Antoine equation）

$$\log p^\circ = A - \frac{B}{C + t} \quad (9.7)$$

から得られる．ここで，t は温度［℃］，A, B, C は Antoine 定数である．蒸気圧を表す理論式としては **Clausius-Clapeyron（クラウジウス-クラペイロン）の式**（Clausius-Clapeyron equation）があるが，この式にはいくつかの仮定があるため実測値との一致はよくない．そのため，実際には Antoine の式がよく用いられる．

2 成分混合溶液の気液平衡関係は，**温度-組成線図**（boiling-point diagram）で表される場合が多い．図 9.1 は全圧が 1 気圧（101.3 kPa）のときのエタノール-水系に関する温度-組成線図である．図の実線は，混合溶液の沸点とエタノールのモル分率 x の関係を表したものであり，**泡点線**（saturated liquid line）と呼ばれる．また破線は，エタノールのモル分率 y の混合蒸気を冷却したときの露点と y の関係を表した線図で，**露点線**（saturated vapor line）と呼ばれる．エタノールのモル分率が x の混合溶液が沸騰して発生する蒸気中のエタノール濃度は，x に対する沸点から水平線を引き，これと破線の交点の横軸の値であるから，原液中よりエタノールの割合が高くなることがわかる．これは，水に比べてエタノールのほうが揮発性が高い（すなわち，沸点が低い）からである．平衡状態にある気体と液体について，液組成 x を横軸に，蒸気組成 y を縦軸にとった図を **x-y 線図**（x-y curve）と呼ぶ（図 9.2）．$x_1 = 0.1$ の組成の液を加熱すると，組成が $y_1 = 0.430$ の蒸気が得られ，これを凝縮すると $x_2 = y_1$ の凝縮液が得られる．さらに，その液を加熱して沸騰させ，発生する蒸気を凝縮させるとさらにエタノールのモル分率の高い凝縮液を得ることができる．

また，液相のエタノールのモル分率が $x = 0.894$（95.6%(w/w)）になると，液組成と蒸気組成が等しくなる．このような組成の液を**共沸混合物**（azeotropic mixture または azeotrope），このときの沸点を**共沸点**（azeotropic point）という．したがって，エタノール水溶液を常圧で蒸留すると 89.4 mol% で共沸混合物（沸点は 78.15℃）をつくり，これ以上は濃縮できなくなる．このとき，ベンゼンを加えて蒸留すると，ベンゼン-水-エタノールの 3 成分共沸混合物としてさらにエタノール濃度の高い留出液を得ることができる．このように共沸混合物をつくる場合は，適当な第三成分を加えて蒸留すると分離しやすくなることがある．このような第三成分を**エントレーナー**（entrainer）と呼ぶ．

【**例題 9.1**】ベンゼンとトルエンの混合液は理想溶液と見なせる．大気圧下ではベンゼンは 80.1℃で沸騰する．混合液の比揮発度を算出せよ．ただし，トルエンの Antoine 定数は，$A = 6.07954$, $B = 1344.800$℃, $C = 219.482$℃である

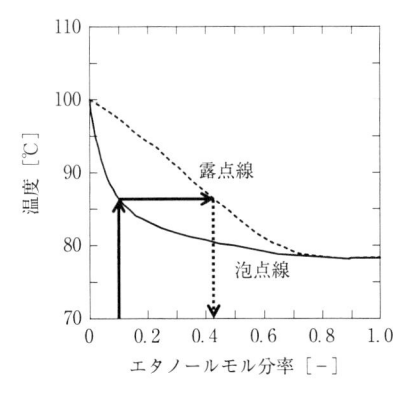

図 9.1 エタノール-水系の温度-組成線図
（全圧 1 atm）

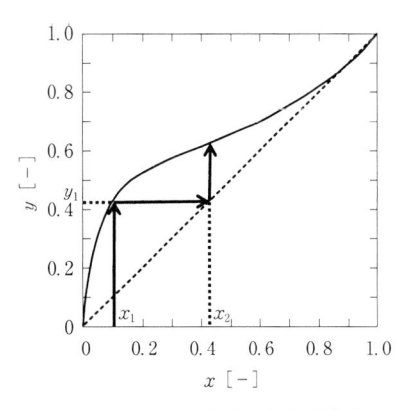

図 9.2 エタノール-水系の気液平衡曲線
（x-y 線図）

〈解〉 80.1℃における純粋なトルエンの平衡蒸気圧をAntoineの式から求めると39.0 kPaとなる．理想溶液ではRaoultの法則が成立するので，式（9.6）からα=101.3/39.0=2.60となる． 〈完〉

9.2 単蒸留

一定量の原液を蒸留缶（ポット）に仕込み加熱して沸騰させ，発生する蒸気を凝縮器で凝縮すると，原液中の低沸点成分が濃縮される．この方法を**単蒸留**（simple distillation）という．単蒸留は，製品として得られる凝縮液の量が少ないため工業的な利用は少ないが，酒類の製造には適しており，20〜60％(v/v)のエタノールを含む製品が製造されている．単蒸留では，蒸留が進むにつれて液中エタノール濃度は低下し（$y>x$のとき），それに伴って凝縮液の濃度も低下するので，蒸留過程を制御するためには，一定量の原液が留出したのち残留液と留出液のそれぞれについて液量と組成を把握する必要がある．

エタノールと水のモル数の合計がn，エタノールのモル分率がxの液を蒸留すると，残留液の全モル数は$n-dn$，エタノールのモル分率は$x-dx$となる（図9.3）．発生した蒸気中のエタノールのモル分率をyとしてエタノールの物質収支（mass balance）をとると

$$(x-dx)(n-dn)+ydn=xn \qquad (9.8)$$

となる．dxとdnは微小量であるから二次の項を無視して整理すると，

$$\frac{dn}{n}=\frac{dx}{y-x} \qquad (9.9)$$

となる．上式をxについてx_1からx_2まで，nをn_1からn_2まで積分すると，

$$\ln\frac{n_1}{n_2}=\int_{x_2}^{x_1}\frac{dx}{y-x} \qquad (9.10)$$

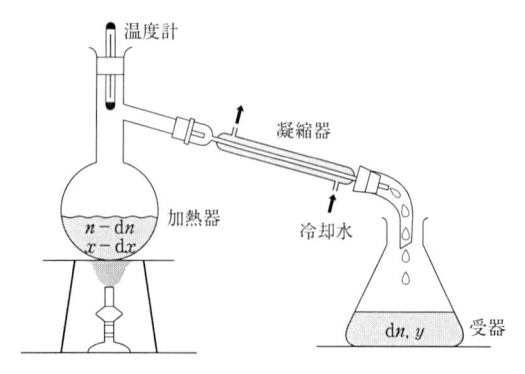

図9.3 単蒸留装置

となる．この関係式を**Rayleigh（レーリー）の式**（Rayleigh equation）と呼ぶ．もし比揮発度αがxによらず一定であれば，Rayleighの式は，式（9.3）を式（9.10）に代入して

$$\ln\frac{n_1}{n_2}=\frac{1}{\alpha-1}\left(\ln\frac{x_1}{x_2}+\alpha\ln\frac{1-x_2}{1-x_1}\right) \qquad (9.11)$$

となる．このとき残留液のモル数n_2が与えられれば式（9.11）から残留液組成x_2を求めることができる．ところが，一般にはyとxは簡単な関係式では表せないため，式（9.10）の右辺を解析的に積分できないことが多い．そのような場合には，x-y線図から図積分によって積分値を求める．Rayleighの式を用いると，液状食品から高揮発性成分を除きたい場合の残留液組成（液状食品の高揮発性成分の濃度）や，液状原料から高揮発性成分を回収したいときの留出液組成を予測することができる．

次に，発生した蒸気が部分的に凝縮して（これを分縮（partial condensation）と呼ぶ）加熱缶にもどり，残りの蒸気が留出液となるときを考える．このとき，分縮後の残存蒸気のモル分率をy'とすると，

$$\ln\frac{n_1}{n_2}=\int_{x_2}^{x_1}\frac{dx}{y'-x} \qquad (9.12)$$

という関係が得られる．発生した蒸気1 molにつきβ' molが分縮すると，分縮前後の物質収支から，

$$y=(1-\beta')y'+\beta'x' \qquad (9.13)$$

となり，さらに変形すると，

$$\frac{\beta'}{1-\beta'}=\frac{y'-y}{y-x'} \qquad (9.14)$$

となる．ここで，β'は分縮率と呼ばれ，x'は分縮液中の低沸点成分のモル分率である．yとβ'が与えられれば，式（9.14）と平衡曲線からx'とy'が求められる．また，分縮することなく，モル分率yの蒸気がすべて凝縮すると$\beta'=1$であり，$\beta'/(1-\beta')=\infty$となるため，凝縮液のモル分率がyとなる．

酒類の蒸留では，純粋なアルコールの回収だけが目的ではなく，アルコールを濃縮しながら，発酵液に含まれる様々な香気成分を適度に残すことが要求されることが多い．

【例題9.2】 エタノール10 mol％，水90 mol％を含む混合液100 molを加熱缶に入れ，残留液のエタノール組成が7 mol％になるまで単蒸留を行った．このとき，得られた留出液の量を求めよ．なお，気液平衡関係は図9.2の一部を表にした表9.1を用いよ．

〈解〉 表9.1のデータから，$1/(y-x)$を計算してグラフに

表 9.1 エタノール-水系の気液平衡関係（全圧 101.3 kPa）

x	0.0	0.01	0.02	0.03	0.04	0.05	0.06
y	0.0	0.110	0.175	0.231	0.273	0.310	0.340
x	0.07	0.08	0.09	0.10	0.12	0.14	
y	0.367	0.392	0.415	0.430	0.460	0.482	

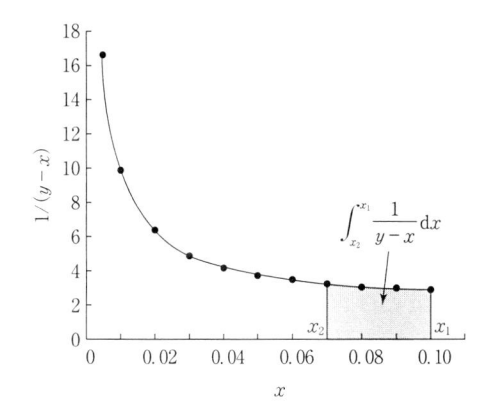

図 9.4 図積分のためのグラフ

表示すると図 9.4 となる．仕込み液のエタノールのモル分率 x_1 は 0.1 であり，蒸留後の残留液のエタノールのモル分率 x_2 が 0.07 であるから，式（9.10）の右辺の値は，図 9.4 の網かけの部分の面積に等しい．数値積分（付録 A.1 を参照）によりその面積を求めると，0.0948 となる．仕込み液の合計モル数 n_1 は 100 mol であるから，残留液のモル数 n_2 は，

$$\ln(100/n_2) = 0.0948$$
$$n_2 = 100/\exp(0.0948) = 91.0$$

となり，留出液のモル数は 9.0 mol と計算される．留出液のエタノールのモル分率 x は，

$$x = \frac{n_1 x_1 - n_2 x_2}{n_1 - n_2} = \frac{10 - 6.37}{100 - 91.0} = 0.403$$

となる．すなわち，単蒸留によっておよそ 4 倍に濃縮されたエタノールを得ることができるが，その量は仕込み量の 10% に満たない． 〈完〉

9.3 連続式蒸留

以前に甲種と分類された焼酎は，いまでは連続蒸留焼酎と呼ばれ，多段式蒸留塔を用いて大規模に製造されている．

多段式蒸留塔の模式図を図 9.5 に示す．原液供給段より上部を濃縮部，下部を回収部と呼ぶ．蒸留塔内では，液体からの揮発性成分の蒸発や棚段（トレイ）表面での液体の流れなどの物質移動が重要である．一般に，気液の接触が良好であり，速やかに気液平衡に達すると仮定できる．

蒸留塔の挙動を，①各成分のモル蒸発潜熱は等しい，②液体のもつエンタルピーは温度と組成によらず一定である，③濃縮部と回収部のそれぞれで，各段から発生する蒸気量と下降する液量は一定である，と仮定して解析する．

原液の流入速度を F，留出液と缶出液の流出速度を D と W として，蒸留塔全体について，全物質および低沸点成分のそれぞれについて物質収支をとると，

$$F = D + W \tag{9.15}$$
$$F x_\mathrm{f} = D x_\mathrm{d} + W x_\mathrm{w} \tag{9.16}$$

となる．ここで，x_f，x_d と x_w はそれぞれ原液，留出液および缶出液中の低沸点成分のモル分率である．式（9.15）と式（9.16）から留出液の流出速度 D および缶出液の流出速度 W は，

$$D = \frac{x_\mathrm{f} - x_\mathrm{w}}{x_\mathrm{d} - x_\mathrm{w}} F \tag{9.17}$$
$$W = \frac{x_\mathrm{d} - x_\mathrm{f}}{x_\mathrm{d} - x_\mathrm{w}} F \tag{9.18}$$

となる．

次に，濃縮部の上から数えて第 n 段での液相と気相の低沸点成分のモル分率を x_n と y_n，第 n 段より第 $(n+1)$ 段への液体の流入速度を L_n，第 $(n+1)$ 段から第 n 段への蒸気の流入速度を V_{n+1} とすると，第 n 段より上方全体（図 9.5 の点線で囲まれた部分）における全物質および低沸点成分に対する物質収支は次式で与えられる．

$$V_{n+1} = L_n + D \tag{9.19}$$
$$V_{n+1} y_{n+1} = L_n x_n + D x_\mathrm{d} \tag{9.20}$$

式（9.19）と式（9.20）より，

$$y_{n+1} = \frac{1}{1 + (D/L_n)} x_n + \frac{1}{1 + (L_n/D)} x_\mathrm{d} \tag{9.21}$$

が得られる．塔内の液流量が各段で同じであるとすると，

$$L_{n+1} = L_n = \cdots = L \tag{9.22}$$

となり，式（9.21）は

$$y_{n+1} = \frac{1}{1 + (D/L)} x_n + \frac{1}{1 + (L/D)} x_\mathrm{d} \tag{9.23}$$

となる．さらに，**還流比**（reflux ratio）$R \equiv L/D$ を導入すると，

$$y_{n+1} = \frac{R}{1 + R} x_n + \frac{1}{1 + R} x_\mathrm{d} \tag{9.24}$$

が導かれる．式（9.24）は，n 段と $(n+1)$ 段の間で接触する上昇蒸気の組成 y_{n+1} と下降液の組成 x_n の平衡関係を表す．

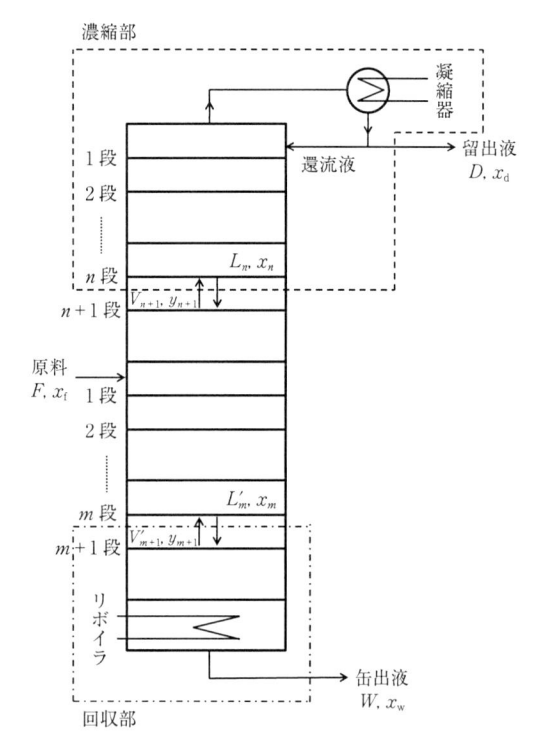

図 9.5 多段式蒸留塔の物質収支

同様に，回収部の上から数えて第 $(m+1)$ 段より下方全体（図 9.5 の一点鎖線で囲まれた部分）における全物質および低沸点成分の物質収支はそれぞれ式 (9.25) と式 (9.26) で与えられる．

$$V'_{m+1} = L'_m - W \tag{9.25}$$
$$V'_{m+1} y_{m+1} = L'_m x_m - W x_w \tag{9.26}$$

これらの式より，

$$y_{m+1} = \frac{1}{1-(W/L'_m)} x_m - \frac{1}{(L'_m/W)-1} x_w \tag{9.27}$$

が得られる．塔内の液流量および蒸気流量が各段で等しく，それぞれ L' と V' とすると，

$$y_{m+1} = \frac{L'}{V'} x_m - \frac{W}{V'} x_w \tag{9.28}$$

となる．

また，原液のうち液として供給されるモル分率を q とすると，蒸気として供給される量は $(1-q)F$ となるから，原料供給段での蒸気と液に対する物質収支は

$$V' = V - (1-q)F \tag{9.29}$$
$$L' = L + qF \tag{9.30}$$

となる．これらを式 (9.28) に代入すると，

$$y_{m+1} = \frac{L+qF}{L+qF-W} x_m - \frac{W}{L+qF-W} x_w \tag{9.31}$$

となる．

任意の段において気液平衡が成立しているとすると，x_n と y_n の関係は気液平衡曲線（x-y 線図）から得られる．式 (9.24)，式 (9.31) と気液平衡関係を組み合わせることにより，蒸留塔の特性を予測したり，操作条件を検討したりすることができる．

組成 x_f の原料を流量 F で蒸留塔に供給し，塔頂より得られる留出液の組成を x_d，塔底より得られる缶出液の組成を x_w にしたい場合に必要な段数を求めるには，**McCabe-Thiele**（マッケーブ-シール）**の作図法**（MaCabe-Thiele method）が用いられる（図 9.6）．式 (9.24) と式 (9.31) はそれぞれ濃縮部と回収部のある段における液組成と 1 段下からくる蒸気組成の関係を示し，x-y 線図上では**濃縮部操作線**（enriching operation line）および**回収部操作線**（stripping operation line）と呼ばれる．濃縮部操作線と対角線（$x=y$）との交点 D の座標は (x_d, x_d) であり，回収部操作線と対角線との交点 W のそれは (x_w, x_w) である．さらに，濃縮部操作線と回収部操作線の交点 M の座標を求めると，

$$qx + (1-q)y = x_f \tag{9.32}$$

の関係が得られる．ただし，

$$x_f = qx_f + (1-q)y_f \tag{9.33}$$

である．式 (9.32) の関係は，$x = x_f$ で立てた垂線と対角線との交点 F と交点 M を通る直線 FM で表され，q-線と呼ばれる．ここで，交点 D から始めて交点 W に達するまで二つの操作線と平衡線との間で階段作図する（図中の破線）．図 9.6 では，8 段目では x_w に達しないが，9 段ではくを越えるので，線図上の段数は 8.5 段となり，リボイラーのぶんを除いて，理論段数が 7.5 段と求められる．また，交点 M の位置から，

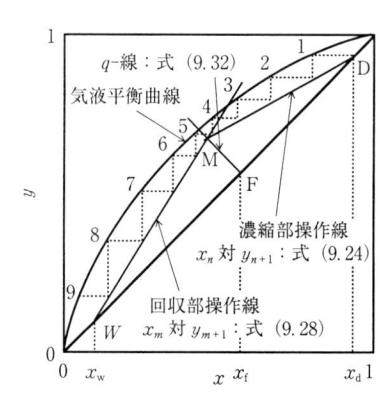

図 9.6 McCabe-Thiele の作図法

原料は4段と5段の間に供給すればよいことがわかる．階段作図によって求まる段数は気液平衡を仮定したものである．実際の蒸留塔では，気液の接触状態により平衡に達していない可能性があるため，理論段数よりも段数を大きくとることが多い．

一方，蒸留に要する熱量 Q は，缶の蒸気の発生量 V' に比例すると考えられるので，式 (9.29) から，

$$Q \propto V' = (1-q)F = L + D - (1-q)F \quad (9.34)$$

となり，

$$Q = [L + D - (1-q)F]H_v$$
$$= \left[R + 1 - (1-q)\frac{F}{D}\right]DH_v \quad (9.35)$$

となる．ここで，H_v はモル蒸発熱である．したがって，還流比 R が小さいほど消費熱量を小さくすることができる．しかし，R を小さくすると，式 (9.24) からわかるように必要な段数が増加する．逆に，還流比を大きくするほど設置する段数は少なくなるが，消費熱量が大きくなる．この点は蒸留塔の最適化のポイントの一つである．還流比と理論段数の関係については，他書を参照されたい．

演 習

9.1 ベンゼン-トルエン混合物は理想溶液と見なすことができる．1 atm，100℃で気液平衡にあるベンゼン-トルエン混合物の気相中におけるベンゼンのモル分率を求めよ．ただし，100℃におけるベンゼンとトルエンの蒸気圧はそれぞれ 181.0 kPa と 74.1 kPa である．

9.2 10 mol% のエタノール水溶液について，単蒸留によってその 1/3 を留出させたときの留出液の組成を求めよ．

9.3 エタノール 40 mol%，水 60 mol% の混合液を沸点の液として 100 kmol/h で連続蒸留塔に供給する．留出液および缶出液のエタノールモル分率をそれぞれ 0.80 と 0.20 としたい．また，還流比 R は 2.0 とする．階段作図法によって，①塔頂からの留出液量 D と缶出液量 W，②理論段数および③原料供給段の位置を求めよ．

第10章
抽　出
（第13回）

> [Q-10]　分液ロートを用いて水溶液中に含まれる疎水性の物質を有機溶媒で抽出するとき，有機溶媒を一度に全部加えるのと，半分ずつ2回に分けて加えるのでは，効率が違うでしょうか？
>
> **解決の指針**
> 　溶液からある成分を溶解する溶媒を用いて分離する操作を抽出と呼ぶ．生体成分である脂質を分離・精製するときに多用される．10.1節で抽出の例を概観した後，10.2節では食品分野で実施例が多い固体抽出について理解する．10.3節では単回抽出を取り上げ，液液平衡が抽出操作の基礎になることを理解する．10.4節では，工業的に用いられる多回抽出について述べ，抽出操作と収率の関係を理解する．最終の10.5節では，食品分野で実用化されている超臨界流体を用いた抽出に言及する．

【キーワード】　抽質，抽剤，原溶媒，抽料，抽残物，抽剤比，溶解度曲線，プレートポイント，タイライン，単回抽出，多回抽出

　抽出（extraction）は異相間を溶質（**抽質**，solute）が移動する物質移動操作の一つである．2相のうち一方は溶媒（**原溶媒**，diluent）の多い相，他方は抽出用の溶剤（**抽剤**，solvent）の多い相であり，目的とする抽質は原溶媒相から抽剤相に移動する．蒸留は混合液体を加熱して沸騰蒸発させ，蒸発と凝縮を繰り返して混合液体中のある成分を濃縮するのに対して，抽出は加熱するのではなく，混合液体に抽剤を加えることによって目的成分を分離・精製する．

10.1
抽出の特徴と例

　食品に含まれる成分（とくに生理活性成分）を分離精製する際に，抽出は不可欠な工程といってよい．しかし，食品や生物体は複雑な内部構造を有するので，ある成分を抽出するには，前処理が必要なことが多い．水に不溶で有機溶媒に溶ける一群の物質である脂質を対象とする場合にはとくに前処理が重要である．脂質のほとんどは脂肪酸の誘導体であり，これらの脂質は生体組織中でタンパク質や多糖と結合していたり，特有の細胞内組織に組み込まれていたりするので，抽剤による抽出は容易ではない．そこで，メタノールやアセトンなどの水と混合する溶媒を用いてタンパク質などとの結合を切断して脂質を抽出しやすくする必要がある．抽出したい成分を含む溶液はさらに，クロロホルムなどの無極性溶媒を混合して，さまざまな成分を分離・回収する．アフラトキシンの産生を阻害するアフラスタチンAは放線菌が産生する化合物であるが，放線菌の菌体からメタノールで抽出した後，水で飽和した n-ブタノールで抽出する．水と無極性溶媒を使うときには両者は混じり合わないので，実験室では分液ロートを用いる（図10.1）．

　アミノ酸や抗生物質などの抽出では，イオン化していない分子が抽剤に溶解する．したがって，カルボキシル基などの解離基をもつ分子は，pHによって解離状態が変化し，抽剤への溶解性が大きく変わる．たとえば，ペニシリンの pK_a 値は2.5〜3.1であるので，pHが2ではほとんどが非解離であり，大部分が抽剤相に分配されるが，それより高いpHではほとんど抽出されない．また，ジベレリンはタケノコの煮汁を減圧濃縮し，pH3で酢酸エチルを用いて抽出した後に，

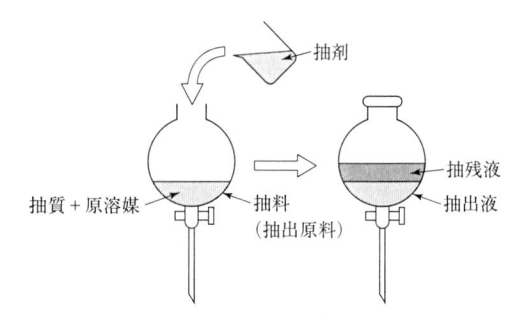

図 10.1　実験室での抽出操作

酢酸エチル相を炭酸水素ナトリウム溶液と接触させて水相に移行することで発見された.

このように,食品成分や生理活性成分の抽出は古くから行われているが,溶解度の差を利用した分離プロセスにおける装置の設計や操作条件の最適化においては異相間の平衡関係の把握が重要となる.一般に,抽剤は目的物質の溶解度が大きくかつ選択性があり,界面張力も大きくエマルションを生じにくい有機溶媒が選定される.たとえば,酢酸エチル,酢酸ブチル,ベンゼン,n-ヘキサン,ブタノールなどである.なお,抗生物質はヒトに用いられるので,抽剤の残留は許されないが,その完全な除去は容易ではない.食品産業においてはn-ヘキサンが使われ,大豆油や米糠油などが製造されている.

10.2 固体からの抽出

固体からの抽出では多くの場合,**抽残物**(raffinate)は抽剤にまったく溶解しないと見なせる.したがって,一定量の**抽料**(抽出原料,feed for extraction)を一定量の抽剤と接触させて十分に時間をおくと,平衡に達した**抽出液**(extract)と抽残物が得られる.ここで,抽出液と抽残物を分離する際に,固体粒子内部の液や表面に付着した液は抽残物とともに抽残相に残ることに留意する.

多回抽出(multiple extraction)における理論的な収率について考える.問題を簡単にするために吸着の影響を無視し,かつ液量vだけの抽剤がはじめから抽料に含まれていると仮定する.これをV量の抽剤と接触させて平衡に達した後,抽出液と抽残物を分離し,抽残物にさらにV量の新しい抽剤を加える.このような操作をn回行ったときに抽残物に残る抽質の量を考える.なお,回収された抽剤の量Vと抽残物に残存した抽剤の量vとの比$\alpha(=V/v)$を**抽剤比**(solvent ratio)と呼ぶ.

a_0を抽料中の抽質の量,a_nをn回抽出した後の抽残物中の抽質の量,c_0を抽料中の抽質の濃度,c_nをn回抽出のときの抽残物中の抽質の濃度とすると,

$$a_0 = c_0 v, \quad a_1 = c_1 v, \quad \cdots \tag{10.1}$$

であるから,

$$\frac{a_0}{c_0} = \frac{a_1}{c_1} = \cdots = \frac{a_n}{c_n}(=v) \tag{10.2}$$

となる.毎回の抽出において抽剤比αが同じであると液の体積が$(\alpha+1)$倍となるので,

$$c_1 = \frac{c_0}{\alpha+1}$$

$$c_2 = \frac{c_1}{\alpha+1} = \frac{c_0}{(\alpha+1)^2}$$

$$c_n = \frac{c_0}{(\alpha+1)^n} \tag{10.3}$$

となる.このとき,1回抽出したときの抽残率は,

$$\frac{a_1}{a_0} = \frac{1}{\alpha+1}$$

同じ抽剤比αでn回抽出したときの抽残率は,

$$\frac{a_n}{a_0} = \frac{1}{(\alpha+1)^n} \tag{10.4}$$

となる.したがって,n回抽出したときの収率$Y(=1-a_n/a_0)$は,

$$Y = 1 - \frac{1}{(\alpha+1)^n} \tag{10.5}$$

となる.式(10.5)は,毎回新しい抽剤を使用し,抽剤使用量が抽出回数に比例して増す場合の収率である.もし,一定量$V(=\alpha v)$の抽剤をとり,これをm等分してm回抽出を行う場合には,毎回の抽剤比はα/mとなるため,抽残率は式(10.4)により,

$$\frac{a_m}{a_0} = \frac{1}{[(\alpha/m)+1]^m} \tag{10.6}$$

となる.いま,一定量$V=6v$(すなわち,$\alpha=6$)の抽剤をm等分してm回抽出するとき,式(10.6)から抽残率を計算すると図10.2のようになる.このように抽剤を分割して抽出回数を増やすと抽残量を減少できるが,回数を著しく増やしても効果はそれほどではない.

【例題10.1】固液抽出において,抽剤比を6,抽出回数を2回としたときの収率Yを求めよ.

〈解〉抽剤比αを6,抽出回数nを2とすると,式(10.5)から$Y = 1 - 1/(6+1)^2 = 0.979 = 97.9\%$となる.〈完〉

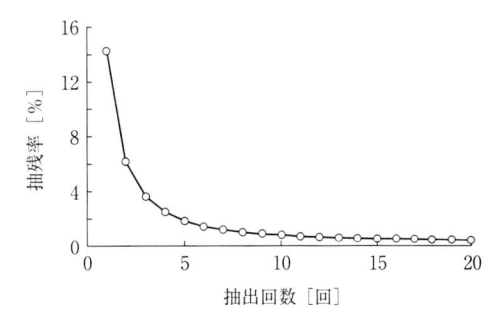

図10.2 抽残率と抽出回数(抽剤比が6の場合)

10.3 液液平衡と単回抽出

抽剤は抽質をよく溶解させるとともに，溶媒とも相互に溶解する．すなわち，平衡状態では，抽出液には溶媒がある程度溶けている．したがって，抽質，溶媒，抽剤の3成分系で考えると便利である．

抽質を A，溶媒を B，抽剤を C で表し，溶媒相の濃度を x，抽剤相の濃度を y とする．このとき，溶媒相の組成は $x_A + x_B + x_C = 1$，抽剤相の組成は $y_A + y_B + y_C = 1$ となる．x と y の関係を図示するには**三角図**（triangular diagram）が便利である．三角図には正三角形と直角三角形があるが，横軸に抽剤の質量分率，縦軸に抽質の質量分率をとることが多い．このとき，A 点（$x_A = 1$）は純粋の抽質，B 点（$x_A = x_C = 0$, $x_B = 1$）は純粋の溶媒，C 点（$x_C = 1$）は純粋の抽剤を表す（図 10.3）．

直角三角図を用いて，組成の異なる二つの3成分溶液を混合したときの組成が求められる．たとえば，図 10.3 の点 P で示される組成（$x_{A,P}, x_{B,P}, x_{C,P}$）の溶液 m [kg] と点 Q で示される組成（$x_{A,Q}, x_{B,Q}, x_{C,Q}$）の溶液 n [kg] を混合する．このとき，線分 PQ を PM：QM＝n：m に内分する点の座標は混合溶液の組成を与える．この関係は，点 M を支点にした「てこ」で線分 PM と QM をてこの腕と見なすと，（線分の長さ）×（末端の質量）が釣り合っている状態と見なせるので，これを液液平衡における**てこの原理**（principle of leverage）と呼ぶ．

液液抽出では，一般に抽質と溶媒および抽質と抽剤は完全に混合し，溶媒と抽剤は一部しか溶解しない．3成分系の液液平衡関係を図 10.4 に模式的に示すと，平衡関係は GRPEH のような曲線で表され，これを**溶解度曲線**（solubility curve）と呼ぶ．溶解度曲線に囲まれた部分は 2 相に分離する領域であり，点 P は 2 相の組成が等しくなる点で**プレートポイント**（plait point）と呼ぶ．線分 RE は点 R と点 E の組成の液が互いに平衡になっていることを示し，この線分 RE を**タイライン**（対応線，tie-line）と呼ぶ．実験的には，2 相に分かれた上層と下層の成分を定量分析して組成を求めることにより対応線を求める．

液液抽出は異相間の物質移動を伴うため，両相がよく接触する装置が必要であり，物質移動による濃度変化の速度が装置の大きさを決める重要な因子である．なお，装置には回分式と連続式がある．

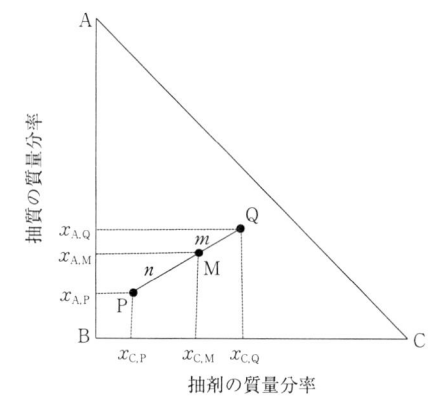

図 10.3 直角三角図による濃度表現

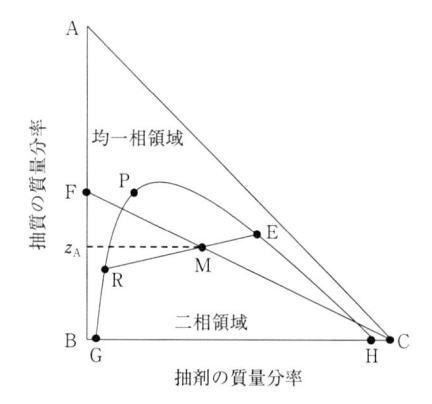

図 10.4 三成分系の液液平衡と対応線

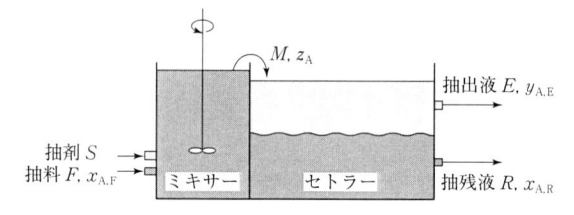

図 10.5 ミキサーセトラー型抽出装置

単回抽出（single extraction）は，最も単純な抽出操作で，流量 F の抽料と流量 S の抽剤を十分に混合し，溶解平衡に達した後に抽出液を分離する方法である．工業的にはミキサーセトラー型の抽出装置がよく用いられる（図 10.5）．

抽出の過程を直角三角図（図 10.4）の上で辿る．抽料には抽剤が含まれていないので，その組成は直線 AB 上の点 F で表される．一方，加える抽剤は点 C に位置する．流量 F の抽料と流量 S の抽剤を混合して溶解平衡に達したとき，混合溶液の流量を M，混合溶液中の抽質の質量分率を z_A とすると，装置全体

10.3 液液平衡と単回抽出

についての物質収支から,

$$F + S = M \quad (10.7)$$

が得られる. また, 抽質の物質収支は

$$Fx_{A,F} = Mz_A \quad (10.8)$$

で与えられるので,

$$z_A = \frac{Fx_{A,F}}{F+S} \quad (10.9)$$

となる. 式 (10.9) は F と S の比によって混合溶液の組成が変わることを示す. ここで, 混合溶液の組成は三角図の線分 FC 上の点 M に位置し, 点 M の縦軸の座標が z_A である.

抽出液の流出量が E, 抽残液の流出量が R のとき, 全量について物質収支をとると,

$$F + S = E + R \,(= M) \quad (10.10)$$

となる. また, 抽質および抽剤の物質収支はそれぞれ式 (10.11) と式 (10.12) で与えられる.

$$Fx_{A,F} = Ey_{A,E} + Rx_{A,R} \quad (10.11)$$
$$S = Ey_{C,E} + Rx_{C,R} \quad (10.12)$$

ここで, $x_{A,F}$ は抽料中の抽質の質量分率, $y_{A,E}$ と $x_{A,R}$ はそれぞれ抽出液中および抽残液中の抽質の質量分率, $y_{C,E}$ と $x_{C,R}$ はそれぞれ抽出液中および抽残液中の抽剤の質量分率である. 式 (10.10) と式 (10.11) から抽出液の流出量 E は式 (10.13) で, また抽残液の流出量 R は式 (10.14) で表される.

$$E = \frac{Fx_{A,F} - (F+S)x_{A,R}}{y_{A,E} - x_{A,R}} \quad (10.13)$$

$$R = M - E \quad (10.14)$$

式 (10.9) から三角図上で点 M の位置が決まると, 点 M を通るタイラインから平衡状態における抽出液および抽残液の抽質の質量分率 (すなわち, 組成) が点 E と点 R の座標で表される. 抽料の流入量 F, 抽剤の流入量 S および抽料中の抽質の質量分率 $x_{A,F}$ は既知であるから, 三角図を用いて抽出液および抽残液の平衡濃度を求めれば, 式 (10.13) と式 (10.14) を用いて抽出液の流出量 E および抽残液の流出量 R が予測できる.

さらに, 原料中に含まれる抽質のうち抽出液中に抽出された割合, すなわち収率 Y は次式で計算できる.

$$Y = \frac{Ey_{A,E}}{Fx_{A,F}} \quad (10.15)$$

【例題 10.2】 エタノール (成分 A), 水 (成分 B) およびエチルエーテル (成分 C) の 3 成分系の 25℃ における液液平衡データを表 10.1 に示す. 30% (w/w) のエタノール水溶液 40 kg から 120 kg のエチルエーテルを用いてエタノールを抽出したときの抽出液 E と抽残液 R の質量と組成およびエタノールの回収率 Y を求めよ.

表 10.1 エタノール–水–エチルエーテル三成分系の液液平衡関係

水相/エチルエーテル相		
エタノール	水	エチルエーテル
0.000/0.000	0.940/0.013	0.060/0.987
0.067/0.029	0.871/0.021	0.062/0.950
0.125/0.067	0.806/0.033	0.069/0.900
0.159/0.102	0.763/0.048	0.078/0.850
0.186/0.136	0.726/0.064	0.088/0.800
0.204/0.168	0.700/0.082	0.096/0.750
0.219/0.196	0.675/0.104	0.106/0.700
0.242/0.241	0.625/0.159	0.133/0.600
0.265/0.269	0.552/0.231	0.183/0.500
0.280/0.282	0.470/0.318	0.250/0.400
0.285/0.285	0.396/0.396	0.319/0.319

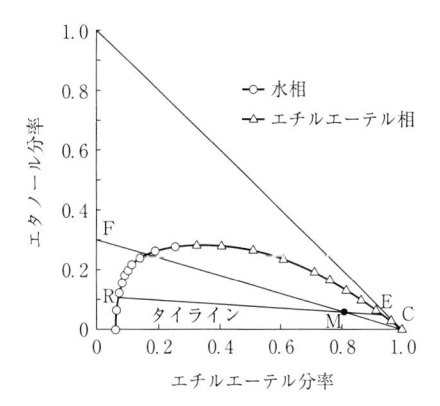

図 10.6 単抽出の計算作図

〈解〉 抽料 F と抽剤 S の混合液 M の組成は, 原料点 F と抽剤点 C を結ぶ直線上にあり (図 10.6), その縦軸座標 z_A は式 (10.9) より

$$z_A = \frac{(40)(0.30)}{40 + 120} = 0.075$$

となるから, タイラインと溶解度曲線の交点から抽残液 R と抽出液 E の抽質 A の分率 $x_{A,R}$ と $y_{A,E}$ は,

$$x_{A,R} = 0.105$$
$$y_{A,E} = 0.053$$

と読み取れる. これらの値を式 (10.13) に代入すると, 抽出液 E の量は,

$$E = \frac{(40)(0.30) - (40 + 120)(0.105)}{0.053 - 0.105} = 92.3 \text{ kg}$$

抽残液 R の量は式 (10.14) より,

$$R = 160 - 92.3 = 67.7 \text{ kg}$$

となる. また, 抽質の回収率 Y は式 (10.15) から,

$$Y = \frac{(92.3)(0.053)}{(40)(0.30)} = 0.408 = 40.8\%$$

10.4 多回液液抽出

単回抽出では抽出が不十分なときには，多回抽出を行う．原料 F を第 1 段で新しい抽剤 S_1 と十分に混合した後，抽出液 E_1 と抽残液 R_1 に分離し，R_1 に第 2 段でさらに新しい抽剤 S_2 を加える．このような操作を繰り返す方式が液液抽出における多回抽出である（図 10.7）．このとき，第 1 段と第 i 段について考えると，全量の物質収支は，

$$F + S_1 = E_1 + R_1 = M_1 \tag{10.16a}$$

$$R_{i-1} + S_i = E_i + R_i = M_i \tag{10.16b}$$

で与えられる．また，抽質の物質収支は，

$$Fx_{A,F} = E_1 y_{A,E_1} + R_1 x_{A,R_1} = M_1 z_{A_1} \tag{10.17a}$$

$$R_{i-1} x_{A,R_{i-1}} = E_i y_{A,E_i} + R_i x_{A,R_i} = M_i z_{A_i} \tag{10.17b}$$

となる．式（10.16b）と式（10.17b）から，

$$z_{A_i} = \frac{R_{i-1} x_{A,R_{i-1}}}{M_i} = \frac{R_{i-1} x_{A,R_{i-1}}}{R_{i-1} + S_i} \tag{10.18}$$

となる．ここで，単回抽出の場合と同様に三角図を用いて考えると，第 1 段の混合溶液の組成を示す点 M_1 は直線 FC と $E_1 R_1$ の交点となる．同様に，点 M_i は直線 $E_i R_i$ 上に位置し，y_{A,E_i} と x_{A,R_i} が平衡関係にある．

抽出液の流量 E_i と抽残液の流量 R_i は，

$$E_i = M_i \frac{z_{A_i} - x_{A,R_i}}{y_{A,E_i} - x_{A,R_i}} \tag{10.19}$$

$$R_i = M_i - E_i \tag{10.20}$$

となる．これらの式を用いることによって，液液平衡関係から多回抽出の最終抽出液および最終抽残液の組成と量が予測できる．このとき，収率 Y は，

$$Y = \frac{E_1 y_{A,E_1} + E_2 y_{A,E_2} + \cdots}{F x_{A,F}} \tag{10.21}$$

となる．

30%（w/w）のエタノール水溶液 40 kg から，エチルエーテルを抽剤として用いてエタノールを抽出することを考えよう．120 kg のエチルエーテルを用いて 1 回で抽出したときのエタノールの回収率が約 40.8% である（例題 10.2 参照）のに対して，60 kg ずつ 2 回に分けて抽出したときのエタノールの総括的な回収率は約 78.5% となる．このように抽剤を分割して抽出回数を増やすと総括的な回収率を高くできる．

10.5 超臨界流体抽出

有機溶媒を用いた工業プロセスはさまざまな産業分野で利用されているが，環境汚染や人体への影響が懸念され，これに代わる安全で無害なプロセスの確立が求められている．臨界温度および臨界圧力を超えた物質の状態を超臨界状態といい，超臨界状態にある流体は粘度は気体に近いが密度は液体に近いために，物質を溶解することができる．無毒で不燃性である二酸化炭素を超臨界状態で溶媒として利用すれば，有機溶媒を使わない無害な抽出プロセスが構築できると考えられる．二酸化炭素は臨界温度が 31.1℃，臨界圧力が 72.8 atm であるため，常温に近い温度で**超臨界流体**（supercritical fluid）を用いた抽出，分離が可能である．したがって，熱による抽質の品質劣化が起こりにくい．また，酸素がない状態で抽出が行われるため，抽質の酸化を抑制できる．さらに，有機溶媒は溶媒が製品に残留する可能性があるが，二酸化炭素は圧力を下げると気化して製品には残留しない．このような特長から，超臨界二酸化炭素は優れた溶媒として注目され，食品産業ではコーヒーの脱カフェインやホップエキス，フレーバー成分の抽出などに実用化されている．

演 習

10.1 固液抽出において，抽剤比を 6 として，抽剤を二等分して 2 回抽出を行うときの収率 Y を求めよ．

10.2 30%（w/w）のエタノール水溶液 40 kg から，抽剤としてエチルエーテルを用いてエタノールを抽出する．以下の問に答えよ．

（1）60 kg のエチルエーテルで抽出を行ったときの抽出液 E_1 と抽残液 R_1 の量と組成を求めよ．

（2）（1）で得られた抽残液 R_1 を 60 kg のエチルエーテルで 2 回目の抽出を行ったときの抽出液 E_2 と抽残液 R_2 の量と組成を求めよ．

（3）（1）と（2）の 2 回の抽出による総括回収率 Y を求めよ．

（4）1 回の抽出によって抽残液 R のエタノール濃度を，上記の 2 回抽出の最終抽残液濃度にまで抽出するためには，抽剤量をどのくらいにすればよいか．

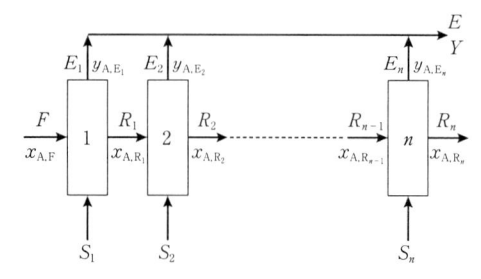

図 10.7 多回抽出装置の模式図

第11章
流　動

[Q-11] 一定の流量で水を送るとき，太いパイプでゆっくり流すのと，細いパイプで速く流すのでは，なにか違いがありますか．

解決の指針

本文に述べるように，ある流量の流体を流す場合，管直径が小さい管を用いるほど Reynolds（レイノルズ）数を大きくすることができる．また，層流域では管直径が小さくなると，圧力損失は管直径の四乗に反比例して大きくなる．これらを総合すると，同じ流量で流す場合でも，管直径を小さくすると，Reynolds 数を大きくすることができるが，圧力損失も直径の四乗に比例して大きくなることを示す．

11.1
流動の基礎と Navier-Stokes 方程式（第14回）

【キーワード】 Pascal の原理，層流，乱流，せん断応力，Bernoulli の式，Reynolds 数，粘性，粘度，動粘度，Navier-Stokes 方程式，管内流，損失係数，マノメータ，Newton の法則

流動現象は，飲料などのもともと流体の食品を取り扱う場合だけでなく，食品加工の分野でも重要な役割を果たしている．たとえば，加熱冷却過程，混合分離過程などの熱移動や物質輸送にも重要な役割を果たす．その際，流れが層流か乱流かによって結果が大きく異なる．そこで，本節では流動の取扱いの基本を述べる．さらに，層流と乱流の違いとそれぞれの特徴について述べる．

11.1.1 静水圧

流体を取り扱う場合，圧力に関する取扱いを理解しておくことは重要である．流体は連続体であることから，力は一般に単位面積当たりの力，すなわち応力，として取り扱われる．流体に働く応力を表11.1 にまとめる．静水条件で等方的に働く垂直応力を，圧力または静水圧と呼ぶ．静水圧の最も重要な特徴は，等方的な力であるという点であり，この特徴を **Pascal**（パスカル）の原理（Pascal's principle）と呼んでいる．静水圧は，水面からの深さに比例して大きくなり，その値は次の式で求めることができる．

$$p_s = \rho g h \tag{11.1}$$

ここで，p_s は静水圧，ρ は水の密度，g は重力加速度，h は水面からの深さを表す．ほかに，粘性に起因する応力，粘性応力がある．粘性応力には面に垂直に働く垂直応力と平行に働く**せん断応力**（shear stress）がある．垂直応力は流れの垂直速度ひずみに対応して働き，せん断応力は流れのせん断ひずみに対応して働く．

【例題 11.1】 水深10 m での静水圧を求めよ．なお，水の密度を 1000 kg/m^3 とする．

〈解〉 式（11.1）より，
$$p_s = 1000 \text{ kg/m}^3 \times 9.8 \text{ m/s}^2 \times 10 \text{ m}$$
$$= 9.8 \times 10^4 \text{ (kg m/s}^2)/\text{m}^2 = 0.098 \text{ MPa} \approx 1 \text{ 気圧}$$

となり，水深10 m ごとに約1気圧の圧力が増加することになる　　　　　　　　　　　　　　　　　〈完〉

静水圧を利用した最も代表的な装置が，圧力差を測定する**マノメータ**（manometer）である（図11.1）．マノメータは通常，U字管からなり，U字管内に液体を注入する．U字管の両端に異なった圧力，p_1 および p_2，がかかると，式（11.2）の圧力の釣合いが成

表 11.1　流体に働く応力

応力	静水圧，圧力	垂直応力	静水条件で等方的に働く応力
	粘性応力	垂直応力	垂直速度ひずみに対応して働く応力
		せん断応力	せん断速度ひずみに対応して働く応力

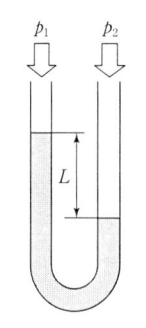

図 11.1　マノメータ

り立ち，液柱差 L を測定することにより，式（11.2）から導かれる式（11.3）により圧力差 p_2-p_1 を求めることができる．

$$p_2 = p_1 + \rho g L \tag{11.2}$$
$$p_2 - p_1 = \rho g L \tag{11.3}$$

11.1.2　Bernoulli の式

流体は，一般に圧力に差が生じると圧力の高い領域から低い領域に移動する．流体の圧力と流速の関係を最も単純化して定式化したものが，次の **Bernoulli（ベルヌーイ）の式**（Bernoulli's law）である．

$$\frac{1}{2}\rho U^2 + p + \rho g h = p_0 \tag{11.4}$$

ここで，U は流速，p は圧力，ρ は密度，g は重力加速度，h は鉛直方向高さを示している．この Bernoulli の式の各項は，圧力の単位（Pa）をもつ．ここで，$\rho U^2/2$ を動圧，p を静圧，p_0 を全圧と呼ぶ．この式は流れの流線に沿って成り立つ．したがって，図 11.2 に示す同一流線上の 2 点 a および b の間には，式（11.5）の関係が成り立つ．

$$\frac{1}{2}\rho U_a^2 + p_a + \rho g h_a = p_0 = \frac{1}{2}\rho U_b^2 + p_b + \rho g h_b \tag{11.5}$$

ここで，流線とはある瞬間の流速の方向を連続的に結ぶことによってできる曲線のことである．この章では定常な流れを取り扱っているが，定常な流れの場合，ある点を通過した流体粒子が通過した位置の軌跡と一致する．

次に，図 11.3 に示す断面積が流れ方向に変化する管内の流れを考える．このとき中心軸は一つの流線であることから，中心軸上に Bernoulli の式を適用することができる．このような流れでは，流速は質量保存則より，

$$\rho U_a A_a = \rho U_b A_b \tag{11.6}$$

図 11.2　流線と Bernoulli の式

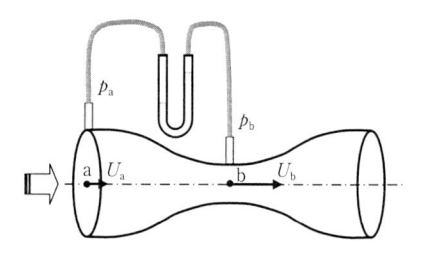

図 11.3　断面積が変化する流れ

と表される．ここで，A_a および A_b は a と b における管断面積である．式（11.6）より，密度が一定の場合，すなわち非圧縮性流れの場合，流速と断面積は反比例関係にあり，断面積が小さくなると流速は速くなることがわかる．すなわち，図 11.3 の場合，管入口（位置 a）よりも，断面が細くなっている位置 b のほうが流速が速い．すなわち $U_b > U_a$ である．管の中心軸は一つの流線であることから，位置 a と位置 b に Bernoulli の式を適用できる．いま，管は水平に設置していることから，z_a と z_b は同じ値になるので，式（11.5）の Bernoulli の式は

$$\frac{1}{2}\rho U_a^2 + p_a = p_0 = \frac{1}{2}\rho U_b^2 + p_b \tag{11.7}$$

となる．$U_b > U_a$ であるので，位置 b の動圧は位置 a の動圧より大きい．動圧と静圧の和は全圧であり，流線に沿って一定であるので，位置 b の静圧は位置 a の静圧より低くなる．

11.1.3　Newton の法則と粘度

流体の流動を考える場合，最も一般的な駆動力（流体の運動を引き起こす力）は圧力差である．水平な管内に流体を流すには，管の入口と出口に圧力差をつける必要がある．流体を流す場合，ポンプや送風機を用いるが，これらは流路に圧力差を与えていると考えることができる．一方，流体には**粘性**（viscosity）と呼ばれる性質がある．粘性は，流体の分子レベルでの挙動により運動量が輸送される性質であり，流体運動を抑制する効果がある．粘性に関する最も重要な法則は，**Newton（ニュートン）の法則**（Newton's law）である．Newton の法則は，図 11.4 のように y 方向に速度勾

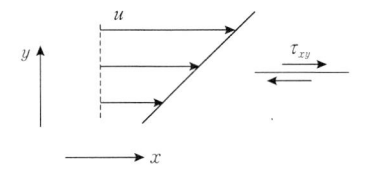

図 11.4 速度勾配を有する流れ

配を有する流れでは、y面（y軸に垂直な面）に働くx方向のせん断応力τ_{xy}と流速uの速度勾配との間に

$$\tau_{xy} = -\mu \frac{du}{dy} \quad (11.8)$$

の比例関係が存在することを示している．その比例定数μを**粘度（粘性係数）**（viscosity）と呼ぶ．せん断応力と速度勾配の関係は、流体によりさまざまな関係があり、必ずしも式（11.8）に従うとは限らない．そこで、式（11.8）に従う流体をNewton流体、従わない流体を非Newton流体と呼ぶ．水、グリセリン、空気などの身近な流体はNewton流体である．このような粘性に起因する力を粘性力と呼ぶ．この粘性力は、流体の運動に対して抵抗になる力である．

11.1.4 層流・乱流とReynolds数

英国の科学者・技術者Reynolds（レイノルズ）は、1883年、円管内の水の流れの様子の可視化実験を行った．その概要を図11.5に示す．Reynoldsは、流れを可視化するために、上流部中心軸上に細管をおき、そこから染料で着色した水を流した．すると、流速が遅い間は、染料は図11.5(a)に示すようにほとんど空間位置が変化せず一直線状に下流に流れた．一方、流速を速くすると、染料は図11.5(b)に示すように、下流にいくほど流れの垂直方向に広がっていった．

その後、詳細な研究が行われ、たとえば、管内のある任意の1点の流速を測定すると、流速は、図11.5(a)の場合、右側の図に示すように速度は一定であるが、図11.5(b)の場合には、時間的に複雑に変動することがわかった．図11.5(a)に示すような流れを**層流**（laminar flow）、図11.5(b)の流れを**乱流**（turbulent flow）と呼ぶ．層流の場合には、運動量、物質、熱などは分子運動により輸送されるのに対して、乱流では局所的な流体運動により輸送されるため、拡散や混合を著しく促進させることができる．したがって、食品製造をはじめ、さまざまな工学分野で乱流が用いられている．

流れが層流になるか、乱流になるかは、次式で定義

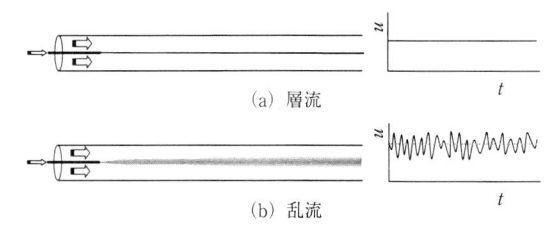

(a) 層流

(b) 乱流

図 11.5 層流と乱流（Reynoldsの実験）

される**Reynolds数**（Reynolds number）で判断することができる．

$$Re = \frac{U_0 D \rho}{\mu} = \frac{U_0 D}{\nu} \quad (11.9)$$

ここで、図11.5に示すような円管内流れでは、U_0は断面平均速度、Dは円管直径、ρとμは流体の密度と粘度である．また、$\nu(=\mu/\rho)$は**動粘度（動粘性係数）**（kinematic viscosity）と呼ばれる物性値である．円管流れの場合、Reynolds数が約2000を境として、それより小さい場合には流れは層流となり、大きくなると乱流となる．

【例題11.2】 直径10 mmの円管内を気体の空気が断面平均流速0.5 m/sで流れている．このとき、Reynolds数はいくらか．また、液体である水あるいはグリセリンが流れている場合はいくらか．
〈解〉 空気、水およびグリセリンの動粘度は、0.1 MPa、20℃で、それぞれ$\nu = 15.0 \times 10^{-6}$、$1.00 \times 10^{-6}$と$1.18 \times 10^{-3}$ m^2/sである．したがって、これらのReynolds数は、以下のようになる．

空気 $Re = \dfrac{0.5 \text{ m/s} \times 0.01 \text{ m}}{15.0 \times 10^{-6} \text{ m}^2/\text{s}} = 333$

水 $Re = \dfrac{0.5 \text{ m/s} \times 0.01 \text{ m}}{1.00 \times 10^{-6} \text{ m}^2/\text{s}} = 5000$

グリセリン $Re = \dfrac{0.5 \text{ m/s} \times 0.01 \text{ m}}{1.18 \times 10^{-3} \text{ m}^2/\text{s}} = 4.24$

これらの結果より、水の場合は乱流、空気、グリセリンの場合は層流となると考えることができる．　〈完〉

11.1.5 Navier-Stokes方程式

上述したように、流体の運動を引き起こす一般的な力は圧力差である．また、粘性力は流体の運動に対して抵抗になる力である．管内に流体を定常的に流す場合を考えると、流体は加速、減速をしないので、慣性の法則により一度定常状態に達してしまえば、外から力を加える必要はないはずである．しかし、流体を流し続けるには、ポンプや送風機を稼働し続けなければならない．これは、流体が流れると流れの中に速度分布が生じて、粘性力が発生し、流体の運動に対して抵抗となることから、これにバランスするだけの力を圧

力差としてかけ続ける必要があるためである．このように，流体の運動を考える場合，圧力と粘性力を考えることは，現実の流体の流動を考えるうえできわめて重要となる．そこで，粘性力を考慮した流れの運動方程式が定式化されている．実用的に多くみられる非圧縮性粘性流体に対する運動方程式が式（11.10）に示す **Navier-Stokes（ナビア-ストークス）方程式** (Navier-Stokes equation) である．

$$\frac{\partial u}{\partial t}+u\frac{\partial u}{\partial x}+v\frac{\partial u}{\partial y}+w\frac{\partial u}{\partial z}=-\frac{1}{\rho}\frac{\partial p}{\partial x}+\nu\left(\frac{\partial^2 u}{\partial x^2}+\frac{\partial^2 u}{\partial y^2}+\frac{\partial^2 u}{\partial z^2}\right)$$

$$\frac{\partial v}{\partial t}+u\frac{\partial v}{\partial x}+v\frac{\partial v}{\partial y}+w\frac{\partial v}{\partial z}=-\frac{1}{\rho}\frac{\partial p}{\partial y}+\nu\left(\frac{\partial^2 v}{\partial x^2}+\frac{\partial^2 v}{\partial y^2}+\frac{\partial^2 v}{\partial z^2}\right)$$

$$\frac{\partial w}{\partial t}+u\frac{\partial w}{\partial x}+v\frac{\partial w}{\partial y}+w\frac{\partial w}{\partial z}=-\frac{1}{\rho}\frac{\partial p}{\partial z}+\nu\left(\frac{\partial^2 w}{\partial x^2}+\frac{\partial^2 w}{\partial y^2}+\frac{\partial^2 w}{\partial z^2}\right)$$

非定常項　　対流項　　　　圧力項　　　粘性項
(11.10)

Navier-Stokes 方程式には，密度 ρ と動粘性係数 ν の二つの物性値が含まれているが，これらの物性値は一定と仮定されている．ここで非圧縮性とは，流速がその流体の音速より十分小さい流れのことであり，密度は一定と仮定できる．なお，物性値は，一般に，温度，圧力，流体の組成によって変化するため，圧縮性流れだけでなく，非圧縮性流れであっても，温度変化のある流れや多成分系の流れなどでは物性値が変化することがある．

なお，式（11.10）の導出過程はここでは省略するが，流体力学の教科書などに記載されているので，詳細はそれらを参照されたい．Navier-Stokes 方程式は，質点の力学の運動方程式,（質量）×（加速度）=（力）を，連続体として取り扱い，Euler（オイラー）的視点から記述したものである．式（11.10）の全体に密度をかけると，それぞれの項の単位は，$(kg\cdot m/s^2)/m^3 = N/m^3$ となり，流体の単位体積当たりの力となっている．すなわち，Navier-Stokes 方程式は流体の単位体積当たりの運動方程式である．式（11.10）の左辺第 1 項は，速度の時間微分項で，加速度である．左辺の第 2 項から第 4 項は対流項と呼ばれるが，これらの項は流れを Euler 的視点からみたときに空間的な移動に伴う速度変化項である．右辺には，力の項として，圧力項と粘性項が示されている．式（11.10）を一般化するために，各変数を代表速度 U_0，代表長さ L_0，基準圧力 p_0，基準密度 ρ_0，基準動粘性係数 ν_0 で無次元化する．すなわち，$u^*=u/U_0$, $v^*=v/U_0$, $w^*=w/U_0$, $t^*=t/(L_0/U_0)$, $p^*=p/(\rho_0 U_0^2)$ とおくと，式（11.10）は式（11.11）となる．ただし式（11.11）には，x 方向速度 u の場合のみを示す．

$$\frac{\partial u^*}{\partial t^*}+u^*\frac{\partial u^*}{\partial x^*}+v^*\frac{\partial u^*}{\partial y^*}+w^*\frac{\partial u^*}{\partial z^*}$$
$$=-\frac{\partial p^*}{\partial x^*}+\frac{\nu}{U_0 L_0}\left(\frac{\partial^2 u^*}{\partial x^{*2}}+\frac{\partial^2 u^*}{\partial y^{*2}}+\frac{\partial^2 u^*}{\partial z^{*2}}\right) \quad (11.11)$$

粘性項には，$\nu/(U_0 L_0)$ という無次元数がかかっている．この無次元数の逆数 $(U_0 L_0)/\nu$ は 11.1.4 項で定義した Reynolds 数（Re）である．Reynolds 数を用いると，式（11.11）は式（11.12）のように書き表すことができる．

$$\frac{\partial u^*}{\partial t^*}+u^*\frac{\partial u^*}{\partial x^*}+v^*\frac{\partial u^*}{\partial y^*}+w^*\frac{\partial u^*}{\partial z^*}$$
$$=-\frac{\partial p^*}{\partial x^*}+\frac{1}{Re}\left(\frac{\partial^2 u^*}{\partial x^{*2}}+\frac{\partial^2 u^*}{\partial y^{*2}}+\frac{\partial^2 u^*}{\partial z^{*2}}\right) \quad (11.12)$$

Reynolds 数は，対流項に対する粘性項の大きさの程度と考えることができる．Reynolds 数が大きい場合，粘性項の大きさは相対的に小さくなり，流れに及ぼす粘性の影響は小さくなる．$Re \to \infty$ の場合，粘性項は 0 に漸近し，非粘性流れに近づく．他方，Reynolds 数が小さくなると，流れは粘性の力を強く受けるようになり，粘性力支配の流れとなる．このように Reynolds 数は，流れに対して粘性がどの程度影響を与えるかを見積もる目安となる．

11.1.6　代表的な層流流れ

Navier-Stokes 方程式は，非圧縮性粘性流れの運動方程式であり，適切な境界条件，初期条件のもとに解くことができれば，流れの様子を知ることができる．Navier-Stokes 方程式は，二階偏微分方程式であると，$u\partial u/\partial x$, $v\partial v/\partial y$, $w\partial w/\partial z$ の非線形項を含むことなどから解析的に解を求めることができる流れ場は比較的限られているが，その中で Navier-Stokes 方程式で解くことのできる代表的な層流流れを以下に示す．

a．Couette 流れ　　Couette（クエット）流れの流れ場を図 11.6 に示す．いま，2 枚の平板ではさまれた流体を考える．下の平板を固定し，上の平板を一定速度 u_0 で右方向に動かすと，平板間の流体は粘性によって動き出す．粘性の影響を考えるときに重要なことの一つは，流体の固体壁への粘着性である．粘性があると，流体は固体壁では粘着し，固体壁と同じ動きをする．図 11.6 の場合，下の板面の流体は静止しているが，上の板面の流体は上の平板と一緒に u_0 で

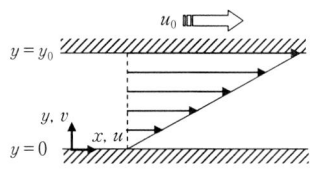

図 11.6 Couette 流れ

右向きに移動することになり，平板間の流体に流れが誘起される．この場合，流体には外部から流れを誘起するための圧力差などは加えられていない．

この流れの条件を整理すると，①定常流れであるから非定常項（t による微分項）は 0，②流れは板に平行な成分のみなので $v=w=0$，③流速は y 方向のみに変化するので y 方向以外の微分は 0，④圧力差は与えられていないことから圧力微分項は 0，である．したがって，Navier-Stokes 方程式は，

$$\frac{\partial u}{\partial t}+u\frac{\partial u}{\partial x}+v\frac{\partial u}{\partial y}+w\frac{\partial u}{\partial z}=-\frac{1}{\rho}\frac{\partial p}{\partial x}+\nu\left(\frac{\partial^2 u}{\partial x^2}+\frac{\partial^2 u}{\partial y^2}+\frac{\partial^2 u}{\partial z^2}\right) \quad (11.13)$$

となり，本流れの支配方程式

$$\frac{\partial^2 u}{\partial y^2}=0 \quad (11.14)$$

を得る．式（11.14）は 1 回ずつ積分することにより容易に解を求めることができ，

$$u=ay+b \quad (11.15)$$

を得る．ここで，境界条件 $y=0$ で $u=0$，$y=y_0$ で $u=u_0$ を適用すると，

$$u=\frac{u_0}{y_0}y \quad (11.16)$$

を得る．すなわち，このような流れ場では，速度は図 11.6 に示したように，静止した板から一定速度で移動する板に向かって直線的に増加することがわかる．このような流れを Couette 流れと呼ぶ．

b. 平行平板間流れ　2 番目の例は，静止した 2 枚の平行平板間を流れる流れである．このような流れは，チャンネル流れとも呼ばれる．このような場で流れを誘起するためには，流れ方向に圧力勾配を与える必要がある．そこで，この流れでは，x 方向に有限の圧力勾配 $-dp/dx$ を考える．他の条件は Couette 流れと同様である．したがって，本流れの支配方程式は，

$$\frac{\partial^2 u}{\partial y^2}=\frac{1}{\rho\nu}\frac{dp}{dx} \quad (11.17)$$

となる．右辺の圧力勾配項は x のみの関数であるから，y に関する積分では定数と同様に扱うことができる．

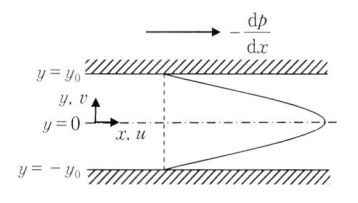

図 11.7 平行平板間流れ

式（11.17）を y に関して 1 回積分すると，

$$\frac{\partial u}{\partial y}=\frac{1}{\mu}\frac{dp}{dx}y+a \quad (11.18)$$

を得る．ここで，図 11.7 からわかるように，$y=0$ では対称性から $\partial u/\partial y=0$ となるため，式（11.18）の積分定数 a は 0 となる．そこで，a を 0 とし，両辺を y で積分すると，

$$u=\frac{1}{2\mu}\frac{dp}{dx}y^2+b \quad (11.19)$$

を得る．$y=y_0$ で $u=0$ となることから，式（11.19）は，

$$u=-\frac{1}{2\mu}\frac{dp}{dx}(y_0^2-y^2) \quad (11.20)$$

となり，速度は放物線状に変化する．

c. 円管内流れ　円管内流れは，流体輸送のなかで最も典型的な流れである．円管内流れは，流れに平行な断面だけをみていると，b. に示した平行平板間流れと同様であるが，流れに垂直な断面をみると，軸対称であることがわかる．したがって，Navier-Stokes 方程式は，これまで示してきたデカルト座標系ではなく，円筒座標系で記述する．

円筒座標系の Navier-Stokes 方程式は，座標 r, θ, z 方向速度，v_r, v_θ, v_z に対して記述されるが，$v_r=v_\theta=0$ であるから，v_z に関する方程式についてのみ考える．v_z に関する Navier-Stokes 方程式は

$$\frac{\partial v_z}{\partial t}+\left(v_r\frac{\partial}{\partial t}+\frac{v_\theta}{r}\frac{\partial}{\partial\theta}+v_z\frac{\partial}{\partial z}\right)v_z$$
$$=-\frac{1}{\rho}\frac{\partial p}{\partial z}+\nu\left(\frac{1}{r}\frac{\partial}{\partial r}\left(r\frac{\partial v_z}{\partial r}\right)+\frac{1}{r^2}\frac{\partial^2 v_z}{\partial\theta^2}+\frac{\partial v_z}{\partial z^2}\right) \quad (11.21)$$

となる．ここで，流れが定常で $v_r=v_\theta=0$ で，かつ θ, z の微分が 0 であるという条件を適用すると，式（11.21）は

$$\frac{1}{\rho}\frac{\partial p}{\partial z}=\nu\left(\frac{1}{r}\frac{\partial}{\partial r}\left(r\frac{\partial v_z}{\partial r}\right)\right) \quad (11.22)$$

となる．この式を r について 2 回積分すると，解

$$v_z=\frac{1}{4\mu}\frac{\partial p}{\partial z}r^2+A\log r+B \quad (11.23)$$

を得る．式（11.23）は，中心軸上，すなわち $r=0$ においても有限の値をもたなければならないことから，右辺第2項は0でなければならない．したがって，$A=0$ となる．また，境界条件 $r=r_0$ で $v_z=0$ を適用すると，

$$v_z = -\frac{1}{4\mu}\frac{\partial p}{\partial z}(r_0^2 - r^2) \quad (11.24)$$

となり，チャンネル流れと同様，速度分布が放物型となることがわかる．式（11.24）より，流速は，$r=0$，すなわち中心軸上で最大値 $v_{z,\max}$ をとるが，その値は，

$$v_{z,\max} = -\frac{1}{4\mu}\frac{\partial p}{\partial z}(r_0^2) \quad (11.25)$$

となる．式（11.25）を式（11.24）に代入すると，速度分布は $v_{z,\max}$ を用いて以下のように表される．

$$v_z = v_{z,\max}\left(1 - \frac{r^2}{r_0^2}\right) \quad (11.26)$$

断面平均流速 $\bar{v}_z$ は，管断面積を A とすると，

$$\bar{v}_z = \frac{1}{A}\int_0^{r_0} v_z dA = \frac{1}{\pi r_0^2}\int_0^{r_0} v_{z,\max}\left(1 - \frac{r^2}{r_0^2}\right)2\pi r dr = \frac{v_{z,\max}}{2} \quad (11.27)$$

となり，断面平均流速は最大速度の1/2となることがわかる．また，体積流量 Q は断面積 A に平均流速 $\bar{v}_z$ をかけることにより求めることができ，式（11.25）と式（11.27）を用いると，

$$Q = A\bar{v}_z = A\frac{v_{z,\max}}{2} = \frac{\pi r_0^2}{2}\left(-\frac{1}{4\mu}\frac{\partial p}{\partial z}(r_0^2)\right) = \frac{\pi r_0^4}{8\mu}\left(-\frac{\partial p}{\partial z}\right) \quad (11.28)$$

を得る．すなわち，管内を流れる流量は，圧力勾配に比例し，管の半径の四乗に比例する．この関係は，Hagen（ハーゲン）と Poiseuille（ポアズイユ）によってそれぞれ独立に見いだされたことから，**Hagen-Poiseuille（ハーゲン-ポアズイユ）の法則**（Hagen-Poiseuille law）と呼ばれる．

【例題 11.3】 毎分 1 L の水を，直径 40 mm の円管内を 10 m 流す場合，円管の両端の圧力差はどの程度になるか求めなさい．
〈解〉 まず，管レイノルズ数を計算する．$Q = 10^{-3}/60$ m³/s，$r_0 = 0.02$ m より，断面平均流速は $Q/(\pi r_0^2) = 0.013$ m/s

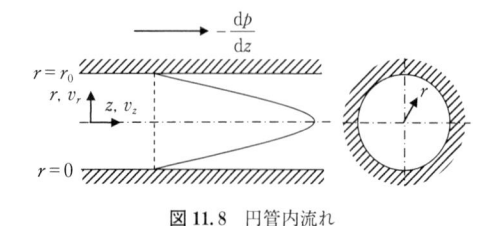

図11.8 円管内流れ

図11.9 層流平板境界層

となる．水の動粘度は，0.1 MPa，20℃で 1.00×10^{-6} m²/s であることから，管レイノルズ数は，0.013 m/s × 0.04 m/$(1.00\times10^{-6}$ m²/s$) = 520$ となり，層流であると考えることができる．したがって，圧力差は式（11.28）より求めることができる．ただし，水の粘度は，0.1 MPa，20℃で 1.00×10^{-3} Pa·s とする．$\Delta p = (8Q\mu/\pi r_0^4)\times\Delta z = 8\times10^{-3}/60$ m³/s × 1.00×10^{-3} Pa·s$/(\pi\times0.02^4$ m⁴$)\times10$ m $= 2.65$ Pa $\approx 2.65\times10^{-6}$ MPa となる．大気圧が 0.1 MPa であるから，その 10^{-5} 程度ということになる．

〈完〉

d. 平板境界層流れ 粘性流体では，固体面では流体の速度は固体面の移動速度と同一となる．図11.9のように，静止した平面上を平面に平行に流速 u_∞ の一様流が流れると，平面上では流体の速度は0となるので，壁面の近傍では，図11.9に示すように，粘性の効果により，流速が u_∞ から0に急激に減少する領域が形成される．このとき，粘性の影響を受けず，流速が上流部流速と同じ領域を主流，粘性の影響を顕著に受け，速度が大きく変化する領域を**境界層**（boundary layer）と呼んでいる．一般に境界層の厚さ δ は x の関数となり，下流にいくほど大きくなる．この境界層内の速度分布は，Navier-Stokes 方程式に境界層近似を仮定することにより解くことができ，境界層が層流の場合，**Blasius（ブラジウス）分布**（Blasius profile）として知られている．

11.2

乱流と管路の圧力損失（第15回）

【キーワード】 乱れ強さ，1/7乗則分布，摩擦係数，Fanning の摩擦係数，Darcy の摩擦係数，摩擦損失水頭，Blasius の公式，圧力損失係数

円管内を層流で流れる場合は，速度分布などの流動状態は Navier-Stokes の方程式を用いて理論的に誘導することができる．しかしながら，食品加工工程では流体は乱流で流れていることが多く，乱流状態での速度，圧力損失などに関する知見が必要となる．乱流はそれ自体が複雑な現象なので，これらの関係を理論的に得ることは困難である．本節ではまず乱流の本質と

もいえる変動速度の取扱いを学び，円管内乱流の速度分布などに関して説明する．次に，工業的に重要な流体輸送ではどのようなポンプや送風機などを用いればよいかが問題となるが，管路流れに着目した力学的な損失と動力との関係について述べ，流体輸送に必要なエネルギー（動力）の推算法を学ぶ．

11.2.1 乱流の取扱い

11.1.4項で述べたように，流動の状態には，層流のほかに乱流という状態がある．乱流では，図11.10に示すように，流速は時々刻々複雑に変動する．そこで，乱流に関しては，変動する速度を統計的な時間平均量で表すことにより，流れの特性を定量化する．流れを特徴づける代表的な統計平均量は，平均流速と乱れ強さである．

図11.10において，流速は時間により変動しており，時間の関数として $u(t)$ と表すことができる．その時間平均値をとったものが平均流速 $\bar{u}$ であり，以下のように定義することができる．

$$\bar{u} = \lim_{\Delta t \to \infty} \frac{1}{\Delta t} \int_0^{\Delta t} u(t) \, dt \tag{11.29}$$

ただし，現実の流れでは，無限時間の測定は困難であるため，有限の測定時間 Δt に対して，

$$\bar{u} = \frac{1}{\Delta t} \int_0^{\Delta t} u(t) \, dt \tag{11.30}$$

として求める．**乱れ強さ** (intensity of turbulence) は，変動成分の二乗平均値の平方根（rms値：root mean square value）として求める．すなわち，

$$\sqrt{\overline{u'^2}} = \sqrt{\lim_{\Delta t \to \infty} \frac{1}{\Delta t} \int_0^{\Delta t} (u(t) - \bar{u})^2 \, dt} \tag{11.31}$$

現実の流れに対しては，平均流速の場合と同様，

$$\sqrt{\overline{u'^2}} = \sqrt{\frac{1}{\Delta t} \int_0^{\Delta t} (u(t) - \bar{u})^2 \, dt} \tag{11.32}$$

として求める．乱れ強さは，標準偏差に対応する量であり，分布の広がり，すなわち，変動する速度の変動幅を示している．

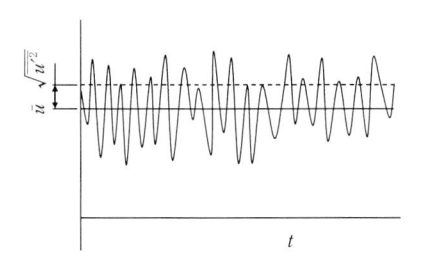

図11.10 乱流の速度変動

11.2.2 代表的な乱流流れ

代表的な乱流の流れ場として，管内流と境界層流れについて，その特徴を示す．

11.1.6項において，層流の管内流と境界層流れについて，その特徴を示した．図11.11と図11.12に，管内流と境界層流れの発達した乱流の平均流速分布をそれぞれの層流速度分布とともに示す．管内流，境界層流れともに，平均流速は，層流の場合に比べて，壁面近傍で速くなっていることがわかる．

また，壁面から離れると，速度分布は層流の場合に比べて平坦になる．この平均速度分布は，壁面からの距離の指数関数として近似されることがある．すなわち，

$$\bar{u} = Cy^{1/7} \tag{11.33}$$

と表される．ここで，y は壁面からの距離，C は定数である．式(11.33)に示すように，指数としては経験的に1/7と仮定されることが多く，このような乱流速度分布を，**1/7 乗則分布**（1/7-power law）と呼ぶことがある．また，図11.12に境界層流れの乱れ強さの分布を平均流速分布とともに示す．平均流速分布は層流，乱流のいずれの場合にも y/δ の関数となり，それぞれ Blasius 分布および1/7乗分布で表される．u', v', w' は，図11.9に定義する x, y, z 座標（z は xy 面に垂直な座標）の変動速度である．図11.12より，

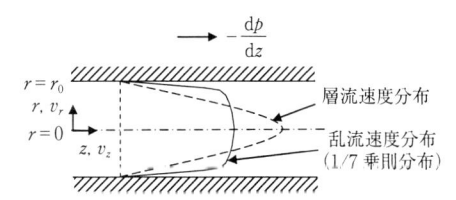

図11.11 管内流における層流と乱流の速度分布の違い

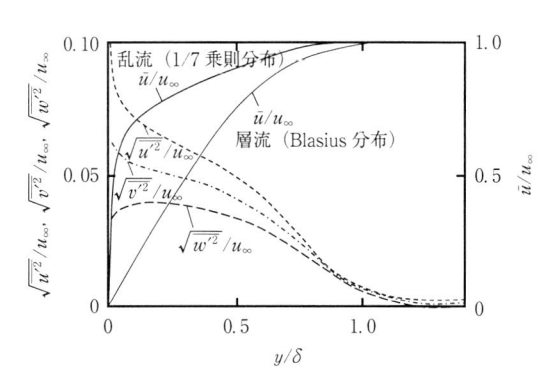

図11.12 境界層流れにおける層流と乱流の速度分布の違い

乱れ強さは，主流では小さい値であっても，壁面に近づくに従って大きくなることがわかる．図では詳細が示されていないが，乱れ強さは壁面のごく近傍で急速に減少するため，壁面近傍で最大値をとり，壁面から離れるに従って減少する分布となる．また，乱れ強さは方向によって異なることがわかる．図より，主流方向（x方向）の乱れ強さが最も大きく，主流に垂直方向（y, z方向）は主流方向の乱れ強さよりも小さいことがわかる．

11.2.3 管路の圧力損失と動力

11.1節で述べたように，管路の流れでは常に粘性による抵抗力が存在する．管路を設計する場合には，その抵抗がどの程度であるかを予測し，どのくらいの性能のポンプや送風機を設置するか決定する．この粘性抵抗をわかりやすく，統一的に定量化するために，その抵抗力を圧力損失として表す方法が用いられている．

a. 層流円管内流れの圧力損失 断面積が一定の直円管内を流体が十分に発達した層流状態で流れるとき，式（11.24）より，ある距離 L の間に生じる圧力低下 Δp，すなわち圧力損失は圧力勾配を

$$-\frac{\partial p}{\partial z} = \frac{\Delta p}{L} \tag{11.34}$$

とおくと，

$$v_z = \frac{1}{4\mu}\frac{\Delta p}{L}(r_0^2 - r^2) \tag{11.24}$$

すなわち，

$$\Delta p = \frac{4\mu L v_z}{r_0^2 - r^2} \tag{11.35}$$

となる．$r=0$ で $v_z = v_{z,\max}$ であるから，式（11.35）は，

$$\Delta p = \frac{4\mu L v_{z,\max}}{r_0^2} \tag{11.36}$$

となる．式（11.27）より $v_{z,\max}$ が断面平均流速 $\bar{v}_z$ の2倍となることから，式（11.36）は

$$\Delta p = \frac{32\mu \bar{v}_z L}{D^2} \tag{11.37}$$

となる．ここで D は円管の直径で，$D/2 = r_0$ となる．また，式（11.37）は，式（11.28）に式（11.34）を代入し，$A = \pi r_0^2$，$D/2 = r_0$ によって求めることもできる．

また，壁面せん断応力 τ_w を求めると，式（11.8）および（11.24）より，

$$\tau_w = -\mu \frac{dv_z}{dr}\bigg|_{r=r_0} = \frac{8\mu \bar{v}_z}{D} \tag{11.38}$$

となり，式（11.37）を式（11.38）に代入すると，

$$\Delta p = \frac{4L}{D}\tau_w \tag{11.39}$$

となる．ここで，壁面せん断応力を動圧で無次元化した新たな変数，**摩擦係数**（friction factor），$f = \tau_w/(\rho \bar{v}_z^2/2)$ を導入すると，

$$\Delta p = f\frac{4L}{D}\frac{\rho \bar{v}_z^2}{2} \tag{11.40}$$

このとき f は，層流円管内流れの場合，式（11.38）を用いると，

$$f = \frac{\tau_w}{\rho \bar{v}_z^2/2} = \frac{16}{Re} \tag{11.41}$$

となる．ここで，$Re(=\rho \bar{v}_z D/\mu)$ は式（11.9）で定義される Reynolds 数であり，管 Reynolds 数と呼ばれる．式（11.41）は摩擦係数が Re に反比例することを示している．また，式（11.40）において，$4f = \lambda$ とおき直すと，式（11.40）は，

$$\Delta p = \lambda \frac{L}{D}\frac{\rho \bar{v}_z^2}{2} \tag{11.42}$$

と書き直すことができる．層流円管内流れの場合，λ は式（11.41）より，

$$\lambda = 4f = \frac{64}{Re} \tag{11.43}$$

となる．式（11.40）と式（11.42）は，どちらも圧力損失が管の長さ L および断面平均流速 $\bar{v}_z^2$ に比例し，管直径に反比例することを示している．係数 f および λ は摩擦係数または管摩擦係数と呼ばれ，両者はそれぞれさまざまな分野で広く用いられているが，混同をさけるために，f は **Fanning**（ファニング）**の摩擦係数**（Fanning's friction factor），λ は **Darcy**（ダルシー）**の摩擦係数**（Darcy's friction factor）と呼ばれている．

長さ L の円管の両端の圧力差 Δp は，マノメータで測定することにより，液中高さ H で表すことができる．すなわち，式（11.42）は，

$$\Delta p = \lambda \frac{L}{D}\frac{\rho \bar{v}_z^2}{2} = \rho g H \tag{11.44}$$

となり，

$$H = \lambda \frac{L}{D}\frac{\bar{v}_z^2}{2g} \tag{11.45}$$

となる．この式は，水平円管内を流体が流れるとき，その流体の高さ H に相当する抵抗損失，すなわち圧力損失があることを示している．ここで，H を **摩擦損失水頭**（head of friction loss）と呼ぶ．

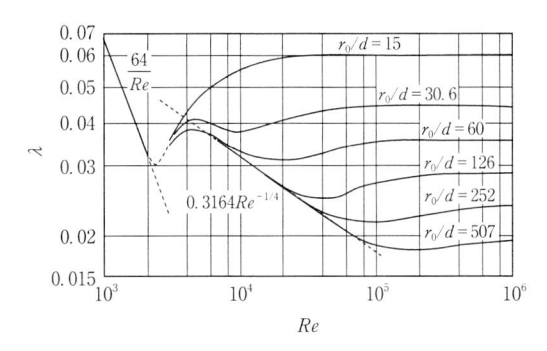

図 11.13 Darcy 摩擦係数の Reynolds 数依存性

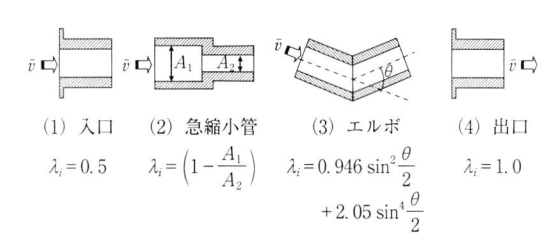

図 11.14 さまざまな管路要素とその圧力損失係数

(1) 入口 $\lambda_i = 0.5$
(2) 急縮小管 $\lambda_i = \left(1 - \dfrac{A_1}{A_2}\right)$
(3) エルボ $\lambda_i = 0.946 \sin^2 \dfrac{\theta}{2} + 2.05 \sin^4 \dfrac{\theta}{2}$
(4) 出口 $\lambda_i = 1.0$

b. 乱流管内流れの圧力損失 層流と乱流とでは，管内速度分布が変わることから，摩擦損失も変化する．その違いを，摩擦損失係数を Reynolds 数 Re の関数として，図 11.13 に示す．Re が約 2000 以下では，流れは層流であるので，摩擦係数 λ は式 (11.43) に示すように，$64/Re$ に等しい．流れが乱流で Re が $10^4 \sim 3 \times 10^4$ の範囲では，λ は Re の $-1/4$ 乗に比例する．この関係は **Blasius（ブラジウス）の公式**（Blasius equation）として，以下のように定式化されている．

$$\lambda = 0.3164 Re^{-1/4} \quad (11.46)$$

Re が 2000 から 4000 の間は，流れが層流から乱流に遷移する領域であり，摩擦損失係数も層流の $64/Re$ から乱流の Blasius の公式に徐々に変化する．

さきにも述べたように，摩擦損失は壁面せん断応力に比例する．したがって，壁面の条件（とくに表面粗さ）は摩擦係数 λ に強く影響する．壁面の表面粗さが λ に与える影響を系統的に明らかにするために，直径 d の砂粒を壁面に一様に貼り付けて行った実験の結果も図 11.13 に示す．流れが層流の間は，壁面の条件にかかわらず，$64/Re$ の関係に従う．Re が大きくなると，摩擦損失係数は r_0/d に依存するようになり，粒径が大きくなるほど，摩擦損失係数が大きくなる．

c. 各種管路要素の圧力損失 式 (11.45) より，管路の圧力損失は $\bar{v}_z^2/(2g)$ の関数であることがわかる．そこで，複雑な管路の圧力損失を簡便に算出できるように，さまざまな管路要素の圧力損失を，$\bar{v}_z^2/(2g)$ の関数として，次式で計算する．

$$H_i = \lambda_i \dfrac{\bar{v}_z^2}{2g} \quad (11.47)$$

ここで，λ_i は各要素の**圧力損失係数**（coefficient of pressure loss）である．さまざまな管路要素の圧力損失係数を図 11.14 に示す．

式 (11.47) を用いると，複雑な配管の全圧力損失は，それぞれの要素の損失を加算することにより，次式で求めることができる．

$$H_{\text{total}} = \dfrac{\bar{v}_z^2}{2g}\left(\lambda \dfrac{L}{D} + \sum \lambda_i\right) \quad (11.48)$$

この流路に流量 Q の流体を流す場合，式 (11.48) で求めた圧力損失をポンプなどで補わなくてはならない．そのポンプの所要動力 P は，

$$P = \rho g Q H_{\text{total}} \quad (11.49)$$

で求められる．ここで，ρ は流れる流体の密度，g は重力加速度，Q は体積流量である．式 (11.49) で，$\rho g H_{\text{total}}$ は J/m³ の単位を有し，流体単位体積当たりのエネルギー損失量を表す．これに体積流量 Q をかけると，単位は J/s (= W) となり，単位時間当たりのエネルギー損失量となる．ポンプはこのエネルギー損失を補うエネルギーをこの管路に供給することになるので，式 (11.49) で求められる仕事率，すなわち動力がポンプの所要動力となる．以上のように，管路の全圧力損失と流量が決まれば，どのくらいの動力のポンプが必要かを求めることができる．

演 習

11.1 図 11.15 に示すような，底部側面に直径 d の取出し口のあいた樽（直径 D）について考える．取出し口には栓がしてある．栓をはずすと，取出し口からは，どれくらいの流速で樽の中の液体は流出するか．また，そのときの流量はいくらか．そして，樽の中の液体は，だいたい何時

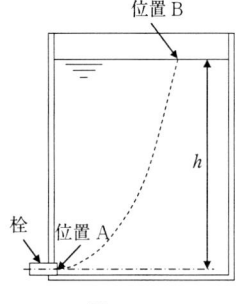

図 11.15

間くらいで空になるか．この問題は Torricelli(トリチェリ) の問題として有名な流体力学の問題である．

11.2 図 11.16 のような水平面からの角度 θ を有した斜面を発達した状態で液体が定常に流れ落ちている．このときの y 方向の流速分布を求めなさい．

11.3 図 11.17 のような 9 個の管路要素からなる管路に流体が流れている場合の圧力損失を求めなさい．図中，太線部は断面積 S_w，細線部は断面積 S_n である．また直管部 b, d, f, h の長さをそれぞれ L_b, L_d, L_f, L_h とし，流量を Q とする．このとき，どの程度の動力のポンプが必要か，求めなさい．

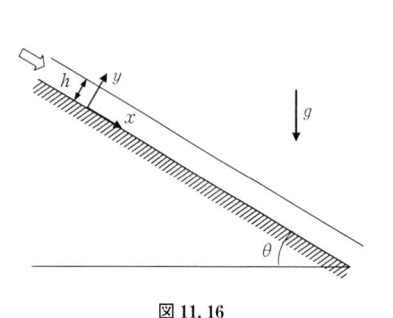

図 11.16

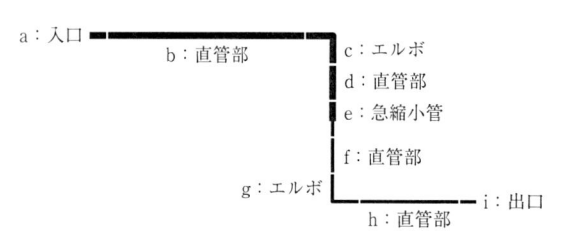

図 11.17

第12章
撹拌と乳化
(第16回)

> [Q-12] ケチャップやマヨネーズなどの粘度の高い食品を混合・撹拌するのは大変な労力(エネルギー)がいることは日常的にも経験することです.このエネルギーはどのようにして数値化されるのでしょうか? また,撹拌のエネルギーは撹拌翼の形状によって異なるのでしょうか?
>
> **解決の指針**
> 撹拌混合は,液体の種類,撹拌装置の構造,所要時間などによって決まる.そこで本章では,撹拌混合の基本とともに,撹拌混合を定量的に検討するための基本をまとめる.とくに演習12.3が参考になる.

【キーワード】 撹拌混合,Peclet 数,乳化,第1 Damköhler 数,スケールアップ,撹拌所要動力

12.1
液体の撹拌と混合

12.1.1 撹拌混合とは

食品製造や食品工学では,水とアルコールを混ぜる,小麦粉と水を混ぜるなど,液体と液体を混ぜ合わせる,固体粒子を液中に分散・懸濁させる,水と油を混ぜて乳化させる,また食材を加熱させる,などの操作が多用される.これらの操作の目的は,その操作を通じてかかわる物質の状態を均一にしようとするものである.このように,物質の状態を均一にするために行われる操作を一般に**撹拌混合**(agitation and mixing)という.

12.1.2 撹拌混合の要素

図12.1に,撹拌混合の基本的な3要素である,引き延ばし・折り畳み,分散,拡散を示す.いま,物質A中に塊として存在する物質Bが物質A中に広がっていく場合を考える.物質Bが非等方的に変形し,結果として物質A中に物質Bが引き伸ばされ,また折り畳まれた状態で広く分布する過程を「引き延ばし・折り畳み」という(図12.1(a)).引き伸ばし・折り畳みは,物質AおよびBの流動により引き起こされる現象である.物質Bが細かい塊となり物質A中に広がっていく過程を「分散」といい(図12.1(b)),物質Bが濃度の高い領域から低い領域に広がっていく過程を「拡散」という(図12.1(c)).拡散は分子レベルでの物質の移動により生じる分子拡散を指すことが多い.分子拡散の程度を表す値は分子拡散係数と呼ばれ,分子拡散係数が大きいほど速く均一になる.この拡散現象により物質自体が流動していなくても,物質Bは物質Aの中に広がる.実際には,これらの過程が複合的に起こることが多いが,物質の種類,撹拌方法などにより,どの撹拌混合過程が支配的に起こるかが変わる.そこで,目的,用途に応じて,さまざまな撹拌混合方法が用いられている.

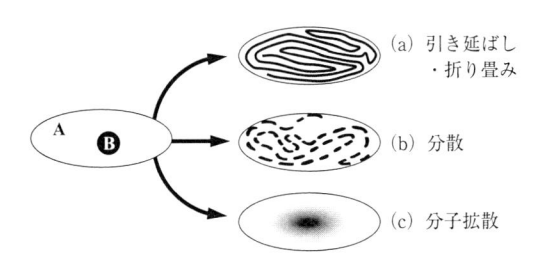

12.1.3 分子拡散

12.1.2項にも述べたように,混合物の濃度を分子レベルで均一にする過程が分子拡散である.そこで本項では,分子拡散の基本について述べる.

分子拡散は,Fickの法則により,以下の式で定式化される.

$$j_{Ay} = -\rho D_{AB} \frac{d\omega_A}{dy} \quad (12.1)$$

ここで,j_{Ay}は化学種Aのy方向質量流束 $[kg/(m^2 \cdot s)]$,ρは密度 $[kg/m^3]$,D_{AB}は化学種Aと化学種Bの分子拡散係数 $[m^2/s]$,ω_Aは質量分率,yは物質が拡散する方向の座標である.式(12.1)は,物質の拡散が質量分率の勾配に比例して起こることを示してい

図12.1 撹拌混合の要素
(a) 引き延ばし・折り畳み
(b) 分散
(c) 分子拡散

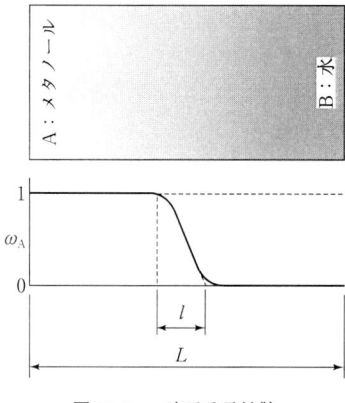

図 12.2　一次元分子拡散

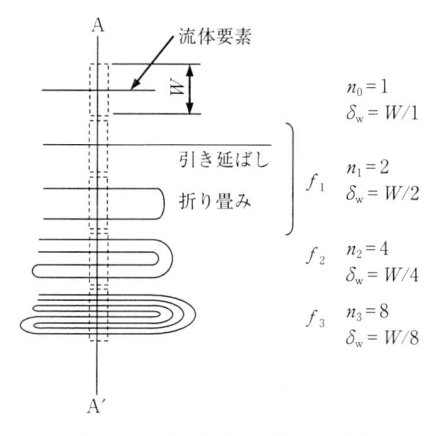

図 12.3　引き延ばしと折り畳み操作

【例題 12.1】　いま，一例として，図 12.2 に示すような，メタノールと水の一次元分子拡散を考える．左側にメタノール，右側に水があり，下図に示すようにメタノールの質量分率が変化している場合を考える．拡散している幅 l を 5 mm とすると，中心位置での質量拡散流束はいくらか．また，体積拡散流束 $[m^3/(m^2 \cdot s)]$ はいくらか．ただし，水中のメタノールの分子拡散係数を 4.05×10^{-10} m^2/s，密度を 800 kg/m^3 とする．

〈解〉　図より，中心位置では，質量分率の勾配は，$(0-1)/l$ とおけるので，l を 5 mm とすると，式 (12.1) より，メタノールの質量流束は，

$$j_{Ay} = -\rho D_{AB}\frac{d\omega_A}{dy} = -800\,\frac{\text{kg}}{\text{m}^3} \times 4.05 \times 10^{-10}\,\frac{\text{m}^2}{\text{s}} \times \frac{0-1}{0.005}\,\frac{1}{\text{m}}$$

$$= 6.48 \times 10^{-5}\,\frac{\text{kg}}{\text{m}^2\text{s}} \qquad (12.2)$$

となる．また，体積流束は，

$$\frac{j_{Ay}}{\rho} = \frac{6.48 \times 10^{-5}\,\text{kg}/(\text{m}^2\text{s})}{800\,\text{kg/m}^3} = 8.1 \times 10^{-8}\,\frac{\text{m}^3}{\text{m}^2\text{s}} \qquad (12.3)$$

式 (12.3) の単位は m/s であり，メタノールが分子拡散する際の空間移動速度を表している．この速度は濃度勾配によって変化するが，図 12.2 の左から右まで式 (12.3) の速度でメタノールが移動すると，容器の大きさ $L=10$ cm の場合，1.23×10^6 s $= 2.06 \times 10^4$ min $= 3.43 \times 10^2$ h ≈ 15 days となる．このことより，分子拡散がきわめてゆっくりとした現象であることがわかる．ただし，この問題をより正確に解くためには，分子拡散の非定常方程式を解く必要がある．現実には，流体が完全に静止していることはなく，わずかな流動によって，実用的な混合時間は若干短くなると思われるが，理想的には何日もかかることがわかる． 〈完〉

12.1.4　流れの効果

12.1.3 項で述べたように，混合したい流体をただ放置しておくと，混合に要する時間はきわめて長く，工学的操作としては問題がある．そこで，流体に流れをつくる攪拌混合操作が行われる．第 11 章で述べたように流体の流れは，大きく分けて，層流と乱流と呼ばれる二つの状態に分けることができる．流体力学的には，層流は安定した流れであり，定常流においては，速度は一定である．乱流は不規則に変動する流れであり，平均流速が定常であっても，流速は常に不規則に変動する．層流では，物質は主に分子拡散で移動する．他方，乱流では，流れの中に存在するさまざまな強さ，スケールの渦が不規則に運動することにより，局所的な引き延ばしや折り畳みを与え，層流の分子拡散よりも拡散混合を促進させる．その結果，ある点における物質の濃度は，時間平均的には一定であっても変動している．

高粘度液体の混合や微生物やタンパク質などの有用な物質を含む流体の混合は，食品を取り扱う場合にしばしばみられるが，その中には乱流での攪拌混合が望ましくない場合も多い．そのような場合には，層流状態で攪拌し，12.1.2 項で述べた，引き延ばし・折り畳みを生じさせ，混合を促進させる．

図 12.3 に引き延ばし・折り畳み操作の基本を示す．幅 W の領域に 1 本の流体要素がある．図中の f は 1 回の引き延ばし・折り畳み操作を示している．f_1 に示すように，まず引き延ばし操作を行い，次に折り畳み操作を行うと，その結果，同一の幅 W の間に流体要素の数 n_1 は 2 本となる．また，流体要素間の幅 δ_w は $W/2$ となる．同様の操作を i 回繰り返すと，要素の数は $2^{(i-1)}$ 本，要素間の幅は $W/2^{(i-1)}$ となる．

いま，W を図 12.2 と同様，10 cm とすると，引き延ばし・折り畳み操作を 10 回行うと要素の数は 512 本，要素間の幅は約 0.02 mm となる．図 12.2 の場合と同様に，メタノールと水の混合を考えた場合，メタノー

ルの移動速度は 8.1×10^{-8} m/s となるが，0.02 mm の間をこの速度で移動するとすると，メタノールが広がる時間は 247 s = 4.1 min となり，分子拡散の場合の 1.23×10^6 s と比べると，5000倍程度時間を短縮できることになる．

乱流は，このような引き延ばし・折り畳みがさまざまなスケールで流体全体で起こっているため，撹拌混合が促進される．

物質の拡散特性は，**Péclet（ペクレ）数**（Péclet number）Pe を用いて見積ることができる．Pe は，

$$Pe = \frac{UL}{D_{AB}} \qquad (12.4)$$

と定義される．ここで，D_{AB} は分子拡散係数である．第11章の式 (11.9) と比較してもわかるように，Pe 数は Re 数と同様の形をしており，動粘性係数を分子拡散係数に置き換えたものと考えることができる．分子は流体運動による物質輸送を，分母は分子拡散による物質輸送を意味する．Pe 数が小さい場合，混合は主に分子拡散により進み，Pe 数が大きい場合には流体運動による物質輸送，すなわち引き延ばし・折り畳み効果，乱流効果などが重要な役割を果たす．

12.1.5 回分式混合と連続式混合

a. 回分式混合 回分式混合とは，混合したい物質を容器に入れ，容器内に何らかの撹拌装置を挿入して，その撹拌装置を動作させることにより撹拌混合を促進する方法である．図 12.4 に代表的な回分式撹拌機を示す．図 12.4(a) は撹拌装置として回転翼を用いた撹拌混合機で，このような回転翼型撹拌混合機は比較的低粘度の液体に用いられる場合が多い．また，撹拌翼と同一角速度で固体的回転（いわゆる共回り）が起こる部分を減らし，上下方向の循環流を生じさせる目的で，撹拌槽内壁面に邪魔板を取り付ける場合が多い．図 12.4(b) は撹拌装置としてらせん翼を用いた撹拌混合機を示す．このようならせん翼型撹拌混合機は，比較的高粘度の液体に用いられることが多い．回分式

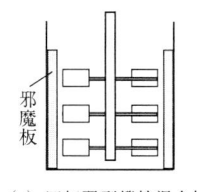

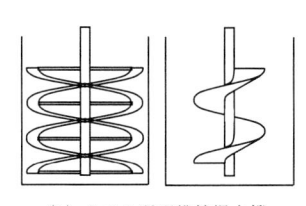

図 12.4 回分型撹拌混合機
(a) 回転翼型撹拌混合機　(b) らせん翼型撹拌混合機

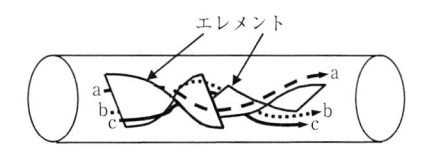

図 12.5 スタティックミキサー

混合は，様子を確認しながら混合を進めることができる．混合のよしあしについては，撹拌翼の選択が重要となる．撹拌翼が適切でないと，容器の隅などにほとんど流動しない領域が形成される場合があり，均一な混合が行われない場合がある．

b. 連続式混合 連続式混合とは，流路などに混合装置を組み込み連続的に撹拌混合を行う方法であり，動力式撹拌混合と静止式撹拌混合に大別できる．動力式撹拌混合機には，スクリュー式押出機の一部にピンなどの撹拌混合促進部を設けたスクリュー式撹拌混合機がある．また，静止型撹拌混合機には，図 12.5 に示すスタティックミキサーがある．スタティックミキサーは，回転翼などの可動式撹拌装置の代わりに，管に固定されたエレメントと呼ばれる混合促進用部品が入っており，流体挙動に変化を与え，撹拌混合を促進しようとするものである．図には，ケニックス型スタティックミキサーを示す．入口では流体要素 a と b がエレメントの同じ側にあり，c が異なった側にあるが，エレメントを通過すると，b と c が同じ側にあり，a が異なった側にある．このような動作を繰り返すことにより撹拌混合が促進される．静止型撹拌混合機は低粘度液の混合にも用いられるが，分子拡散の小さい高粘度液の混合に対しても効果的である．スタティックミキサーは撹拌動力を必要としないが，流路にエレメントを装着しているために圧力損失が生じる．この圧力損失が所要動力に対応する．

12.1.6 撹拌混合の評価

撹拌混合とは，物質の状態を均一にするために行われる操作であるが，実際には完全に均一にすることは難しい．また，目的によってはある程度不均一性を残すこともある．とくに食品製造においては，食味，食感などからある程度の不均一性が重要になることも多い．そこで，撹拌混合がどの程度進んでいるかを定量的に評価することは重要である．撹拌混合の最も一般的な評価法は，式 (12.5) で定義される**混合度**（degree of mixing）による評価である．混合機内のある点 i での着目する成分の濃度を C_i とすると，混合度は，

そのさまざまな点の濃度の標準偏差 ϕ として

$$\phi = \sqrt{\frac{1}{n}\sum_{i=1}^{n}(C_i - \bar{C})^2} \quad (12.5)$$

で定義される．ここで，$\bar{C}$ は $\bar{C} = (1/n)\sum_{i=1}^{n}C_i$ と定義される C_i の平均値である．すなわち，混合度とは局所的な濃度のむらの程度を表す数値であり，完全に均一に混合された場合には $\phi = 0$ となる．

式（12.5）により混合度を評価する場合には，混合物の各点の濃度 C_i を知る必要があるので，混合度の変化を時々刻々正確に求めることは難しい．また，内部の濃度 C_i を正確に測定することが難しい場合も多い．したがって，現実には，適宜部分的に取り出して混合度を評価し，その値から全体の混合度を推測することになる．または，最終段階での結果をみながら途中の変化を試行錯誤的に評価することも多い．さらに，食品の場合，式（12.5）では表されない，食感などの感性による判断も重要となる．すなわち，混合度 ϕ が同じ値であっても，同様な状態と判断されないことがあり得る．これは，それぞれの食品のもつ繊細な特性を ϕ だけでは表すことができないためである．感性に関する評価は近年研究が進められているが，信頼できる評価法が確立しているとはいえず，今後の課題である．

12.2 乳化操作

12.2.1 乳化とは

12.1 節で述べたように，複数の物質の濃度を一様にする操作が攪拌混合操作であるが，たとえば，水と油などの互いに混ざり合わない（親和性のない）物質は，混合することができず分離する．しかし，食品製造工程では，溶け合わない物質を混合させたいという要望も多い．このような場合，混合させたい物質のうち，一方の物質を小さな液滴として，他の物質に分散させることにより，擬似的に混合状態を作り出すことがある．マクロにみると一様に混合しているようにみえるが，局所を拡大してみると，小さな液滴が多数ほぼ一様に分散している（図 12.6）．このような操作を**乳化**（emulsification）という．乳化操作では，液滴として分散するために，通常の攪拌混合操作とは異なり，分子レベルでの混合を行うことはできず，ある物質内に他の物質が小さな液滴として一様に分布している状態となる．この状態は，一般には安定ではなく，しばらくおいておくと二つの流体は徐々に分離してくる．食品工学分野では，多くの場面で，油分（脂肪など）を水に分散させる乳化操作が重要な役割を演じている．

12.2.2 乳化剤

12.2.1 項にも述べたように，乳化は本来混合しない流体どうしを，一方を小さな液滴として一様に分散させることにより，擬似的に一様な混合状態を作り出すものであるが不安定である．そこで，一様な分散状態を安定化させ，分離を起こりにくくする物質である乳化剤を用いることが多い．乳化剤は両親媒性物質であり，一般には界面活性剤と呼ばれる．牛乳は代表的な乳化状態の液体であるが，この場合には乳タンパク質が乳化剤の役目を果たしている．また，マヨネーズも乳化状態であるが，マヨネーズでは，卵黄の脂質が乳化剤としての効果を有している．

12.3 スケールアップ

攪拌混合器や乳化装置を開発する場合，小型の試験機を製作し，実験を行ってその性能を確認した後，**スケールアップ**（scale up）して実用の大型機を製作する．そのとき，小型試験機と同様の性能を得ることが難しい場合が多い．スケールアップやスケールダウンの原則は相似性である．相似性とは，一般的には幾何学的相似性と考えられる．すなわち，異なる大きさのものであっても，相似なものであるためには，対応する寸法はすべて同じ比率でなければならない．機器のスケールアップやスケールダウンを考える場合，単に形状が相似であるというだけではなく，その機能も相似でなければならない．すなわち，対応するすべての物理現象，化学現象も同一の比率でなければならない．このとき注意すべきことは，寸法以外の物理量を寸法の比率で大きさを決めればよいというわけではな

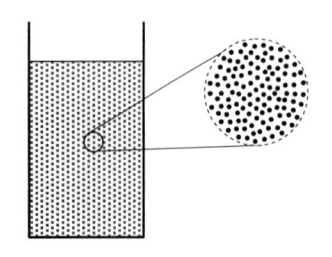

図 12.6 乳化状態の概要

寸法（$L:3L$）

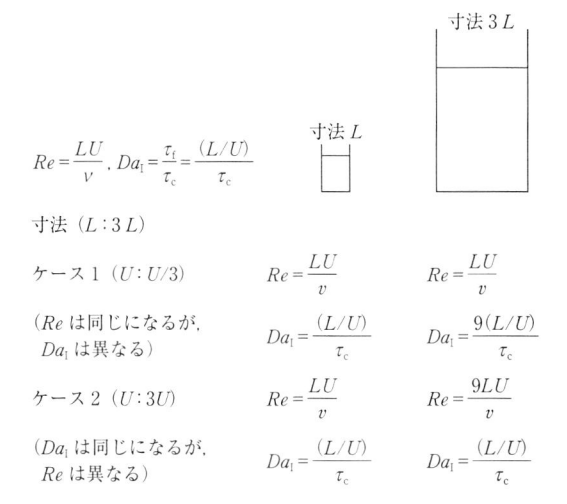

$$Re = \frac{LU}{\nu}, \quad Da_1 = \frac{\tau_f}{\tau_c} = \frac{(L/U)}{\tau_c}$$

寸法 $3L$

寸法 L

ケース1（$U:U/3$）　　$Re = \frac{LU}{\nu}$　　　$Re = \frac{LU}{\nu}$

（Re は同じになるが，
Da_1 は異なる）　　　$Da_1 = \frac{(L/U)}{\tau_c}$　　$Da_1 = \frac{9(L/U)}{\tau_c}$

ケース2（$U:3U$）　　$Re = \frac{LU}{\nu}$　　　$Re = \frac{9LU}{\nu}$

（Da_1 は同じになるが，
Re は異なる）　　　$Da_1 = \frac{(L/U)}{\tau_c}$　　$Da_1 = \frac{(L/U)}{\tau_c}$

図 12.7 スケールアップの例

いという点である．物理現象や化学現象の同一性を検討する方法として，無次元数が用いられる．たとえば，Reynolds 数は慣性項と粘性項の比として定義される．大きさの異なる二つの相似な機器の慣性力と粘性力が同一の割合でスケールアップまたはスケールダウンしているかどうかは，二つの装置で Reynolds 数が同一かどうかで判断できる．ところが，大きさの異なる相似な機器について，かかわる物理量からなる無次元数をすべて同じにすることは現実的には難しい．そこで，スケールアップによって期待した性能が得られないことが起こる．

いま一例として，異なる大きさの二つの容器の攪拌を考える．寸法の比率は 1:3 とする．まず，運動の相似性として Reynolds 数を考える．Reynolds 数は第 11 章の式（11.9）で定義したように，$Re = UL/\nu$（U：代表速度，L：代表寸法，ν：動粘度）となり，Reynolds 数を一定にしようとすると，速度 U は 1/3 となる．この速度比をケース1とする．次に，この状態で化学反応が起こるとする．流体力学的挙動と化学反応の相似性は，流れの特性時間（τ_f）と化学反応の特性時間（τ_c）の比として定義される**第1 Damköhler（ダムケラー）数**（first Damköhler number）（$Da_1 = \tau_f/\tau_c$）で示される．反応物質の種類や液体温度などの化学反応速度を決定する要因が一定の場合，第1 Damköhler 数を同じにするには流れの特性時間を同じにする必要がある．一般に，流体力学的特性時間は代表寸法/代表速度として，$\tau_f = L/U$ となる．いま，長さ L を 3 倍とした場合，L/U を一定とするには，

U も 3 倍としなければならない．この速度比をケース2とする．すると，図 12.7 に示すように，この攪拌器で流れの相似性を示す Reynolds 数と流れと化学反応の相似性を示す第1 Damköhler 数を同時に満足することはできないことになる．このことは，すべての要素について相似性を満足してスケールアップすることはできず，攪拌器の特性はスケールアップによって変化することを示している．このような場合，実際には，現象を重要度の高いものから順位をつけ，順位の高い現象の相似性を保ちながら，現象が再現されるよう設定を調整するなどの方法がとられる．

12.4

攪拌所要動力，動力数

攪拌混合に要する動力は，攪拌混合装置を設計・製造する場合や攪拌混合機を選択する場合のいずれでも重要な問題である．同じ攪拌混合を実現するために必要な動力が少なければ，省エネルギーになり，運転コストの低減にも貢献する．以下に，**攪拌所要動力**（power consumption）を考える際の最も基本となる Newton（ニュートン）流体に対する攪拌所要動力について述べる．Newton 流体の攪拌所要動力は，以下に示す動力数（power number）と Reynolds 数の関係として示すことができる．

$$\text{攪拌動力数}: N_p = \frac{P}{\rho N^3 D^5} \quad (12.6)$$

$$\text{Reynolds 数}: Re = \frac{N L_w^2 \rho}{\mu} \quad (12.7)$$

ここで，P は所要動力 [W]，ρ は密度 [kg/m³]，μ は粘性係数 [kg/(m·s)]，N は回転速度 [1/s]，L_w は攪拌翼長 [m] である．

一例として攪拌槽の動力特性を図 12.8 に示す．図

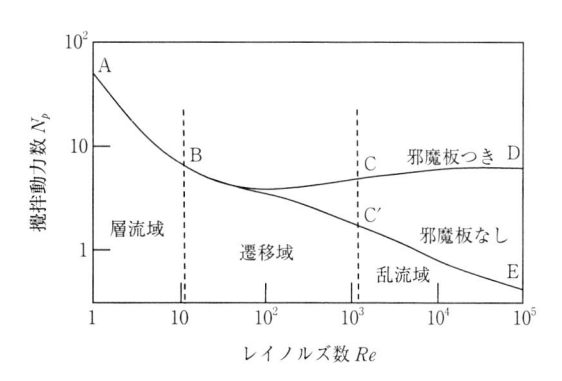

図 12.8 攪拌動力数とレイノルズ数の関係

中 A-B は低 Reynolds 数の領域であり，粘性が強く作用して流れは層流である．B-C は流れが層流から乱流に遷移している領域である．C より Reynolds 数が大きい領域は流れが乱流の領域である．ここで，C-D は邪魔板を取り付けた場合，C'-E は邪魔板のない場合を示す．

演習

12.1 反応器を考える場合，第 1 Damköhler 数 $Da_1(=\tau_f/\tau_c)$ が重要な無次元数となる．この値を定量的に求めるためには，流体力学的特性時間 τ_f と化学反応の特性時間 τ_c を定量的に見積もる必要がある．分子拡散によって物質が移動する場合，流体力学的特性時間をどのように決めればよいか．

12.2 図 12.9 に示す反応器を考える．2 種類の反応物 A, B が供給されると生成物 P が生成される．この反応器の様子は，第 1 Damköhler 数 Da_1 によって検討することができる．Da_1 が大きい場合，小さい場合について検討しなさい．

12.3 攪拌翼長 50 cm の邪魔板付き攪拌槽を用いて水とグリセリンを混合したい．以下の問に答えなさい．なお，水とグリセリンの物性値は下表の値を用いなさい．

物質名	粘性係数 [Pa・s]	密度 [kg/m³]	動粘性係数 [m²/s]
水	1.0×10^{-3}	998	1.01×10^{-6}
グリセリン	1.5	1264	1.18×10^{-3}

(1) グリセリンを層流域で攪拌したい場合，回転速度はどの程度にすればよいか．またそのときの所要動力はいくらか．

(2) グリセリンを攪拌するときに，回転速度を毎秒 0.1 回転としたい．所要動力はいくらになるか．

(3) (2) と同じ条件，すなわち回転速度を毎秒 0.1 回転で水を攪拌する場合，所要動力はいくらか．

(4) (2) のグリセリンの場合と (3) の水の場合を比較して攪拌混合の特徴をまとめなさい．

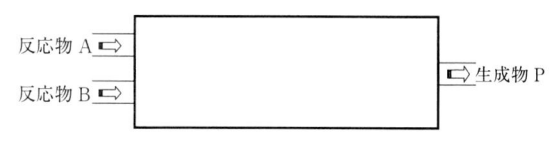

図 12.9 反応器の概略

第13章
レオロジー
(第17回)

[Q-13] ケチャップの入った容器を傾けると，最初はなかなか出てこないが，いったん流れ出すと，勢いよく流れ出てくるのはなぜですか？

解決の指針
物質の変形や流動の挙動を記述する式として，固体の弾性変形に対する弾性法則や液体のニュートン流動に対するニュートンの粘性法則が知られている．ところが，身近な食品について変形や流動の様子を調べると，固体の弾性法則やニュートンの粘性法則に従わないものもたくさんある．本章ではレオロジーの基礎的な概念として，13.1節では固体の変形，13.2節では液体の非ニュートン流動について述べる．

【キーワード】 弾性体，応力，ひずみ，フックの法則，ヤング率，縦弾性率，せん断（ずり），せん断（ずり）弾性率，剛性率，体積弾性率，圧縮率，非ニュートン流体，指数法則，擬塑性流体，降伏応力，ビンガム流体，塑性粘度，ダイラタント流体，せん断粘稠化流動，準粘性流体，せん断流動化流動，チキソトロピー流体，レオペクシー流体，粘弾性流体，マックスウェルモデル，フォークトモデル

13.1 固体の弾性変形

消しゴムを引っ張ると，引っ張る力に応じて伸びる．しかし，力を除くと消しゴムはもとの形に戻る．このように力を加えると変形し，力を取り除くともとの形に戻る物体を**弾性体**（elastic body）という．本節では，弾性体の変形と弾性率の関係を解説する．

13.1.1 引っ張り変形，圧縮変形とヤング率

長さ L の弾性体（たとえば，消しゴム）に引っ張り力（または圧縮力）F を加えたときの伸び（または縮み）を ΔL とすると（図13.1），**ひずみ**（strain）ε （弾性体のもとの長さに対する変形の割合）は式（13.1）で表される．また，加えた力 F をこの弾性体の断面積 A で割ることにより，**応力**（stress）σ （弾性体に加えた単位面積当たりの力）が得られる．応力は式（13.2）で表される．

$$\varepsilon = \frac{\Delta L}{L} \tag{13.1}$$

$$\sigma = \frac{F}{A} \tag{13.2}$$

応力 σ とひずみ ε の関係は，弾性体では式（13.3）の **Hooke（フック）の法則**（Hooke's law）に従う．

$$\sigma = E\varepsilon \tag{13.3}$$

ここで比例定数 E はこの弾性体の**ヤング率**（Young's modulus）または**縦弾性率**（modulus of longitudinal elasticity）である．

13.1.2 せん断（ずり）変形とせん断（ずり）弾性率

高さ H の弾性体の底面を固定し，上面に力 F を加えたときの変形量（ずれ）を u とすると（図13.2），**せん断**（ずり，shear）ひずみ γ は式（13.4）で定義される．また，加えた力 F をせん断面の面積 A で割ると，せん断（ずり）応力 σ_s が式（13.5）で表される．

$$\gamma = \frac{u}{H} = \tan\alpha \tag{13.4}$$

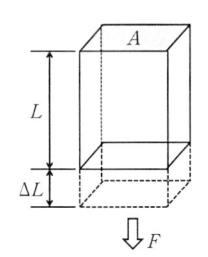

図 13.1 固体の引っ張り変形

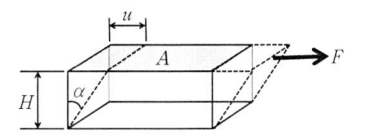

図 13.2 固体のせん断（ずり）変形

$$\sigma_s = \frac{F}{A} \tag{13.5}$$

応力 σ_s とひずみ γ の関係は，Hooke の法則を用いて式（13.6）で与えられる．

$$\sigma_s = G\gamma \tag{13.6}$$

ここで，比例定数 G はこの弾性体の**せん断（ずり）弾性率**（shear modulus）または**剛性率**（rigidity）である．

せん断ひずみ γ の時間微分をせん断速度 $\dot{\gamma}$ といい，式（13.7）のように表す．

$$\dot{\gamma} = \frac{d\gamma}{dt} \tag{13.7}$$

【例題 13.1】 高さ 20 mm，断面積 150 mm^2 の直方体状のかまぼこの底面を固定し，上面に力を加えたときの変形量（ずれ）が 5 mm であった．かまぼこのせん断（ずり）弾性率が 10^5 Pa（=N/m^2）のとき，このかまぼこに加えた力を求めよ．

〈解〉 かまぼこのサイズをメートル単位系に統一すると，高さ $H=20$ mm $=20\times 10^{-3}$ m，断面積 $A=150$ mm$^2=150\times 10^{-6}$ m^2，変形量 $u=5$ mm $=5\times 10^{-3}$ m となる．式（13.4）よりひずみ γ は，

$$\gamma = \frac{u}{H} = \frac{5\times 10^{-3}}{20\times 10^{-3}} = 0.25$$

である．次に，せん断変形に伴う応力 σ_s をひずみ γ とせん断弾性率 G の関係を表す式（13.6）より求める．

$$\sigma_s = G\gamma = 10^5 \times 0.25 = 25000 \text{ Pa}(= \text{N/m}^2)$$

以上より，加えた力 F をせん断面の面積 A で割ると，せん断（ずり）応力 σ_s となることから，式（13.5）を変形して，加えた力 F を求める

$$F = \sigma_s A = 25000 \times (150 \times 10^{-6}) = 3.75 \text{ N} \qquad \langle 完\rangle$$

13.1.3 体積変形と体積弾性率

圧力 p の環境下にある体積 V の弾性体に，さらに圧力 Δp を加えたときの体積変化を ΔV とすると，体積ひずみ ε_v は式（13.8）で表される．また，応力 σ は圧力の増加分であるので式（13.9）で表すことができる．

$$\varepsilon_v = -\frac{\Delta V}{V} \tag{13.8}$$

$$\sigma = \Delta p \tag{13.9}$$

応力 σ とひずみ ε_v の関係は，Hooke の法則を用いて式（13.10）で表される．

$$\sigma = K\varepsilon_v \tag{13.10}$$

ここで，比例定数 K はこの弾性体の**体積弾性率**（bulk modulus）であり，体積弾性率の逆数が**圧縮率**（compressibility）である．

13.2

液体の非ニュートン流体

食品の流動挙動を調べると，ニュートンの粘性法則（式（11.8）を参照）に従わない流体が多く存在する．このような流体を**非ニュートン流体**（non-Newtonian fluid）という．本節では非ニュートン流体の種類とその特徴について解説する．

13.2.1 非ニュートン流体とは

ひずみ速度 $\dot{\gamma}$ と応力 σ が比例関係にある流体をニュートン流体といい，それ以外の流体を非ニュートン流体という（図 13.3）．非ニュートン流体の流動挙動をひずみ速度 $\dot{\gamma}$ と応力 σ を用いて記述すると，式（13.11）のように表すことができる．この式を**指数法則**（power law）という．

$$\sigma = k\dot{\gamma}^n \tag{13.11}$$

ここで，k は粘度を表す定数であり，n は流動性指数である．

ニュートン流体では，$n=1$，k は流体の粘度そのものを表すため，式（13.11）は $\sigma = \mu\dot{\gamma}$（ニュートンの粘性法則）となる（注意：第 11 章ではニュートンの粘性法則を $\tau_{xy} = -\mu du/dy$（式（11.8））と表記したが，本章では τ_{xy} を σ，du/dy を $\dot{\gamma}$ と表記している）．

一方，非ニュートン流体（$n \neq 1$）では，式（13.11）は $\sigma = (k\dot{\gamma}^{n-1})\dot{\gamma} = \mu_{app}\dot{\gamma}$ と変形できる．このとき，粘度

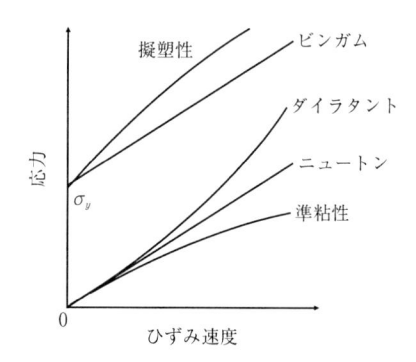

図 13.3 非ニュートン流体の流動曲線

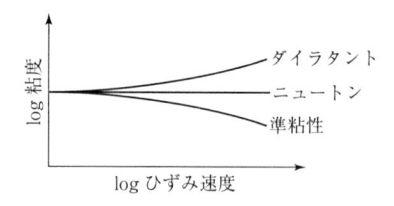

図 13.4 非ニュートン流体の粘度とひずみ速度の関係

はひずみ速度に依存するため，kをひずみ速度に対する見かけの粘度 μ_{app} として示す必要がある．非ニュートン流体はその流動挙動（経過時間の依存性の有無，降伏応力の有無，流動曲線の形状など）から次のように大別できる．

13.2.2 経過時間に依存しない非ニュートン流体

a. 擬塑性流体 擬塑性流体（pseudo-plastic fluid）は**降伏応力**（yield stress）をもつ（図13.3）．降伏とは，一定の限界応力 σ_y までは流動が起こらず（$\dot{\gamma}=0$），流体に加える応力 σ が降伏応力 σ_y を越えると流動を開始する現象である．流動性指数は $0<n<1$ となる．擬塑性流体は，式（13.12）の Casson（キャッソン）式でよく表現できる．

$$\sigma^{1/2} = k_0 + k_1 \dot{\gamma}^{1/2} \qquad (13.12)$$

ここで，k_0^2 は降伏応力を与え，k_1^2 は $\dot{\gamma}=\infty$ のときの粘度に相当する．

b. ビンガム流体（ビンガム塑性） Bingham（ビンガム）流体（Bingham fluid）も降伏応力をもち，流動開始後は，加えた応力に比例したひずみ速度で流動する（図13.3）．この流動挙動は式（13.13）の Bingham 式で表される．

$$(\sigma - \sigma_y) = \mu_p \dot{\gamma} \quad (\mu_p : 一定) \qquad (13.13)$$

ここで，σ_y は降伏応力，μ_p は塑性粘度（plastic viscosity）である．

c. ダイラタント流体 ダイラタント流体（dilatant fluid）は，擬塑性流体とは逆に，ひずみ速度 $\dot{\gamma}$ の増加に伴い，見かけの粘度 μ_{app} が増加するため（図13.4），この流体の流動を**せん断（ずり）粘稠化流動**（shear thickening flow）という．この流体の流動曲線は，原点を通り，下に凸の曲線となり（図13.3），流動性指数は $n>1$ である．

d. 準粘性流体 準粘性流体（quasi-viscous fluid）は，ひずみ速度 $\dot{\gamma}$ の増加に伴い，見かけの粘度 μ_{app} が減少する（図13.4）ので，この流体の流動を**せん断（ずり）流動化流動**（shear thinning flow）という．この流体の流動曲線は，原点を通り，上に凸の曲線となる（図13.3）．

13.2.3 経過時間に依存する非ニュートン流体

a. チキソトロピー流体 チキソトロピー流体（thixotropic fluid）は，ひずみ速度 $\dot{\gamma}$ をある値まで増加させた後，減少させると，下降時の流動曲線が上昇時の流動曲線を下回る挙動を示す（図13.5）．この流

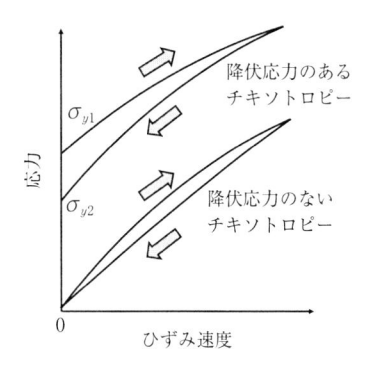

図13.5 チキソトロピー流体の流動曲線

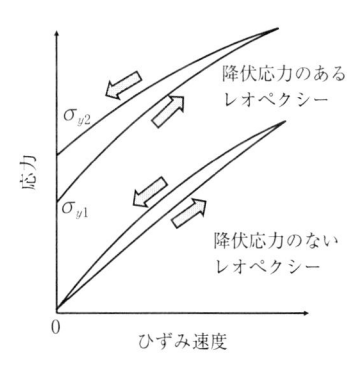

図13.6 レオペクシー流体の流動曲線

体は，攪拌などの外部刺激により流動性が増し，逆に長時間静置することにより流動しにくくなる特徴をもつ．ケチャップやマヨネーズがその代表的な食品である．長期間静置したケチャップは流れにくいが，容器を振とうすることにより構造が破壊され，容易に流すことができる．また，この状態のケチャップを長期間保存することにより，破壊された構造が回復し，流れにくくなる．構造の回復には時間がかかるため，流動曲線は履歴（ヒステリシス）を示す．チキソトロピー流体には，降伏応力をもつものと，もたないものがある．

b. レオペクシー流体 チキソトロピー流体とは逆に，レオペクシー流体（rheopexy fluid）は，ひずみ速度 $\dot{\gamma}$ をある値まで増加させた後，減少させると，下降時の流動曲線が上昇時の流動曲線を上回る挙動を示す（図13.6）．この流体は，ひずみを加えることにより，構造の形成が促進される特徴をもつ．レオペクシー流体も，降伏応力をもつものと，もたないものがある．

13.2.4 粘弾性流体

高分子やゴムの溶液や多くの食品では，粘性と弾性

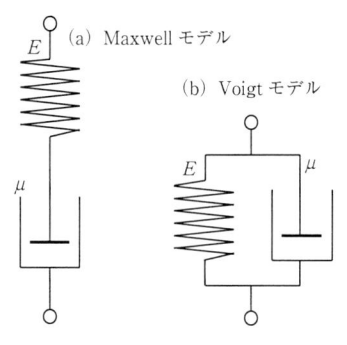

図 13.7　粘弾性モデル

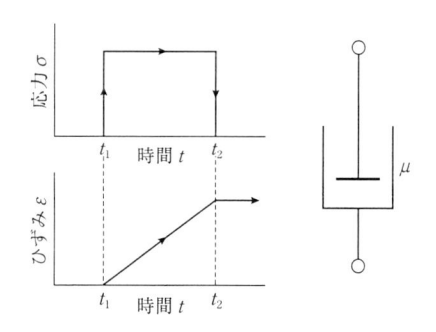

図 13.9　ダッシュポットモデルの応力とひずみの関係

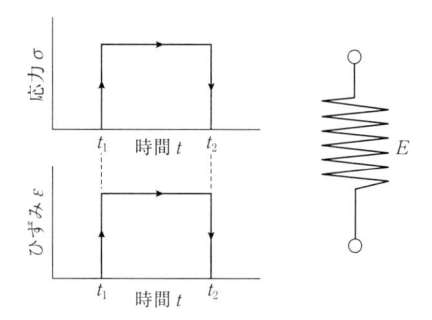

図 13.8　バネモデルの応力とひずみの関係

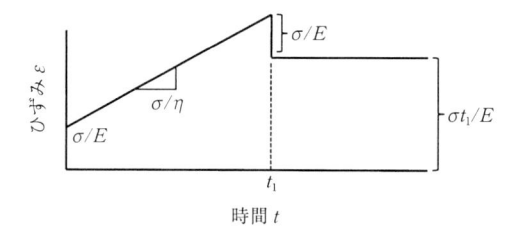

図 13.10　Maxwell モデルのクリープ曲線およびクリープ回復曲線

の両方の性質を併せ持つため，**粘弾性流体**（viscoelastic fluid）または**粘弾性体**（viscoelastic body）という．このような流体の粘弾性挙動を表すモデルとして，Maxwell（マックスウェル）モデルと Voigt（フォークト）モデルがよく知られている．これらのモデルでは，Hooke の法則に従うバネ（弾性）と Newton の粘性法則に従うダッシュポット（緩衝装置；粘性）を組み合わせ，粘弾性を記述する（図 13.7）．

a. バネモデル　バネモデルの応力 σ とひずみ ε の関係は，式（13.3）を変形した式（13.14）の形で表される．

$$\frac{d\varepsilon}{dt} = \frac{1}{E}\frac{d\sigma}{dt} \tag{13.14}$$

バネモデルの応力と伸びの関係は図 13.8 のようになる．時刻 t_1 において応力を加えると，瞬間的にバネが伸び，そのときの変形量は加えた応力に比例する．時刻 t_2 において応力を取り去ると，バネは瞬間的にもとの長さに戻る．

b. ダッシュポットモデル　ダッシュポットモデルの応力 σ とひずみ ε の関係は，Newton の粘性法則（$\sigma = \mu\dot{\gamma} = \mu d\varepsilon/dt$）を変形した式（13.15）で表される．

$$\frac{d\varepsilon}{dt} = \frac{\sigma}{\mu} \tag{13.15}$$

ダッシュポットモデルの応力と伸びの関係は図 13.9 のようになる．時刻 t_1 において応力を加えると，ダッシュポットは一定の速度で伸びはじめる．時刻 t_2 において応力を取り去ると，ダッシュポットの伸びは止まるが，もとの長さには戻らない．

c. Maxwell モデル　Maxwell モデルはバネ（弾性）とダッシュポットを直列に組み合わせたモデルである（図 13.7(a)）．Maxwell モデルの応力 σ とひずみ ε の関係は式（13.16）で表される．

$$\frac{d\varepsilon}{dt} = \frac{1}{E}\frac{d\sigma}{dt} + \frac{\sigma}{\mu} \tag{13.16}$$

また，式（13.16）を積分すると式（13.17）が得られ，Maxwell モデルのひずみと時間の関係が記述できる（図 13.10）．

$$\varepsilon = \frac{\sigma}{E} + \frac{\sigma}{\mu}t \tag{13.17}$$

Maxwell モデルに応力を加えると瞬間的に変形し，その後は一定速度での変形が続く．t_1 時間後に応力を除くと，瞬間的な変形分はもとに戻るが，その他の変形分は永久変形として残る．この永久変形分は，応力を加えていた時間に比例して大きくなる．このような粘弾性挙動を Maxwell 粘弾性という．また，このような粘弾性流体に荷重（応力）を加えたときの変形（ひずみ）の時間変化をクリープ（creep）といい，荷重・除荷重時の変形の時間変化を示す曲線をクリープ

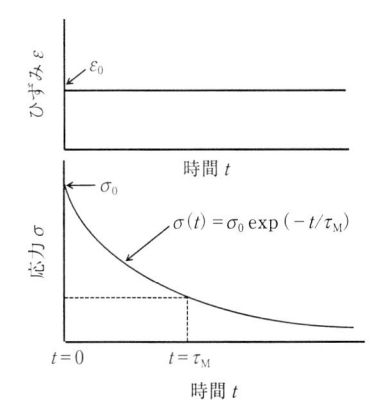

図 13.11　Maxwell モデルの応力緩和曲線

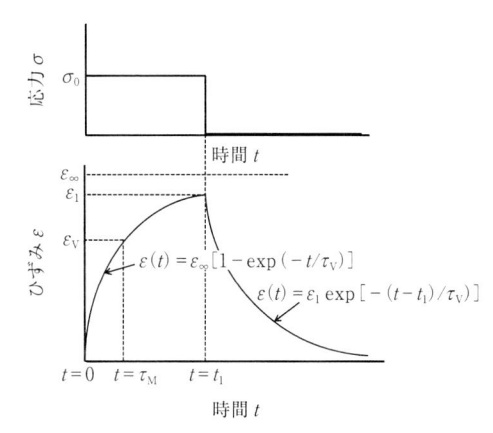

図 13.12　Voigt モデルのクリープ曲線とクリープ回復曲線

曲線・クリープ回復曲線という．

Maxwell モデルに一定のひずみを加え，それを固定しておくと，時間とともに応力が減少する．このような現象を応力緩和（stress relaxation）という．応力緩和では，ひずみ ε が一定である．式（13.16）で，$d\varepsilon/dt=0$ とし，時間 $t=0$ のときの応力を σ_0 とおくと，応力の変化を時間の関数である式（13.18）で記述できる．また，加えたひずみ ε_0 と初期応力 σ_0 の関係は $\sigma_0=E\varepsilon_0$ で与えられる．

$$\sigma(t)=\sigma_0\exp\left(-\frac{Et}{\mu}\right)=E\varepsilon_0\exp\left(-\frac{Et}{\mu}\right) \quad (13.18)$$

さらに，$\tau_M=\mu/E$ とおくと，式（13.18）は式（13.19）のようになる．

$$\sigma(t)=\sigma_0\exp\left(-\frac{t}{\tau_M}\right)=E\varepsilon_0\exp\left(-\frac{t}{\tau_M}\right) \quad (13.19)$$

ここで，τ_M は Maxwell モデルの緩和時間である．式（13.19）では，ひずみを加えた後，$t=\tau_M$ 時間後の応力 σ_M は，$\sigma_M=\sigma_0/e=\sigma_0/2.71828$ となる．したがって，τ_M は，初期応力 σ_0 が $1/e$ 倍になるまでの時間を表し，応力緩和の変化速度を示す指標となる．Maxwell モデルの応力と時間の関係は図 13.11 のようになる．

d. Voigt モデル　Voigt モデルはバネとダッシュポットを並列に組み合わせたモデルである（図 13.7(b)）．Voigt モデルの応力 σ とひずみ ε の関係は，Hooke の法則と Newton の粘性法則を用いて，式（13.20）で与えられる．

$$\sigma=E\varepsilon+\mu\frac{d\varepsilon}{dt} \quad (13.20)$$

Voigt モデルに応力を加えると，ダッシュポットがバネと並列に並んでいるため，バネは瞬間的に伸びることができず，ダッシュポットの変形に合わせて徐々に伸びる．応力を取り除いた後も，徐々にもとの位置に戻る（クリープ現象）．クリープでは，応力 σ_0 が一定で，時間 $t=0$ でのひずみが $\varepsilon_0=0$ であるから，ひずみの時間的な変化は式（13.21）で表される．また，加えた応力 σ_0 に対する最終的なひずみ ε_∞ の関係は $\varepsilon_\infty=\sigma_0/E$ で与えられる．

$$\varepsilon(t)=\frac{\sigma_0}{E}\left[1-\exp\left(-\frac{Et}{\mu}\right)\right] \quad (13.21)$$

Maxwell モデルと同様に，$\tau_V=\mu/E$ とおくと，式（13.21）は式（13.22）となる．

$$\varepsilon(t)=\frac{\sigma_0}{E}\left[1-\exp\left(-\frac{t}{\tau_V}\right)\right] \quad (13.22)$$

ここで，τ_V は遅延時間（retardation time）である．式（13.21）では，応力 σ_0 を加えた後，$t=\tau_V$ 時間後のひずみ ε_V は $\varepsilon_V=(\sigma_0/E)(1-1/e)$ となり，整理すると $\varepsilon_V=\varepsilon_\infty(1-1/e)$ となる．したがって，τ_V は ε_∞ が $(1-1/e)$ 倍になるまでの時間を表している．Voigt モデルのひずみと時間の関係（クリープ曲線とクリープ回復曲線）は図 13.12 のようになる．

e. 塑性モデル　降伏応力 σ_y をもつ材料では，かけがねモデル（図 13.13）が用いられる．応力が降伏応力を超えると，かけがね（スライダーともいう）が外れ流動や変形が起こる．かけがねとダッシュポットの並列モデル（図 13.13(b)）では，ひずみの時間変化は式（13.23）で表される．

$$\varepsilon(t)=\frac{\sigma_0}{E}+\frac{(\sigma-\sigma_y)t}{\mu} \quad (13.23)$$

f. 多要素モデル　複数のバネとダッシュポットを組み合わせたモデルを多要素モデルという．図 13.14 と図 13.15 に 3 要素モデルと 4 要素モデルの例を示す．3 要素モデル（図 13.14）のひずみの時間変

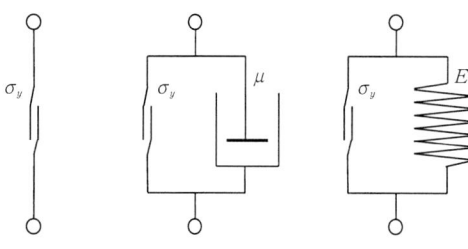

(a) かけがねモデル　(b) かけがねとダッシュポットの並列モデル　(c) かけがねとバネの並列モデル

図 13.13　塑性モデル

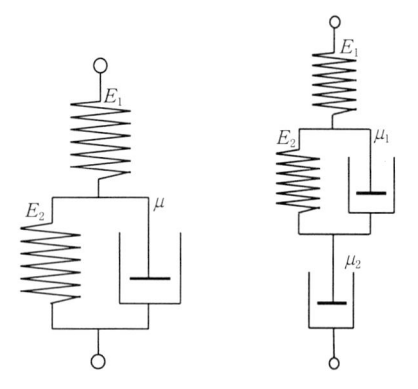

図 13.14　3 要素モデル　　図 13.15　4 要素モデル

化は式（13.24）で表される．

$$\varepsilon(t) = \frac{\sigma_0}{E_1} + \frac{\sigma_0}{E_2}\left[1 - \exp\left(-\frac{t}{\tau_V}\right)\right] \quad (13.24)$$

また，4 要素モデル（図 13.15）のひずみの時間変化は式（13.25）で与えられる．

$$\varepsilon(t) = \frac{\sigma_0}{E_1} + \frac{\sigma_0}{E_2}\left[1 - \exp\left(-\frac{t}{\tau_V}\right)\right] + \frac{\sigma_0}{\mu_2}t \quad (13.25)$$

このほかにも多数の要素を組み合わせた多要素モデルが提案されている．レオロジーに関しては多くの成書が出版されている．また，ここでは紹介しなかった粘度およびレオロジーの測定法について詳述した成書も出版されている．

演 習

13.1 長さ 100 mm，断面積 10 mm^2 の円柱に 1 kg の重りを釣り下げたところ，長さが 12 mm 伸びた．この円柱のヤング率を求めよ．

13.2 Maxwell モデルの応力 σ とひずみ ε の関係式（13.17）を導出せよ．

13.3 Maxwell モデルで近似できる食品がある．この食品の常温での弾性率は $E = 1.0$ Pa，粘性率は $\mu = 0.1$ Pa·s であった．この食品の保存温度を 20℃ 高くしたところ，弾性率が $E = 0.8$ Pa，粘性率が $\mu = 0.05$ Pa·s に低下した．この食品にひずみ $\varepsilon_0 = 0.1$ を加えたときの二つの保存温度における応力緩和曲線を描き，違いを比較せよ．

13.4 Voigt モデルのひずみの時間変化の関係式（13.21）を導出せよ．

13.5 図 13.15 に示した 4 要素モデルのクリープ曲線とクリープ回復曲線を描け．

第14章
固液分離

> [Q-14] 果汁100%飲料や乳飲料の表示で,「よく振ってからお飲みください」と書いてあるのはなぜですか?
>
> ■ 解決の指針
> 　果汁中には果肉由来のパルプや繊維質などの不溶性粒子が,乳飲料中には乳脂肪が含まれる.不溶性粒子は密度が水より大きく沈殿物を形成する.一方,乳脂肪は浮上してクリームを形成することがある.そのため,果汁や乳飲料ではよく振って分散させることが必要となる.

　食品製造では固体と液体を適切に分離して,安定で保存性の高い製品が望まれる.食品中に含まれる固体,液体の分離を固液分離と呼ぶ.14.1節では粒子径分布と平均径,沈降,分級および遠心分離,14.2節では濾過,圧搾を取り上げる.

14.1
沈降と分級(第18回)

【キーワード】 粒子径分布,平均径,流体中の粒子挙動,粒子Reynolds数,抵抗係数,終末速度,遠心分離,分級,篩分け

　食品製造において固体と液体の分離は基本的で重要な操作である.分離対象の固体は液体中に分散しており,固体材料固有の特性も重要であるが,分散固体は,粒子径が小さくなると体積当たりの表面積(比表面積)が大きくなり,液体中での沈降速度が低下する.ここでは,分散固体粒子の大きさにかかわる,粒子径分布や平均径,篩分け,粒子沈降,遠心分離について説明する.

14.1.1 粒子径分布と平均径

　粒子の物理特性として重要なパラメータは**平均径**(mean diameter)と**粒子径分布**(particle size distribution)である.平均径には,個数平均径,長さ平均径,面積平均径,体積平均径などがあり,目的や計測法に応じてどの平均径を使用するかを決定する必要がある.

$$個数平均径\ d_{1,0} = \frac{\sum(n_i d_i)}{\sum(n_i)} = \frac{\sum(v_i/d_i^2)}{\sum(v_i/d_i^3)} = \frac{\sum(w_i/d_i^2)}{\sum(w_i/d_i^3)} \tag{14.1}$$

$$長さ平均径\ d_{2,1} = \frac{\sum(n_i d_i^2)}{\sum(n_i d_i)} = \frac{\sum(v_i/d_i)}{\sum(v_i/d_i^2)} = \frac{\sum(w_i/d_i)}{\sum(w_i/d_i^2)} \tag{14.2}$$

$$面積平均径\ d_{3,2} = \frac{\sum(n_i d_i^3)}{\sum(n_i d_i^2)} = \frac{\sum v_i}{\sum(v_i/d_i)} = \frac{\sum w_i}{\sum(w_i/d_i)} \tag{14.3}$$

$$体積平均径\ d_{4,3} = \frac{\sum(n_i d_i^4)}{\sum(n_i d_i^3)} = \frac{\sum(v_i d_i)}{\sum v_i} = \frac{\sum(w_i d_i)}{\sum w_i} \tag{14.4}$$

ここで,n_i,v_iとw_iはそれぞれ,粒子径がd_iの粒子の個数,体積および重量である.粒子径分布の幅が広いとき,上記の平均径は大きく異なることに留意する.面積平均径は**Sauter(ザウター)平均径**(Sauter mean diameter)とも呼ばれ,液滴や噴霧粒子などの平均径として広く使用されている.

　粒子径が対数分布をしているときは,**対数平均径**(logarithmic mean diameter)が使用できる.

$$個数対数平均径\ d_{\text{lav. n}} = \exp\left[\frac{\sum(n_i \ln d_i)}{\sum n_i}\right] \tag{14.5}$$

$$面積対数平均径\ d_{\text{lav. s}} = \exp\left[\frac{\sum(n_i d_i^2 \ln d_i)}{\sum(n_i d_i^2)}\right] \tag{14.6}$$

　後述するが,球状粒子を流体中で沈降(sedimentation)させると,やがて流体による抗力と浮力の和が重力と釣り合い,一定速度で沈降するようになる.この速度を**終末速度**(terminal velocity)と呼び,層流域では次の**Stokes(ストークス)式**(Stokes' law)が成立する.

$$u_t = \frac{(\rho_p - \rho_f)g d_p^2}{18\mu} \tag{14.7}$$

ここで,u_tは終末速度[m/s],ρ_pとρ_fはそれぞれ粒子と流体の密度[kg/m^3],gは重力加速度[m/s^2],

d_p は粒子径 [m], μ は流体粘度 [Pa·s] である. 式 (14.7) より次式が得られる.

$$d_p = \left[\frac{18\mu u_t}{(\rho_p - \rho_f)g}\right]^{1/2} = \left[\frac{18\mu h}{(\rho_p - \rho_f)gt}\right]^{1/2} \quad (14.8)$$

ここで, h は沈降距離 [m], t は沈降時間 [s] であり, 沈降速度球相当径 d_p [m] が求められる.

粒子径分布とは, 粒径のばらつきのことである. 粒子径の測定値が平均値を中心として, その頻度分布が左右対称である場合は正規分布 (normal distribution) となる. 正規分布における確率密度関数を次式に示す.

$$F(d) = \frac{1}{\sqrt{2\pi}\sigma}\exp\left[-\frac{(d-d_m)^2}{2\sigma^2}\right] \quad (14.9)$$

ここで, σ は標準偏差 (standard deviation), d_m は平均径である. 粒度分布の場合は, 粒子径を対数軸とした対数正規分布に従うことが多い.

変動係数 CV (coefficient of variation) は標準偏差を平均径で割った値であり, 単位をもたない数で相対的なばらつきを表す.

$$CV = \frac{\sigma}{d_m} \quad (14.10)$$

粒度分布の表示法には, 積算 (累積) 分布と頻度分布がある (図 14.1). 積算分布 $F(d_p)$ を d_p で微分すると, 頻度分布 $F'(d_p)$ が得られる. すなわち,

$$F(d_p) = \int F'(d_p) d(d_p) \quad (14.11)$$

粒度分布測定装置は, 試料中に「どれくらいの大きさの粒子」が, 「どれくらいの割合」で含まれているかを測定する装置であり, 動的光散乱法とレーザー回折・散乱法の2通りがある. 動的光散乱法では, 粒子にレーザー光を照射して粒子に当たり出てくる散乱光を検出すると, その粒子のブラウン運動に依存した散乱強度の揺らぎが観測される. 粒子のブラウン運動の速度 (拡散係数) より粒子径が求められる.

14.1.2 粒子 Reynolds 数と抵抗係数

流体中を運動する粒子に対して用いられる**粒子 Reynolds (レイノルズ) 数** (particle Reynolds number) Re_p は次式で定義される.

$$Re_p = \frac{ud_p\rho_f}{\mu} \quad (14.12)$$

ここで, u は粒子に対する流体の相対速度 [m/s] である. 粒子 Reynolds 数は粒子周りの流れの状態を表し, この値が 2 以下の領域を層流域, 渦が生ずる 500 以上の領域を乱流域, $2 < Re_p < 500$ を遷移域と呼ぶ.

粒子が流体中を運動するとき, 粒子は**抵抗力** (drag force) を受ける. 抵抗力 F_d [N] は粒子の移動方向への投影面積 A と流体の運動エネルギーの積に比例し, 次式で与えられる.

$$F_d = C_R A\left(\frac{\rho_f u^2}{2}\right) \quad (14.13)$$

ここで, C_R は**抵抗係数** (drag coefficient) と呼ばれ, 次元解析により粒子 Reynolds 数 Re_p のみの関数となる (第2章参照). 球状粒子の場合, Re_p と C_R の関係は図 14.2 に示す標準抵抗曲線により求められる. 層流域, 遷移域および乱流域における近似式は

$$C_R = \frac{24}{Re_p} \qquad Re_p < 2 \text{ (Stokes 域)} \quad (14.14)$$

$$C_R = \frac{10}{(Re_p)^{1/2}} \qquad 2 < Re_p < 500 \quad (14.15)$$

$$C_R = 0.44 \qquad Re_p > 500 \quad (14.16)$$

で与えられる. 式 (14.13) に式 (14.14)～式 (14.16) を代入すると,

$$F_d = 3\pi\mu d_p u \qquad Re_p < 2 \text{ (Stokes 域)} \quad (14.17)$$

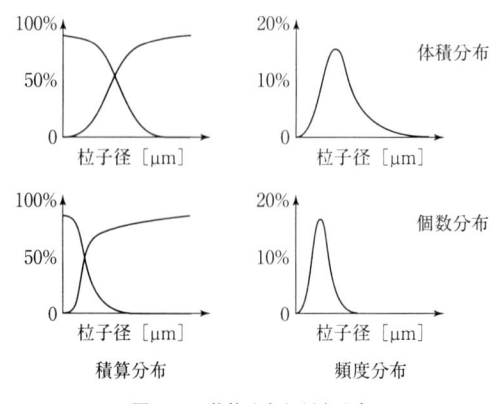

図 14.1 積算分布と頻度分布

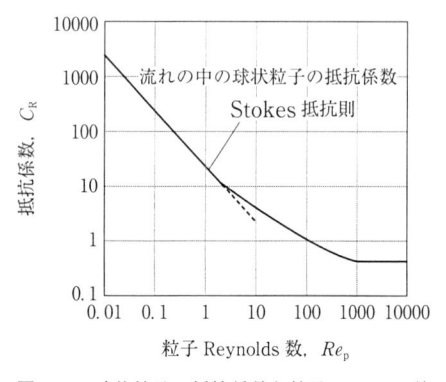

図 14.2 球状粒子の抵抗係数と粒子 Reynolds 数の関係

$$F_d = \frac{5\pi}{4}(\pi\rho_f)^{1/2}(d_p u)^{3/2} \quad 2 < Re_p < 500 \quad (14.18)$$

$$F_d = 0.55\pi d_p^2 \rho_f u^2 \quad Re_p > 500 \quad (14.19)$$

である．式（14.17）は層流抵抗または Stokes 抵抗則と呼ばれ，広く利用される．

14.1.3 重力による粒子の沈降と終末沈降速度

静止流体中で運動している粒子は抵抗力と外力を受ける．外力 F_e [N] は Archimedes（アルキメデス）の原理より，次式で与えられる．

$$F_e = \text{重力} - \text{浮力} = \frac{\pi d_p^3}{6}(\rho_p - \rho_f)g \quad (14.20)$$

$(\rho_p - \rho_f)$ が正のときは重力が浮力より大きく粒子は沈降し，逆に $(\rho_p - \rho_f)$ が負のときには粒子は浮上する．Stokes 流れの場合，流体中を移動する粒子に作用する力の収支である運動方程式は次式で表現できる．

$$m\frac{du}{dt} = \frac{\pi d_p^3}{6}(\rho_p - \rho_f)g - 3\pi\mu d_p u \quad (14.21)$$

ここで，m は粒子の質量 [kg]，u は粒子の沈降速度 [m/s] である．この式より，u が正であれば，時間が経過するにつれて流体抵抗を表す右辺第2項が大きくなり，第1項（重力と浮力の差）に近づく．両者が等しくなると加速度 du/dt は 0 となり，流体中の球状粒子は一定速度で等速運動するようになる．この速度 u_t を終末速度といい，上式の左辺を 0 とおくことにより次式が得られる．

$$\frac{\pi d_p^3}{6}(\rho_p - \rho_f)g = 3\pi\mu d_p u_t \quad (14.22)$$

終末沈降速度 u_t は **Stokes の沈降速度**（Stokes' sedimentation velocity）とも呼ばれ，次式で示される．

$$u_t = \frac{(\rho_p - \rho_f)g d_p^2}{18\mu} \quad (14.23)$$

すなわち，終末沈降速度は層流域において，粒子径の二乗と密度差に比例し，粘度に反比例する．詳述しないが，終末沈降速度は流れの状態が中間域では粒子径に，乱流域では粒子径の平方根に比例する．

沈降分離は，液体中に浮遊している固体を重力による沈降により沈殿物として分離する操作であり，上・下水道処理，廃水処理などで広く用いられている．食品工業ではデンプン工業や果汁加工などで用いられ，前者では沈降したデンプン粒子を回収する沈殿濃縮が目的であり，後者は液体の清澄化を図ることが目的となる．詳細は 14.1.5 項で述べる．

【例題 14.1】 平均粒子径が 30 μm のデンプン粒の終末沈降速度を求めよ．なお，温度は 20℃，デンプン粒の密度は 1600 kg/m³，水の密度と粘度はそれぞれ 998 kg/m³ と 1.00 mPa·s とする．

〈解〉 $d_p = 30$ μm $= 30 \times 10^{-6}$ m，$\Delta\rho = \rho_s - \rho_f = 602$ kg/m³，$\mu = 1.00$ mPa·s $= 1.00 \times 10^{-3}$ kg/(m·s) である．これらの値を式（14.23）に代入すると，終末沈降速度は

$$u_t = \frac{(602)(9.8)(30 \times 10^{-6})^2}{18 \times 1.00 \times 10^{-3}} \text{ m/s} = 0.295 \text{ mm/s}$$

となる．式（14.13）を用いて，このときの粒子 Reynolds 数を求めると，

$$Re_p = \frac{(0.295 \times 10^{-3})(30 \times 10^{-6})(998)}{1.00 \times 10^{-3}} = 0.0088$$

となり，層流域にあるので Stokes 則に基づく式（14.24）を用いたことは妥当である． 〈完〉

【例題 14.2】 例題 14.1 で，デンプン粒が大きい場合は粒子 Reynolds 数が大きくなり，層流域から遷移域に移り，Stokes 式が適用できない．その限界の粒子径を求めよ．

〈解〉 粒子 Reynolds 数は式（14.13）で与えられる．また層流域と遷移域の限界の値は 2 である．

$$2 = \frac{u_t d_p \rho_f}{\mu}$$

上式を変形して，$u_t = 2\mu/(d_p \rho_f)$ を式（14.23）に代入すると，限界の粒子径が求められる．

$$\frac{\rho_f(\rho_p - \rho_f)g d_p^3}{18\mu^2} = 2$$

$$d_p = \left[\frac{36\mu^2}{\rho_f(\rho_p - \rho_f)g}\right]^{1/3} = \left[\frac{(36)(1 \times 10^{-3})^2}{(998)(1600 - 998)(9.8)}\right]^{1/3}$$

$$= 183 \text{ μm} \quad \langle\text{完}\rangle$$

【例題 14.3】 平均粒子径が 3 μm である牛乳中での乳脂肪の終末速度を求めよ．なお，乳脂肪の密度は 980 kg/m³，牛乳の密度と粘度はそれぞれ 1028 kg/m³ と 1.42 mPa·s とする．

〈解〉 $d_p = 3$ μm $= 3 \times 10^{-6}$ m，$\Delta\rho = \rho_s - \rho_f = -48$ kg/m³，$\mu = 1.42$ mPa·s $= 1.42 \times 10^{-3}$ kg/(m·s) である．これらの値を式（14.23）に代入すると，

$$u_t = -0.166 \text{ μm/s} = -14.3 \text{ mm/day}$$

となる．負の値は，乳脂肪が牛乳より軽いため，沈降ではなく，浮上することを意味する．式（14.13）より粒子 Reynolds 数を求めると，

$$Re_p = \frac{(0.166 \times 10^{-6})(3 \times 10^{-6})(1028)}{1.42 \times 10^{-3}} = 3.6 \times 10^{-5}$$

であり，層流域にあるので Stokes 式（14.23）を用いたことは妥当である． 〈完〉

14.1.4 遠心分離

遠心分離（centrifugation）は遠心力を利用して物質を分離する操作である．食品工業では，牛乳の脂肪と水の分離，油脂植物の搾油後の油脂と水の分離，水溶液中の固体粒子の分離，エマルションの分離などに用いられる．分離対象となる試料の固形物含量は数％以内に限られる．操作法により，**遠心沈降**（centrifugal sedimentation），**遠心濾過**（centrifugal filtration）および **遠心脱水**（centrifugal dewatering）の三つに大

別される.

a. 遠心沈降 粒子が回転場におかれると,流体と密度差があるため粒子に遠心力が働く.遠心力による粒子の移動速度は重力沈降速度と類似して,遠心沈降速度と呼ばれる.Stokes 則が成立する場合の遠心沈降について示す.

粒子径 d_p の粒子が半径 r の円周を角速度 ω[rad/s] で回転するとき,遠心力 F_c[N] は次式で表される.

$$F_c = mr\omega^2 = \frac{\pi d_p^3}{6}(\rho_p - \rho_f)r\omega^2 \tag{14.24}$$

ここで,角速度 ω を1分間当たりの回転数 N[rpm] で置き換えると,式(14.24)は次のようになる.

$$F_c = mr\left(\frac{2\pi N}{60}\right)^2 = 0.011\, mrN^2 \tag{14.25}$$

また,この粒子が受ける重力 F_g[N] は式(14.20)より

$$F_g = \frac{\pi d_p^3}{6}(\rho_p - \rho_f)g \tag{14.26}$$

である.F_c と F_g の比は遠心効果 Z_c と呼ばれる.遠心沈降速度 u_c と重力沈降速度 u_t は次式で関係づけられる.

$$u_c = \frac{r\omega^2}{g}u_t = Z_c u_t \tag{14.27}$$

Stokes の抗力が働く場合の粒子の遠心沈降終末速度は,式(14.23)の g に $r\omega^2$ を代入した次式で与えられる.

$$u_{ce} = \frac{(\rho_p - \rho_f)d_p^2 r\omega^2}{18\mu} \tag{14.28}$$

円筒型の遠心沈降では,懸濁液を回転円筒の下端から供給し,筒内を通過する間に粒子は筒壁に向かって沈降分離され,清澄液は上端より排出される.

【例題14.4】 例題14.3と同様の牛乳を遠心分離によりクリームを分離するとき,回転数を 1.0×10^4 rpm として,半径 10 cm の位置での脂肪滴の浮上速度を求めよ.
〈解〉遠心力による加速度は,$r\omega^2 = (0.1)[2\pi(1.0 \times 10^4)/(60)]^2 = 1.096 \times 10^5$ m/s^2 である.したがって,遠心沈降速度は

$$u_{ce} = \frac{(\rho_p - \rho_f)d_p^2 r\omega^2}{18\eta} = \frac{r\omega^2}{g}u_t$$

$$= \frac{(-0.166 \times 10^{-6})(1.096 \times 10^5)}{9.8} = -1.86 \times 10^{-3}\,\text{m/s}$$

である.負の値は,遠心沈降でなく,遠心浮上を意味する.式(14.13)により,粒子 Reynolds 数を求めると,

$$Re_p = (1.86 \times 10^{-3})(3 \times 10^{-6})(1028)/(1.42 \times 10^{-3})$$
$$= 4.0 \times 10^{-3}$$

であるので,Stokes 則が成立する. 〈完〉

分離板型遠心沈降機(disk centrifuge)は,図14.3 に示すように,多数の円錐形の分離板が設けられている.原液をボウルへ供給すると,分離板の外端から内側へ処理液が流れる.分離板間の隙間で比重差と遠心力により比重の大きい固形分は分離板の外側へ分離され,ボウル内の外側のスペースへ蓄積され,固形分出口から排出される.清澄液は分離板の中心へ向かい清澄液出口から吐出し連続的に回収される.分離板の間を処理液が流れる間に粒子が沈降すればよく,沈降距離が短く,回転数は比較的低速で多量の処理が可能である.

b. 遠心濾過 遠心濾過では,濾材を設けたバスケットを回転させて,その中に懸濁液を供給する.遠心沈降に加えて,遠心力によって生じる液圧によりケーク濾過(14.2節参照)が進行する.

c. 遠心脱水 遠心濾過終了後にケーク内に含まれる液体を分離除去する操作を遠心脱水という.乾燥の前処理として行われることが多い.

14.1.5 分 級

分級(classification)とは,粒子を粒子径,形状,密度差などにより分類することをいう.流体力を利用する分級装置には,重力分級,遠心分級,慣性力分級の三つがあり,ほかに篩(ふるい)を利用するものがある.対象が液体系の場合は湿式分級,気体系の場合は乾式分級という.

a. 重力分級 沈降槽形式で,一方から粒子懸濁液を水平流により供給し,槽内部で沈降速度の差を利用して特定の粒子径以上の粗粒子を沈積させ,細かい粒子を通過させる方式を重力分級という.沈降した粗粒子は下部より濃泥状態で取り出され,微粒子は溢流として得られる.

幅 W,高さ H,長さ L,面積 $A(=LW)$[m^2] の沈降槽での粒子の分離を考える.粒子懸濁液が流量 Q [m^3/s] で水平方向に流入する.粒子は流体とともに速度 $v = Q/(WH)$[m/s] で流れ方向に移動しながら

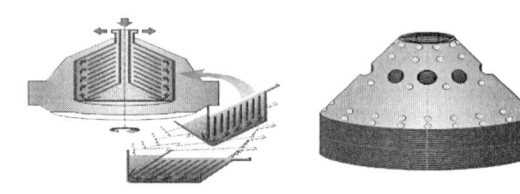

図14.3 分離板型遠心沈降機のモデル(左図)と円錐形分離板スタック(右図)

終末速度で沈降する．槽頂から流入し，出口で槽底に達する分離限界粒子の終末速度 u_{tc} [m/s] は次式で与えられる．

$$u_{tc} = \frac{vH}{L} = \frac{Q}{LW} = \frac{Q}{A} \quad (14.29)$$

Stokes の沈降速度式が適用できる場合，分離限界粒子径 d_{pc} [m] は次式で与えられる．

$$d_{pc} = \left[\frac{18\mu u_{tc}}{g(\rho_p - \rho)}\right]^{1/2} = \left[\frac{18\mu Q}{Ag(\rho_p - \rho)}\right]^{1/2} \quad (14.30)$$

b. 遠心分級 装置内部で流体の旋回運動に基づき，粒子に作用する遠心力の差を利用した操作を遠心分級という．サイクロン分級機は広く使用されている．

サイクロン分級とその分離理論を示す．実際の流れは複雑な三次元流れであるが，簡単化した回転流を考える．図 14.4 に示すサイクロンで，粒子が N 回回転して壁に捕捉されるとき，滞留時間 t_r [s] は次式で示される．

$$t_r = \frac{2\pi RN}{u_0} \quad (14.31)$$

ここで，u_0 は粒子を含んだ空気のサイクロン流入速度 [m/s]，R はサイクロン円筒部の半径 [m] である．

粒子の運動方程式を用いて，**分離限界の粒子径（分離径）**を求める．粒子と流体の半径方向の速度をそれぞれ v_r [m/s] と u_r [m/s] とすると，粒子の遠心加速度 $r\omega^2$ は u_0^2/r となる．粒子に作用する半径方向の力は，Stokes の流体抵抗および遠心力項のみとすると，運動方程式は次式で表される．

$$\frac{m dv_r}{dt} = -3\pi\mu d_p(v_r - u_r) + \frac{mu_0^2}{r} \quad (14.32)$$

分離限界では $v_r = 0$ と近似でき，次式が成立する．

$$\frac{mu_0^2}{r} = -3\pi\mu d_p u_r \quad (14.33)$$

上式は粒子に作用する遠心力と中心方向の流体抵抗力が釣り合うことを表す．u_r は負の値となるため $-u_r = u_R$ とすると，

$$d_{pc}^2 = \frac{18\mu u_R}{\rho_p u_0^2} \quad (14.34)$$

このように，分離径は流体の粘度の平方根に比例し，粒子密度の平方根に反比例する．また，入口速度 u_0 を大きくすると，分離径は小さくなる．

c. 慣性力分級 慣性力分級は，気流を下部から，粒子を上部から供給して，上昇流により分離するもので，粗粒子は下部に沈積し，細粒子は上部から気流とともに排出される形式のものや，含塵気流に急激な方向変化を与えて，粒子を分級する形式のものがある．

原料粒子は円筒の上部から供給され，下部から気流が速度 u_g で上昇し，粉が下部で捕集される場合，円筒の断面積を A，気流の体積流量を $Q(=u_g A)$，粒子の沈降速度を v_p とすると，粒子の捕集効率 E は，次式で与えられる．

$v_p < u_g$ または $v_p A < Q$ では，$E = 0$ (14.35)

$v_p > u_g$ または $v_p A > Q$ では，$E = 1$ (14.36)

$v_p = u_g$ ならば粒子は気流速度と沈降速度の平衡状態にあり，静止しているようにみえる．このときの粒子径が分離限界粒子径となる．球形粒子の場合には粒子径と終末沈降速度には相関性があり，分級が可能となる．実際には気流の乱れなどにより理想分級からずれるので注意が必要である．

14.1.6 篩と篩分け

篩（sieve）は，図 14.5 に示すように一定の大きさの網目構造をしており，**篩分け**（sieving）は，篩を通過する粒子と通過しない粒子を分ける操作のことである．工業用篩網は国際標準化機構（ISO）や日本工

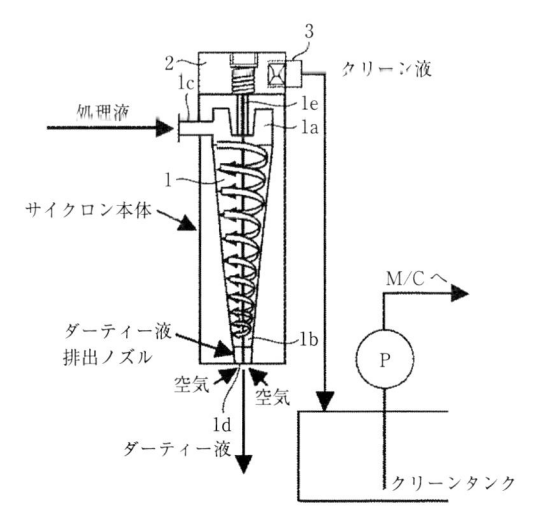

図 14.4 サイクロン

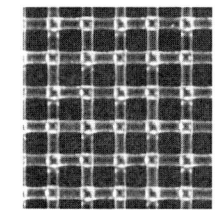

図 14.5 標準篩（左図）と網目構造の例（右図）

業規格（JIS）で決められている．篩の大きさはメッシュ（網目数/インチ）で表され，標準篩としては，3.5～580メッシュが用意されている．網目は正方形であり，目開きの寸法は，5.6 mm～22 μm の範囲である．材質としてはステンレス鋼が使われるが，細かいサイズでは合成繊維網も多用される．

篩機の動きとしては，振動篩と面内運動篩がある．前者は網面に垂直方向の振動であり，粒子径が大きい場合に使用され，後者は垂直振動成分がほとんど無視してよく，水平方向の運動により付着性のある小さい粒子に対して使用される．

【例題 14.5】 グラニュー糖粒子を篩にかけて，次の結果が得られた．グラニュー糖粒子の Sauter 平均径を求めよ．

篩 [μm]	2000	1000	710	500	300	150	<150
篩捕集量 [g]	0	4.0	18.0	12.0	9.0	4.0	2.0

〈解〉 重量基準の Sauter 平均径は式（14.3）で与えられる．したがって，Sauter 平均径は，$d_{3,2} = 49/0.1106 = 443$ μm である．

d_i [μm]	1500	855	605	400
w_i [g]	4.0	18.0	12.0	9.0
w_i/d_i [g/μm]	2.67×10^{-3}	2.11×10^{-2}	1.98×10^{-2}	2.25×10^{-2}
d_i [μm]	225	75		
w_i [g]	4.0	2.0	$\sum = 49$	
w_i/d_i [g/μm]	1.78×10^{-2}	2.67×10^{-2}	$\sum = 0.1106$	

〈完〉

14.2

濾過（第19回）

【キーワード】 Darcy 式，ケーク濾過，定圧濾過，圧搾

お茶を入れる急須は粗めのフィルターであり，コーヒーフィルターとして使用する濾紙，蛇口につけた浄水器フィルターなどは細かい孔があいており，これらを通すことにより液体に少量含まれる固体が除去される．このような操作を濾過という．また，酒や醤油のもろみから液体を絞り出す操作は圧搾と呼ばれる．果実を圧搾して果汁を搾る操作は搾汁，植物の種子や果実から油を絞る操作は搾油という．圧搾も固液分離として広く使用される．ここでは，濾過と圧搾について述べる．

14.2.1 濾過

濾過（filtration）とは，液体に固体が混ざった混合物（スラリーという）を細かい孔があいた多孔性物質に通して，その中または表面で固体を捕捉して分離し，液体を系外に流出させて固液を分離する操作である．濾過で使われる多孔性物質を一般に**濾材**（filter medium），濾過した後に濾材上に残る固体を**残渣**（residue），通過した液体を**濾液**（filtrate）という．濾材を通して分離するために，駆動力としては重力，加圧，減圧または遠心力を使用する．

重力を使用した濾過は自然濾過と呼ばれ，コーヒーフィルターなどはその一例である．濾過速度は遅いが，特別な装置を必要としない．比較的粘度が低く，固体の量が少ないものが対象になる．

減圧濾過（真空濾過，vacuum filtration）は濾液流束を向上させるために，濾材の下流側を減圧する．これにより，自然濾過では不適であった高粘性物質の濾過や大量の沈殿を含むスラリーの濾過が可能になる．実験室では減圧に耐えるガラス瓶を濾液受けとして使用する．

加圧濾過（pressure filtration）は，減圧濾過では濾過できないスラリーに対して用いる．耐圧の容器を用いて，濾材上に原液を入れて圧縮空気や窒素ガスなどで加圧する．濾材や容器が耐えうる圧力まで加圧できるので，大気圧分までしか差圧が得られない減圧濾過に比べて効率よく濾過することができる．工業的には加圧濾過が一般的に使用される．

固液分離の対象物の固体濃度は数 ppm から 20%（v/v）程度である．固体濃度が数%以上の場合は，分離された固体が濾材面に堆積し，堆積固体層自体がその後の濾過において濾材として作用する．この堆積固体層が濾過ケークとなり，この濾過機構を**ケーク濾過**（cake filtration）と呼ぶ．固体濃度が 0.1%（v/v）以下の希薄なスラリーの場合は，濾過ケークが生成されず，懸濁固体は濾材間隙のみで分離される．この種の濾過機構を**清澄濾過**（clarifying filtration）と呼ぶ．

14.2.2 濾過理論

濾液が多孔質であるケーク層および濾材を通過するには，圧力をかけることが必要である．多孔質中を液体が移動する速度 u_x[m/s] は **Darcy**（ダルシー）の式（Darcy's equation）で表され，液体の粘度 μ[Pa·s] に反比例し，圧力勾配 dP/dx[Pa/m] に比例する．

$$u_x = -\frac{k}{\mu}\frac{dP}{dx} \qquad (14.37)$$

ここで，k は定数である．圧力一定の濾過，すなわち

定圧濾過（constant pressure filtration）では，**濾過流束**（単位面積当たりの濾過速度，filtration flux）J_v [m³/(m²·s)] は，**Ruth（ルース）の濾過理論**（Ruth's filtration theory）が適用でき，次式で与えられる．

$$J_v = \frac{\Delta P}{\mu(R_c + R_m)} \qquad (14.38)$$

ここで，μ は濾液の粘度，R_c と R_m はそれぞれケークと濾材の抵抗 [1/m] である．J_v は濾過面積 A [m²] と濾過量 V [m³] を用いて次式で表される．

$$J_v = \frac{1}{A}\frac{dV}{dt} \qquad (14.39)$$

式 (14.38) と式 (14.39) から濾過速度は次式で与えられる．

$$\frac{dV}{dt} = \frac{A\Delta P}{\mu(R_c + R_m)} \qquad (14.40)$$

濾材の抵抗 R_m は，清澄液の濾過試験を行い，ΔP と濾過流束の関係から求められる．ケークの抵抗 R_c は濾過の進行とともに変化するが，堆積したケークの乾燥重量 W [kg] と次の関係が成立する．

$$R_c = \frac{\alpha W}{A} \qquad (14.41)$$

ここで，α [m/kg] は平均比抵抗と呼ばれる．懸濁液中の単位濾液当たりの乾燥固形分を ρ [kg/m³] とすると，

$$W = \rho V \qquad (14.42)$$

となる．式 (14.41) と式 (14.42) を式 (14.40) に代入すると次式が得られる．

$$\frac{dV}{dt} = \frac{A\Delta P}{\mu(\alpha\rho V/A + R_m)} \qquad (14.43)$$

変形して

$$\frac{dt}{dV} = \frac{\alpha\rho\mu V}{A^2\Delta P} + \frac{\mu R_m}{A\Delta P} \qquad (14.44)$$

式 (14.44) の変数を分離して積分すると，濾過量 V と濾過時間 t の関係が得られる．

$$t = \frac{\alpha\rho\mu}{2A^2\Delta P}V^2 + \frac{\mu R_m}{A\Delta P}V \qquad (14.45)$$

濾過時間 t と濾過量 V が比例しない．上式の両辺を V で割ると

$$\frac{t}{V} = \frac{\alpha\rho\mu}{2A^2\Delta P}V + \frac{\mu R_m}{A\Delta P} \qquad (14.46)$$

となる．したがって，一定時間ごとの濾液量を測定し，t/V と V を両軸にとってプロットすれば，式 (14.46) に基づき，切片から濾材の抵抗が，傾きからケークの比抵抗 α を算出できる．このように，定圧濾過は操作パラメータを得るのに有効である．

濾材抵抗 R_m がケーク抵抗 R_c より十分に小さいとき，式 (14.40) から

$$\frac{dV}{dt} = \frac{A^2\Delta P}{\mu\alpha\rho V} \qquad (14.47)$$

上式を積分すると，濾過時間 t は次式で与えられる．

$$t = \frac{\alpha\mu\rho}{2A^2\Delta P}V^2 \qquad (14.48)$$

したがって，このような場合には，濾過時間は濾過量の二乗，濾液の粘度および懸濁物濃度に比例し，濾過面積の二乗と濾過圧力に反比例する．

基本的な濾過操作には上述した定圧濾過のほかに，定速濾過と非定圧非定速濾過がある．定圧濾過は一定の ΔP で操作され，J_v は時間とともに減少する．一方，定速濾過は ΔP を増大させて J_v を一定に保つ．非定圧非定速濾過は ΔP と J_v のいずれも濾過時間とともに変化する．ΔP の与え方には，重力式，加圧式および真空式がある．操作形式により，回分式と連続式，また流れの方向によりデッドエンド型とクロスフロー型に分類され（第 15 章参照），それぞれに応じた濾過装置が開発されている．濾過操作は，プレコート濾過 → 濾過 → 水洗 → ケーかき取り → 装置解体清掃 → 組立，のような一連の手順から構成される．濾過処理の時間は，濾過時間だけでなく，上記の一連の操作の時間を考慮しなくてはならない．

【例題 14.6】 500 秒間の濾過で 500 L の濾過量，1600 秒間の濾過で 1000 L の濾過量を得た．3000 L の濾過量を得るのに必要な時間を求めよ．

〈解〉 $k_1 = \alpha\rho\mu/(2A^2\Delta P)$, $k_2 = \mu R_m/(A\Delta P)$ とおくと，式 (14.45) は $k_1V^2 + k_2V = t$ と表される．これに諸値を代入すると，

$$k_1(0.5)^2 + k_2 \cdot 0.5 = 500$$
$$k_1(1)^2 + k_2 = 1600$$

であり，これを連立して解くと，$k_1 = 1200$ s/m⁶ と $k_2 = 400$ s/m³ が得られる．したがって，3000 L の濾過量を得るのに必要な濾過時間は $t = 1200(3)^2 + 400(3) = 12000$ s = 200 min である． 〈完〉

【例題 14.7】 30% の固形分を含む懸濁液を，濾過面積 200 cm² の真空フィルター（圧力 31.3 kPa）で処理する．濾過量は 1200 秒後に 10 L，4720 秒後では 20 L であった．形成されたケークの含水率はケーク乾燥重量に対して 20% であった．ケークの比抵抗と抵抗，並びに濾材の抵抗を求めよ．濾液の密度は 1000 kg/m³，粘度は 1 mPa·s とする．

〈解〉 大気圧は 101.3 kPa であるので，圧力差は $\Delta P = 70$ kPa である．式 (14.45) に諸値を代入すると，

$$1200 = \frac{\alpha\rho\mu}{2A^2\Delta P}(0.01)^2 + \frac{\mu R_\mathrm{m}}{A\Delta P}(0.01)$$

$$4720 = \frac{\alpha\rho\mu}{2A^2\Delta P}(0.02)^2 + \frac{\mu R_\mathrm{m}}{A\Delta P}(0.02)$$

である．これらの式より，

$$\frac{\alpha\rho\mu}{2A^2\Delta P} = 1.16\times 10^7\ \mathrm{s/m^6}$$

および

$$\frac{\mu R_\mathrm{m}}{A\Delta P} = 4000\ \mathrm{s/m^3}$$

が得られる．100 kg の懸濁液を考えると，30 kg の固形分がケークとなる．ケークは水分を含んでおり，その量は，$0.20 \times 30 = 6$ kg である．懸濁液の水重量 70 kg からケークに残る水重量を引いた 64 kg が濾過量（体積は 64×10^{-3} m³）となり，ケーク重量は 36 kg となる．懸濁液中の単位濾液当たりの乾燥固形分は $\rho = 30\ \mathrm{kg}/(64 \times 10^{-3}\ \mathrm{m^3}) = 469\ \mathrm{kg/m^3}$ である．式（14.41），式（14.42）と上の二つの式からケークの比抵抗 α，ケーク抵抗 R_c および濾材の抵抗 R_m は次のように求められる．

$$\alpha = 1.16\times 10^7 \frac{2A^2\Delta P}{\rho\mu} = 1.16\times 10^7 \frac{2(200\times 10^{-4})^2(70\times 10^3)}{469\times 10^{-3}}$$
$$= 1.39\times 10^9\ \mathrm{m/kg}$$

$$R_\mathrm{c} = \frac{\alpha\rho V}{A} = \frac{(1.39\times 10^9)(469)(2\times 10^{-3})}{200\times 10^{-4}} = 6.52\times 10^{10}\ \mathrm{m^{-1}}$$

$$R_\mathrm{m} = 4000\frac{A\Delta P}{\mu} = 4000\frac{(200\times 10^{-4})(70\times 10^3)}{10^{-3}}$$
$$= 5.60\times 10^9\ \mathrm{m^{-1}} \qquad\qquad \langle\text{完}\rangle$$

14.2.3 濾材，濾過助剤，濾過装置

濾材として，天然繊維や合成繊維から製造された織布や不織布が広く用いられている．

濾過助剤（filter aid）は濾過抵抗の低減，濾材の目詰まりの防止や濾液の清澄度の向上を目的として用いられる．ケイ藻土を焼成して粉砕した後，分級したものが広く用いられる．圧縮性粒子の懸濁液に濾過助剤を添加するとケーク量は増えるが，圧縮性の低いケークを形成できる．この方法をボディフィード（body feed）法と呼ぶ．濾過助剤は濾布などの目の粗い濾材の分離性能を高めるために，プリコート剤（precoat）としても用いられる．プリコート法とボディフィード法を組み合わせて用いることも多い．

濾過装置は，ケークを形成して濾過を行うケーク濾過器と，ケークを形成しないケークレス濾過器の二つに分けられる．ケーク濾過器は，濾過の推進力によって，重力濾過器，加圧濾過器および真空濾過器に分けられる．工業的には，フィルタープレス（filter press），加圧葉状濾過器，濾板濾過器および管状濾過器などがある．フィルタープレスは，側面に濾布を張ったプレートと濾液の流路となる溝をもつプレートを交互に並べて端板の間に締め付け，原液を供給して，圧力をかけて濾過を行う（図 14.6）．濾過が終了した後，ケークの洗浄，装置の分解，ケークの除去を行い，再び装置を組み立て，次の濾過を行う．

ケークレス濾過器は，生成する濾過ケークの掃流機構を備えた濾過器である．たとえば，回転円盤型濾過器は連続式の濾過器であり，両面に濾布を設けた固定円板と回転攪拌板を交互に配置して加圧濾過を行う．円板を高速で回転することによりケークの成長が阻止され，ほぼ定圧下で定速濾過が行われる．

14.2.4 圧搾

圧搾（squeezing, pressing）は，スラリーや半固体状の固液混合物を搾布などの分離処理部へ供給し，圧力をかけて液体を通過させ固体は通過させない圧縮脱液操作である．圧搾により得られるケークは濾過ケークより低含水率になる．

固液混合物を圧搾装置に供給して加圧すると，まず濾過によりケークが形成される．濾過が終了した後，残った濾過ケークはさらに圧密され脱液が進む．このように圧搾は，濾過と圧密の二つの過程が起こる．濾過中はケーク濾過理論が成立する．圧密中はケーク内の液体が搾出されて液圧 P_L [Pa] が減少し，ケーク圧縮圧力 P_S [Pa] と荷重圧力 P [Pa] の間に次の関係が成立する．

$$P_\mathrm{S} = P - P_\mathrm{L} \qquad\qquad (14.49)$$

P_S は上式の関係を保ちながら増加し，ケーク内の液圧が 0 になると終了する．

14.2.5 圧搾装置

圧搾は乾燥などの熱操作に比べると経済的である．装置には回分式と連続式があり，回分式の圧搾型フィルタープレスでは，まず圧力をかけて濾過を行い，濾過ケークを形成させた後，ダイアフラムの高圧の流体を導入してケークの圧搾脱水を行う．連続式のベルト

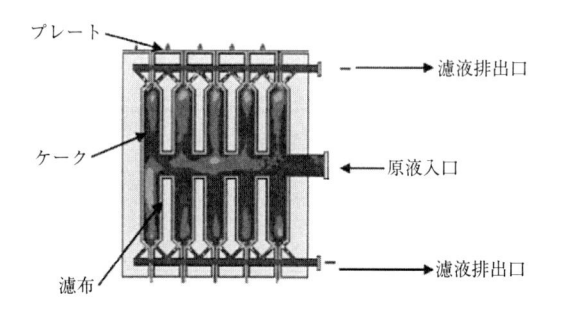

図 14.6 フィルタープレス

プレスでは，2枚のベルトの間にはさまれた原料は，ベルトとともにロールの間を移動し，その間に圧搾脱水が起こり，連続的にケークが排出される．スクリュープレスは，搾油分野ではエキスペラーといわれ，固定されたバレルとその中で回転するスクリュー軸からなり，原料をホッパーからバレル内部へ連続的に供給し，スクリュー軸の回転によって原料をらせん溝に沿って出口方向へ送る．先端にいくほど間隙は小さくなり，そこで生じる高圧により圧搾する．

演習

14.1 食用油を水洗浄した後は，水分除去のための沈降分離槽が必要である．油 1 kg に対して水 4 kg の割合で加え，油の供給量は 1 時間当たり 1000 kg，処理温度は 38°C とする．Stokes 則が成立すると仮定して，油滴浮上速度と沈降分離槽の面積を求めよ．なお，水の粘度は 0.7 mPa·s，水の密度は 1000 kg/m^3，油の密度は 894 kg/m^3，油滴径は 50 μm とする．

14.2 演習 14.1 と同じ条件で，遠心分離による油水分離を行うときの浮上速度を求めよ．なお，遠心分離の回転数は 1500 rpm，有効半径を 4 cm とする．

14.3 空気中でのダスト粒子の沈降速度を求めよ．ただし，ダスト粒子は球形で直径が 80 μm または 10 μm とする．また，空気の粘度は 1.8×10^{-5} Pa·s，空気の密度は 1.2 kg/m^3 とする．

14.4 一定圧力で操作しているフィルタープレスを用いて，30 秒で 100 L 濾過でき，200 L 濾過するのに 80 秒を要した．1500 L の濾過量を得るのに必要な時間と最終時の濾過速度を求めよ．

14.5 濾布を用いた濾過において，濾布の濾過抵抗が濾布上に堆積したケークの濾過抵抗に比べて十分に小さいとき，回分濾過器の濾液流束は堆積するケーク量に反比例する．いま，5 分間の濾過操作で 1 L の濾液を得た．これと同じ形式の濾過器で濾過面積を 5 倍にして 20 分間濾過したときの濾過量を求めよ．

14.6 演習 14.5 と同じ条件で，濾過時間 20 分で濾過量は 10 L であった．濾液量が 3 倍になったときの濾過時間を求めよ．

第15章
膜 分 離
(第20回)

> [Q-15] チーズ製造で排出されるチーズホエイは，乳糖，油脂，塩のほかにタンパク質を約10%含むので，これを直接廃棄すると環境汚染の原因となる．そこで，タンパク質などの有用成分の回収を兼ねて，分離膜を用いた廃水処理が行われるが，どのような膜を用いれば効果的なのだろうか？
>
> **解決の指針**
> 　液状食品またはその原料の分離・濃縮，分画，脱塩などに膜分離法が用いられている．膜分離法は，常温で操作できるだけではなく，エネルギー的に有利である．チーズホエイなどの液状食品の分離・濃縮に適した分離膜を選択するためには，各種膜分離法の特徴を知る必要がある．膜の種類が決まると，濾過速度（膜透過流束）に影響を及ぼす操作因子とその定量的取扱いが必要である．本章では，これらの点について述べる．

【キーワード】　逆浸透法，ナノ濾過，限外濾過，精密濾過，クロスフロー濾過，膜透過流束

　膜分離法は，食品製造プロセスやバイオ生産物の生産プロセスにおける濃縮・分離操作に広く使用されている．膜分離法の長所は，常温で操作されるので，タンパク質，酵素やビタミン類などの熱に不安定な物質の変性，失活，分解を抑えることができること，大量の溶液の処理が容易なこと，相変化を伴わないので消費エネルギーが少ないことである．一方問題点は，加熱濃縮法に比べて濃縮限界が低いこと，分画能が低いことおよび膜の寿命が十分には長くないことである．さらに，濾過中のファウリングによる膜性能の低下も膜分離法の問題点である．膜のファウリングは，膜孔壁面への溶質の吸着や目詰まりおよび膜表面上への付着層（ゲル層）の形成などが原因となって濾過速度が低下する現象であり，その回復には薬剤による洗浄が必要である．

15.1
膜分離法の種類と食品工業における利用

15.1.1　膜分離法の種類

　食品製造・加工プロセスにおいて使用される膜分離法は，**逆浸透法**（reverse osmosis：RO），**ナノ濾過法**（nanofiltration：NF），**限外濾過法**（ultrafiltration：UF），**精密濾過法**（microfiltration：MF）および**電気透析法**（electrodialysis：ED）である（表15.1）．RO，NF，UFおよびMFは，対象となる溶液に圧力をかけて多孔質膜を透過させ，膜孔の分子ふるい効果（さえぎり効果）により，溶液中の成分や粒子を除去または濃縮する操作である．膜を挟んで原液側と濾液側の正味の圧力差が膜濾過の駆動力となる．正味の圧力差は，ポンプで溶液にかける圧力差 ΔP と浸透圧差 $\Delta \Pi$ の差（$\Delta P - \Delta \Pi$）で与えられる．ここで，Δ は原液側と濾液側の差を表す．低分子物質を含む溶液の濃縮では，浸透圧の影響が著しく大きくなる．分離対象物質の大きさが小さいほど分離膜の孔径は小さく，ΔP は大きくなる．図15.1に，各分離膜の膜孔径と代表的な分離対象物質のおおよその大きさを示す．RO膜の孔径を正確に表すことは困難であるが，直径1nm程度よりも小さい物質を捕捉できる膜である．すべての塩類の除去が可能であり，海水の淡水化や果汁の濃縮に利用されている．原液側に低分子の塩類などが濃縮されるので，上述した膜間の浸透圧差が大きくなる．NF膜は，以前はルーズRO膜と呼ばれていたが，最近新たに分類されたものである．UF膜は，IUPAC（International Union of Pure and Applied Chemistry，国際純正・応用化学連合）によると，

表15.1　食品分野における主な膜分離法の特徴

膜分離法	駆動力
逆浸透法（RO）	圧力差（2～10 MPa）
ナノ濾過法（NF）	圧力差（0.5～2 MPa）
限外濾過法（UF）	圧力差（0.1～0.5 MPa）
精密濾過法（MF）	圧力差（0.02～0.2 MPa）
電気透析法（ED）	電位差／圧力差（0.1～-0.3 MPa）

15.2 膜とモジュール

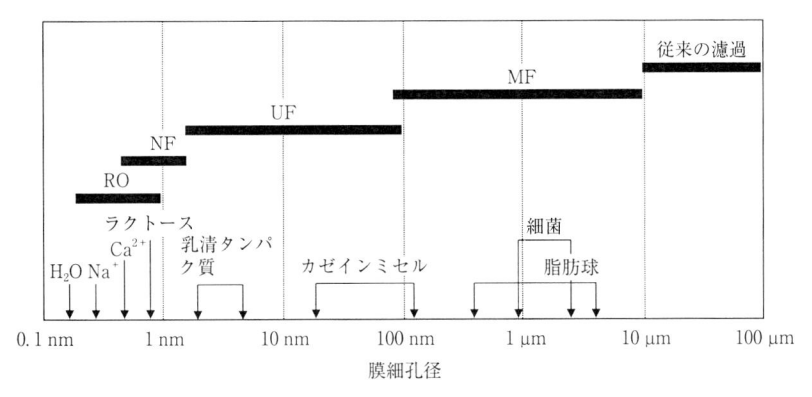

図15.1 各種分離膜と細孔径の範囲
矢印は、図中の物質のおおよその大きさを示す.

2 nm～0.1 μm 程度の物質を捕捉できる膜と定義される. MF膜は、微生物菌体などの0.1 μm～10 μm程度の固体微粒子を捕捉できる膜である. 浸透圧差の影響は通常無視できる. さらに大きい固体粒子の捕捉には、濾布を用いる濾過が適している（14章参照）. EDでは、分子の静電気的特性と大きさの違いにより分離が行われ、低分子電解質を含む溶液の脱塩に用いられる.

以上の膜分離法のほかに、バイオエタノールの脱水などに利用されている**浸透気化法**（pervaporization）がある.

15.1.2 食品工業における応用

食品工業に関連した膜分離法の使用は多岐にわたる. 使用する膜分離法の種類は、分離対象物質の大きさによって決まる. 最も使用実績の多いミルクに着目して、RO, NF, UFおよびMFの使用例または検討例を示す. 図15.1に模式的に示す各膜の孔径範囲を参照すると理解しやすい.

a. 逆浸透法（RO） ROは、全乳やスキムミルク（脱脂乳）の全濃縮に用いられる. ROにより25～30%（w/w）程度に濃縮されたスキムミルクは、チーズや低脂肪チーズの製造に使用されている. また、ROは粉末脱脂ミルクを製造するときの予備濃縮法として有用である.

b. ナノ濾過法（NF） NFを用いると、1価のイオンと2価または多価のイオンや少糖類を分離できる. チーズホエイをNFで処理すると、1価の塩類の濃度が低い濃縮ホエイが得られる.

c. 限外濾過法（UF） チーズホエイをUFで処理すると、ラクトースや塩類濃度の低い濃縮ホエイタンパク質水溶液（whey protein concentrate）が得られる. UFで濃縮した全乳またはスキムミルクを用いてチーズを製造すると、乳清タンパク質の製品中への歩留まりが高くなる. その結果、排出されるホエイ中の乳清タンパク質濃度が低くなり、回収の負荷が低減される.

d. 精密濾過法（MF） MFを用いて、全乳中の胞子やバクテリアを除去することにより、全乳の長期保存が可能となる.

15.2 膜とモジュール

RO, UFおよびNFに用いられる膜は一般に、その構造から均質膜（図15.2(a)）と非対称膜に大別される. 非対称膜には、膜微細構造が表面から内部に向けて連続的または不連続に変化した膜（図15.2(b)）と、対称膜の表面上に異なる素材からなる1 μm程度以下の厚みの緻密なスキン層を形成させた複合膜（図15.2(c)）がある. 膜の素材としては、ポリアクリロニトリル、ポリ塩化ビニル-ポリアクリロニトリル共重合体、ポリスルフォン、芳香族ポリアミドなどの有機系が多いが、最近ではセラミックスも使用されている.

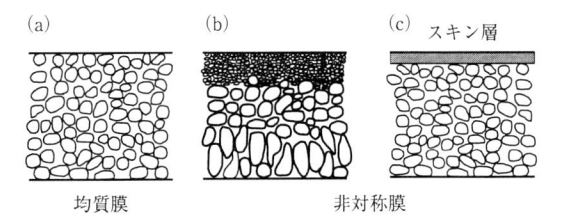

図15.2 種々の膜構造

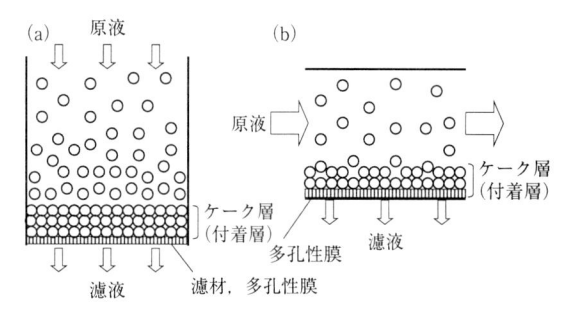

図15.3 (a) デッドエンド濾過と (b) クロスフロー濾過の原理

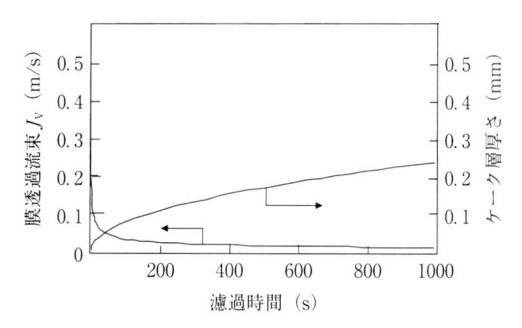

図15.4 微生物菌体懸濁液のデッドエンド濾過における膜透過流束とケーク層厚さの経時変化

膜を適当な容器内に組み込んだ装置を**モジュール**(module) と呼ぶ．平膜型，管状型，中空糸型，スパイラル型など種々の膜モジュールが使用されている．

15.3

膜分離機構と膜透過流束

濾過の方式は，原液と濾液をともに膜面に対して垂直な方向に流す**デッドエンド濾過** (dead-end filtration, 図15.3(a)) (第14章参照) と，原液を膜面に平行に，すなわち濾液の流れ方向と直角に流す**クロスフロー濾過** (十字流濾過，cross-flow filtration, 図15.3(b)) に大別される．

15.3.1 デッドエンド濾過

デッドエンド濾過で用いられるMF膜は，粒子の補足形態によりデプスフィルターとスクリーンフィルターに大別される．デプスフィルターは除去すべき粒子の量が少ない液の処理に用いられ，粒子は膜内部で捕捉される．スクリーンフィルターでは粒子は膜表面で捕捉され，濾過の進行とともに膜面上に粒子のケーク層が形成される．以下では，ケーク層が形成される場合の膜透過流束について考える．

多孔性膜を通過する体積基準の膜透過流束 J_V [m^3/(m^2·s)] は次のDarcy（ダルシー）の式で表される．

$$J_V = \frac{dv}{dt} = K_p(\Delta P - \sigma \Delta \Pi) \qquad (15.1)$$

ここで，v は単位濾過膜面積当たりの濾液量 [m^3/m^2]，ΔP は膜間圧力差 [Pa]，$\Delta \Pi$ は浸透圧差 [Pa]，σ はStaverman（スタヴェルマン）の反射率である．σ は膜孔を透過する溶質（粒子）と膜との間の相互作用の程度を表し，膜孔がすべての溶質を阻止する場合には σ は1である．比例係数 K_p は Darcy の透過係数 [m/(s·Pa)] という．単位濾過膜面積当たりのケーク量を W [kg/m^2] とすると，K_p は膜の透過に対する抵抗 R_m [m^{-1}] とケーク層の透過に対する抵抗 R_g [m^{-1}] を用いて表されるので，式 (15.1) は式 (15.2) で与えられる．

$$J_V = \frac{dv}{dt} = \frac{\Delta P - \sigma \Delta \Pi}{\mu(R_m + R_g)} \qquad (15.2)$$

$$R_g = \alpha W \qquad (15.3)$$

ここで，α はケーク層単位質量当たりの平均比抵抗 [m/kg]，μ は濾液の粘度 [Pa·s] である．菌体や微粒子を含む懸濁液のデッドエンド濾過では，通常，浸透圧の影響は無視できるので，式 (15.2) は，

$$J_V = \frac{dv}{dt} = \frac{\Delta P}{\mu(R_m + R_g)} \qquad (15.4)$$

となる．平均比抵抗 α は，粒子の大きさ，形状や圧縮性などにより異なる．非圧縮性ケーク層の α は，ケーク層内での堆積状態が均一の場合は式 (15.5) で与えられる．

$$\alpha = \frac{5(1-\varepsilon)^2}{\varepsilon^3 \rho} S_V^2 \qquad (15.5)$$

ここで，ε と ρ はそれぞれケーク層の空隙率と密度 [kg/m^3] である．S_V はケーク層粒子の比表面積 [m^2/m^3] である．

式 (15.5) からわかるように，α は近似的に空隙率 ε の三乗に反比例するので，空隙率がわずかに減少しても著しく増加する．球状粒子の α は，粒子の直径の二乗に反比例して増加する．

濾過膜へのケーク量の堆積は濾過の進行とともに増加するので，膜透過流束 J_V は経時的に減少する．ある時間 t までに単位濾過膜面積当たり v_t [m^3/m^2] の懸濁液が濾過されるとすると，物質収支から式 (15.6) が得られる．なお，濾過中の懸濁液中の粒子濃度は一定であるとする．

$$v_t \rho_S = v_t C + v\rho \tag{15.6}$$

式 (15.6) を用いると，ケーク量 W は

$$W = Cv_t = \frac{Cv\rho}{\rho_S - C} \tag{15.7}$$

ここで，ρ_S は懸濁液の密度 [kg/m³]，ρ は濾液の密度 [kg/m³]，C は懸濁液中の粒子濃度 [kg/m³] である．式 (15.7) を式 (15.4) に代入して積分すると，

$$t = \frac{\mu}{\Delta P}\left[R_m v + \frac{\alpha C v^2 \rho}{2(\rho_S - C)}\right] \tag{15.8}$$

通常，膜の透過に対する抵抗 R_m [m⁻¹] は，ケーク層の抵抗 R_g [m⁻¹] に比べて無視できるほど小さいので，v が小さい濾過初期を除くと，式 (15.8) は式 (15.9) で近似される．

$$t = \frac{\mu}{\Delta P}\frac{\alpha C v^2 \rho}{2(\rho_S - C)} \tag{15.9}$$

このとき，濾過に要する時間 t は v の二乗に比例して増加する．したがって，膜透過流束 $J_V (= dv/dt)$ は濾過時間 t の 1/2 乗に反比例して小さくなる．

【例題 15.1】 水中に懸濁した *Micrococcus glutamicum* 菌体のデッドエンド濾過に関する次の問に答えよ．

(1) 濾過膜の透過に対する抵抗と厚さ 1 mm の菌体ケーク層の抵抗値を比較せよ．(2) 膜透過流束とケーク層厚みの経時変化を図示せよ．なお，物性値およびパラメータの値は表 15.2 を参照せよ．

〈解〉 (1) 濾過膜の透過に対する抵抗 R_m は表 15.2 より 2×10^{10} m⁻¹ である．一方，菌体ケーク層の抵抗 R_g は αW で与えられる．ケーク層厚さが 1 mm，断面積が 1 m² のケーク層の重さは $W = (1)(10^{-3})(1200) = 1.2$ kg であり，$R_g = (3 \times 10^{13})(1.2) = 3.6 \times 10^{13}$ m⁻¹ である．したがって，R_g は R_m よりも著しく大きい．

(2) 式 (15.8) の両辺を時間 t で微分し，整理すると次式が得られる．

$$J_V = \frac{dv}{dt} = \frac{\Delta P}{\mu[R_m + \alpha C v/(\rho_S - C)]} \tag{15.10}$$

J_V は式 (15.10) を，W は式 (15.7) を用いる．v の値を 0 からプラスの値に変化させて計算すると，対応する J_V と W の値が得られる．W をケーク層の密度で除すと，単位面積当たりの厚さが求められる．結果を図 15.4 に示す．〈完〉

表 15.2 菌体懸濁液の透過流束などの算出に必要な数値

物性値/パラメータ	値
濾液の粘度，μ	0.001 kg/(m·s)
濾液の密度，ρ	1000 kg/m³
懸濁液の密度，ρ_S	1100 kg/m³
ケーク層の密度，ρ_c	1200 kg/m³
懸濁液の濃度，C	20 kg/m³
膜間圧力差，ΔP	1.013×10^5 Pa
濾過膜の透過に対する抵抗，R_m	2×10^{10} m⁻¹
菌体ケーク層の平均比抵抗，α	3×10^{13} m/kg

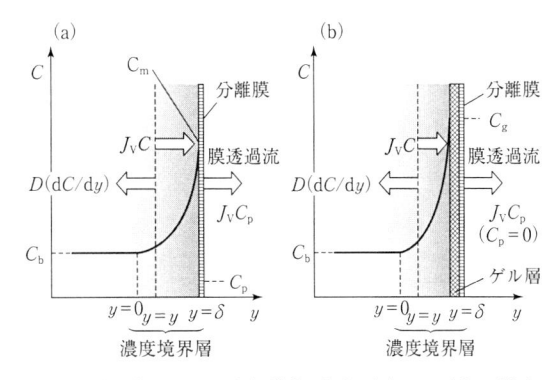

図 15.5 膜近傍における (a) 濃度分極と (b) ゲル分極の様子

15.3.2 クロスフロー濾過

15.3.1 項で述べたように，デッドエンド濾過では，ケーク層の形成により透過流束は著しく低下する．高い透過流束を得るには，ケーク層を可能な限り薄くすることが不可欠である．クロスフロー濾過（図 15.3 (b)）では，原液を膜面に水平に，すなわち膜を透過する濾液の流れとは直角（クロスする方向）に流すことにより，ケーク層の厚さを薄く保つことができる．ここでは，UF 膜によるタンパク質水溶液の濃縮に着目して，クロスフロー濾過の膜透過流束を定量的に取り扱う．原液側に圧力をかけ，タンパク質水溶液を膜面に水平に流すと，圧力差を駆動力として膜面に直角方向に膜透過流が生じる．タンパク質以外の低分子と水分子は膜孔を透過するが，タンパク質は膜により阻止される．その結果，膜面近傍でのタンパク質濃度が主流中の濃度よりも高くなる（図 15.5(a)）．この現象を **濃度分極**（concentration polarization）という．濃度分極が形成されると，タンパク質は分子拡散により濃度分極層から主流中に向けて移動する．定常状態では，濃度境界層内の任意の領域に入ってくるタンパク質の物質流束 $J_V C$ は，主流中に拡散によって運ばれる物質流束 $D(dC/dy)$ と膜からの漏れによる物質流束 $J_V C_p$ の合計に等しく，この関係は式 (15.11) で表される．

$$J_V C_p = J_V C - D\frac{dC}{dy} \tag{15.11}$$

ここで，D は溶液中でのタンパク質の拡散係数 [m²/s]，y は膜面に直角方向の距離 [m]，C_p は濾液中のタンパク質濃度 [mol/m³] である．式 (15.11) を，$y = 0$ で $C = C_b$，$y = \delta$（濃度境膜厚さ）で $C = C_m$（膜表面）の二つの境界条件のもとで解くと，

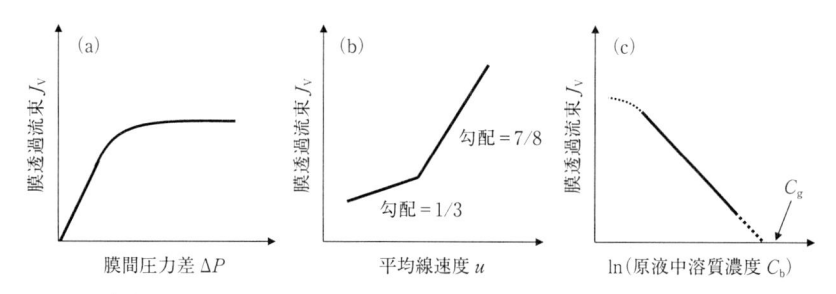

図15.6 膜透過流束に及ぼす (a) 膜間圧力差, (b) モジュール流路内線速度および (c) 原液中の溶質濃度の影響

$$J_V = k \ln \frac{C_m - C_p}{C_b - C_p} \quad (15.12)$$

となる. ここで, $k = D/\delta$ であり, 液境膜物質移動係数 [m/s] を表す. C_b は主流 (原液) 中の溶質濃度である.

式 (15.12) 中の C_p は膜固有の排除率 $R_i = (C_m - C_p)/C_m$ に依存する. 一方, 見かけの排除率は $R_a = (C_b - C_p)/C_b$ で定義される.

膜間圧力差が高くなると, 膜透過流束が増加するので, 膜面上のタンパク質濃度 C_m も増加する. C_m がタンパク質の飽和溶解度よりも高くなると, タンパク質は析出し, 付着層を形成する (図15.5(b)). 析出したタンパク質が他成分と相互作用することなどにより, ゲル状の付着層 (ゲル層) が形成される. その結果, 膜透過流束だけでなく, 膜の分画能が低下する. 付着層がゲル層を形成する濃度を C_g とする. さらに, ゲル層によりタンパク質分子がすべて阻止されるとする ($C_p = 0$) と, 式 (15.12) は,

$$J_V = k \ln(C_g / C_b) \quad (15.13)$$

となる. 一方, ゲル層に着目すると, デッドエンド濾過の場合と同様に式 (15.4) が成立する.

15.3.3 クロスフロー濾過における膜透過流束

クロスフロー濾過における膜透過流束に及ぼす膜間圧力差, 膜面上を流れる原液の流速および原液中の溶質濃度の影響を考察する.

a. 膜間圧力差の影響 浸透圧の影響が無視できるとき, 膜透過流束 J_V は膜間圧力差 ΔP が比較的小さい範囲では ΔP の増加に比例して増大する (図15.6(a)). ΔP がさらに増加すると, J_V の増加の程度は緩やかになり, ついには一定値に到達する. この J_V の ΔP に対する依存性は, 濃度分極モデルおよびゲル分極モデルによると, 次のように解釈できる. すなわち, 式 (15.1) からわかるように ΔP に比例して J_V が増加する. J_V が増加すると式 (15.12) 中の C_m も増加する. ΔP がさらに増加すると, 付着層を形成するタンパク質がゲル化し, C_m は C_g となり, J_V は一定値に達する. ΔP がさらに増加するとゲル層の圧密化が起こる. このときは, 比抵抗 α が増加するので, J_V はさらに低下する.

b. 線流速の影響 J_V の流路内を流れる原液の平均線流速 u [m/s] に対する依存性は, 流れが層流か乱流かにより異なる (図15.6(b)). これは式 (15.12) または式 (15.13) 中の境膜物質移動係数 k の u に対する依存性により説明できる. k は伝熱係数との相似性に基づいて, 次の無次元式で整理されている.

$$Sh = A \cdot (Re)^a (Sc)^b (d/l)^w \quad (15.14)$$

ここで, $Sh = (kd)/D$, $Re = (du\rho)/\mu$, $Sc = \mu/(\rho D)$ である. Sh, Re および Sc はそれぞれ Sherwood (シャー

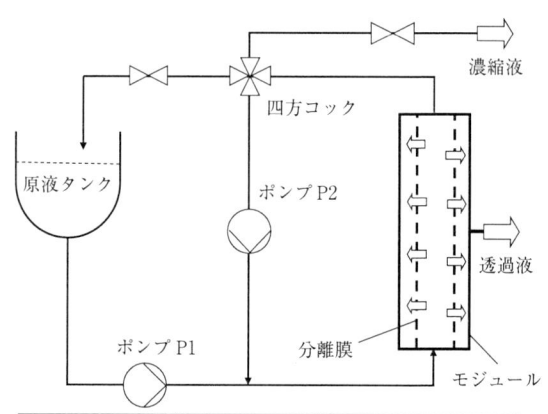

膜処理方式	四方コック開閉状況	使用するポンプ
開ループ回分方式		ポンプ P1
閉ループ回分方式		ポンプ P1 + ポンプ P2
連続処理方式		ポンプ P1 + ポンプ P2

(四方コックの黒塗りの箇所は閉じられている状態)

図15.7 3種類の膜分離方式の模式図

ウッド）数，Reynolds（レイノルズ）数および Schmidt（シュミット）数と呼ばれる無次元数である．ρ, μ および D はそれぞれ，液の密度 [kg/m^3]，粘度 [kg/(m·s)] および溶質の拡散係数 [m^2/s] である．d は円管の直径 [m] である．円管以外の流路の場合は，直径として水力相当直径（＝4×（流路断面積）/（濡辺長））が用いられる．l は膜流路長さ [m] である．式 (15.14) のベキ数 a の値は，流路内の流れが層流の場合は1/3，乱流の場合は7/8 程度である．また，乱流の場合は $w=0$ である．したがって，J_V は層流では平均流速の1/3乗に，また乱流では7/8乗に比例して増加する．しかし，とくに乱流の条件では，J_V の流速依存性は平行流のせん断応力に基づく付着層・ゲル層の剥離の影響により，さらに高くなる場合がある．

c. バルク濃度 C_b の影響 式 (15.13) からわかるように，J_V は $\ln C_b$ に反比例して減少する（図15.6 (c)）．この直線の $J_V = 0$ に対応する C_b の外挿値が C_g である．ただし，C_g は膜間圧力差や流速により変化するという報告もある．

15.4 膜分離法の操作法

操作方法は，図15.7に模式的に示すように，①開ループ回分操作，②閉ループ回分操作および③連続操作に大別される．開ループ回分操作では，ポンプ P2 を閉じ，全溶液をポンプ P1 で原液タンクに戻し，透過液のみを系外に取り出す．本操作では，溶液中の溶質濃度が経時的に増加する．連続操作では，連続的に原液を供給し，膜透過液と濃縮液を連続的に取り出す．膜分離法を溶液の透析に適用する場合は，まず閉ループ回分操作により溶液を所定の濃度まで濃縮した後，原液タンクに溶媒を加えて，この操作を繰り返す．

演 習

15.1 膜分離法は，加熱濃縮法や凍結濃縮法に比較して消費エネルギーが少ない理由を考察せよ．

15.2 チーズ製造で排出されるチーズホエイの回収には，①表15.1のいずれの膜分離法が適しているかを，②理由および③注意すべき問題点とともに述べよ．

15.3 次に示す成分を含む希釈溶液を濃縮するには，①表15.1のいずれの膜を用いればよいか．また，②その理由を述べよ．a: ラクトース，b: 分子量約 1×10^5 の酵素，c: 分子量300程度の色素，d: NaCl．

15.4 限外濾過膜を用いて，食品工業用酵素液の濃縮を行う．円管状モジュール流路中の原液の平均線速度は 1 m/s である．なお，管状膜の内径は 4 cm，酵素液の密度と粘度はそれぞれ 1 g/cm^3 と 0.01 g/(cm·s) である．このとき，平均線速度を2倍に増加すると，膜透過流束は理論的にはおよそ何倍に増加すると見込まれるか．式(15.13)を用いて答えよ．

第16章
吸着と洗浄

[Q-16] 乾燥食品を保存するときに,なぜ乾燥剤を入れるのですか?

解決の指針
保存中の乾燥食品がその雰囲気中に含まれる水分を吸収(吸湿)すると,もとは堅かった食品がやわらかくなったり,化学反応や酵素反応が進行したり,微生物の増殖が起きたりなど,品質劣化が進行する.食品よりも吸湿力の高い乾燥剤を封入すれば,乾燥剤が雰囲気中から水分を吸着除去するため,食品自体の吸湿を防ぐことができる.乾燥剤のように,ある種の物質に対する吸着能力の高いものを吸着剤と呼ぶ.吸着剤は不要な物質を除去するのに用いられるほか,有用な物質の分離精製にも用いられる.本章では,吸着剤の吸着能力と各種の吸着操作について,平衡論と速度論の両面から考える.また,食品の加工や調理では,意図せずに起こる吸着現象もみられる.食品成分などが機器表面に吸着または付着して汚れとなるのがその一例である.本章では機器表面に対する汚れの付着と脱着(洗浄)についても考える.

16.1 吸着平衡(第21回)

【キーワード】 吸着,吸着剤,吸着等温線,Langmuir式,BET式,GAB式,Freundlich式,ヒステリシス

吸着(adsorption)とは,異なる二つの相が接触する**界面**(interface)において,いずれかの相に存在する物質の濃度が相内部とは異なる現象をいう.通常は界面での濃度が相内部よりも高くなる場合(正吸着)を指すが,広義の吸着には低くなる場合(負吸着)も含まれる.これに対して,片方の相に存在する物質が界面を越えて反対側の相にも溶け込む場合を**吸収**(absorption)という.食品が吸湿する際には吸着と吸収が同時に起こるため,併せて**収着**(sorption)と呼ぶことが多い.

活性炭(activated carbon)による脱臭や**シリカゲル**(silica gel)による除湿は,気相内の物質が固相との界面に吸着される現象を利用した例である.活性炭による水溶液の脱色は液相内の物質が固相との界面に吸着される現象を利用した例である.このように,分離操作として利用される吸着現象では,界面を構成する一方の相が固相である場合が多い.活性炭やシリカゲルなど,分離対象成分を吸着する側として利用される固相を**吸着剤**(adsorbent),吸着される物質を**吸着質**(adsorbate)と呼ぶ.有用物質の分離回収に吸着を利用する場合には,吸着された物質を吸着剤から脱離させる**脱着**(desorption)の操作も必要になる.

吸着現象は一般に,吸着質分子と吸着剤との間の相互作用がファンデルワールス力などの非共有結合の力によるか,共有結合などの化学結合力によるかによって,物理吸着と化学吸着に大きく分類される.物理吸着では吸着力が比較的弱く,温度や圧力の制御により吸着と脱着が可逆的に起こることが多い.化学吸着は物理吸着に比べて強固であり,吸着質の電子状態を変化させるため,固体触媒作用とも深い関連がある.

本節では,代表的な吸着剤について述べるとともに,吸着平衡を表す吸着等温線について学ぶ.

16.1.1 吸着剤

代表的な吸着剤としては,活性炭,シリカゲル,活性アルミナ,モレキュラーシーブなどがあげられる.吸着剤の多くは比表面積(specific surface area)の大きな多孔質体である.吸着現象は平らな界面でも起こるが,多孔質体では細孔内部の大きな表面積を吸着に利用できるため,効率的な吸着操作を行うことができる.また,気相から吸着させる場合には,条件によっては細孔内で毛管現象によって吸着質が凝縮するため,吸着量が増加する.なお,細孔はその径によって表16.1のように分類される.マイクロ孔では吸着分子と細孔壁との距離が近く,吸着分子が著しく安定化される.

表 16.1 細孔の分類

分類	細孔径
マイクロ孔（micropore）	<2.0 nm
メソ孔（mesopore）	2.0〜50 nm
マクロ孔（macropore）	>50 nm

活性炭はたとえば，木材やヤシ殻などから製造される炭や石炭などを原料として，700〜1000℃の高温下で水蒸気や二酸化炭素を含むガスで処理（ガス賦活）して製造される．この際に炭素が部分的に反応して除去され，細孔構造が発達して比表面積が700〜2000 m²/g 程度となる．細孔径の分布や細孔量，比表面積は原料と製法によって異なる．塩化亜鉛などの薬剤とともに焼成（薬剤賦活）して製造した場合には，ガス賦活に比べて細孔径が大きくなる傾向がある．活性炭の組成は原料によっても異なるが，大部分が炭素で構成されているため，表面は基本的に非極性であり，各種の有機物を吸着する．

シリカゲルはケイ酸ゲルを脱水・乾燥したもので，表面に存在するシラノール（-SiOH）基との相互作用によって水をはじめとする親水性の物質を吸着する．比表面積はおよそ200〜700 m²/g である．吸湿量を判定するための指標として，塩化コバルト（II）を添加した色つきのシリカゲルもあり，吸湿量の増加とともに青色から淡桃色に変化する．

16.1.2 吸着等温線

吸着質を含む気相または液相中に吸着剤を投入すると，吸着量がしだいに増加し，それに伴って気相または液相中の吸着質濃度が低下する．なお，吸着された吸着質の量は吸着剤の量（正確にはその表面積）にも依存するため，吸着剤単位質量当たりで吸着量を表すことが多い．吸着がさらに進行すると，吸着量と吸着質濃度はある一定の値になる．この状態は，可逆的な吸着では，吸着剤に吸着質分子が吸着される速さとすでに吸着された状態にある分子の脱着する速さとが等しい平衡状態である．

熱力学的に考えると，吸着が起こると吸着質が界面に束縛されて自由度が低下するので，一般的には系のエントロピーが低下する（$\Delta S < 0$）．また，吸着が自発的に進行するならば，吸着に伴う系の自由エネルギー変化 $\Delta G = \Delta H - T\Delta S$ は負でなければならない．したがって，$\Delta H < T\Delta S < 0$ となるので，吸着に伴う系のエンタルピー変化は負である．すなわち，一般に

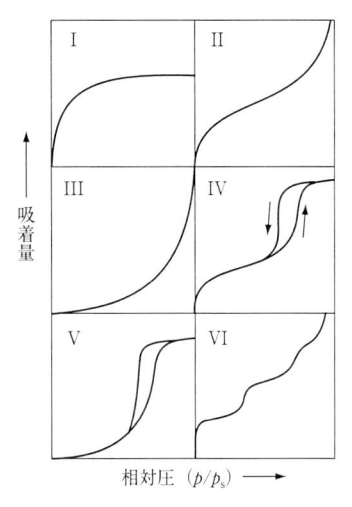

図 16.1 気相からの吸着における吸着等温線の分類
p：吸着質の分圧，p_s：飽和蒸気圧．

吸着は発熱を伴う．したがって，その平衡は温度の影響を受け，一般に温度が上昇すると吸着が抑制される方向に平衡が移動する．

温度一定の条件のもとでは，平衡吸着量は吸着質濃度（または分圧）のみに依存する．温度一定の条件下での平衡状態における吸着量と吸着質濃度（または分圧）の間の関係を**吸着等温線**（adsorption isotherm）と呼ぶ．単一成分の吸着についてはこれまでにさまざまな形の吸着等温線が測定されている．気相からの単一成分の吸着等温線について，IUPAC（国際純正・応用化学連合）では，図16.1に示す六つの型に分類している．I型は単分子層吸着が起こる場合で，後述のLangmuir式に対応する．他は多分子層吸着が起こる場合に観測される．II型は後述のBET式やGAB式に対応する．IV型やV型のように，吸着量を増加させたときと減少させたときとで吸着等温線が一致しない現象，すなわち**ヒステリシス**（hysteresis）が観測される場合もある．

吸着現象をモデル化して吸着等温線を数式で表現したものが吸着等温式である．以下に代表的な吸着等温式について，気相からの吸着を対象に述べる．なお，気相中における吸着質の平衡分圧を p [Pa]，平衡吸着量を q [kg-吸着質/kg-吸着剤] とする．

a. Langmuir 式 Langmuir（ラングミュア）の単分子吸着理論により導かれた理論式である．吸着剤表面上に同じ性質をもつ一定の数の吸着サイトの存在を仮定し，一つの吸着サイトにはただ一つの吸着

質分子が，他のサイトの状況に影響を受けることなく，可逆的に吸着および脱着するものと仮定する．このとき，吸着サイト数を上回る数の分子を吸着できないため，吸着量に最大値が存在する．また，単位時間に吸着される吸着質分子の数 v_a [1/s] は，空席の吸着サイトと未吸着分子が衝突する頻度に比例するので，吸着剤表面の吸着サイト総数を N_s，このうちで吸着分子の存在するサイトの数を N とすると，k_a [1/(Pa・s)] を定数として次の式で表される．

$$v_a = k_a(N_s - N)p \tag{16.1}$$

さらに，いずれの吸着サイトでも脱離に要するエネルギーが等しいため，吸着された分子は単位時間当たり一定の割合で脱離する．したがって，単位時間に脱着する分子の数 v_d [1/s] は，k_d を定数 [1/s] として式 (16.2) で表される．

$$v_d = k_d N \tag{16.2}$$

平衡状態では $v_a = v_d$ であるので，

$$\frac{N}{N_s} = \frac{(k_a/k_d)p}{1 + (k_a/k_d)p}$$

となる．N は平衡吸着量 q に，N_s は最大吸着量 q_m に相当する．したがって，$k_a/k_d = K_L$ [1/Pa] とおくと式 (16.3) の Langmuir 式が導かれる．

$$q = \frac{q_m K_L p}{1 + K_L p} \tag{16.3}$$

なお，K_L は吸着の平衡定数であり，吸着質分子の吸着サイトに対する親和性の強さを表す．Langmuir 式が適用できる場合には，図 16.2 に示すように，吸着質分圧 p の増加とともに吸着量 q は双曲線を描いて増加し，q_m に漸近する．また，$p = 1/K_L$ のとき，$q = q_m/2$ となる．

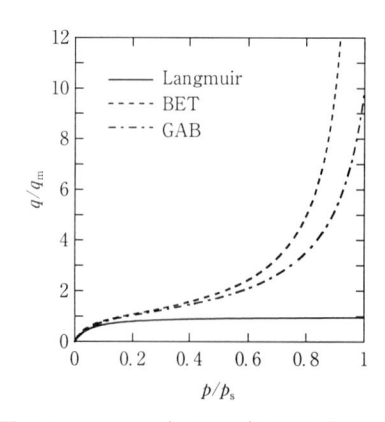

図 16.2 Langmuir 式，BET 式，GAB 式の比較
$K_L = 20$, $c = 25$, $K_{GAB} = 0.9$ として計算．

さらに，式 (16.3) の両辺の逆数をとると，

$$\frac{1}{q} = \frac{1 + K_L p}{q_m K_L p} = \frac{1}{q_m K_L} \frac{1}{p} + \frac{1}{q_m} \tag{16.4}$$

したがって，横軸に $1/p$，縦軸に $1/q$ をとってグラフを描くと，傾きが $1/(q_m K_L)$，縦軸切片が $1/q_m$ の直線となる．また，式 (16.4) の両辺に p をかけると，

$$\frac{p}{q} = \frac{1}{q_m K_L} + \frac{1}{q_m} p \tag{16.5}$$

となるので，横軸に p，縦軸に p/q をとってグラフを描いても直線が得られる．さらに，式 (16.4) の両辺に q をかけて整理すると，

$$\frac{q}{p} = -K_L q + q_m K_L \tag{16.6}$$

となるので，横軸に q，縦軸に q/p をとってグラフを描いても直線が得られる．Langmuir 式が成り立つ場合には，以上の三つのいずれのプロットを行っても直線となり，その傾きと切片から定数である K_L や q_m の値が求められる．一般には式 (16.4) によるプロットがこれらの定数を求めるために多用されてきた．しかし，誤差を含む実験値を式 (16.4) に基づいてプロットし，最小二乗法で直線に近似すると，低い平衡濃度におけるデータ（通常は吸着量が少ないために測定誤差が大きいデータ）に大きな重みがかかる．すなわち，低濃度域のデータの精度が定数の値に大きな影響を及ぼす．したがって最近では，非線形回帰により測定値に式 (16.3) に当てはめてこれらの定数を求めることが少なくない．

なお，Langmuir 式は気相からの吸着だけでなく，液相からの吸着にも適用される場合が多い．

b. BET 式 Brunauer（ブルナウアー），Emmett（エメット），Teller（テラー）の 3 人によって Langmuir の単分子層吸着理論が多分子層吸着に拡張された．その結果として導出された理論式を，3 人の頭文字をとって BET 式と呼ぶ．吸着剤表面に均質な一定数の吸着サイトの存在を仮定する点は単分子吸着理論と同じだが，吸着質の分圧が高くなると，図 16.3 に示すように，一つのサイトで無限大までの層数の多分子層吸着が起こると考える．ただし，吸着剤表面と接触する第 1 層目の分子と，吸着質分子どうしが接触する第 2 層目以上の分子については，吸着に伴う発熱量（吸着熱）が異なり，第 2 層目以上の分子の吸着熱は凝縮熱に等しいと仮定する．詳細は省略するが，Langmuir 式の場合と同様に n 層目と $n+1$ 層目

(低圧時)　　　　　　(高圧時)

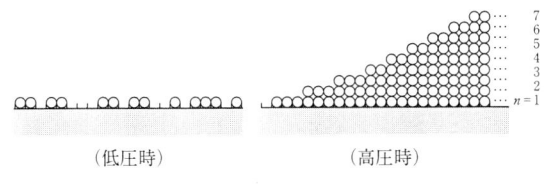

図 16.3　多分子層吸着

の間に成り立つ平衡を考えると，次式が得られる．

$$q = \frac{q_\mathrm{m} c p}{(p_\mathrm{s}-p)[1+(c-1)(p/p_\mathrm{s})]} \qquad (16.7)$$

ここで，q_m [kg-吸着質/kg-吸着剤]はすべての吸着サイトが一つの分子で覆われたときの吸着量（単分子層吸着量）であり，c は第1層目と第2層目以上の吸着熱の差に関係する定数，p_s [Pa]は飽和蒸気圧である．BET 式は $p/p_\mathrm{s}<0.35$ の範囲で実測値によく適合することが知られており，図16.1の分類ではII型の吸着等温線を与える．式(16.7)を変形すると次式が得られる．

$$\frac{p}{q(p_\mathrm{s}-p)} = \frac{1}{q_\mathrm{m} c} + \frac{c-1}{q_\mathrm{m} c}\frac{p}{p_\mathrm{s}} \qquad (16.8)$$

したがって，分圧を変化させて平衡吸着量を測定し，式(16.8)の左辺の値を p/p_s に対してプロットすると直線になり，その切片と傾きから q_m と c が求められる．なお，分子占有面積が既知である窒素（0.162 nm^2）などの吸着質を用いると，q_m の値から表面積を求めることができる．この方法は，粉粒体の比表面積（BET 比表面積）の算出によく利用される．

c. GAB 式　高い分圧の範囲で実測データによりよく適合するように BET 式を改変した式であり，Guggenheim（グッゲンハイム），Anderson（アンダーソン），de Boer（デブール）の3人によって別々に導出された．

$$q = \frac{q_\mathrm{m} c K_\mathrm{GAB} p}{(p_\mathrm{s}-K_\mathrm{GAB} p)[1+(c-1)K_\mathrm{GAB}(p/p_\mathrm{s})]} \qquad (16.9)$$

BET 式と比べると，K_GAB が新たな定数として導入されている．第2層目以上の吸着熱が BET 式では凝縮熱に等しいと仮定されているが，GAB 式では凝縮熱より小さいと仮定され，その差異に関係する定数が K_GAB である．GAB 式は図16.1の分類では BET 式と同じく II 型の吸着等温線を与える．また，$K_\mathrm{GAB}=1$ のときは BET 式に一致する．

GAB 式は，多くの食品の水分収着等温線（moisture sorption isotherm）に対して，相対湿度 0.9 程度までの比較的広い範囲で適合することが知られており，有用な吸着等温式である．

d. その他の吸着等温式　上記の等温式はいずれも理論式であったが，以下に述べる Henry（ヘンリー）式や Freundlich（フロイントリッヒ）式などの経験式も，適用範囲は限定されるものの，実用的な計算には便利である．

Henry 式は次式で表される．

$$q = K_\mathrm{H} p \qquad (16.10)$$

ここで，K_H は定数である．平衡吸着量が平衡分圧に比例する場合で，気体の液体への溶解に関する Henry の法則と同じ形であるので，この名で呼ばれる．いずれの吸着等温線でもごく低い分圧の領域では直線に近似できるため，低圧域での吸着等温線の近似式として利用されることが多い．

Freundlich 式は次式で表される．

$$q = K_\mathrm{F} p^{1/n} \qquad (16.11)$$

ここで，K_F と n ($n>1$) は定数であり，吸着量が分圧の上昇とともに単調増加するが，その増加率が減少していく（上に凸の）形の吸着等温線を示す．経験式であるが，多くの系に適用される．とくに液相吸着で溶質濃度が低いときには，近似的にこの式で整理される場合が多い．Freundlich 式が適用できる場合には，q と p を両対数グラフにプロットすると直線関係が得られる．

16.1.3　ヒステリシス

図16.1に示す IV 型や V 型の吸着等温線のように，同じ吸着質分圧でも分圧を上昇させたとき（吸着時）と低下させたとき（脱着時）とで等温線が一致しないヒステリシス現象が観測される場合がある．これは，メソ孔における毛管凝縮に関連する現象と考えられている．

円筒型の細孔が，その内壁をぬらす凝縮相で満たされた場合，メニスカスは凹となって曲率をもつ．このとき，メニスカス上の平衡蒸気圧は次の Kelvin の式で表される．

$$\ln \frac{p}{p_\mathrm{s}} = -\frac{2V_\mathrm{m}\sigma}{RTr_\mathrm{M}} \qquad (16.12)$$

ここで，V_m は凝縮相のモル体積 [m^3/mol]，σ は液相の表面張力 [N/m]，R は気体定数 [J/(mol・K)]，T は絶対温度 [K]，r_M はメニスカスの平均曲率半径 [m] である．細孔内の凝縮相が気化する分圧は式(16.12)によって与えられ，飽和蒸気圧より低い分圧で細孔内の凝縮相が気化すること，さらに，細孔の半

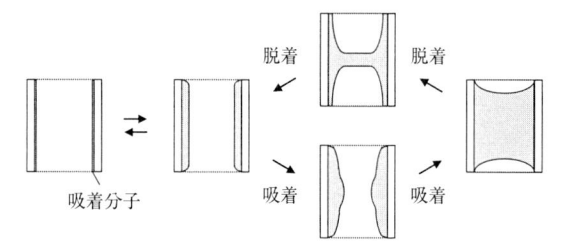

図16.4 両端が開いた円筒型細孔での毛管凝縮とヒステリシス

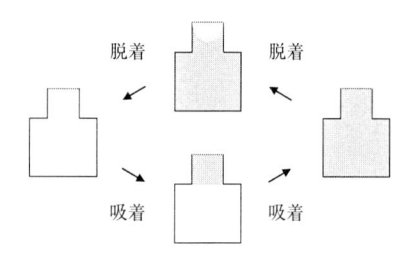

図16.5 インク壺形細孔での毛管凝縮とヒステリシス

径が小さいほど低い分圧で気化することがわかる．

両端が開いた細孔で毛管凝縮が起こるとき，図16.4に示すように，吸着時と脱着時では形成される凝縮相の形状が異なる．吸着時には，凝縮相で細孔内壁が覆われていても，細孔全体が満たされてはいない．これに対して，脱着時にはメニスカスが形成されており，曲率半径は小さい．この差がヒステリシスとなって現れる一つの原因であると考えられている．

一端しか開いていない細孔では，その形状がヒステリシスの原因になる場合がある．入口が細く，奥で径が大きくなっているインク壺（ボトルネック）形の細孔（図16.5）では，細い入口の部分では孔径の大きな奥の部分に比べて低い分圧で凝縮と気化が起こる．したがって，分圧を上昇させていく場合には，ある程度分圧が大きくならないと径の大きな奥の部分まで凝縮せず，細孔内部が凝縮相で満たされない．しかし，その状態から分圧を低下させる場合には，孔径の小さな入口の部分で気化が起こる程度の低圧にならないと細孔内の凝縮相全体が気化せず，ヒステリシスが現れる．

16.1.4 吸着熱

前述したように，吸着が起こるときの系のエンタルピー変化は負であり，発熱を伴う．この発熱量は吸着等温線の温度依存性から以下に述べるようにして求めることができる．熱力学で学ぶClausius-Clapeyronの式を気相からの吸着に適用すると，以下の関係が成り立つ．

$$\left(\frac{\partial p}{\partial T}\right)_q = \frac{\Delta H_{\text{ads}}}{T\Delta V_{\text{ads}}} \tag{16.13}$$

ここで，p は吸着量 q と平衡にある吸着質分圧，T は絶対温度，ΔH_{ads} と ΔV_{ads} はそれぞれ気相から1 molの分子が吸着した際のエンタルピー変化と体積変化である．吸着相の体積を無視すれば，ΔV_{ads} は吸着した気相1 molが占めていた体積に等しい．したがって，気相を理想気体とすれば，

$$\Delta V_{\text{ads}} = -\frac{RT}{p}$$

この関係を用いると，式（16.13）は以下のように表せる．

$$\left(\frac{\partial p}{\partial T}\right)_q = -\frac{p\Delta H_{\text{ads}}}{RT^2} \tag{16.14}$$

式（16.14）は次のようにも書き表される．

$$\left(\frac{\partial \ln p}{\partial (1/T)}\right)_q = \frac{\Delta H_{\text{ads}}}{R} \tag{16.15}$$

ΔH_{ads} が温度 T によらず一定と見なせるならば，C を定数として，

$$\ln p = \frac{\Delta H_{\text{ads}}}{RT} + C$$

したがって，温度を T_1 から T_2 に変化させたときに同じ吸着量となる吸着質分圧が p_1 から p_2 に変化したとすると，

$$\ln \frac{p_2}{p_1} = \frac{\Delta H_{\text{ads}}}{R}\left(\frac{1}{T_2} - \frac{1}{T_1}\right) \tag{16.16}$$

この関係を用いると，ΔH_{ads} を求めることができる．なお，この場合の ΔH_{ads}（発熱量としては$-\Delta H_{\text{ads}}$）はある一定の吸着量における吸着熱を意味するので，**等量吸着熱**（isosteric heat of adsorption）と呼ばれる．

なお，Langmuir式が成り立つ場合には，式（16.3）を変形すると，

$$K_{\text{L}} = \frac{\theta}{(1+\theta)p}$$

ここで，$\theta = q/q_{\text{m}}$ とおいた．θ は被覆率と呼ばれる．θ を一定として両辺を T で微分すると，

$$\left(\frac{\partial K_{\text{L}}}{\partial T}\right)_\theta = -\frac{\theta}{(1+\theta)p^2}\left(\frac{\partial p}{\partial T}\right)_\theta = -\frac{K_{\text{L}}}{p}\left(\frac{\partial p}{\partial T}\right)_\theta$$

式（16.14）の関係を用いると，

$$\left(\frac{\partial K_{\text{L}}}{\partial T}\right)_\theta = K_{\text{L}}\frac{\Delta H_{\text{ads}}}{RT^2}$$

であり，

$$K_{\text{L}} = A\exp\left(-\frac{\Delta H_{\text{ads}}}{RT}\right) \tag{16.17}$$

となる．なお，A は定数である．このように，Langmuir 式における吸着平衡定数 K_L は等量吸着熱と関連づけられる．

【例題 16.1】 多層に吸着した i 層目と $i+1$ 層目の間に成り立つ平衡を考え，BET 式（式（16.7））を導出せよ．

〈解〉 いま，吸着質分子を第 i 層目まで吸着したサイトの数を $N_i(i=0, 1, 2, \cdots)$ とし，このサイトの最上部に気相から新たな分子が吸着されて第 $i+1$ 層目が形成される速度（吸着速度）を $v_{a,i+1}$，第 $i+1$ 層目まで吸着したサイトの最上位の分子が脱離して第 i 層目が露出する速度（脱着速度）を $v_{d,i+1}$ とする．気相に存在する吸着質の分圧を p とすれば，おのおのの速度は次の式で表される．

$$v_{a,i+1} = k_{a,i+1} N_i p$$
$$v_{d,i+1} = k_{d,i+1} N_{i+1}$$

ここで，$k_{a,i+1}$ および $k_{d,i+1}$ は速度定数である．平衡状態では $v_{a,i+1} = v_{d,i+1}$ が成り立つので，$k_{a,i+1}/k_{d,i+1} = K_{i+1}$ とおくと，

$$N_{i+1} = K_{i+1} p N_i \tag{16.18}$$

なお，式（16.17）と同様に，第 $i+1$ 層目の吸着熱 ΔH_{i+1} を用いて以下の式で表すことができる．

$$K_{i+1} = A_{i+1} \exp\left(-\frac{\Delta H_{i+1}}{RT}\right)$$

ここで，第 2 層目以降の吸着熱はすべて凝縮熱 ΔH に等しく，第 1 層目の吸着熱 ΔH_1 のみがこれと異なるものと仮定すると，

$$K_1 = A_1 \exp\left(-\frac{\Delta H_1}{RT}\right)$$
$$K = K_j = A \exp\left(-\frac{\Delta H}{RT}\right) \quad (\text{ただし，} j>1)$$

いま，$K_1 = cK$，すなわち以下のように c を定義する．

$$c = A_1 \exp\left(-\frac{\Delta H_1}{RT}\right) \Big/ A \exp\left(-\frac{\Delta H}{RT}\right)$$
$$= \frac{A_1}{A} \exp\left(-\frac{\Delta H_1 - \Delta H}{RT}\right)$$

以上の関係を用いて漸化式（16.18）を解くと，

$$N_i = cK^i p^i N_0 \quad (\text{ただし，} i>0)$$

したがって，全吸着サイト数を N_s，全吸着分子数を N とすれば，

$$N_s = \sum_{i=0}^{\infty} N_i = N_0 + cN_0 \sum_{i=1}^{\infty} K^i p^i = N_0 + cN_0 \frac{Kp}{1-Kp}$$
$$= N_0 \frac{1-Kp+cKp}{1-Kp} \tag{16.19}$$

$$N = \sum_{i=1}^{\infty} i N_i = cN_0 \sum_{i=1}^{\infty} i K^i p^i = cN_0 \frac{Kp}{(1-Kp)^2} \tag{16.20}$$

ここで，圧力 p が飽和蒸気圧 p_s に達すると気相の凝縮が起こるので，$p \to p_s$ のときには $N \to \infty$ となる．したがって，式（16.20）より $K = 1/p_s$ である．また，$N/N_s = q/q_m$ とおくことができる．

以上の結果より，以下の BET 式が得られる．

$$\frac{q}{q_m} = \frac{N}{N_s} = \frac{cKp}{(1-Kp)(1-Kp+cKp)} = \frac{cp}{(p_s-p)[1+(c-1)(p/p_s)]}$$

なお，$K = K_{GAB}/p_s$（ただし $K_{GAB}<1$）と仮定すると，GAB 式が得られる．この仮定は，p が p_s に達しても気相の凝縮が起こらないことを表している．すなわち，第 2 層目以降の吸着熱は互いに等しいが，凝縮熱よりは小さいと仮定したことになる． 〈完〉

16.2

吸着操作（第 22 回）

【キーワード】 回分式吸着，固定層吸着，破過曲線

吸着を利用して分離を行う際には，さまざまな方式の吸着操作が用いられる．液相を対象とした最も簡便な操作は，液体を入れた容器に吸着剤を加えて撹拌し，液体中の吸着質を吸着させた後，吸着剤と液とを分離する操作であり，**回分式吸着**（batch adsorption）または撹拌槽吸着と呼ばれる．工業的にも簡便な吸着操作として使用され，実験室でも液相吸着平衡の測定法としてよく用いられる．また，吸着剤をカラムに充填し，吸着質を含む流体をそのカラムに連続的に供給して行う吸着操作を**固定層吸着**（fixed bed adsorption）という．連続操作が可能な固定層吸着は，工業的な吸着分離操作に広く用いられている．

本節では，回分式吸着における平衡状態の求め方と操作時間の推定法について考えるとともに，固定層吸着の概要について述べる．

16.2.1 回分式吸着

いま，濃度 $C_0[\text{kg/m}^3]$ の吸着質を含む液相 $V[\text{m}^3]$ に，新しい吸着剤を $W[\text{kg}]$ 加えた場合を考える．操作開始から $t[\text{s}]$ 経過した時点の吸着質濃度と吸着量が $C[\text{kg/m}^3]$ と $q[\text{kg/kg-吸着剤}]$ であったとする．このとき，物質収支より次式が得られる．

$$q = \frac{(C_0 - C)V}{W} \tag{16.21}$$

図 16.6 のように，横軸を C，縦軸を q とした平面

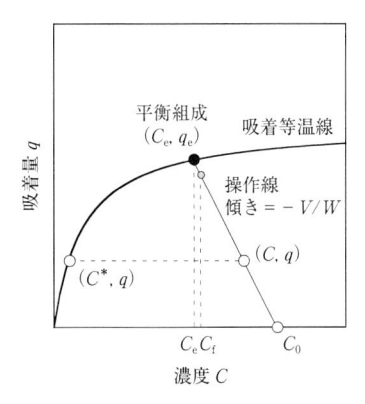

図 16.6 回分式吸着における操作線

で考えると，点 (C, q) は直線（16.21）上を動くので，直線（16.21）は操作線と呼ばれる．十分に長い時間が経過すると，C と q とはそれぞれ平衡濃度 C_e と平衡吸着量 q_e に達する．平衡点 (C_e, q_e) は吸着等温線上の点であり，操作線上の点でもあるので，両者の交点として与えられる．すなわち，操作線（16.21）と吸着等温線との交点を求めれば，それが平衡状態を表す点となる．

【例題 16.2】 温度を T [K] に保った条件で，容器にシリカゲルを入れて密閉したところ，初期状態で x_0 % であった容器内の相対湿度が，平衡状態では x_e %（$x_e < x_0$）にまで減少した．容器内の気相部分の体積を V [m³]，温度 T [K] における飽和蒸気圧を p_s [Pa] としたとき，シリカゲルに吸着除去された水蒸気の量を求めよ．

〈解〉 初期状態での水蒸気の分圧は $p_s(x_0/100)$ [Pa] である．したがって，水蒸気を理想気体とみなし，初期状態で気相に存在した水蒸気の量を w_0 [kg] とすると，

$$\frac{x_0}{100} p_s V = \frac{w_0}{18} RT$$

が成立する．したがって，

$$w_0 = \frac{0.18 p_s V}{RT} x_0$$

である．同様に，最終状態で気相に存在する水蒸気の量を w_e [kg] とすると，

$$w_e = \frac{0.18 p_s V}{RT} x_e$$

したがって，吸着除去された水蒸気の量は，

$$w_0 - w_e = \frac{0.18 p_s V}{RT}(x_0 - x_e)$$

なお，容器に入れたシリカゲルの質量を W [kg] とすると，平衡状態での吸着量は次式で算出できる．

$$q = \frac{w_0 - w_e}{W} = \frac{0.18 p_s V}{WRT}(x_0 - x_e) \qquad \text{〈完〉}$$

平衡状態に達するまでに必要な吸着時間は，吸着速度を以下のように考えることにより推算できる．操作開始からのある時刻 t における吸着質濃度と吸着量をそれぞれ C および q とし，q に対する平衡濃度を C^* とすると，$C - C^*$ を吸着の駆動力とみなすことができる．したがって，吸着量の経時変化は次式で表すことができる．

$$\frac{dq}{dt} = kS(C - C^*) \qquad (16.22)$$

ただし，k は**総括物質移動係数**（overall mass transfer coefficient）[m/s]，S は吸着剤の外表面積 [m²/kg-吸着剤] である．吸着質の流体から吸着剤内への移動速度に関しては一般に，①吸着剤粒子外表面近傍に存在する流体境膜内の物質移動（film mass transfer），②粒子内部の細孔内における物質移動（粒子内拡散，intraparticle diffusion），③細孔壁吸着面における吸着反応，の三つの速度過程を考慮する必要がある．ただし，物理吸着の場合には，③の過程は十分に速く無視できるので，総括物質移動係数 k は①と②の速度過程を反映したものとなる．

式（16.21）の両辺を時間で微分すると，

$$\frac{dq}{dt} = -\frac{V}{W}\frac{dC}{dt}$$

式（16.22）を用いてさらに変形すると，

$$-\frac{dC}{dt} = \frac{W}{V} kS(C - C^*) \qquad (16.23)$$

これを積分することにより，吸着質の濃度が初期値 C_0 から最終値 C_f に達するのに要する時間 t_f [s] を求めることができる．

$$t_f = \frac{V}{kSW} \int_{C_f}^{C_0} \frac{dC}{C - C^*} \qquad (16.24)$$

吸着等温線が既知であれば，この積分は数値積分などにより求められる．ただし，平衡濃度 C_e を積分の下限にとると，式（16.24）は無限大に発散する．このことは，吸着平衡に達するまでに理論上は無限大の時間を必要とすることを意味する．平衡に近い状態に達するまでのおよその時間を推定するには，たとえば $(C_0 - C_f)/(C_0 - C_e)$ の値が 0.95 程度になる C_f を下限に設定して式（16.24）の積分値を計算する．

16.2.2 固定層吸着

吸着剤を充填した固定層の上方から濃度 C_0 [kg/m³] の吸着質を含む流体を供給する場合を考える．流体を供給した当初は，流体中の吸着質は層の最上部の吸着剤に吸着される．流体の供給を続けると，最上部の吸着剤の吸着量はしだいに増加し，ついには供給される流体の吸着質濃度 C_0 と平衡な吸着量 q_0 [kg/kg-吸着剤] に達し，それ以上は吸着しなくなる．その下部では吸着のため急激な吸着質濃度の低下がみられ，さらにその下部では吸着質濃度が 0 となる．このように，固定層は入口に近い側から①吸着平衡に達した部分（飽和吸着帯），②吸着が進行している部分（吸着帯），③未吸着の部分（未吸着帯）の三つの部分からなり，流体を連続的に供給すると，吸着帯が徐々に出口に向かって進行することになる（図 16.7）．吸着帯の下端が出口に達すると，出口に吸着質が現れる．さらに入口からの流体の供給を続けると，出口における吸着質濃度は次第に増加し，ついには固定層内の吸着剤がす

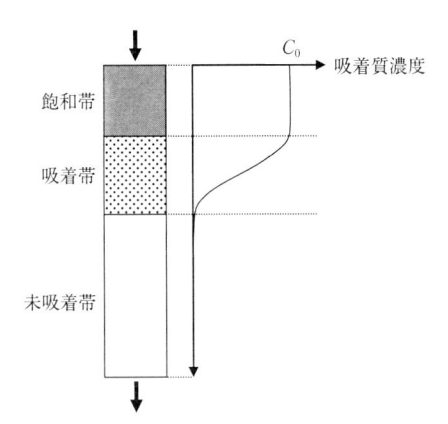

図 16.7　固定層内における吸着質の濃度分布

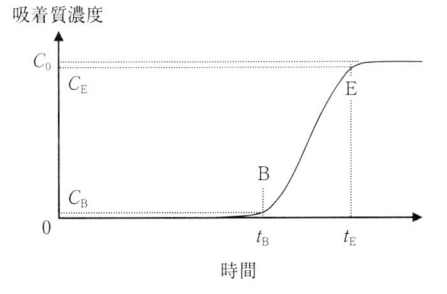

図 16.8　固定層出口における吸着質濃度の経時変化（破過曲線）

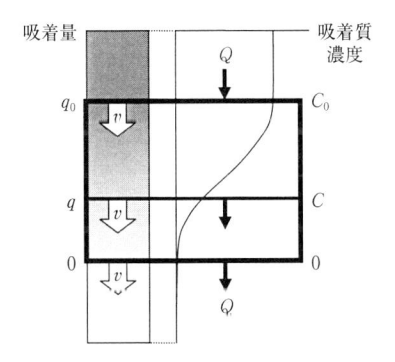

図 16.9　固定層内で吸着帯が形を変えずに移動する場合の物質収支

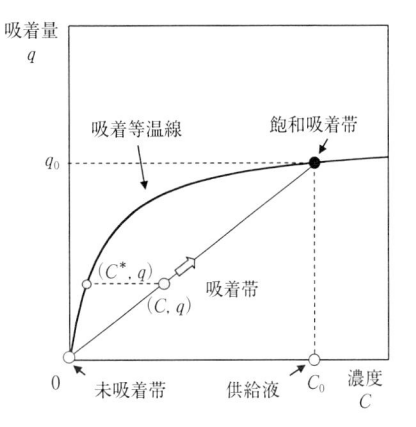

図 16.10　固定層内における吸着量変化の軌跡

べて飽和状態となり，出口における吸着質濃度が入口と同じ濃度になる．この間の固定層出口における吸着質濃度の経時変化は図 16.8 のようになり，これを**破過曲線**（breakthrough curve）という．出口における吸着質の許容濃度（破過濃度）を C_B とするとき，破過曲線上の C_B を与える点 B を破過点，破過点に達するのに要する時間 t_B を破過時間という．破過点に達すると，吸着操作を停止して，吸着剤を再生または交換する必要がある．なお，出口における吸着質濃度

が $C_E = C_0 - C_B$ となる点 E を終末点といい，その濃度 C_E を終末濃度という．

　固定層内の各位置における吸着量の経時的な変化を，吸着帯がその形を変えずに固定層内を出口に向かって移動する場合（図 16.9）について考える．吸着帯の移動速度を v[m/s]，固定層の断面積を A[m^2]，吸着剤の充填密度（固定層単位体積当たりの吸着剤質量）を ρ_B[kg/m^3]，供給液の流量を Q[m^3/s] として，吸着帯全体で単位時間当たりの物質収支をとると，

$$Q(C_0 - 0) = Av\rho_B(q_0 - 0)$$

であるので，

$$v = \frac{UC_0}{\rho_B q_0} \quad (16.25)$$

となる．ここで，$U = Q/A$[m/s] は供給液の空塔速度と呼ばれる．同様に，吸着帯の入口からある任意の位置までに限定して物質収支をとる．この地点における吸着質濃度を C[kg/m^3]，吸着量が q[kg/kg-吸着剤] とすると，

$$Q(C_0 - C) = Av\rho_B(q_0 - q)$$

式（16.25）を用いて変形すると，

$$\frac{C}{C_0} = \frac{q}{q_0} \quad (16.26)$$

となる．したがって，吸着帯内において吸着質濃度と吸着量とは比例関係にあり，吸着帯内の各位置における吸着質濃度と吸着量の経時変化を軌跡として描くと，図 16.10 に示す傾き C_0/q_0 の直線になる．

　さらに，固定層長さ方向の吸着質濃度分布を考える．いま，固定層内吸着帯の任意の位置として，飽和吸着帯と吸着帯との境界面から距離 z[m] の位置を考え，この位置における吸着質濃度を $C(z)$[kg/m^3] と表す．また，吸着速度が式（16.22）で表され，総括物質移

動係数を k[m/s],固定層単位体積当たりの吸着剤外表面積を S_B[m²/m³] とすると,固定層単位体積当たりの吸着速度は $kS_B(C(z)-C^*(z))$ [kg/(m³·s)] で表される.したがって,固定層内の位置 z から位置 $z+\Delta z$ までの体積 $A\Delta z$[m³] の微小区間で吸着質について物質収支を考えると次式が成り立つ.

$$Q[C(z)-C(z+\Delta z)] = kS_B[C(z)-C^*(z)](A\Delta z)$$

$$-\frac{C(z+\Delta z)-C(z)}{\Delta z} = \frac{kS_B}{U}[C(z)-C^*(z)]$$

$\Delta z \to 0$ の極限を考えると,

$$-\frac{dC}{dz} = \frac{kS_B}{U}(C-C^*)$$

上式では,$C(z)$ を略して C と記した.上式をさらに変形すると,

$$-\frac{dC}{C-C^*} = \frac{kS_B}{U}dz$$

となる.この式を積分すれば,溶質濃度が特定の値になる位置(吸着帯入口からの距離)を吸着等温線をもとに計算することができる.例として,吸着帯の入口から出口まで積分すると,吸着帯の長さ Z_a[m] を求めることができる.ただし,z が 0 から Z_a まで変化するのに対応して,濃度 $C(z)$ を C_0 から 0 に変化させて積分すると,上式左辺の被積分関数の分母が上限と下限で 0 となって積分は発散する.そこで,左辺については下限を終末濃度,上限を破過濃度として積分を近似すると,次式が得られる.

$$Z_a = -\frac{U}{kS_B}\int_{C_E}^{C_B}\frac{dC}{C-C^*} = \frac{U}{kS_B}\int_{C_B}^{C_E}\frac{dC}{C-C^*} \quad (16.27)$$

なお,右辺の積分は回分式吸着操作の場合と同様に,数値計算などにより求められる.また,計算に当たっては,$C_B/C_0 = 0.05$,$C_E/C_0 = 0.95$ として C_B および C_E の値を設定する場合が多い.

さらに,固定層の全高を Z[m] とすると,式 (16.25) と式 (16.27) の結果をもとに,次式のように破過時間 t_B を推算することができる.

$$t_B = \frac{Z-Z_a/2}{v} = \frac{\rho_B q_0}{UC_0}\left(Z - \frac{U}{2kS_B}\int_{C_B}^{C_E}\frac{dC}{C-C^*}\right) \quad (16.28)$$

16.3

付着と洗浄(第23回)

【キーワード】 表面エネルギー,界面張力,接触角,界面活性剤,CIP

食品の加工や調理では,食品成分などが機器表面に吸着または**付着**(adhesion)して汚れとなる.なお,吸着と付着は明確に区別しにくいが,ここでは,分子レベルを超えた大きな集合体や相と呼べる大きさの物体が固体の表面に接着する場合を付着と呼ぶことにする.付着した汚れは機器表面の衛生状態を低下させるため,加工終了のたびに汚れを脱離させる操作としての洗浄が必要となる.

本節では,界面での付着と脱離に関連する現象を熱力学的に考察するとともに,機器表面に対する汚れの洗浄操作について学ぶ.

16.3.1 界面のエネルギー

例として,気相と液相との界面を考える.なお,界面を構成する一方の相が気相の場合,慣例としてその界面は表面と呼ばれる.以下の説明でも,気相と液相との界面を表面と呼ぶ.液相の内部に存在する分子は,すべての方向に同種の分子が存在するため,全方向に一様な引力を分子間力として受ける.これに対して液相の表面に存在する分子は,気相側からは引力を受けず,分子間力の合力は液相内部に引き込まれる方向に作用する(図16.11).したがって,相内部に存在する分子のほうが表面に存在する分子よりも安定した(すなわち自由エネルギーの低い)状態にある.そのため,液相は表面の面積を小さくすることにより表面に存在する分子の数を少なくしようとする.このような液相表面の特性は,液相表面に張力が働いていると考えることによって説明できる.

図 16.12 に示すように,コの字形の針金 A ともう 1 本の直線の針金 B とで囲まれた領域に石けん水の

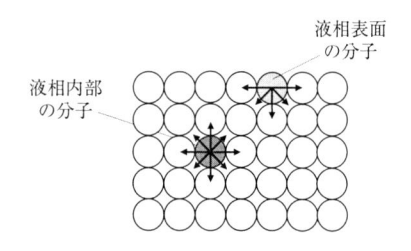

図 16.11 液相の表面と内部の分子に働く分子間力の差異

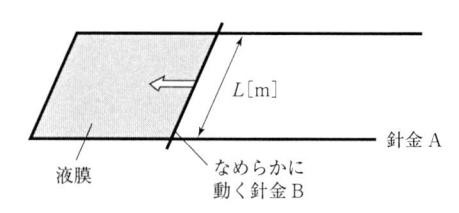

図 16.12 なめらかに動く枠内に張られた液膜

表 16.2 種々の液体の表面張力

液体	接する気体	温度 [℃]	表面張力 [10^{-3} N/m]
ジエチルエーテル	その蒸気	20	16.96
ヘキサン	空気	20	18.42
エタノール	窒素	20	22.27
メタノール	窒素	20	22.55
酢酸	空気	20	27.7
オリーブ油	空気	20	32
硫酸 (98.5%)	空気	20	55.1
グリセロール	空気	20	63.4
水	空気	20	72.75
水銀	窒素	25	482.1

(出典：理科年表 平成 22 年度版，国立天文台編，丸善，2009)

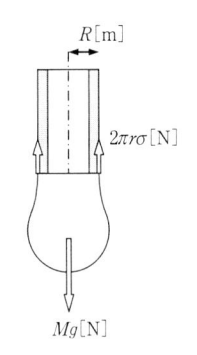

図 16.13 ガラス管から滴下される液滴

液膜を張る．針金 B が針金 A の上をなめらかに動くと仮定すると，液膜は面積を小さくしようとして針金 B を左に引っ張る．したがって，液膜の面積を一定に保つためには，針金 B に対して右向きに一定の力を加えねばならない．このように，液膜にはある大きさの張力が働いている．液膜が静止した状態にあるときには，この張力は液膜内の表面上の点ではどの方向にも一様に働いている．針金 B に働く張力の大きさは，その長さに比例するので，単位長さ当たりの張力として**表面張力**（surface tension）を定義する．いま，針金 B を右に静かに移動させて，液膜の面積を広げる場合を考える．液膜の表面張力を σ[N/m] とし，針金 B の長さを L[m] とすると，針金 B には表と裏の両側の表面の張力が働くので，その張力の大きさは $2\sigma L$[N] となる．したがって，針金 B を右に x[m] 移動させたとき，その仕事は $2\sigma Lx$[J] であり，増加した表面の面積は表と裏で $2Lx$[m^2] である．このことから，表面は単位面積当たり σ[J/m^2] のエネルギーをもつ．すなわち，表面張力は単位面積の表面が有する自由エネルギーとも解釈できる．

表面張力の大きさは液相の種類や温度に依存する．表 16.2 に各種液体の表面張力の大きさを示す．有機溶媒の分子間に働く力は主にファンデルワールス力で比較的小さいが，水の分子間には水素結合に基づくより大きな力が働いている．そのため，水の表面張力は有機溶媒に比べて大きい値となる．このように，表面張力はその液体を構成する分子間の相互作用の大きさを反映している．なお，水銀では原子間が自由電子によって仲介される金属結合によって強く結び付けられており，表面張力がきわめて大きい．

以上は気相を片方の相とする界面（表面）を例として述べたが，気相以外の相との組合せから形成される界面でも同様に，界面に存在する分子のエネルギーは相内部よりも大きい．このため，界面には**界面張力**（interfacial tension）が働き，単位面積当たりの界面自由エネルギーが界面張力によって表される．

【例題 16.3】 垂直に保った細い管から落下した液滴の質量を測定することによって，表面張力を算出することができる（滴重法）．いま，垂直に保った外半径 r[m] のガラス管からある液体をゆっくりと滴下する場合を考える．一つの液滴がまさにガラス管を離れようとするとき，液滴の質量が M[kg] であったとする．この液滴に働く力の釣合いを考えることによって，液体の表面張力 σ[N/m] を求めよ．ただし，重力加速度を g[m/s^2] とする．

〈解〉 液滴には鉛直下向きに重力 Mg[N] が働いているが，落下しないのは，これに釣り合う力をガラス管から鉛直上向きに受けているからである（図 16.13）．このガラス管から受ける力は，液滴表面に働く表面張力の反作用であり，その大きさはガラス管外周に働く表面張力の大きさ $2\pi R\sigma$[N] に等しい．したがって，次式が成り立つ．

$$Mg = 2\pi r\sigma$$
$$\sigma = \frac{Mg}{2\pi r} \qquad (16.29)$$

このように，落ちる直前の液滴の質量と表面張力は比例する．実際には，落ちる直前の液滴の質量は測定できないので，落下した液滴の質量を測定することになる．ただし，ガラス管外の液滴がすべて落下することはなく，ガラス管先端に液滴の一部が残るので，落下した液滴の質量は M[kg] よりも小さい．そこで，落下した液滴一滴の質量を m[kg] とし，ϕ を補正係数として $M = \phi m$ とおくと，式 (16.29) 式は次式となる．

$$\sigma = \frac{mg}{2\pi r}\phi \qquad (16.30)$$

なお，補正係数 ϕ の値は，ガラス管の外半径 r および落下した液滴一滴の体積 V[m^3] の関数として整理されている． 〈完〉

16.3.2 ぬれと接触角

平らな固体表面に液滴を垂らすと，一般的には図

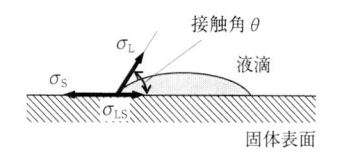

図 16.14 固体上の液滴と接触角

16.14 に示すようなレンズ状の形をした液滴が固体表面に形成される．このように固体表面に液相が接触している状態を**ぬれ**（wetting）という．ぬれやすさは，固体表面と付着した液滴表面の接線とがなす角度として定義される**接触角**（contact angle）によって評価できる．接触角を θ $(0°<\theta<180°)$ とし，固体の表面張力を σ_S，液体の表面張力を σ_L，固液間の界面張力を σ_{LS} とすると，固体表面に平行な方向の力の釣合いから，次の Young（ヤング）の式（Young-Dupré（ヤング-デュプレ）の式ともいう）が成り立つ．

$$\sigma_S = \sigma_{LS} + \sigma_L \cos\theta \tag{16.31}$$

すなわち，

$$\cos\theta = \frac{\sigma_S - \sigma_{LS}}{\sigma_L} \tag{16.32}$$

したがって，σ_S より σ_{LS} のほうが小さい場合，すなわち液滴が付着すると固体表面自体のエネルギーが低下する場合には，$\cos\theta>0$ となるので，$0°<\theta<90°$ である．逆に，σ_S より σ_{LS} のほうが大きい場合，すなわち液滴が付着すると固体表面自体のエネルギーが高くなる場合には，$\cos\theta<0$ すなわち $90°<\theta<180°$ となる．テフロンなど撥水性のある物質の表面では水の接触角は 180° に近くなり，水滴はほぼ球形になる．

平らな表面上の接触角は固体表面と液滴の化学的性質によって決まるが，接触角は表面の構造にも依存する．表面に微細な凹凸構造があると，実際の表面積は見かけよりも大きくなるため，見かけ面積当たりの表面自由エネルギー（表面張力）はそのぶんだけ大きくなる．いま，平らな表面上の接触角が θ であったが，表面の凹凸によって真の表面積が a 倍 $(a>1)$ になり，接触角が θ_a になったと仮定すると，式（16.32）より，

$$\cos\theta_a = \frac{a(\sigma_S - \sigma_{LS})}{\sigma_L} = a\cos\theta$$

したがって，$0°<\theta<90°$ の場合には $\theta_a<\theta$，$90°<\theta<180°$ の場合には $\theta_a<\theta$ となる．すなわち，表面の微細な凹凸構造によって，ぬれやすい表面の接触角はより小さくなり，ぬれにくい表面の接触角はより大きくなる．たとえば，ハスの葉がほぼ完全に水をはじくことはよく知られているが，これは葉の表面に微細な突起があり，水滴が接触しようとしても，水滴と表面との間に空気層が保持されてぬれにくい性質をもつとともに，凹凸による表面積効果によってぬれにくさがさらに増強されるためである．

付着ぬれでは，ともに空気と接していた固体表面と液体表面とが互いに接触して固液界面に変化する．したがって，付着ぬれが起こる場合の自由エネルギー変化を考えるには，固体表面のみならず，液体表面のエネルギー変化も考慮に入れる必要がある．表面張力，および界面張力は単位面積当たりのエネルギーを表しているので，単位面積の固体表面が付着ぬれを起こした場合の自由エネルギー変化 ΔG は次式で与えられる．

$$\Delta G = \sigma_{LS} - \sigma_L - \sigma_S \tag{16.33}$$

これに式（16.31）を代入すると

$$\Delta G = -\sigma_L(1 + \cos\theta)$$

したがって，液体の表面張力が大きく，接触角が小さい場合のほうが，自由エネルギーの低下が大きく，ぬれやすい．

16.3.3 汚れの付着および脱離に伴う自由エネルギー変化

以上のぬれに関する議論は，たとえば，空気中で油汚れが固体表面に付着する場合などが当てはまる．液相に存在していた汚れが液相と接する固体の界面に付着する場合も，同様な考え方で自由エネルギー変化を求めることができる．一般化すると，図 16.15 のように，媒質 M と接していた固相 S の界面と，同じ媒質 M と接していた汚れ相 A の界面とが，互いに接触して新たな界面に変化する際の自由エネルギー変化を考えると次式が得られる．

$$\Delta G = \sigma_{AS} - \sigma_{MA} - \sigma_{MS} \tag{16.34}$$

ここで，σ_{MA}，σ_{MS} と σ_{AS} はそれぞれ媒質と汚れ相，媒質と固相および汚れ相と固相の間の界面張力である．汚れは自発的に付着するから通常，この自由エネルギー変化は大きな負の値である．したがって，汚れ相を固相との界面から脱離させる（すなわち洗浄する）ためには，少なくともそれと同じ大きさのエネルギー

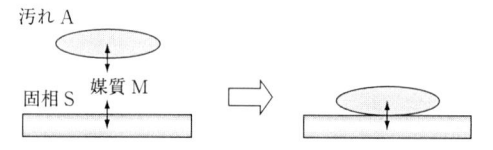

図 16.15 汚れ相の固相への付着過程

を加えることが必要となる．そのため洗浄では，機械的エネルギー，化学的エネルギー，熱エネルギーの三つの形態でエネルギーを加える．化学的エネルギーは洗剤の投入によって与えられる．これは，洗剤が媒質に加わることにより，汚れ相が媒質に溶解または分散しやすくなることによる．すなわち，洗剤の投入は σ_{MA} を小さくする効果をもち，式 (16.34) で示される付着による自由エネルギーの低下 ($-\Delta G$) を小さくする方向に作用する．そのため，汚れ相は脱離しやすくなる．また，熱エネルギーを加えて温度を上昇させると，この洗剤の作用は増強され，σ_{MA} がさらに小さくなる．また，吸着の場合と同様，温度上昇により付着状態は不安定化する．すなわち，σ_{AS} が大きくなる．したがって，付着による自由エネルギーの低下 ($-\Delta G$) がさらに小さくなる．その結果，付着の自由エネルギー変化が正 ($\Delta G > 0$) になれば，汚れ相は自然に脱離する．浸漬洗浄で汚れが除去できる場合はこのような状況にある．付着の自由エネルギー変化が負のままであっても，その絶対値 ($-\Delta G$) が小さい状況では，せん断力や圧力などのわずかな機械的エネルギーを加えれば汚れ相の脱離が起こる．このように，機械的エネルギー，化学的エネルギー，熱エネルギーの三つを適切に組み合わせることにより，洗浄を効率よく行うことができる．

16.3.4 洗剤の作用

洗浄操作では，汚れ相を脱離させるための化学エネルギーとして洗剤が投入される．代表的な洗剤成分として**界面活性剤**（surfactant）があげられる．界面活性剤とは，界面に吸着して界面の自由エネルギー，すなわち界面張力を低下させる特性をもつ物質を指す．界面活性剤の分子構造の特徴として，一つの分子内に親水部分と疎水（親油）部分をもつ両親媒性の化学構造をもつ．洗剤の用途に大量に使用されているほか，食品や化粧品の乳化剤としても重要な役割を果たしている．洗剤としての作用は，次のように説明できる．油性の汚れ相が付着している固相に界面活性剤水溶液を接触させると，界面活性剤はその疎水部を汚れ相内部に向けて汚れ相界面に吸着する（図16.16）．したがって，汚れ相界面は界面活性剤の親水部分で覆われ親水性を増す．その結果，汚れ相が水中に分散しやすくなり，固相から脱離する．

界面活性剤だけでなく，アルカリや酸なども洗剤成分として用いられる．アルカリはタンパク質や油脂などの有機物が主体となった汚れを分散可溶化して除去する．酸は無機物を溶解する作用があり，無機物の除去を目的として使用される．付着汚れの酸化分解を目的として，次亜塩素酸ナトリウムや過酸化水素などの酸化剤を添加した配合洗剤が使用される場合もある．

16.3.5 洗浄方式

食品製造機器の洗浄では，**CIP**（cleaning in place）と呼ばれる方式により洗浄が行われる場合が少なくない．CIP は定置洗浄とも呼ばれ，機器を分解したり移動したりすることなく，稼働時とほぼ同じ状態のまま洗浄を行う方式である．構造の複雑な機器には適さない場合もあるが，タンクやバルブの連結されたパイプラインなどの洗浄で多用される．パイプラインでは洗剤液を内部に送液し，洗剤の化学的エネルギーと送液に伴って洗浄液が器壁に及ぼすせん断応力を主な機械的エネルギーとして洗浄を行う．流れが速いほど配管内壁に作用するせん断力は大きいため，洗浄液の流速（またはレイノルズ数）を高く設定することが洗浄効率を高く保つうえで必要になる．CIP では洗剤タンクやポンプのほかに自動制御装置を装備して，あらかじめ設定された洗浄プログラムに従って自動運転を行うのが一般的である．なお，CIP とは対照的に，装置を分解して行う洗浄法を COP（cleaning out of place, 分解洗浄）と呼ぶ．COP では，拭き取りやブラッシングによるせん断力と摩擦力，噴射ガンやノズルから射出される高圧水による圧力，超音波照射によるキャビテーションなどが力学的エネルギーとして利用される．

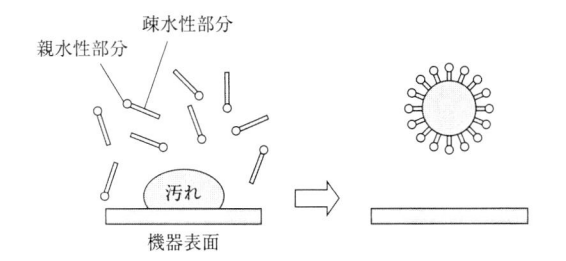

図 16.16 界面活性剤の疎水性汚れに対する作用

演 習

16.1 表 16.3 はシリカゲルに対する窒素の吸着量を，窒素の沸点（-196℃）で測定した結果である．なお，吸着量はシリカゲル 1 g 当たりに吸着された窒素の量を 0℃，1 atm の標準状態（STP）の体積に換算して示す．この測定値が BET 式に従うことを確かめよ．また，BET 式を適

表 16.3

p/p_s	0.0105	0.0349	0.0547	0.0783	0.0969	0.1524	0.2695
q [cm³-STP/g]	115	141	154	163	170	187	216

用して得られる単分子層吸着量の値から，このシリカゲルの比表面積を求めよ．

16.2 色素を含む溶液中に活性炭を投入して脱色したい．色素の活性炭に対する吸着平衡はLangmuir式に従い，平衡吸着量 q [g/kg-活性炭] と平衡濃度 C [g/m³] との関係は次式で表されるものとする．以下の問に答えよ．

$$q = \frac{253C}{1+0.518C}$$

（1） 初期濃度 100 g/m³ の色素溶液 1 m³ に対して，新品の活性炭を 0.5 kg 加えたとき，平衡吸着量および平衡濃度はいくらになるか．

（2） 上記で得られる上澄み液 1 m³ を全量回収し，これに新たに新品の活性炭を 0.5 kg 加えると，平衡濃度はいくらになるか．

（3） 初期濃度 100 g/m³ の色素溶液 1 m³ に対して，新品の活性炭を 1 kg 加えたとき，平衡吸着量および平衡濃度はいくらになるか．また，得られた平衡濃度を(2)で得られた結果と比較せよ．

16.3 上記 16.2(3) の場合について，吸着がほぼ平衡に達するまでに要する時間を求めよ．ただし，総括物質移動係数 k と吸着剤外表面積 S の積（総括容量係数と呼ばれる）は 2.0 [m³/kg-吸着剤/h] とする．

第17章
乾　燥

> [Q-17] そうめんは寒の頃につくるのになぜ寒くても乾くのですか．冷蔵庫の野菜がカラカラに乾いていることもありますね．
>
> **解決の指針**
> 乾燥は溶液または固体から水分を除去する方法であるが，その機構は複雑である．はじめに17.1節で乾燥に使用する空気の性質（湿度など）を学習する．次に，17.2節で乾燥機構（乾燥速度や異なる乾燥期間）を理解する．食品では乾燥製品の品質と保存安定性が重要であるので，17.3節では乾燥機構と品質・保存安定性の関係について考える．

　乾燥は水を含む固体または溶液に熱を与えて水を蒸発させる操作であり，さまざまな乾燥方法がある．食品加工技術としての「乾燥」の目的は，「貯蔵・運搬のための容量減」とともに「安定性」の向上である．人類は経験的に乾いた食品が長期保存できることを発見し，「乾燥」は古くから利用されてきた食品保蔵技術の一つである．したがって，食品乾燥においては乾燥機構のみならず乾燥時の品質や物性変換，さらには乾燥製品の品質と保存安定性を理解する必要がある．

　単位操作としての乾燥を解説した教科書・便覧は乾燥操作および乾燥装置に重点がおかれている．乾燥操作と装置についての詳細は他書に譲り，ここでは食品の乾燥機構と品質変化および乾燥製品の安定性について説明する．また，乾燥する食品も多種多様であり，その性質により乾燥機構も異なるが，液体（液状）食品の熱風乾燥（対流伝熱乾燥）を例として解説する．

17.1
湿り空気の性質と制御（調湿）（第24回）

【キーワード】水蒸気濃度，絶対湿度，水蒸気圧，飽和水蒸気圧，飽和絶対湿度，相対（関係）湿度，飽和度，湿球温度，断熱飽和温度，露点

　熱風乾燥では空気の性質（温度と湿度）が重要となる．とくに湿度に着目して空気の性質を制御することを調湿という（湿度を増やすことを増湿，減らすことを減湿という）．はじめに湿度の定義と計算方法について学ぶ．次に，空気の湿度と温度で決まる湿球温度がどのようにして決まるのかを境膜モデルにより理解する．また，湿り空気に関する重要な性質についても学習する．

17.1.1　水蒸気濃度

　湿度は空気中に含まれる水（水蒸気）の量（すなわち水蒸気濃度）の表現方法である．絶対湿度と相対湿度（関係湿度）と呼ばれる二つの湿度が利用される．

　空気中の水分濃度について考える．W_W[kg]の水蒸気がV_t[m³]の空気中に含まれているとき**水蒸気濃度**（water vapor concentration）ρ'_W[kg/m³]は以下となる．

$$\rho'_W = \frac{W_W}{V_t} \tag{17.1}$$

空気と水蒸気の混合気体を理想気体と見なすと，水蒸気分圧P_W[Pa]は全圧P_t[Pa]と水蒸気のモル分率x_Wの積となる．

$$P_W = P_t x_W = (P_A + P_W) x_W \tag{17.2}$$

ここで，P_A[Pa]は乾き空気（水蒸気を含まない空気）の分圧である．水のモル数n_Wと（乾き）空気のモル数n_Aは水と乾き空気の分子量をそれぞれM_WとM_Aとすると，水蒸気モル分率x_Wに次式で関係づけられる．

$$x_W = \frac{n_W}{n_t} = \frac{n_W}{n_W + n_A} = \frac{W_W/M_W}{W_W/M_W + W_A/M_A} \tag{17.3}$$

ここで，n_tは水と空気のモル数の和（全モル数）である．理想気体の法則を使い，ρ'_Wをガス定数R，温度T，**水蒸気圧**（water vapor pressure）P_Wで表すと，式(17.1), (17.2), (17.3)から次式のように表される．

$$\rho'_W = \frac{W_W}{V_t} = \frac{W_W}{(n_t RT)/P_t} = \frac{P_t x_W M_W}{RT} = \frac{P_W M_W}{RT} \tag{17.4}$$

17.1.2　絶対湿度

　水蒸気濃度を水蒸気質量の乾き空気質量に対する比

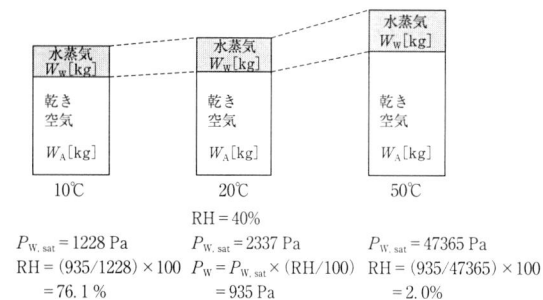

図 17.1 湿り空気の湿度

水蒸気と乾き空気を含んだ 20℃ の湿り空気を 50℃ に加熱すると，体積が増加するので体積基準の湿度 ρ'_W は減少する．一方，10℃ に冷却すると体積減少のため，ρ'_W は増加する．相対湿度も温度により変化する．

Y で表すと，

$$Y = \frac{W_W}{W_A} = \frac{\rho'_W}{\rho'_A} = \frac{M_W}{M_A} \cdot \frac{P_W}{P_t - P_W} = \frac{M_W P_W}{M_A P_A}$$

$$= 0.622 \frac{P_W}{P_A} \qquad (17.5)$$

ここで，$M_W = 18.01$，$M_A = 28.97$ とした．Y は定義から乾き空気基準水蒸気濃度であるが，**絶対湿度** (absolute humidity) とも呼ばれ [kg-水蒸気/kg-乾き空気] = [kg-water vapor/kg-dry air] の次元をもつ．

図 17.1 に示すように湿り空気（水蒸気を含む空気）を加熱あるいは冷却すると，体積基準の水蒸気濃度 ρ'_W は体積が変化するので一定ではないが，絶対湿度は体積と無関係に定義されているので温度を変えても一定である．このため，温度変化を伴う調湿および乾燥操作では絶対湿度が計算に利用される．

17.1.3 飽和絶対湿度

空気が完全に水蒸気で飽和されたときには水蒸気圧 P_W は**飽和水蒸気圧** (saturated water vapor pressure) $P_{W,sat}$ となる．このときの絶対湿度は**飽和絶対湿度** (saturated absolute humidity) Y_{sat} と呼ばれる．Y_{sat} は温度とともに増加するが，沸点（大気圧下で 100℃）近くでは急激に上昇し，100℃ では $P_t = P_{W,sat}$ となるため無限大となる．

$$Y_{sat} = \frac{M_W}{M_A} \cdot \frac{P_{W,sat}}{P_t - P_{W,sat}} \qquad (17.6)$$

17.1.4 相対湿度

相対湿度（関係湿度，relative humidity）RH は，空間 V_t の水蒸気濃度 ρ'_W と V_t が完全に水蒸気で飽和されたときの濃度の比を % で表したものである．

$$RH = \frac{\rho'_W}{\rho'_{W,sat}} \times 100 = \frac{P_W}{P_{W,sat}} \times 100 \qquad (17.7)$$

すなわち，ある温度における飽和水蒸気圧 $P_{W,sat}$ に対する水蒸気圧 P_W の比を % で表示したものとなる．ある絶対湿度の湿り空気を加熱または冷却すると，Y は変化しないが RH は変化する（図 17.1）．後述するように，乾燥における最終製品の水分含量（含水率）は RH で決まるので，RH の計算は重要である．

17.1.5 飽和度

絶対湿度と飽和絶対湿度の比を % で表した値を**飽和度** (relative saturation) という．すなわち，

$$飽和度 = \frac{Y}{Y_{sat}} = \frac{P_W/(P_t - P_W)}{P_{W,sat}/(P_t - P_{W,sat})} \times 100 \qquad (17.8)$$

$P_t \gg P_W$，$P_t \gg P_{W,sat}$ のとき，すなわち温度あるいは水蒸気圧が低いときは

$$\frac{Y}{Y_{sat}} = \frac{P_W}{P_{W,sat}} \times 100 = RH \qquad (17.9)$$

となり相対湿度とほぼ同じ値となる．

17.1.6 湿り空気比熱

絶対湿度 Y の湿り空気を乾燥空気（乾き空気）1 kg 当たり 1 K 温度上昇させるために必要なエネルギー（熱量）を**湿り空気比熱**（定圧比熱容量）C_S [J/(kg-air・K)] という．乾燥空気と水蒸気のそれぞれの比熱容量の加成性の仮定に基づいて次式で計算できる．

$$C_S = C_A + C_W Y = 1005 + 1884 Y \qquad (17.10)$$

ここで C_A は乾燥空気定圧比熱容量 [J/(kg-air・K)]，C_W は水蒸気定圧比熱容量 [J/(kg-water・K)] である．

17.1.7 湿球温度

図 17.2 に示すような系を考える．空間は十分に大きく，水滴から蒸発した水分は周囲の空気中の水分濃度（水蒸気分圧）に影響しないとする．また空気中の水蒸気分圧は飽和水蒸気圧より低く保たれている．水滴温度ははじめ，周囲の空気温度（T_A）より高いとすると，水滴表面での水蒸気分圧は空気中の水蒸気分圧より高いので，水分は表面から蒸発する．このときの蒸発に必要な熱量は水滴内部の顕熱から供給され，その結果，水滴温度は低下する．水滴温度が空気温度以下に低下すると今度は，温度差により空気から水滴に熱量が供給される．温度差が増加すると供給熱量も増加し，蒸発量と釣り合ったときに水滴温度は一定となる．

このような定常状態での現象を境膜モデルで記述す

17.1 湿り空気の性質と制御（調湿）

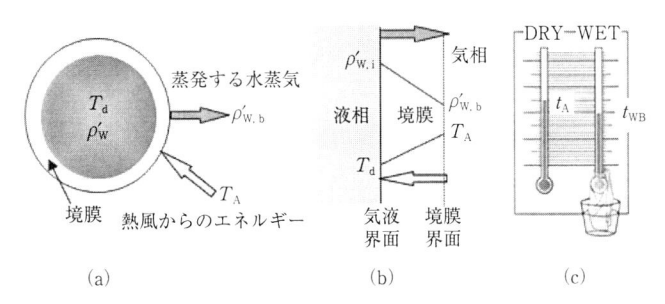

図 17.2 水滴の乾燥
(a) 一定風速一定温度の熱風中での水滴の蒸発．水滴の周りに境膜と呼ばれる静止した薄い空気層がある．(b) 境膜中の熱エネルギーと水蒸気移動の模式図．(c) 乾湿球温度計．ガーゼ中の水は液滴と同じように蒸発し，湿球温度 t_{WB} を示す．例題 17.2 の逆の計算をすれば空気湿度を求めることができる．

る．水滴表面には境膜という静止した薄い層がある．境膜内の水蒸気や熱の移動は両端の濃度差または温度差と移動係数の積で表される（5.2節および8.3節を参照）．

水滴界面から空気への物質（ここでは水蒸気）移動流束 $j_{W,i}\,[\mathrm{kg/(m^2 \cdot s)}]$ は

$$j_{W,i} = k_g(\rho'_{W,i} - \rho'_{W,b}) \tag{17.11}$$

となる．ここで，$k_g\,[\mathrm{m/s}]$ は物質移動係数，ρ'_W は気相における水蒸気濃度，添字の i は界面，b は界面から十分離れた位置を表す．空気の温度を $T_A\,[\mathrm{K}]$，水滴の温度（温度分布はないとする）を $T_d\,[\mathrm{K}]$ とすると，空気から水滴へ移動するエネルギー（熱量）$q_A\,[\mathrm{W/m^2}]$ は

$$q_A = h(T_A - T_d) \tag{17.12}$$

となる．ここで $h\,[\mathrm{W/(m^2 \cdot K)}]$ は伝熱係数（熱伝達係数）である．一方，表面から蒸発する水分は相変化による潜熱（蒸発潜熱）$\Delta H_V\,[\mathrm{J/kg}]$ を水滴から奪う．

$$q_B = j_{W,i}\Delta H_V \tag{17.13}$$

したがって，定常状態では表面において次の熱収支式が成立する．

$$q_A = q_B \quad \text{または} \quad h(T_A - T_d) = j_{W,i}\Delta H_V \tag{17.14}$$

式（17.11）を式（17.14）に代入すると

$$h(T_A - T_d) = k_g(\rho'_{W,i} - \rho'_{W,b})\Delta H_V \tag{17.15}$$

となる．界面での水蒸気濃度 $\rho'_{W,i}$ は，T_d における飽和蒸気圧 $P_{W,sat}\,[\mathrm{Pa}]$ を用いて式（17.4）より，

$$\rho'_{W,i} = \frac{P_{W,sat}M_W}{RT_d} \tag{17.16}$$

で関係づけられる．式（17.16）を式（17.15）の右辺に代入すると，右辺の ΔH_V と $P_{W,sat}$ が温度の関数であるので，h と k_g が与えられたとき，両辺が等しく

なるような温度 T_d が存在する．この温度を**湿球温度**（wet-bulb temperature）T_{WB} という．温度計の球部を湿らせたガーゼで包んだ温度計を湿球温度計といい，湿球温度を測定するのに用いられるガーゼの水が，図 17.2 の水滴と同じ状況になっており，湿球温度を直接測定している．

いま湿球温度を T_{WB}，空気温度を T_A とおき，式（17.15）を変形すると，

$$T_A - T_{WB} = \frac{(\rho'_{W,i} - \rho'_{W,b})\Delta H_V}{h/k_g} \tag{17.17}$$

また，$\rho'_{W,i} - \rho'_{W,b}$ を絶対湿度 Y_i, Y_b を用いて表すと，式（17.17）は

$$T_A - T_{WB} = \frac{(Y_i - Y_b)\Delta H_V}{h/k_Y} \tag{17.18}$$

となる．式（17.18）中の k_Y は，式（17.19）で定義される Y を推進力にとる物質移動係数であり，k_g と式（17.20）で関係づけられる．

$$j_{W,i} = k_Y(Y_i - Y_b) \tag{17.19}$$

$$k_Y = \frac{k_g P_A M_A M_W}{RT} \tag{17.20}$$

式（17.20）の T は通常，T_{WB} と T_A の平均値をとる．

物質移動係数 k_Y，伝熱係数 h と空気の比熱 C_S について空気-水蒸気系ではルイスの関係と呼ばれる次の近似式が成立する．

$$\frac{h}{k_Y C_S} = 1 \tag{17.21}$$

通常は絶対湿度がそれほど大きくないので，湿り空気の比熱 C_S は乾き空気の比熱 C_A に近似でき，式（17.21）は次式となる．

$$\frac{h}{k_Y} = 1005 \tag{17.22}$$

表17.1 空気(A)－水(W)系の物性値（全圧 $P_t=1$ atm $=1.0133\times10^5$ Pa）

分子量 M_A, M_W [kg/kmol]	$M_A=28.97, M_W=18.02$
空気比熱 C_S [J/(kg-air·K)]	$C_S=C_A+C_W Y=1005+1884Y$ $C_A=1005$ 乾燥空気比熱 [J/(kg-air·K)] $C_W=1884$ 水蒸気比熱 [J/(kg-water·K)]
蒸発潜熱 ΔH_v [J/kg]	$\Delta H_v=2.5\times10^6-2.3\times10^3(T-273.15)$
水蒸気圧 P_W [kPa] Antoine（アントワン）式	$\log_{10}P_W=7.2117-1740.27/(T-38.8209)$ $T=$温度 [K]
乾燥空気基準水蒸気濃度 Y [kg-water/kg-dry air]	$Y=(M_W/M_A)P_W/(P_t-P_W)$ $=0.622P_W/(1.0133\times10^5-P_W)$

表17.2 水蒸気の性質

温度 [℃]	0	10	20	30	40	50
$P_{W,sat}$	0.6108	1.227	2.337	4.241	7.375	12.335
Y_{sat}	0.00377	0.00763	0.0147	0.0272	0.0488	0.0863
温度 [℃]	60	70	80	90	100	
$P_{W,sat}$	19.92	31.16	47.36	70.11	101.3	
Y_{sat}	0.152	0.276	0.546	1.398	—	

$P_{W,sat}$ [kPa] 飽和水蒸気圧．Y_{sat} [kg-water/kg-dry air] 飽和絶対湿度．表17.1のAntoine式による水蒸気圧の計算値はこの表の値と1%以下の誤差で一致する．

空気湿度 Y_b と空気温度 T_A が既知ならば湿球温度は，式（17.18）の左辺と右辺が等しくなる温度を試行法で計算することにより求められる．空気-水系の物性値と計算式を表17.1にまとめる．

17.1.8 断熱飽和温度

飽和に達していない湿り空気（温度 T_A，湿度 Y_b，湿り空気比熱 C_S）を断熱条件下で大量の水と接触させると，平衡状態では，空気は水蒸気で飽和され，水温と空気温度は等しくなる．この温度を**断熱飽和温度**（adiabatic saturation temperature）T_S という．T_S はエンタルピー収支により次式で与えられる．

$$T_A-T_S=\frac{(Y_s-Y_b)\Delta H_v}{C_S} \quad (17.23)$$

ここで，ΔH_v は T_S における蒸発潜熱である．この式は水が空気から得た蒸発潜熱と空気が失った顕熱が等しいことを意味している．$T_S=T_{WB}, Y_S=Y_i$ とおけば式（17.23）は式（17.19）と同じである．したがって，空気-水系では断熱飽和温度と湿球温度は数値的には等しいが，その意味は異なる．前者は熱収支のみにより決定され，移動係数は無関係であるのに対して，後者は移動係数の比で決まる温度である．

17.1.9 露点

未飽和の湿り空気を冷却していくと，ある温度で飽和になり，それ以下に冷却すると水滴が生ずる．この温度を**露点**（dew-point）という．この原理を利用した湿度測定装置もある．

【例題17.1】 1気圧の空気を乾湿球温度計で測定したところ乾球温度35℃，湿球温度30℃であった．絶対湿度を計算で求めよ．

〈解〉表17.1の諸式より30℃では，$\Delta H_v=2.5\times10^6-2.3\times10^3\times30=2.43\times10^6$ J/kg．30℃の水蒸気圧 $P_{W,sat}$ [Pa] は表17.1の式より $P_{W,sat}=4243$ Pa であるので，Y_b は次式で計算される．

$$Y_b=0.622\times4243/(1.0133\times10^5-4243)$$
$$=0.0272\ \text{kg-water/kg-dry air}$$

また，（17.18）式を変形して Y_i は次式で求められる．

$$Y_i=Y_b-\frac{(h/k_Y)(T_A-T_{WB})}{\Delta H_v}$$
$$=0.0272-(1005)(308-303)/(2.43\times10^6)$$
$$=0.0251\ \text{kg-water/kg-dry air} \quad \langle 完 \rangle$$

【例題17.2】 大気圧下で絶対湿度 $Y_b=0.01812$ kg-water/kg-dry air，乾球温度30℃の空気の湿球温度を計算せよ．

〈解〉すでに本文あるいは例題17.1で説明したように，式（17.9）の右辺の Y_i と ΔH_v は左辺の湿球温度 T_{WB} の関数である．したがって，湿球温度を仮定して式（17.9）の右辺の Y_i と ΔH_v を計算し，右辺と一致するように試行錯誤法により決定する．式（17.9）は次式に変形できる．

$$T_{WB}=T_A-\frac{(Y_i-Y_b)\Delta H_v}{h/k_Y}$$

$T_{WB}=28$℃では，$\Delta H_v=2.44\times10^6$，$Y_i=0.0241$ であるので，$T_{WB}=30-(0.0241-0.01812)\times2.44\times10^6/1005=15.5$℃ と大きく異なる．次に，$T_{WB}=26$℃ と仮定して同様の計算を行うと，$T_{WB}=21.7$℃ である．さらに，$T_{WB}=24$℃ では，$T_{WB}=28.1$℃ となるので，$T_{WB}$ は24℃と26℃の間にあることがわかる．そこで，$T_{WB}=25$℃で計算してみると，$T_{WB}\cong25$℃ となり，この温度が求める湿球温度である．
〈完〉

17.2

乾燥機構（第25回）

【キーワード】含水率，乾燥速度，定率（恒率）乾燥期間，減率乾燥期間，水分活性，限界含水率，水分脱着等温線，平衡含水率，結晶質，非晶質

本節では，液状食品の熱風乾燥を例として乾燥機構について説明する．しかしながら，半固体食品や野菜・果実・穀類の乾燥も同様に取り扱うことができる．最初に含水率と乾燥速度の定義について理解し，定率(恒率)乾燥期間における湿球温度と限界含水率を理解す

る．その後，減率乾燥期間と平衡含水率および脱着等温線と水分活性の関係についても考える．

17.2.1 乾燥操作

熱の供給方法，まわりの気体（熱媒体，多くの場合は空気）の状態によりさまざまな乾燥操作が利用される．熱を熱風により材料に対流伝熱で供給する対流熱風乾燥，加熱板と材料を接触させ伝導加熱する伝導乾燥，（遠）赤外線で材料表面に放射伝熱で供給する放射乾燥，マイクロ波などにより材料自体を発熱させる均一発熱乾燥，真空中で伝導あるいは放射加熱して乾燥する真空乾燥，沸点以上の蒸気を熱媒体とする過熱蒸気乾燥などがある．

液状食品を乾燥塔内に微粒子として噴霧して，乾燥粉末を得る方法は噴霧乾燥といわれ，スキムミルク，インスタントコーヒーあるいはインスタント日本茶などの製造に用いられている．材料をあらかじめ-30℃程度に凍結し真空乾燥すると氷が昇華する．この方法は凍結乾燥（真空凍結乾燥または凍結真空乾燥）といい，熱に不安定な食品や医薬品に利用されるが，他の乾燥に比べてコスト高となる．

17.2.2 含水率と乾燥速度

乾燥においては水分量を乾燥固体基準の含水率で表すと便利である．W_W[kg]の水とW_S[kg]の固体からなる材料の**含水率**（water content）Xは次のように定義される．

$$X = \frac{W_W}{W_S} \quad (17.24)$$

Xの単位は［kg-水/kg-乾燥固体］（＝［kg-water/kg-dry solid］）である．同じ材料の水分質量分率w_W［kg-water/kg-total］とXの間には

$$w_W = \frac{W_W}{W_W + W_S} = \frac{X}{1+X} \quad (17.25)$$

の関係がある．

体積基準の水分濃度ρ_W[kg/m^3]は，固形分の純（真）密度d_Sと水の純（真）密度d_Wを使用すると，混合による体積変化がなく，蒸発した水分の体積のみが収縮する場合は次式となる．

$$\rho_W = \frac{W_W}{V_t} = \frac{W_W}{V_W + V_S} = \frac{W_W}{W_W/d_W + W_S/d_S}$$
$$= \frac{X}{X/d_W + 1/d_S} \quad (17.26)$$

乾燥により水分重量W_Wや水分体積V_Wは減少するので，乾燥終了まで変化しない乾燥固体重量基準の含水率Xがw_Wやρ_Wよりも計算に便利である．

乾燥においては，単位時間，単位面積当たりの水分蒸発量を**乾燥速度**（drying rate）と定義する．乾燥材料の重量Wと乾燥時間tの測定値から乾燥速度J［kg-水/(m^2・s)］は次式で計算される．

$$J = \frac{W_S}{A} \cdot \left(-\frac{d\bar{X}}{dt}\right) = \frac{1}{A} \cdot \left(-\frac{dW_W}{dt}\right) \quad (17.27)$$

ここで，W_Sは乾燥固体重量，Aは乾燥（蒸発）面積，$\bar{X}$は平均含水率である．後述するように，乾燥材料内部の含水率は均一ではないので平均含水率を使用する．材料の乾燥面積Aがはっきりしないときには，次式で定義される乾燥固体単位質量当たりの乾燥速度J_V［kg-水/(kg-固体・s)］も使用される．

$$J_V = -\frac{d\bar{X}}{dt} \quad (17.28)$$

17.2.3 定率乾燥期間と減率乾燥期間

乾燥させる材料の物理的性質により乾燥機構や乾燥速度は異なる．溶液あるいはゲル状材料では水分は分子拡散により材料表面に移動して蒸発する．多孔質固体では自由水粘性流れ，蒸気拡散などにより水分が移動する．しかしながら，これらの異なる材料の乾燥挙動も図17.3に示す典型的な乾燥曲線で説明することができる．短い予熱期間の終了後に，**定率（恒率）乾燥期間**（constant-rate period）と呼ばれる乾燥速度が一定の期間に入る．定率乾燥期間は，限界含水率に到達すると終了し，乾燥速度は時間とともに遅くなる．この期間は**減率乾燥期間**（falling-rate period）といい，平衡含水率（後述）になったときに乾燥は終了する．材料温度は定率乾燥期間では一定で湿球温度を示す．減率乾燥期間では材料温度は上昇して，熱風温度へ近

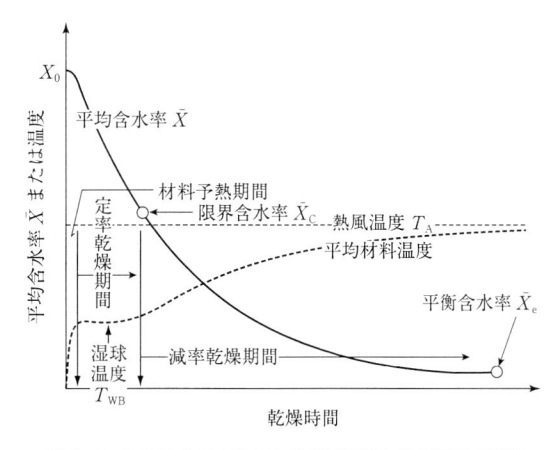

図17.3 典型的な含水率および材料温度と乾燥時間の関係

づいていく．

この典型的な乾燥曲線の乾燥機構を図17.2と同じような液滴の乾燥を例に説明する．ただし，ここでは，たとえば糖質のような固形分を含む水溶液の液滴であり，純粋な水滴ではない．以下を仮定する．

(1) 液滴内部で水分は一方向（液滴の中心から外表面に向かう半径方向）に分子拡散により移動する．
(2) 液滴内部の温度分布はない．
(3) 蒸発した水分に対応して均一に収縮する．

式 (17.11) と式 (17.12) は水溶液系でも成立するので，水の蒸発に必要なエネルギーは式 (17.13) で，熱風から液滴に入る熱エネルギーは式 (17.12) で記述できる．さらに，液滴の温度変化によるエネルギーを考慮すると，液滴の温度 T_d について以下の熱収支式が導かれる．

$$\rho C_p V \frac{dT_d}{dt} = A\{h(T_A - T_d) - j_{W,i}\Delta H_v\} \quad (17.29)$$

上式は，「液滴全体のエネルギー（温度）変化」＝「熱風からのエネルギー入力－蒸発によるエネルギー消費」という収支式である．ここで ρ は液滴の密度，C_p はその熱容量で，それぞれ固体成分と水の値の加成性を仮定して計算する．液滴は乾燥とともに収縮し体積 $V=(4/3)\pi R^3$ および乾燥面積 $A=4\pi R^2$ は減少する（R は液滴半径）．h は伝熱係数，T_A は熱風温度，$j_{W,i}$ は境界面（乾燥面）での物質移動流束（乾燥速度），ΔH_v は蒸発潜熱であり温度の関数である．

水滴の場合，式 (17.11) の $\rho'_{W,i}$ は飽和水蒸気濃度としてよいが，水溶液の場合は乾燥とともに濃度が変化するので，液滴表面の水分濃度と水蒸気濃度の関係を考慮しなければならない．水溶液の飽和水蒸気圧は水分濃度と温度の関数となる．

$$\rho'_W = f(\rho_W, T) \quad (17.30)$$

一般的には以下の形で表現される．

$$a_W = \frac{\rho'_W}{\rho'_{W,sat}} = \frac{P_W}{P_{W,sat}} = f(X, T) \quad (17.31)$$

a_W は**水分活性**（water activity）と呼ばれ，定義としては相対湿度（関係湿度）を 100 で割った値と同じである．式 (17.11) は a_W を用いて以下のように変形される．

$$j_{W,i} = k_g(\rho'_{W,i} - \rho'_{W,b}) = k_g(a_{W,i}\rho'_{W,sat} - \rho'_{W,b}) \quad (17.32)$$

a_W と含水率の関係を**水分脱着等温線**（water desorption isotherm）という．典型的な脱着等温線を図17.4に示す．含水率がある値以下で急激に a_W が 0.9 から 0 へと低下する．逆に，その含水率以上では $a_W > 0.9$ であり，水と同様に振る舞うので，17.1.7 項で説明した湿球温度と同様な状況となる．すなわち，(17.29) 式の右辺第1項と第2項が等しくなり，液滴温度は一定で湿球温度 T_{WB} となる．このときの乾燥速度 J は次式で表される．

$$J = \frac{W_S}{A} \cdot \left(-\frac{d\bar{X}}{dt}\right) = \frac{1}{A} \cdot \left(-\frac{dW}{dt}\right)$$
$$= j_{W,i} = k_g(\rho'_{W,i} - \rho'_{W,b})$$
$$= k_g(a_{W,i}\rho'_{W,sat} - \rho'_{W,b}) \quad (17.33)$$

液滴温度が一定なので，式 (17.33) 中の $\rho'_{W,i} = a_{W,i} \times \rho'_{W,sat}$ は一定値となり乾燥速度 J が一定となる．この乾燥期間は定率（恒率）乾燥期間と呼ばれる．式(17.33) と式 (17.11) を比較すると，$0.9 < a_{W,i} < 1.0$ なので定率乾燥速度 J は同じ条件における水滴の乾燥速度とほぼ同じである．水滴の蒸発と異なり，水溶液の場合は水分蒸発とともに固形分濃度が増加し（含水率が減少し），水の拡散係数が急激に減少する（式 (17.35) 参照）．このため，液滴内部において表面への水分の分子拡散による移動が遅くなるので，表面の含水率が低下する．その結果，図17.4 の $a_W < 0.9$ の領域に移る．この定率乾燥期間が終了したときの含水率を**限界含水率**（critical water content）という．ただし，限界含水率は乾燥条件によって異なり一定値ではない．たとえば，風速を非常に小さくすると限界含水率は低くなる．なお，限界含水率も平均含水率であることに注意する必要がある．実際には，乾燥表面の含水率が低下したときに定率乾燥期間が終了する．

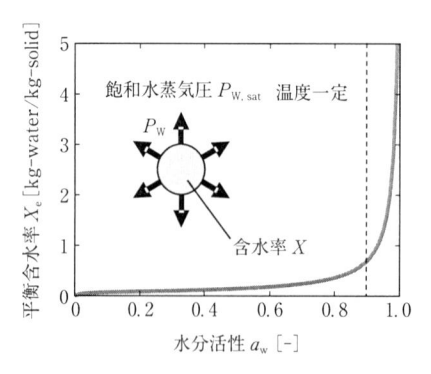

図 17.4 脱着等温線
食品材料の水蒸気圧 P_W が含水率 X とともに低下することを表す．$a_W < 0.9$ で X は急激に低下する．一方，$X > 0.5$ では $a_W > 0.9$ なのでほぼ普通の水として振る舞う．すなわち，$P_W \approx P_{W,sat}$ である．

限界含水率以降は液滴内部における分子拡散による水分移動が支配的となり，乾燥速度は急激に低下していく．この領域を減率乾燥期間という．この期間では熱風からのエネルギーは乾燥材料の温度上昇にも利用される．式（17.29）で右辺の第2項が小さくなり，第1項が支配的となる．乾燥材料の含水率が熱風の水蒸気濃度に平衡な値（**平衡含水率**, equilibrium water content）となったとき，これ以上乾燥は進行しない．なお，多くの乾燥操作では平衡含水率まで乾燥することは少なく，乾燥終了時の含水率が製品の含水率となる．その値をどのように決めるのかは次節で説明する．

以上の乾燥挙動を乾燥速度と平均含水率の関係で表すと図17.5のようになる．減率乾燥期間の乾燥速度と含水率の関係を予測することは困難であり，(a)のような形状なのか(b)のような形状であるかを事前に推定するのは難しく，実測しなければならない．乾燥速度が含水率の関数としてわかれば乾燥時間は式（17.27）の積分形である次式で計算できる．

$$t = \frac{W_S}{A}\int_{\bar{X}}^{X_0}\frac{d\bar{X}}{J} \quad (17.34)$$

減率乾燥期間では内部での水の拡散が支配的であると考え単純な拡散モデルで記述することが多い．しかしながら，含水率が低下すると拡散係数も急激に低下するので，拡散係数を一定とした解析結果を利用する

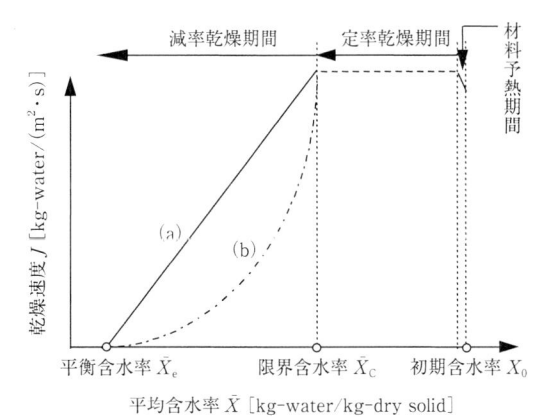

図17.5 乾燥特性曲線

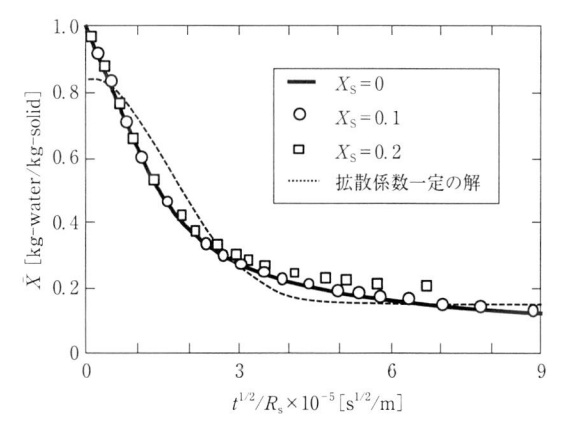

図17.7 等温乾燥曲線（平均含水率と規格化した乾燥時間の関係）

R_s は絶乾半径．図17.6の拡散係数を使用した数値計算による結果．シンボル（○，□）は計算値．図中の点線は拡散係数を一定としてフィッティングした結果である．実験結果を良好に記述することは難しいことがわかる．X_S は表面含水率．

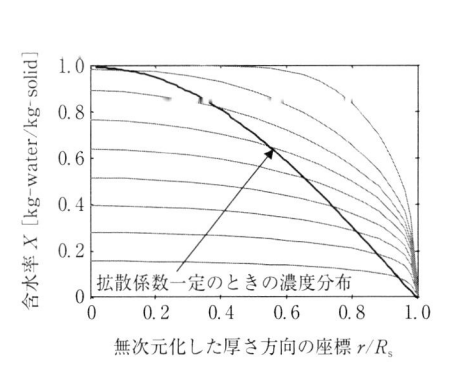

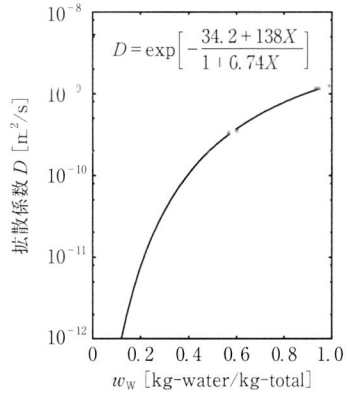

図17.6 含水率分布と拡散係数の濃度依存性

左図中の曲線は乾燥の進行に伴う材料内部の水分濃度（含水率）を表す．横軸の値1が乾燥表面，0が中心である．乾燥に伴い収縮するので，絶乾状態での半径 R_s に対して規格化して表示した．右図のように拡散係数が水分濃度の低下とともに急激に減少するので，表面に鋭い濃度分布が形成される．比較のために，拡散係数が一定の場合で中心における含水率が1になったときの濃度分布を太線で示す．比較的緩やかな濃度分布である．

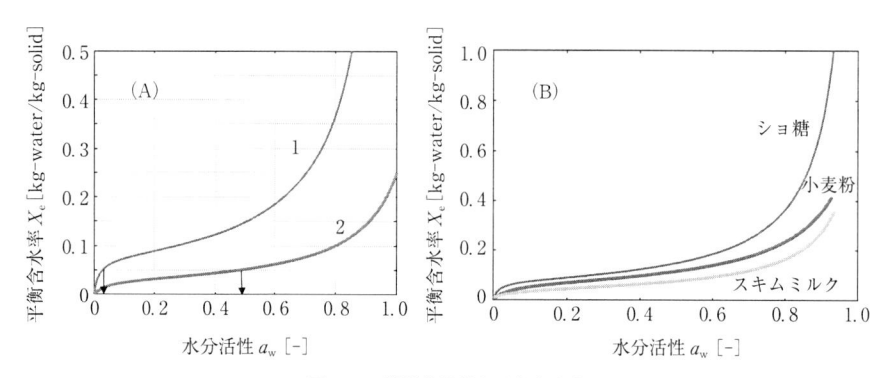

図17.8 脱着等温線と平衡含水率
横軸のa_wはRH/100と同じ値である．右図（B）は実際の食品の25℃のデータである．

ことができない．図17.6に示す拡散係数の水分濃度依存性は式（17.35）で表される．この拡散係数を使用して等温乾燥過程における含水率分布と乾燥挙動を計算した結果をそれぞれ図17.6と図17.7に示す．

$$D = \exp\left(-\frac{34.2 + 138X}{1 + 6.74X}\right) \tag{17.35}$$

図17.6をみると，拡散係数の濃度依存性のため含水率分布は表面で鋭く変化している．比較のために拡散係数一定のときの濃度分布も図中に示したが，極端に表面に偏った含水率分布にはならない．鋭い含水率分布は乾燥直後に表面近傍に乾いた薄い層（膜といってもよい）が形成されることを意味する．

図17.7の横軸$\sqrt{t}/R_s$は絶乾状態での液滴の半径（すなわち完全に水分が除去されたときの半径）で規格化された乾燥時間である．乾燥時間とともに乾燥速度が遅くなるのは，拡散係数が含水率の減少とともに急激に低下するためである．乾燥が非常に遅いため含水率が一定になったようにみえ，この含水率を平衡含水率と表現されることがあるが，熱風の湿度に対して平衡な値ではないので厳密には平衡含水率ではない．一方，表面含水率$X_s = 0.1$の計算線は平衡含水率$X_e = 0.1$に対する計算結果である．$X_s = 0$とほとんど同じ曲線となっているが，濃度分布では表面濃度が0.1になっており異なる乾燥機構である．次節で述べるように熱風湿度が高いと平衡含水率は高くなるが，このような水分濃度依存性を有する拡散係数の場合は，乾燥速度はほとんど変わらないことになる．表面が乾燥しすぎると品質に悪影響がある食品の場合では，多少湿度を上げることにより表面含水率を高い状態に維持しながら乾燥速度は落とさずに乾燥することが可能である．

17.2.4 平衡含水率

平衡含水率は熱風の水蒸気濃度と乾燥材料の性質により決まることを述べた．乾燥材料を一定湿度と一定温度の雰囲気におくと，含水率はある一定値となる．このときの含水率を平衡含水率という．横軸に相対湿度，縦軸に平衡含水率をとりプロットすると図17.8のような曲線が得られる．これを水分脱着等温線という（第16, 18章参照）．

横軸のa_wをRH/100と読み替えることにより平衡含水率X_eを算出できる．乾燥により$X_e = 0.05$としたいときは2の脱着等温線では熱風の相対湿度が約50％でよいのに対して，1の脱着等温線では，3％程度にしなければならない．逆に熱風の相対湿度に対してX_eを求めることもできる．脱着等温線の1と2を比べると，1が吸湿性の高い材料となる．また，同じ材料でも脱着等温線は温度により変化し，温度を上昇すると一般に1から2へと変化する．すなわち，ある相対湿度に対する平衡含水率が下がる．このことも高温で乾燥する利点である．また，保存安定性のところ（17.3.2項）でも述べるが，保存時の吸着等温線は常温付近のため，吸湿性が高い材料の場合は低い湿度で保存する必要がある．ここでは，乾燥を目的としているので含水率が高い材料から水分が蒸発して低い平衡含水率へ向かう測定を想定している．乾燥材料に吸湿させることで得られるデータを吸着等温線という．両方をあわせて収着等温線ということもある．乾燥後の製品の保存状態と安定性を考えるうえで吸着等温線も脱着等温線と同様に重要である．一般に食品の吸着等温線と脱着等温線は一致せず，ヒステリシスが存在する．また，食品材料が**結晶質**（crystalline structure）か**非晶質**（amorphous structure）であるかによって

も等温線は大きく変化する.

【例題 17.3】 例題 17.2 の空気条件における定率乾燥速度を計算せよ. ただし, 物質移動係数 $k_g = 0.05$ m/s とする.
〈解〉乾燥する物質は, ほぼ湿球温度をとるので, $\rho'_{w,i}$ は 25℃ の値を計算する.

$$\rho'_{w,i} = P_W M_W / RT = 3167 \times 18 / (8314 \times 298) = 0.023$$

乾燥空気中の水分濃度 $\rho'_{w,b}$ を求める.

$$P_{W,b} = \frac{P_t}{1 + (M_W/M_A)/Y_b}$$
$$= \frac{101330}{1 + 0.622/0.01812} = 2868$$

これを式 (17.16) に代入すると,

$$\rho'_{w,b} = \frac{P_{W,b} M_W}{RT} = \frac{2868 \times 18}{8314 \times 303} = 0.020$$

したがって, 式 (17.33) より定率乾燥速度は以下のように求められる.

$$j_{w,i} = k_g(\rho'_{w,i} - \rho'_{w,b}) = 0.05(0.023 - 0.020)$$
$$= 1.5 \times 10^{-4} \text{ kg/(m}^2 \cdot \text{s)} \quad 〈完〉$$

17.3

乾燥機構と品質・保存安定性の関係 (第 26 回)

【キーワード】 保存安定性, ガラス転移, ガラス状態, ゴム状態, 水和水, 過飽和溶液, 散逸, 変性, 失活

食品加工技術としての「乾燥」は脱水と同時に安定化を達成することが目的である. また食品において品質は重要であるので, 本節では乾燥がどのように品質および保存安定性に影響するかを学習する.

17.3.1 安定性と含水率

乾燥により食品の保存安定性が飛躍的に向上する理由は水分活性 a_w で説明される. すでに述べたように食品の含水率と a_w の関係は図 17.4 や図 17.8 のような形状となる (第 16, 18 章参照). ここでは, さらに詳細な情報を加えて図 17.9 にショ糖のデータを例として示す. 食品の**保存安定性** (storage stability) の目安 (評価変数) として a_w は広く利用されており, 水分脱着等温線は有用な情報を与えてくれる. 図 17.9 で示すように水分脱着等温線は A, B, C という三つの領域に分けて考えることができる. 領域 A における水分は非常に強く固体に束縛されており, この領域では食品は非常に安定である. 領域 B では, 水と固体の相互作用は少し弱くなるものの, 依然として安定な領域である. ここでは, また膨潤 (溶解) もかなり顕著となる. 領域 C の水は, 場合によっては通常の水と同様の挙動をすることもあり, また水の活動度が高くなるため, 食品の保存安定性はかなり悪くなる. 溶解度が高いとき, この領域では濃厚溶液となる.

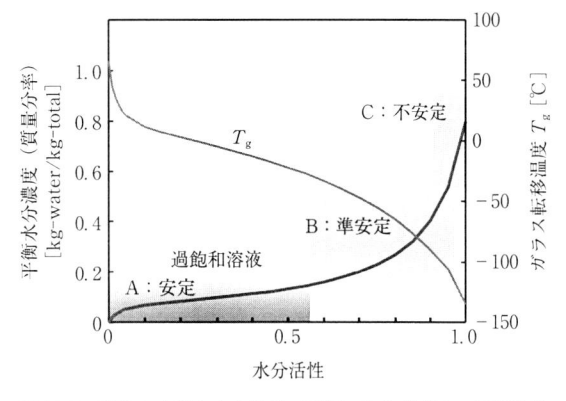

図 17.9 平衡含水率と水分活性 (30℃) およびガラス転移温度の関係 (ショ糖)

表 17.3 乾燥により製造された食品の含水率

	X	$w_w \times 100$ [%]
小麦粉	0.15～0.16	13～14
乾燥めん	0.15～0.16	13～14
（そうめん, うどん, パスタ）		
鰹節	0.10～0.17	10～15
デンプン	0.14～0.22	12～18
インスタントコーヒー	0.04	4
インスタント日本茶	0.03～0.06	3～6
インスタントスープ	0.03～0.06	3～6
スキムミルク	0.04	4
ゼラチンパウダー	0.11～0.15	10～13

X[kg-水/kg-固体], w_w[kg-水/(kg-水+kg-固体)]

ガラス転移 (glass transition) は, 水分活性と同様に, 安定性の重要な指標となる. ガラス転移温度 T_g は水分に強く依存し, 水分濃度が増加すると可塑化し T_g が低下する. **ガラス状態** (glass state) では, ほとんどの劣化反応が事実上停止しているが, **ゴム状態** (rubbery state) になると劣化反応が進行しはじめる (水分活性とガラス転移の詳細は第 18 章を参照).

熱風乾燥において, 速やかに水分活性を低下させ同時にガラス状態にすることにより安定な製品ができる. 多くの乾燥食品は絶乾状態 (含水率が 0 の状態) ではない. 前述したように, 低含水率では乾燥速度が著しく遅くなるので絶乾まで乾燥するためには高温で時間をかけなければならず, その結果, 品質低下を引き起こす. また, 乾燥食品は復水 (復元) して使用する場合が多いので, 水分を完全に除去する必要がない. 実際の乾燥操作では, 平衡含水率まで乾燥することはなく, 乾燥終了時の含水率が製品含水率となる. では, この値はどのようにして決めるのであろうか. 一つは水分活性である. この場合は, 図 17.8 で説明したよ

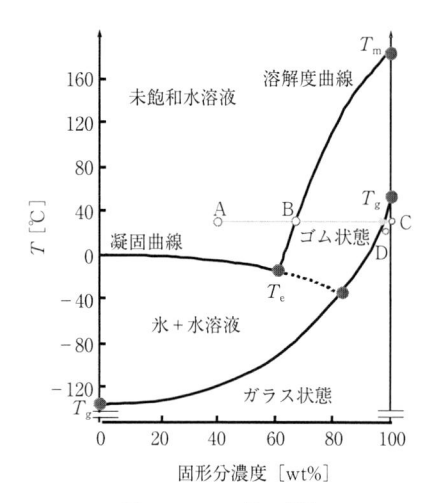

図 17.10 ショ糖の相図

うに，目標とする水分活性 a_w に対応する含水率付近を最終含水率に設定する．もう一つはガラス状態である．ガラス状態は安定であり，粉粒体の場合は粒子間の相互作用も小さく「さらさら」した状態となる．最終含水率が高いと，乾燥製品が冷却されて吸着等温線が図 17.8 の 2 から 1 へと遷移した場合，雰囲気の湿度により吸湿し，粒子どうしが接着し固まるケーキングという現象が起きる．

表 17.3 は乾燥により製造された典型的な食品の含水率をまとめたものである．身のまわりにある食品の中で砂糖（sucrose）や食塩（NaCl）は晶析により製造されているので，含水率はほぼ 0 である．同じように晶析で製造された糖や塩では結晶状態で**水和水**（hydrated water）を含むものがあり，これらの含水率は 0 ではないが，やはり安定である．「さらさら」としている小麦粉や乾いているという感触の乾めんは，かなり高い含水率である．医薬品のゼラチンカプセルも調理用のゼラチンパウダーとほぼ同程度の含水率であり，かなり高い．

以上の説明では，溶液は乾燥の進行とともに濃厚溶液となり，さらに飽和濃度を超えた**過飽和溶液**（supersaturated solution）へと状態が変化すると考えている．また，条件によってはガラス状態で乾燥が終了する．相の状態に着目した乾燥の進行過程を図 17.10 で考えてみる．30℃で除湿された熱風により固形分濃度 40%（$X_0 = 1.5$）のショ糖溶液（図 17.10 の点 A）を乾燥すると，ほとんど定率乾燥期間は存在せず，拡散支配の減率乾燥期間となる．したがって，温度はほぼ 30℃に近い等温条件で進行する．実際には，はじめに表面含水率が減少するが，ショ糖の飽和濃度 69%（$X = 0.45$）（図 17.10 の点 B）を通過しても析出は起こらず過飽和溶液が形成される．表面含水率がほぼ 0 になり，図 17.6 に示したような鋭い含水率分布が表面に形成され，乾燥が進行していく．この時点で，表面近傍はすでにガラス状態となる（図 17.10 の点 C）．さらに乾燥が進行していき $X < 0.1$ になると，ほぼ全体がガラス状態になる．この時点で乾燥を終了して常温（20℃近傍）に戻すと，完全なガラス状態の乾燥製品となる（図 17.10 の点 D）．一方，空気温度 T_A が $T_A \gg T_g$ のような高温で乾燥すると表面がガラス状態にならず，噴霧乾燥のような小粒子での乾燥ではケーキングが生じてしまう．

複合系の食品や野菜・果実などのガラス転移をどのように取り扱うかは難解であるが，温度と含水率により大きく影響を受けることを理解しておくことは必要である．ショ糖の例では含水率 X が 0 から 0.05 になるだけで T_g は数十℃低下する．

容易に結晶化する結晶性材料（たとえば NaCl）を単独で乾燥すると，飽和濃度に達した瞬間に表面に結晶（固相）が析出する．しかし，このような材料も過飽和溶液を形成する成分中に存在すると必ずしも析出しない．

17.3.2 乾燥条件と品質変化および保存安定性

乾燥過程には定率乾燥期間と減率乾燥期間があり，それぞれがどのような条件で成立するかについて説明した．乾燥中の品質変化に着目して，それぞれの期間で何が起きるか考える．ここでは二つの品質を考える．一つは揮発性の低分子（いわゆる香り成分）の**散逸**（loss），もう一つは熱に弱い物質（酵素やタンパク質）の**変性**（denaturation）と**失活**（deactivation）である．

揮発性の低分子を含む溶液を加熱すると，蒸留と同様に低沸点成分である揮発性低分子は散逸する．定率乾燥期間では温度が一定なので一定速度で散逸する．17.2.3 項で説明したように表面水分濃度が減少し定率乾燥期間が終了すると，表面には鋭い含水率分布が形成され見かけ上，膜のように振る舞う．この膜内では水分の拡散による移動も遅いが，水分子より大きい揮発性分子はほとんど透過できないほど遅くなる．したがって，定率乾燥期間が終了したときには揮発性分子が閉じ込められると考えてよい．初期固形分濃度を高くする，または図 17.11 に示すように拡散係数の小

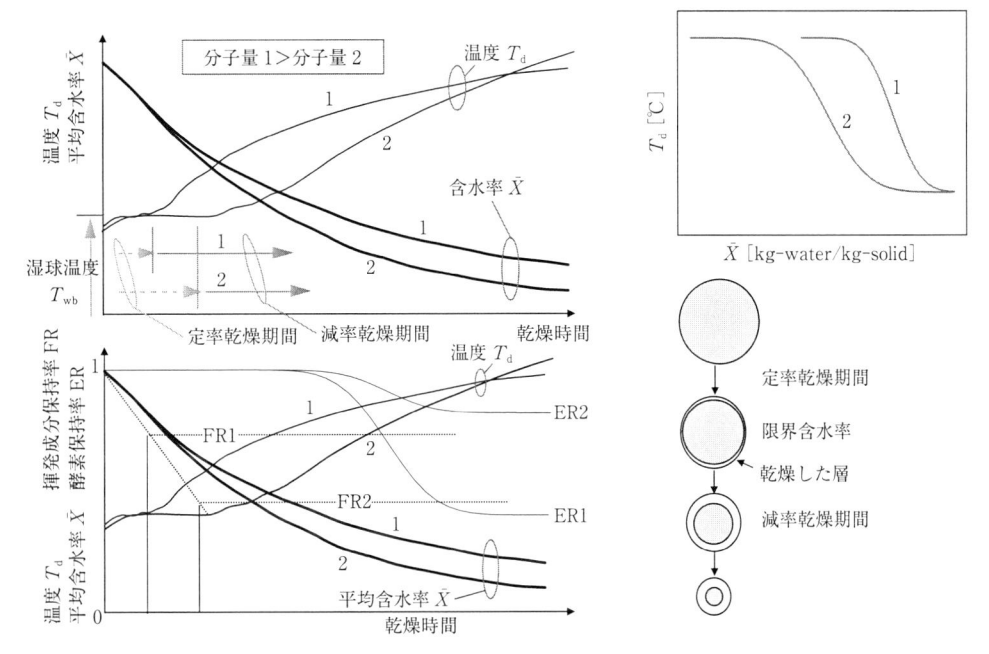

図 17.11 固形分の分子量が異なる溶液の乾燥挙動と揮発成分の保持率 FR と酵素活性の保持率 ER の関係
右下図は液滴の乾燥模式図．右上図は温度と平均含水率の関係．

さい（すなわち分子量の大きい）溶質を使用することにより定率乾燥期間を短くすると，高い揮発性成分保持率が期待できる．減率期間と比較して，乾燥材料の寸法（液滴半径または平板状材料の厚さ）は定率乾燥期間の長さにそれほど大きく影響されない．

定率乾燥期間では試料の温度は湿球温度となるので，熱風温度が高くても乾燥材料温度は低い．したがって，熱に弱い物質の変性，失活は定率乾燥期間が終了した後の減率期間で生じる．熱失活速度定数は温度と含水率の両方に強く依存する．低含水率での安定化は水分活性が低い領域での安定性とガラス状態による安定化の両方が寄与する．変性の速度定数がわからないと失活または変性の程度を定量的に推定することは難しいが，乾燥条件でどのように変化するかを定性的に予測することは可能である．たとえば，図 17.11 の 2 種類の乾燥曲線があった場合，平均含水率と温度の履歴をみると 1 の曲線は高含水率で高い温度にさらされるので変性の度合いが高い．また，乾燥時間も重要な因子であるので，たとえば図 17.7 の規格化した乾燥時間 $\sqrt{t}/R_s$ で考えると，同じ含水率に到達する時間は初期液滴半径（平板状の場合は厚さ）の二乗に反比例するので，失活反応が一次反応（$\ln X_E = -k_d t$）で記述されるならば，ある含水率における活性の保持率

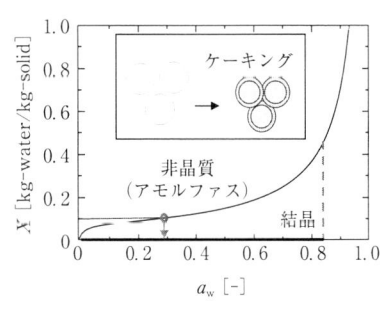

図 17.12 結晶とアモルファス状態の脱着等温線

X_E は以下の関係となり，初期半径または厚さを小さくすることにより劇的に保持率が増加することがわかる．

$$\ln X_E \propto -R_s^2 \qquad (17.36)$$

なお，溶液中の成分による安定化効果も重要である．

17.3.3 乾燥中あるいは乾燥後の相変化

液状食品では表面に乾いた層を速やかに形成すると揮発成分が保持できる．一方，パスタやうどん，そうめんなどでは表面が乾き過ぎるとひび割れを起こし好ましくない．そのため比較的高湿度でゆっくりと乾燥される．熱風温度も 60〜90℃ 程度である．伝統的な「そうめん」は冬季，屋外で乾燥されるが，これも緩慢な乾燥速度が理由の一つである．

小麦粉やパスタ類の脱着等温線はショ糖に比べると

平衡含水率が低く（図17.8(B))，高湿度でも乾燥が可能である．また，ショ糖のような糖質に比較すると水分移動速度が速く（拡散係数が大きい)，目的製品の水分量が15%［w/w］程度と高いので低温高湿度でも乾燥が可能である．小麦ドウから乾燥用に成型しためんまたはパスタは溶液ではなく半固体であるが，微細な気泡を含んでおり，このことも乾燥速度が高い理由の一つである．一方，低温高湿度でショ糖溶液を15%［w/w］まで乾燥することは困難である．

多くの糖類は乾燥により過飽和溶液を形成すること，単独の塩では飽和濃度を超えると結晶が析出することを述べた．しかし，過飽和溶液を形成して乾燥した糖粉末も保存中に結晶化することがある．その場合は結晶としての水和水以上の水を保持できないので粉末中に水分が放出され含水率が上昇する．これが，**ケーキング**（caking）が生じる原理である（図17.12)．たとえば，牛乳ホエイ中の乳糖（lactose）が結晶化して，このような現象を引き起こすことはよく知られている．図17.12中の挿入図はケーキングの模式図である．保存中に非晶質（アモルファス，amorphous）から結晶（crystalline）へ構造が変わると水分を放出し，表面付近では，それが引き金となり，さらに吸湿して付近の粒子表面と結着して大きな粒子を形成する．たとえば，$X=0.1$程度で保存していたものが結晶化すると，ほぼ$X=0$なので，この含水率差に対応する水分が放出される．

以上のように，食品の乾燥において表面物性は製品の品質にとって重要であり，乾燥条件で制御することができるので，乾燥機構（乾燥速度，脱着等温線など）をよく理解して操作することが必要である．

17.3.4 前処理と後処理

噴霧乾燥では，乾燥粉末粒子どうしを凝集させて大きくする操作（造粒という）が行われる．これにより，製品の溶解性が向上する．また，数種の粉を原料として混合し，水分を添加して乾燥造粒する製品もある．このような乾燥は含水率がごく低い，あるいは表面のみが湿った状態の固体の乾燥と考えることができる．

農産物の乾燥では，ブランチングにより不必要な酵素を失活させ，乾燥時の変色・変質を防止することが行われる．ブランチングには加熱によるものや，糖溶液あるいは酸溶液に浸漬するものがある．これらの前処理が乾燥速度に影響を与えることもある．また，糖溶液では浸透圧脱水により，含水率が低下する．

17.3.5 多孔質材料の乾燥と凍結乾燥

主として液状食品を対象として乾燥機構を説明した．この場合は乾燥とともに蒸発水分に対応した収縮を仮定する（完全収縮)．細胞組織をもつ材料（野菜，果物，肉など）や半固体材料（めん，パスタ）では完全収縮をしないので，結果として内部には細孔が形成され，水蒸気の拡散移動も存在する．しかしながら，この場合も定率乾燥と減率乾燥の考え方で整理できる．また，有効拡散係数を用いた拡散モデルで記述することも多い．

凍結乾燥では乾燥製品は多孔質となる．はじめに凍結した水が昇華する昇華面後退期間では乾燥速度はほぼ一定となる．その後，固体中に含まれる水分が表面へ移動し蒸発するが，この期間は熱風乾燥の減率乾燥期間と同様な機構である．凍結乾燥においてはガラス状態を保つことが重要である（第18章参照)．

演 習

17.1 ①乾球温度30℃，湿球温度22℃ および②乾球温度10℃，湿球温度6℃のとき，関係湿度と絶対湿度を求めよ．

17.2 27℃で相対湿度が50%の空気の絶対湿度を求めよ．また，この空気を50℃に加熱したときの湿球温度を計算せよ．

17.3 直径8cm，厚さ2mmの円盤上容器で液状食品を乾燥する．相対湿度30%，30℃の熱風で乾燥させたときの重量Wと時間tの関係は以下のようになった．この結果から含水率と乾燥時間のグラフを作成せよ．乾燥蒸発は片面からのみとする．絶乾重量$W_s = 2$gであった．

t [min]	0	5	10	15	20
W [g]	10	9.4	8.8	8.25	7.75
t [min]	25	30	40	60	80
W [g]	7.315	6.930	6.285	5.347	4.713
t [min]	100	120	140	160	200
W [g]	4.264	3.935	3.685	3.491	3.212
t [min]	240	300	360	420	500
W [g]	3.024	2.838	2.717	2.632	2.553

17.4 演習17.3の結果から乾燥速度$(1/A)(-dW/dt)$ [kg/m^{2}s]を平均含水率$\bar{X}$に対してプロットせよ．乾燥初期のデータから定率乾燥速度も求めよ．

17.5 演習17.4の結果から，平均含水率$\bar{X}=0.3$になる乾燥時間を厚さ1.2mmの試料に対して推算せよ．ヒント：低含水率では乾燥速度が著しく遅くなり材料内部拡散支配となるので，図17.7のプロットが成立する．

17.6 乾燥材料AとBの30℃の脱着等温線は，いずれも以下のGAB式で表されるとする．相対湿度70%，30℃の熱風で乾燥させるとき，AとBの含水率Xが0.1以下まで乾燥できるかどうか計算せよ．

GAB 式
$$X = \frac{W_m C K a_w}{(1-Ka_w)(1-Ka_w+CKa_w)}$$
A: $W_m = 0.075$, $C = 60$, $K = 0.99$,
B: $W_m = 0.030$, $C = 30$, $K = 0.88$

17.7 演習 17.6 で $X < 0.1$ にするための熱風の絶対湿度を求めよ.

17.8 初期含水率 $X_0 = 5$ の溶液を比較的緩慢な条件で乾燥する. 物質移動係数 $k_g = 0.01$ m/s で定率乾燥が進行するとする. 溶液は初期厚さが 5 mm の平板状で, 温度 30℃, 関係湿度 70% の空気で表面から乾燥するとして, 平均含水率 $\bar{X} = 1$ になる時間を求めよ. 水の密度は 1000 kg/m³, 固形分の密度は 1500 kg/m³ とする.

17.9 演習 17.8 で平均含水率 $\bar{X} = 1$ になったときの, 試料厚さを求めよ.

第18章
保 存
(第27回)

[Q-18] 食品を乾燥して保存する際に，どの程度まで含水率を下げるのですか？ 含水率が低いほど食品の保存性はよくなるのですか？

解決の指針

水は食品の保存性に大きな影響を及ぼす．乾燥により含水率を低下させると微生物による腐敗を防げることはよく知られている．しかし，比較的含水率が高くても食品中の水が微生物にとって利用しにくい状態であれば腐敗を抑えられる．また，乾燥し過ぎると食品は酸化反応を受けやすくなる．食品をどこまで乾燥するかを定量的に決定するには，含水率のみでなく，食品中の水の状態も考慮しなければならない．18.2節では，食品中の水の状態を表す指標である水分活性および水分収着等温線の概念について解説する．18.3節では，食品の保存性や物性挙動の変化を系統的に理解できる概念として近年，食品科学・工学分野で着目されているガラス転移の概念とそれに対する水の役割について述べる．

【キーワード】 反応速度定数，吸着，収着，水分活性，単分子層吸着水，水分収着等温線，中間水分食品，ガラス，ラバー，ミクロブラウン運動，可塑剤，ガラス転移，状態図

食品は多成分系であるので，輸送・保存中に微生物による腐敗や反応による劣化が起こりうる．そこで，食品が劣化しないように保存する試みは，古来よりさまざまな方法で行われてきた．それには，防腐剤を添加する化学的方法もあるが，食品工学的には温度と含水率を低下させる方法が重要であり，前者には冷蔵および凍結操作，後者には乾燥・脱水操作がある．本章では，食品保存の際に必要な温度や含水率を決定するための理論について概説する．

18.1

食品の保存性と温度

食品は保存中にさまざまな劣化反応が起こる．物理化学的に考えれば，温度が高いほど反応速度は大きくなり，低温では微生物の増殖や代謝反応（酵素反応）速度が低下して抑制される．したがって，冷蔵によるデンプンの老化などの例外を除いて，低温ほど食品の保存性がよい．しかし，食品は多成分系であるため，反応速度と温度の関係を物理化学的な反応速度論によって定量的に議論することは，モデル系を除くと難しいので，ここでは半定量的な解釈について説明する．

反応速度を決定するパラメータである**反応速度定数**（reaction rate constant）k は，**活性化エネルギー**（activation energy）E [J/mol] と次のように関係づけられる．

$$k = A \exp\left(-\frac{E}{RT}\right) \quad (18.1)$$

ここで，A は**頻度因子**（frequency factor，前指数因子（pre-exponential factor）ともいう），R は気体定数，T は絶対温度である．高温ほど k は大きいが，定性的には，温度が高いほど，反応の活性化エネルギー E 以上の運動エネルギーをもつ分子の割合が増加するので反応速度が大きくなると解釈できる．k を含む速度式には，式（18.2）の n 次反応速度式，脂質の酸化反応の解析に有効な式（18.3）で示される自己触媒型の反応速度式などのさまざまな式がある．

$$\frac{dC}{dt} = -kC^n \quad (18.2)$$

$$\frac{dY}{dt} = -kY(1-Y) \quad (18.3)$$

ここで，C は反応物の濃度，Y は未反応の反応物質の割合である．いずれも k が大きいほど反応速度は大きい．式（18.2）で $n=1$，すなわち一次反応（たとえば，水溶性ビタミンの加熱分解など）では反応の半減期 $t_{1/2}$ は

$$t_{1/2} = \frac{\ln 2}{k} = \frac{0.693}{k} \quad (18.4)$$

と表され，k に反比例する．反応の活性化エネルギーが 10^2 kJ/mol 程度なら，温度が 10°C 上がると反応速度が数倍になる．

18.2 食品の水分活性と保存性

18.2.1 食品の吸湿と水分活性

食品に加水または加湿を行うとき，物質の表面に分子がつく**吸着**（adsorption）と物質内部に分子が入り込む**吸収**（absorption）を合わせた概念として**収着**（sorption）という用語をよく用いる．食品が水分を収着すると，**含水率**（水分含量，moisture content）が増加するが，同時に平衡水蒸気圧も増加する．ある温度における食品の平衡水蒸気圧を P [Pa]，純水の平衡蒸気圧を P_0 としたとき，

$$a_w = \frac{P}{P_0} \tag{18.5}$$

を食品科学・工学分野では，食品の**水分活性**（water activity）という．熱力学的に，a_w は文字通り水の活動度（活量，activity）であり，後述のように食品の保存性と密接に関連しており，食品科学・工学ではきわめて重要な概念である．溶質が不揮発性で水-溶質間の相互作用が無視できるとき，**理想溶液**（ideal solution：水-溶質間の相互作用がない溶液）に関する Raoult（ラウール）の法則から，以下のように，a_w は水のモル分率 x_w に等しい．

$$a_w = \frac{P}{P_0} = \frac{N}{N+n} = x_w \tag{18.6}$$

ここで，N は水のモル数，n は溶質のモル数である．実際の食品では，式（18.6）は厳密には成り立たないが，水分活性を低下させるために，乾燥・脱水によりどの程度含水率を低下させるべきか，糖や食塩などの溶質をどの程度添加すべきか，などを半定量的に予想する場合に便利である．

【例題 18.1】 1 kg の水に 0.1 mol，1.0 mol または 5.0 mol のショ糖（$C_{12}H_{22}O_{11}$）を溶解した溶液の水分活性 a_w の実測値は，それぞれ 0.998，0.981，0.878 である．式（18.6）を用いて計算されるそれぞれの溶液の a_w の値はいくらか．原子量は，$C = 12.0$，$H = 1.0$，$O = 16.0$ とする．
〈解〉 水の分子量は 18.0 であるので，水 1 kg は，1000/18.0 = 55.6 mol である．したがって，式（18.6）から，0.1 mol のショ糖の場合には，$a_w = 55.6/(55.6+0.1) = 0.998$ である．同様に，1.0 mol と 5.0 mol のショ糖ではそれぞれ，$a_w = 55.6/(55.6+1.0) = 0.982$ と $a_w = 55.6/(55.6+5.0) = 0.917$ であり，ショ糖濃度が高いほど，計算値と実測値の差が大きい．これは，式（18.6）は水-溶質分子間相互作用がない理想溶液に対する理論式であるが，溶質濃度が高くなると分子間相互作用が無視できなくなるためと考えられる． 〈完〉

18.2.2 水分収着等温線と食品の保存性

一定温度における試料の水分活性 a_w に対して含水率 X をプロットした曲線を**水分収着等温線**（water sorption isotherm）という．含水率 X は，乾量基準（単位は kg-water/kg-dry matter）のものを使うことが多い．これは単位質量当たりの固体が保持する水を考えたほうが，固体と水との相互作用を考えるうえで便利であるからである．

【例題 18.2】 1 kg の水に 0.1 mol，1.0 mol または 5.0 mol のショ糖を溶かした溶液の含水率は，溶液基準（kg-water/kg-solution）と乾量基準（[kg-water/kg-dry matter]）でそれぞれいくらか．
〈解〉 ショ糖の分子量は 342 であるので，0.1 mol のショ糖の場合には，溶液基準の含水率は，1000/[1000+(342)(0.1)] = 0.967 kg-water/kg-solution であり，乾量基準の含水率は 1000/(342)(0.1) = 29.24 kg-water/kg-dry matter である．同様に，ショ糖 1.0 mol の場合は，溶液基準の含水率は 0.745 kg-water/kg-solution，乾量基準の含水率は 2.92 kg-water/kg-dry matter で，ショ糖 5.0 mol の場合は，溶液基準の含水率は 0.369 [kg-water/kg-solution]，乾量基準の含水率は 0.585 kg-water/kg-dry matter である． 〈完〉

このように，含水率といっても，溶液基準か乾量基準かで値はまったく異なるので注意を要する．また，この例題と例題 18.1 を比較すると，ショ糖水溶液の場合，含水率 0.745 kg-water/kg-solution 程度（ショ糖の質量パーセント濃度で約 25%）までは，式（18.6）の計算値が実測値とかなり一致することがわかる．

多くの食品の水分収着等温線は，図 18.1 に示すような逆 S 字型の形状をとる．領域 A の水は**単分子層吸着水**（monolayer adsorption moisture）として強く吸着されている．領域 B の水は固体と弱く結合しており，領域 C では固体と水との相互作用がほとんどない．単分子層吸着水（領域 A の水）は，微生物には利用できないだけでなく，酵素反応や褐変反応などの媒体にもなりにくい．したがって，含水率 X_1 まで乾燥すれば，微生物による腐敗のほか，食品の劣化反応の多くが抑制できる．水分収着等温線と食品中の諸変化とのおおまかな関係を図 18.2 に示す．細菌は a_w が 0.90 以下，酵母は 0.85 以下，カビは 0.80 以下で生育できない．しかし，単分子層吸着以下の含水率では食品は酸化反応を受けやすくなるので，油脂の

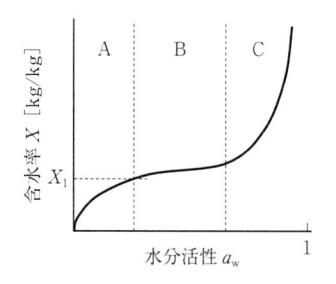

図 18.1 典型的な食品の水分収着等温線（w_1：単分子吸着時の含水率）

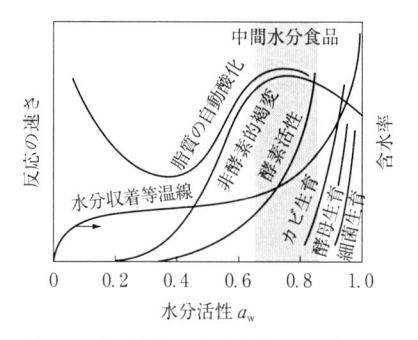

図 18.2 水分活性の化学変化，微生物変化，酵素反応に対する影響

酸化による劣化などを考慮すると，食品がちょうど単分子層の水によって被覆されるまで乾燥すれば保存性がよいことになる．粉乳などの粉状の食品には X_1 の含水率近くまで乾燥したものがいくつかみられる．また，非酵素的褐変はタンパク質と糖を含む食品を加温する際にみられるアミノカルボニル反応（Maillard（メイラード）反応）に起因するが，a_w が高いほど速く進む．ただし，水が多すぎると，反応物質が希釈されるので反応速度は低下する．**中間水分食品**（intermediate moisture food）は，ジャムや塩辛のように，水分活性を 0.7〜0.8 程度にして，微生物に対する保存性を向上させた食品であるが，非酵素的褐変反応は抑制できない．

18.3 非晶質食品のガラス転移と保存性

18.3.1 非晶質物質とガラス転移

1990 年代のはじめ頃から，**ガラス転移**（glass transition）は食品の製造や保存過程におけるさまざまな現象を統一的に説明できる概念として着目されてきた．物質には，原子，イオン，分子などが規則正しく配列した**結晶**（crystal）と，不規則に配列した**非晶質**（アモルファス，amorphous）がある．**ガラス**（glass）とは，簡単にいえば，非晶質の固体である．ガラス状食品は，キャンディー，クッキー，乾燥したパスタ，シリアル，多くの粉体食品などと数多くある．それらのガラスの多くは，溶融状態（ラバー，rubber）にある物質を急冷させ，分子が秩序構造をとらないまま固体化させる（ガラスの古典的定義）ことにより調製される．熱風中に液体を噴霧して急速に乾燥する噴霧乾燥も，ガラス状食品を製造する操作の一例である．

結晶とガラスでは，同一の分子でも物理的性質は異なる．たとえば，ガラスは結晶と比べると吸湿性が高い．これは，ガラスが不規則構造をとり**自由体積**（free volume，分子が自由に動き回れる空間）が結晶より大きいことによる．多くの食品は低湿度でも吸湿するが，それは固体食品には結晶よりガラスのものが多いためである．グラニュー糖は通気性のいい容器に入れておいてもなかなか吸湿しないが，粉乳などの粉体は密閉容器に入れておいても蓋の開閉を繰り返すうちに吸湿し，やがて固結する．これは，グラニュー糖は結晶性が高いため通常の湿度では吸湿しないのに対し，粉乳などはガラスの状態であるため，低湿度でも少しずつ吸湿してやがて固結することによる．固結とガラス転移の関係については後述する．

ガラスを昇温させると，**ガラス転移点**（glass transition temperature）と呼ばれる温度 T_g でラバーに変化する．T_g は，示差走査熱量測定（Differential Scanning Calorimetry：**DSC**）により観測される試料の比熱変化から決定される．水は，食品の最も重要な**可塑剤**（plasticizer）であり（後述），T_g を低下させる．

ガラス転移をミクロにみると，ラバー状態では高分子鎖が自由に動き回っているが，T_g 以下では側鎖の運動や主鎖の部分的な振動・回転などの分子鎖の局所的運動は残っているものの，分子鎖全体の運動である**ミクロブラウン運動**（micro-Brownian motion）が起こらなくなる．このように，ガラス中では分子運動が制限されているため，種々の反応の速度が抑制されて，食品の保存性が向上することが多い．なお，ガラスは熱力学的には非平衡，準安定で，長時間の保存によって安定な結晶状態に移行する．また，凍結物中では水は氷結晶と非晶質部分に存在するが，その非晶質部も昇温によりガラスからラバーに変化する（後述）．

18.3.2 食品の状態図

本項では，食品のガラス転移の理解に有効な2成分（水と糖などの溶質）系の**状態図**（state diagram）について説明する．状態図とは，図の曲線または直線で囲まれた領域により試料の状態を表したもので，温度 T や濃度 C の変化によって曲線を横切る場合に試料の状態が変化することを意味する（図 18.3）．ここでは便宜上，状態図を「溶液」「氷とラバー」「氷とガラス：I」「ガラス：III」「ラバー」「ガラス：II」の領域に分けて説明する．

高濃度（低含水率）の試料を急冷（または溶融状態のまま乾燥）させると，試料は1相のガラスとなる（キャンディー，べっこう飴など）．そのようなガラスは，「ガラス：II」の領域に属する．このガラスを昇温すると曲線 ABX を横切るときにラバーに変化する．これが通常，氷点以上の温度で観測されるガラス転移であり，曲線を横切るときの温度がガラス転移点 T_g である．T_g は濃度の減少（含水率の増加）とともに低下する．ガラス状高分子を軟化させて T_g を下げる物質は可塑剤と呼ばれ，曲線 ABX で示されるように，水は食品の最も重要な可塑剤である．日常観察されるように，クッキーやビスケットなどのパリッとした食感のガラス状食品が吸湿してラバー化するとグニャとした食感になる．

含水率の高い食品を常温から冷却していくと，図 18.3 の状態図上を P→Q と移動し，Q に到達した瞬間に氷結晶が析出し，純粋な水からなる**氷結晶**（ice crystal）と，溶質と未凍結水を含む**濃厚非晶質溶液**（concentrated amorphous solution：**CAS** という）と呼ばれる領域とに分かれる．さらに温度が低下すると，平衡線上を Q→R→E と進み，氷結率（含水量に対する氷結晶の割合）が増加し，CAS 部は濃縮される（CAS 部の体積は減少）．そして，E に到達すると（この温度を**共晶点**（eutectic temperature）T_e という），食塩水などでは**共有混合物**（共晶，eutectic mixture）が形成されるが，糖−水系などの通常の食品では共晶を形成せずにそのまま氷結晶の生成および CAS 部の濃縮が進む．そして曲線上の点 X に到達すると，CAS 部が高粘度化するために CAS から氷結晶部への水分子の移動が停止する．これは CAS 部がガラス化した状態で，このときの温度を T_g' と表す．このことから，水溶液を冷却したとき，T_g' 以下の温度で CAS 部はガラス化しており，試料濃度 C が変化しても CAS 部の濃度は C_g' で一定である（含水率によって氷結晶の割合が変化する）．すなわち，水溶液を冷却・凍結する場合，T_g' 以下の温度では試料は氷結晶と含水率 C_g' の CAS 部からなり，「氷とガラス：I」の領域にあると考えてよい．そのような「氷とガラス：I」の状態にある試料を昇温させると，温度 T_g' で CAS 部がラバーに変化し，糸は「氷とラバー」の状態になる．

「ガラス：III」について言及する．図 18.3 の「氷とガラス」と「ガラス：III」の境界である曲線 XY は曲線 ABX を延長した形になっており，「ガラス：II」と「ガラス：III」はともに1相のガラスである．文献に描かれている状態図では「ガラス：II」と「ガラス：III」が区別されていないことが多い．しかし，上述のように，低濃度（高含水率）の食品を通常の方法で冷却するとき，氷結晶と CAS の2相に分離し，「ガラス：III」は液体窒素などにより急速に冷却することにより調製される．すなわち，濃度が C_g' 以上の「ガラス：II」，C_g' 以下の「ガラス：III」は状態図上では同じ領域にあるが，食品科学・工学的には異なるもの

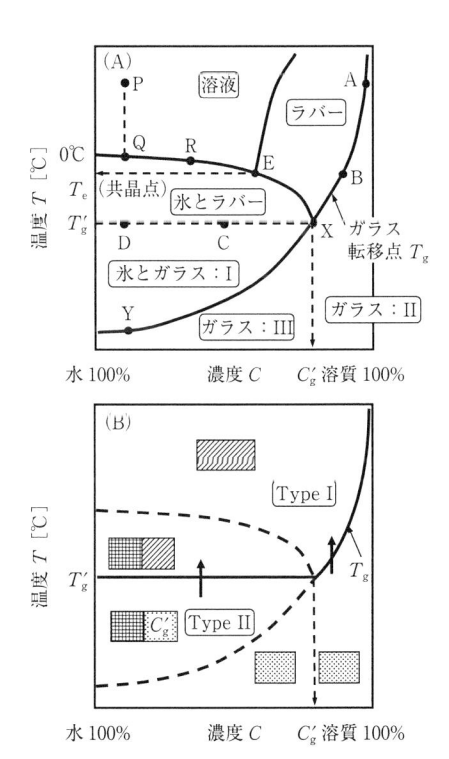

図 18.3 (A) 典型的な二成分系の食品の状態図（温度 T vs. 濃度 C）と (B) 食品の製造・保存中に観測されるガラス転移
Type I：1相のガラスのガラス転移（T_g を挟む），
Type II：凍結食品の CAS 部のガラス転移（T_g' を挟む）．

と考えたほうがよい．この「ガラス：III」の生成は，食品製造よりも生物細胞の凍結保存の際などで重要になる．

以上のことから，食品のガラス転移は，状態図を図 18.3(B) のように書き直し，1 相のガラスが T_g でラバーに変化するガラス転移（本書では Type I と呼ぶ）と凍結部の CAS 部が T'_g でガラスからラバーに変化するガラス転移（Type II と呼ぶ）の二つに分けて考えるのが実際的である．

18.3.3 食品の保存とガラス転移

本項目では，食品の保存中にみられる現象とガラス転移との関係についていくつかの例を述べる．

a. 食品保存中の非酵素的褐変反応速度とガラス転移　図 18.4 に，lactose/amioca/lysine 系の非酵素的褐変の測定値を示す（縦軸は，吸光度（OD）の時間微分で褐変速度に相当する）．褐変速度は，T_g 以下ではほぼゼロであるが，T_g 以上では温度上昇とともに急激に増大する．これは，ガラス状態では分子のミクロブラウン運動が凍結されているため，反応速度が小さくなることを意味する．とくに，拡散律速型の反応では，T_g の上下で反応速度が変化すると考えられる．ここで対象としているガラス転移は，図 18.3(B) の Type I の変化である．

b. 粉体の固結現象とガラス転移　上述のように，アモルファスの物質は結晶よりも吸湿し易いので，アモルファスの粉体（ガラス）が，保存中に容器内で固まる現象がよく観察される．これが**固結**（caking）であり，経験的には，高温，高湿ほど起こりやすいことが知られているが，その機構はガラス転移の概念に基づいて以下のように説明できる．乾燥してガラス状態にある粉体は流動性があるが，粉体表面が吸湿すると水の可塑化効果により表面のガラス転移点 T_g が下がる．それによって表面がラバー化した粉体どうしが付着・融合する．通常，粉体がおかれている環境の温度は変動するので，長時間のうちに融合した粉体はラバー→ガラス→ラバー…という変化を繰り返し，ついには粉体層全体が固結した状態になる．この機構と DSC による T_g の測定値との関係を，マルトデキストリンに関する結果（図 18.5）に基づいて説明する．試料の含水率の増加とともに試料の T_g（○）は減少しており，水の可塑化効果が確認できる．粉体表面が固結する温度（△）は T_g よりやや高く，固結が十分進行する温度（●）はさらに高い．もし，図中の A のように含水率が 2 g-H$_2$O/100 g-solid 程度の乾燥した粉体は，100℃くらいまで温度を上昇させた後に室温に戻しても固結はしない．しかし，図中の B のように含水率が 13 g-H$_2$O/100 g-solid 程度の吸湿した粉体は，70℃まで昇温すると完全に固結する．このように，ガラス転移のデータと図 18.1 のような水分収着のデータにより，固結せずに保存できる条件（温度と湿度）が推測できる．ここで対象としているガラス転移も，図 18.3(B) の Type I の変化である．

c. 凍結食品の保存とガラス転移　凍結食品は完全な固体のようにみえても，図 18.3 に示すように，CAS 部は T'_g 以上では十分に「固化」していないため，化学反応や分子の拡散などは少しずつ進行する．大豆タンパク質溶液を氷点より少し低温で保存するとタンパク質の変性・不溶化が起こり，「氷豆腐」が製造されることなどはその一例である．保存温度を T'_g 以下にすれば，このような反応や拡散はかなり抑えられる．

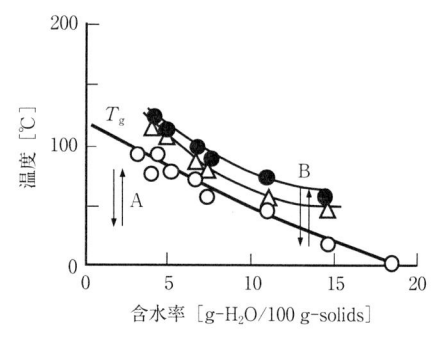

図 18.5 マルトデキストリンのガラス転移点 T_g と固結との関係
ガラス転移点 T_g（○），表面が固結する温度（△），固結が十分進行する温度 T_{ac}（●）．

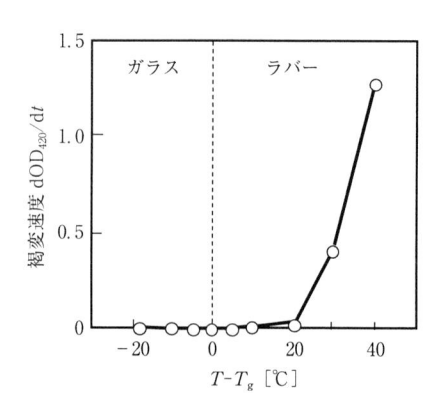

図 18.4 モデル系（lactose/amioca/lysine）の褐変速度に及ぼす温度の影響

たとえば，食品の凍結保存中に氷結晶が大きくなることは保存上の大きな問題であるが，それは水分子の拡散による現象であるので，T'_g 近くまで温度を下げれば，結晶径の増加速度はかなり抑えられる．食品の凍結流通は約 -20 ℃ で行われるが，これは氷点近くではさまざまな反応による品質変化が少しずつ進行することが経験的に知られているためと思われる．ガラス転移の観点からは，長期間の品質の保持には T'_g 以下の温度にするのが適しているが，経費の面からは困難を伴う（T'_g は -40 ℃ 程度になることが多い）．

演　習

18.1 水分活性 a_w がまわりの空気の相対湿度より高い食品は乾燥し，低い食品は吸湿する．その理由を述べよ．

18.2 水と溶質の2成分系において，溶質の質量パーセント濃度が同じとき，分子量の大小や溶質が電解質か非電解質かによって水分活性 a_w の大きさはどうなるか．

18.3 室温 T_R [℃] で相対湿度 RH [%] の空気に触れたアモルファスの粉体食品は，どのくらい温度が変化すると固結の恐れがあるかを水分収着等温線とガラス転移のデータを用いてどのように予測したらよいか．

第19章
バイオリアクター

[Q-19] パン酵母を培養するとき，なぜ，空気を小さい気泡にして供給するのですか？

解決の指針

微生物や酵素などを用いた反応を行う装置をバイオリアクターという．バイオリアクターには，どのような型式があるのか？　また，型式によって反応の効率が異なるのか？　について考える．19.2節では，酵母のような好気性の微生物は増殖するのに酸素が必要であるが，空気中の酸素はどのようにして培養液に溶解するのか？　19.3節では，酵母などの微生物を培養する発酵槽も一種のバイオリアクターであるが，酵母のような微生物はどのような段階を経て増殖するのか？　また，そのときの速度はどのように表現されるのか？　の順に考える．

19.1 酵素を用いた反応器（第28回）

【キーワード】完全混合，押出し流れ，回分操作，半回分操作，連続操作，完全混合槽型連続反応器（CSTR），押出し流れ型反応器（PFR），設計方程式，固定化酵素，不均一反応，触媒有効係数

酵素，微生物，動・植物細胞などの生体触媒を用いて物質変換を行うための装置をバイオリアクター（bioreactor）という．ここでは酵素（enzyme）を用いたバイオリアクターについて概説し，反応器内の流体混合の程度によって反応の効率が異なることを示す．また，酵素を樹脂やゲルなどの一定の空間に閉じ込めて再利用を可能としたものを固定化酵素（immobilized enzyme）という．固定化酵素では，基質（substrate）が固定化酵素の内部に入る（拡散する）速さによって反応の効率が異なる．これらの点を取り扱う．

19.1.1 反応器の型式と流体混合

反応器を分類するにはいくつかの方法があるが，操作法では三つに大別される．反応原料（基質）を反応器に仕込んで反応を開始し，適当な時間が経過したのちに反応混合物を取り出す操作を**回分操作**（batch operation）といい，そのように操作される反応器を**回分反応器**（batch reactor）という（図19.1(a)）．一方，基質を反応器入口に供給して，出口から生成物を含む反応混合物を連続的に取り出す操作を**流通操作**または**連続操作**（continuous operation）という．また，

たとえば，ある成分については回分式であるが，他の成分は連続的または間欠的に反応器に供給する**半回分操作**（semi-batch operation）という方式もある（図19.1(b)）．この操作は微生物の培養で用いられることが多く，流加培養（fed-batch operation）といわれる培養法は半回分操作の一つである．

また，反応器内の流体混合の程度によっても分類できる．内部の流体（液体）がよく混合されていて，反応器内のどこをとっても濃度と温度が同じ場合を完全混合といい，連続操作されている反応器を**完全混合槽型連続反応器**（continuous stirred tank reactor：**CSTR**）（図19.1(c1)）という．また，反応器内を流れる流体の混合がまったく起こらない場合を押出し流れ（または，ピストン流れ（栓流））といい，連続的に操作されているこのような反応器を**押出し流れ反応器**（plug（またはpiston）flow reactor：**PFR**）（図19.1(c2)）という．

19.1.2 設計方程式

酵素反応は液相で進行するので，反応の進行に伴って反応流体の体積が変化しない定容系の反応であり，

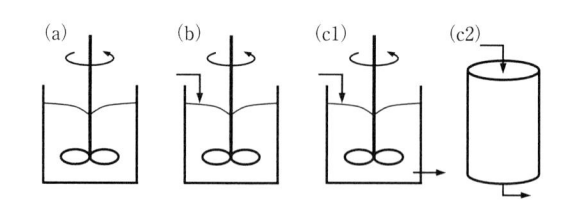

図19.1　操作法に基づく反応器の分類
(a) 回分式反応器，(b) 半回分式反応器，(c) 連続式反応器
(c1：完全混合槽型反応器，c2：押出し流れ型反応器)．

反応速度 $-r_S$ と反応率 x_S はそれぞれ式（19.1）と式（19.2）で定義される．

$$-r_S = -\frac{dC_S}{dt} \quad (19.1)$$

$$x_S = \frac{C_{S0} - C_S}{C_{S0}} \quad (19.2)$$

ここで，C_{S0} は回分反応では初期基質濃度，流通反応器では反応器に供給する液中の基質濃度を表す．なお，反応速度 r は生成を正とする．回分反応器の反応時間または流通反応器の場合の平均滞留時間と反応率の関係を与える式を**設計方程式**（design equation）という．各反応器に対する設計方程式の一般形を導出し，19.1.3 項でそれらを速度式が Michaelis-Menten 式で表される酵素反応に適用する．

a. 回分反応器 式（19.1）を $t = 0$ で $C_S = C_{S0}$ の初期条件のもとに解くと，回分反応器に対する設計方程式（19.3）が得られる．

$$t = -\int_{C_{S0}}^{C_S} \frac{dC_S}{-r_S} = C_{S0} \int_0^{x_S} \frac{dx_S}{-r_S} \quad (19.3)$$

上式の中間項と最右辺の関係は，式（19.2）から得られる $dC_S = -C_{S0} dx_S$ の関係から導かれる．

b. 完全混合槽型連続反応器（CSTR） 完全混合槽型の反応器に濃度 C_{S0} の基質溶液を流量 Q で連続的に供給し，反応液は同じ流量で流出する．反応器内の体積を V とする．反応器から流出する液中の基質濃度は反応器内のそれに等しいので，反応器内での基質の物質収支は式（19.4）で与えられる（図 19.2）．

$$V\frac{dC_S}{dt} = QC_{S0} - QC_S - V(-r_S) \quad (19.4)$$

ここで，定常状態（$dC_S/dt = 0$）を考えると，CSTR に対する設計方程式は式（19.5）となる．

$$\tau_m = \frac{V}{Q} = \frac{C_{S0} x_S}{-r_S} \quad (19.5)$$

$\tau_m = V/Q$ は反応器に入った液が出るまでに要する平均の時間であり，**平均滞留時間**（mean residence time）という．

c. 押出し流れ型反応器（PFR） 管型の反応器内では，基質濃度は入口付近で高く，出口に向かうにつれて低下する．このように濃度が位置によって変化する（分布がある）場合には，管内の微小区間 Δz における基質の物質収支を考える（図 19.3）．

$$S\Delta z \frac{\partial C_S}{\partial t} = QC_S|_{z=z} - QC_S|_{z=z+\Delta z} - S\Delta z(-r_S) \quad (19.6)$$

ここで，S は管の断面積である．両辺を $S\Delta z$ で除して，

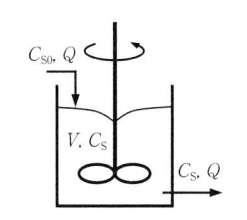

図 19.2 完全混合槽型連続反応器

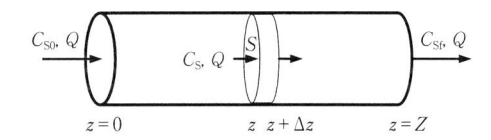

図 19.3 押出し流れ型反応器内の物質収支

$\Delta z \to 0$ の極限をとると，

$$\frac{\partial C_S}{\partial t} = -u\frac{\partial C_S}{\partial z} - (-r_S) \quad (19.7)$$

ここで，$u = Q/S$ は流速である．定常状態では式（19.7）は次の常微分方程式になる．

$$u\frac{dC_S}{dz} = -(-r_S) \quad \text{すなわち，} \quad \frac{dC_S}{-r_S} = -\frac{dz}{u} \quad (19.8)$$

反応器入口（$z = 0$）で基質濃度 $C_S = C_{S0}$，また出口（$z = Z$）で $C_S = C_{Sf}$ の条件で，式（19.8）を解くと次式を得る．

$$\tau_p = \frac{Z}{u} = -\int_{C_{S0}}^{C_{Sf}} \frac{dC_S}{-r_S} = C_{S0} \int_0^{x_{Sf}} \frac{dx_S}{-r_S} \quad (19.9)$$

ここで，$x_{Sf} = (C_{S0} - C_{Sf})/C_{S0}$ は出口での反応率であり，式（19.9）が PFR に対する設計方程式である．式（19.9）は式（19.3）に類似しており，回分反応器での反応時間が平均滞留時間 $\tau_p = Z/u$ に置き換わっただけである．

19.1.3 酵素反応速度式

酵素 E と基質 S が可逆的に活性中間体（ES 複合体）を形成し，それが生成物 P と酵素 E になる Michaelis-Menten 機構は酵素による触媒反応の最も基本的な考え方である．

$$\text{E} + \text{S} \underset{k_2}{\overset{k_1}{\rightleftharpoons}} \text{ES} \xrightarrow{k_3} \text{E} + \text{P} \quad (19.10)$$

ここで，k_1, k_2 および k_3 は各過程の速度定数である．活性中間体に対して定常状態（$dC_{ES}/dt = 0$）を仮定する定常状態近似法と，酵素 E と基質 S から ES 複合体ができる過程は迅速であるが，ES 複合体から生成物 P ができる段階が律速になると仮定する律速段階法のいずれでも，この反応の速度 $-r_S$（または r_p）は式（19.11）で表される．

$$-r_S = \frac{V_{\max} C_S}{K_m + C_S} \quad (19.11)$$

ここで，$V_{\max} = k_3 C_{E0}$（C_{E0} は酵素の初期濃度）は最大反応速度，K_m は Michaelis 定数といい，定常状態近似法では $K_m = (k_2 + k_3)/k_1$，律速段階法では $K_m = k_2/k_1$ と定義される．

式（19.11）を式（19.3），式（19.5）または式（19.9）に適用すると，Michaelis-Menten 式に従う酵素反応を回分反応器，CSTR または PFR で行うときの反応率と反応時間または滞留時間の関係が求められる．なお，酵素は固定化（後述）されており，反応器からは流出せず一定の濃度 C_{E0} に保たれ，かつ固定化酵素内での基質の拡散速度は十分速い場合を考える．

回分反応器　　$t = \dfrac{K_m}{V_{\max}} \ln \dfrac{1}{1-x_S} + \dfrac{x_S C_{S0}}{V_{\max}}$ (19.12)

CSTR
$$\tau_m = \frac{C_{S0} x_S [K_m + C_{S0}(1-x_S)]}{V_{\max} C_{S0}(1-x_S)}$$
$$= \frac{x_S [K_m + C_{S0}(1-x_S)]}{V_{\max}(1-x_S)} \quad (19.13)$$

PFR　　$\tau_p = \dfrac{K_m}{V_{\max}} \ln \dfrac{1}{1-x_S} + \dfrac{C_{S0}}{V_{\max}} x_S$ (19.14)

【例題 19.1】 反応速度式が Michaelis-Menten 式で表される酵素反応を回分反応器，CSTR または PFR で実施する．K_m および $V_{\max}$ はそれぞれ 150 mol/m^3 と 0.40 mol/(m^3·s) である．初期または供給液の基質濃度 C_{S0} が 300 mol/m^3 のとき，それぞれの反応器で 80% の反応率を達成するのに要する反応時間または滞留時間を求めよ．

〈解〉 $x_S = 0.80$ と K_m, $V_{\max}$ および C_{S0} の値を式（19.12）および式（19.13）に代入すると，

$$t = \frac{150}{0.40} \ln \frac{1}{1-0.80} + \frac{(0.80)(300)}{0.40} = 1203 \text{ s} = 20 \text{ min}$$

$$\tau_m = \frac{(0.80)[150 + (300)(1-0.80)]}{(0.40)(1-0.80)} = 2100 \text{ s} = 35 \text{ min}$$

である．また，式（19.14）は式（19.12）と同じ形であるので，$\tau_p = 20$ min である．回分反応器，CSTR および PFR に対する設計方程式はいずれも $C_{S0}/(-r_S)$ を含んでいる．本例題について，$C_{S0}/(-r_S)$ を x_S の関数として図 19.4 に示す．反応終了時または反応器出口での反応率を x_{Sf} とすると，式（19.3）および式（19.9）より，回分反応器と PFR では曲線と x 軸で囲まれた斜線部の面積が反応時間または平均滞留時間を表す．一方，CSTR で反応率 x_{Sf} を達成するのに必要な平均滞留時間 τ_m は網かけの長方形の面積で与えられる．このように，Michaelis-Menten 式のように反応速度が反応率 x_S の増加とともに単調に減少する場合には，所定の反応率を達成するのに必要な平均滞留時間は PFR のほうが短く効率がよい．すなわち，小さい装置で所望の反応率が達成できる．　　　　　　　　〈完〉

19.1.4 酵素の固定化

酵素を用いた物質生産においては反応終了後，生成物と酵素を分離するために，活性を保持しているにもかかわらず酵素を加熱などにより失活させることが多い．また，溶液に溶けた状態の酵素を用いて連続操作を行うことは困難なことが多い．

これらの点を解決する技術が酵素（生体触媒）を水不溶性の担体に共有結合，イオン結合などにより結合または包括することにより固体触媒のように取り扱える**固定化**（immobilization）技術である．酵素を固定化することにより，反応が終了した液から酵素を容易に分離できる．また，**固定化酵素**（immobilized enzyme）を円筒容器などに充填して用いると，連続操作が可能となるとともに，反応後に生成物と酵素を分離する操作が不要になる．

19.1.5 不均一反応と触媒有効係数

固定化酵素を用いた反応では，酵素は固体粒子内に存在し，基質や生成物は溶液である．すなわち，反応系には固体相と液体相が存在する．このように二つ以上の相からなる反応を**不均一反応**（heterogeneous reaction）という．このような系では，相内での物質の移動速度が反応の効率に影響を及ぼす場合がある．ここでは，酵素が半径 R の球形粒子に固定化されている場合を考える（図 19.5）．液相の基質は粒子内に拡散し，そこで酵素によって生成物に変換されて，再び液相に出てくる．このとき，基質が粒子内を拡散する速度が十分大きいと，粒子内の基質の濃度は液相のそれとほとんど同じである．しかし，酵素による反応の速度に比べて，基質が拡散する速度が遅いと，粒子内に入った基質は表面の近くで生成物に変換されるので，粒子の内部ほど基質の濃度が低下する．一般に，

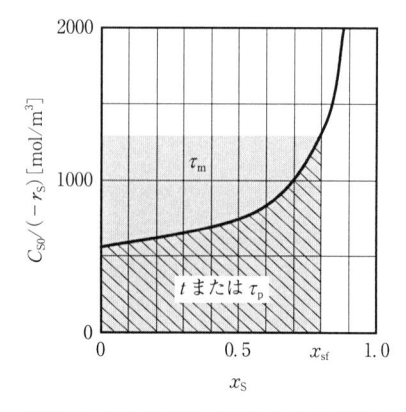

図 19.4 回分反応器，CSTR および PFR の反応器効率の比較

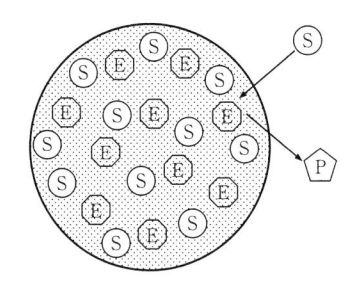

図 19.5 固定化酵素内での反応
E, S, P はそれぞれ酵素, 基質および生成物を表す.

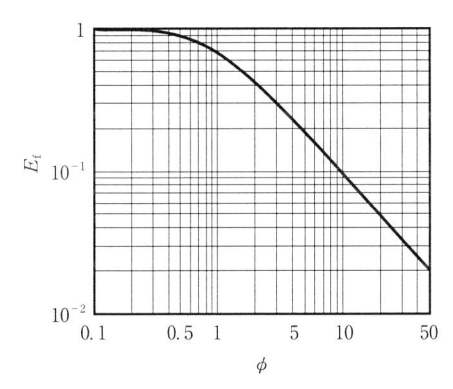

図 19.6 一次反応に対する有効係数

基質濃度が高いほど反応速度が大きいので, 粒子の中心に近いほど反応速度が低下する. このように, 基質の拡散速度が反応速度に及ぼす影響を定量的に評価するのが, 次のように定義される触媒有効係数または単に有効係数 E_f (effectiveness factor) である.

$$E_f = \frac{\text{固定化酵素粒子の実際の反応速度}}{\text{固定化酵素粒子内の基質濃度が液相の}\atop\text{それと同じときの仮想的な速度}} \quad (19.15)$$

液相の基質濃度 C_S が K_m に比べて十分低く, 酵素による反応が一次反応と近似できる場合には, E_f は式 (19.16) で表される.

$$E_f = \frac{1}{\phi}\left(\frac{1}{\tanh(3\phi)} - \frac{1}{3\phi}\right) \quad (19.16)$$

ϕ は粒子内での基質の拡散速度と反応速度の比を表すパラメータで, **Thiele (シール) 数** (Thiele modulus) という.

$$\phi = \frac{R}{3}\sqrt{\frac{k}{D}} \quad (19.17)$$

ここで, D は粒子内の基質の拡散係数, $k\ (=V_{max}/K_m)$ は一次反応に対する速度定数である. $\phi \leq 0.1$ では $E_f \approx 1$ で反応が律速であるが, $\phi > 5$ では $E_f \approx 1/\phi$ で粒子内の基質の拡散が律速となる (図 19.6).

19.2

ガス吸収 (第29回)

【キーワード】相律, Henry の法則, 二重境膜説, ガス側境膜, 液側境膜, 境膜物質移動係数, 総括物質移動係数, 容量係数

19.3節で述べるように, 好気性微生物を液体培養するときには, 酸素を供給する必要がある. 通常は培養液に空気を通気して空気中の酸素を液体に溶解させることにより供給される. このように, 気体混合物を液体と接触させて気体中に含まれる可溶性成分を液中に溶解させる, または不溶性ないし難溶性成分から分離する操作をガス吸収 (または単に吸収) という. それらのうちで, 溶解成分が単に物理的に溶解する場合を物理吸収といい, 液相中の成分と化学反応を起こす場合を化学吸収または反応吸収という.

19.2.1 気体の溶解度

気体の液体への溶解度は気液2相間の平衡関係である. 相の数は気相と液相の2相 ($P=2$) であり, 成分は気相における溶質成分と同伴成分および液相の溶媒成分の3成分 ($C=3$) である. したがって, **相律** (phase rule) より自由度 F は $F = C - P + 2 = 3 - 2 + 2 = 3$ となる. 変数として圧力, 温度および気液両相の溶質成分の濃度が考えられるが, 圧力と温度を指定すると, ある相の溶質濃度は他相の溶質濃度によって決まる. 溶液が希薄なとき, ある温度における気体の溶解度 $C\,[\text{mol/m}^3]$ はその気体の分圧 $p\,[\text{Pa}]$ に比例する.

$$p = HC \quad (19.18\text{a})$$

式 (19.18a) の関係を **Henry の法則** (Henry's law) といい, 溶質濃度の表し方によって, 次のようにも表現できる.

$$p = H'x \quad (19.18\text{b})$$
$$y = mx \quad (19.18\text{c})$$

ここで, x と y はそれぞれ液相および気相の溶質のモル分率である. 比例定数の $H\,[\text{Pa}\cdot\text{m}^3/\text{mol}]$, $H'\,[\text{Pa}]$ および $m\,[-]$ はいずれも Henry 定数と呼ばれる. いくつかの気体の水への溶解に対する Henry 定数 H' を表 19.1 に示す.

【例題 19.2】大気圧下で空気と平衡化した30℃の水中の酸素濃度を求めよ.
〈解〉大気圧は $1.013 \times 10^5\,\text{Pa}$ であり, 空気中の酸素の分率は 0.21 であるので, 酸素の分圧 p は
$$p = (0.21)(1.013 \times 10^5) = 2.13 \times 10^4\,\text{Pa}$$
である. 表 19.1 より 30℃における酸素の Henry 定数は H'

表 19.1　種々の気体の水に対する Henry 定数（$H' \times 10^{-8}$ Pa）

気体	温度 [℃]					
	0	10	20	30	40	50
水素	58.7	64.3	69.2	73.8	76.0	77.4
窒素	536.0	67.7	81.4	104.0	105.6	114.5
酸素	25.7	33.2	40.5	48.1	54.2	59.6
二酸化炭素	0.737	1.05	1.44	1.88	2.36	2.87
塩素	0.271	0.396	0.536	0.669	0.799	0.902
硫化水素	0.206	0.371	0.489	0.617	0.755	0.996
二酸化硫黄	0.0166	0.0245	0.0354	0.0485	0.0659	0.0870
アンモニア	0.00208	0.00240	0.00278	0.00321	—	—

$= 4.81 \times 10^9$ Pa であるので，水中の酸素のモル分率 x は

$$x = \frac{p}{H'} = \frac{2.13 \times 10^4}{4.81 \times 10^9} = 4.43 \times 10^{-6}$$

である．30℃の水の密度は $\rho = 995$ kg/m^3，水の分子量は $M_W = 0.018$ kg/mol である．水溶液の全モル濃度 C_T は水のそれに等しいと近似すると，

$$C_T = \frac{\rho}{M_W} = \frac{995}{0.018} = 5.53 \times 10^4 \text{ mol/m}^3$$

である．したがって，水中の酸素濃度 C_{ox} は

$$C_{ox} = xC_T = (4.43 \times 10^{-6})(5.53 \times 10^4) = 0.245 \text{ mol/m}^3$$

となる． 〈完〉

19.2.2 二重境膜説と物質移動係数

図 19.7(a) のように，液体中に分散した気相中の成分 A が気液界面を経て液相に溶解する過程を考える．ガス本体，液本体ともによく混合されていれば，成分 A の濃度分布は図 19.7(b) の実線で示す形状となる．このように界面近傍の濃度勾配が存在する部分を**濃度境膜**（boundary film）といい，この部分が物質の移動に対する抵抗となる．このように，ガス側および液側に境膜の存在を考え，界面では常に平衡が成立し，そこには物質移動に対する抵抗がないとする考えを**二重境膜説**（two-film theory）という．

図 19.7(b) に実線で示した濃度分布を点線のように近似すると，分圧差 $p_b - p_i$ と濃度差 $C_i - C_b$ を推進力として物質が移動し，物質流束 N_A はこの濃度差に比例する．

$$N_A = k_G(p_b - p_i) = k_L(C_i - C_b) \quad (19.19)$$

ここで，p_i と C_i は界面における成分 A の分圧と濃度である．また，比例定数 k_G[mol/m^2·Pa·s] と k_L[m/s] はそれぞれガス側および液側における**境膜物質移動係数**（individual film coefficient of mass transfer）である．ガス側および液側境膜の厚さをそれぞれ δ_G と δ_L，各相における成分 A の拡散係数を D_G と D_L とすると，k_G と k_L はそれぞれ式 (19.20) と式 (19.21) で表される．

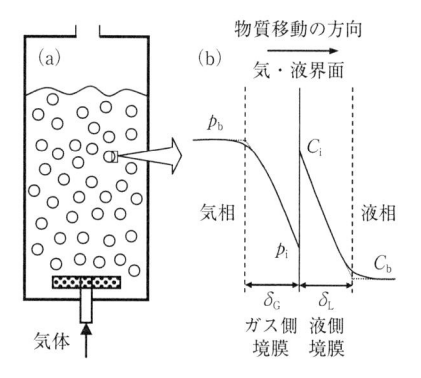

図 19.7　気液分散系におけるガス吸収と二重境膜説

$$k_G = \frac{D_G}{RT\delta_G} \quad (19.20)$$

$$k_L = \frac{D_L}{\delta_L} \quad (19.21)$$

19.2.3 総括物質移動係数

式 (19.19) を用いて物質流束を求める場合に，界面における濃度 p_i と C_i が通常は測定できない量である点が問題となる．そこで，気液平衡関係を用いて，液本体の濃度 C_b に平衡なガス分圧 p^*（図 19.8 を参照）と p_b との差 $(p_b - p^*)$ または分圧 p_b に平衡な液濃度 C^* と C_b との差 $(C^* - C_b)$ を総括的な推進力にとり，モル流束 N_A を次のように表す．

$$N_A = K_G(p_b - p^*) = K_L(C^* - C_b) \quad (19.22)$$

ここで，K_G[mol/m^2·Pa·s]，K_L[m/s] をそれぞれガス境膜基準および液境膜基準の**総括物質移動係数**（overall coefficient of mass transfer）という．

図 19.8 で液本体およびガス本体の濃度を表す点 (C_b, p_b) は点 P である．式 (19.19) より

$$\frac{p_b - p_i}{C_b - C_i} = \frac{k_L}{k_G} \quad (19.23)$$

であるので，点 P から勾配 $-k_L/k_G$ で引いた直線と平衡線との交点 Q が界面での濃度 (C_i, p_i) を与える．したがって，境膜における推進力は線分 PT および UP の長さで表される．一方，C_b に平衡なガス相濃度 p^* は点 P から引いた垂直線と平衡線との交点 R で，また p_b に平衡な液相濃度 C^* は点 P から引いた水平線と平衡線との交点 S で与えられる．したがって，式 (19.22) における総括推進力は線分 PR，SP の長さで与えられる．

ここで，総括物質移動係数 K_G，K_L と境膜物質移動係数 k_G，k_L の関係を考える．気液平衡関係が式

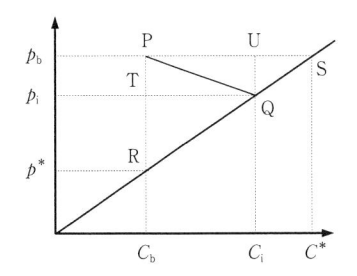

図 19.8 境膜推進力と総括推進力

(19.18a) で表される場合を考えると，気液界面では常に平衡が成立しているので，$p_i = HC_i$ となる．式 (19.19) と式 (19.22) より $k_G(p_b - p_i) = K_G(p_b - p^*)$ とおいて，次のように変形し，

$$\frac{1}{K_G} = \frac{1}{k_G} \frac{p_b - p^*}{p_b - p_i} = \frac{1}{k_G}\left(1 + \frac{p_i - p^*}{p_b - p_i}\right)$$

ここで，p_i と p^* に式 (19.18a) を適用すると，

$$\frac{1}{K_G} = \frac{1}{k_G} + \frac{1}{k_L}\frac{HC_i - HC_b}{C_i - C_b} = \frac{1}{k_G} + \frac{H}{k_L} \quad (19.24)$$

を得る．同様にして，

$$\frac{1}{K_L} = \frac{1}{Hk_G} + \frac{1}{k_L} \quad (19.25)$$

となる．

式 (19.24) および式 (19.25) において，総括物質移動係数や境膜物質移動係数の逆数は物質移動に対する抵抗を意味するので，総括抵抗はガス側および液側境膜における抵抗の和で表されることを示している．総括抵抗と境膜抵抗の比は，式 (19.24) と式 (19.25) より

$$\frac{1/K_G}{1/k_G} = 1 + \frac{H}{k_L/k_G} \quad (19.26)$$

$$\frac{1/K_L}{1/k_L} = \frac{k_L/k_G}{H} + 1 \quad (19.27)$$

となる．$k_L/k_G \gg H$ の場合には，$1/K_G \approx 1/k_G$ となり，液側境膜の抵抗は無視できてガス側境膜の抵抗が支配的となる．逆に，$k_L/k_G \ll H$ の場合には液側境膜の抵抗が支配的となる．

19.2.4 容量係数

成分 A を含む気体を分散板を通して吹き込み液相に吸収させる操作を考える．ここで，液側境膜の抵抗が支配的，すなわち $K_L \approx k_L$ であるとすると，液相の成分 A の濃度 C_b の増加速度は

$$\frac{dC_b}{dt} = N_A a = k_L a(C^* - C_b) \quad (19.28)$$

で表される．ここで，a は **比表面積** (specific surface area) [m^2/m^3-液] である．C_b の経時的な変化を測定すれば，$k_L a$ の値を求めることができる．$k_L a$ のように物質移動係数と比表面積の積で表される量を物質移動に関する **容量係数** (volumetric coefficient, capacity coefficient) という．物質移動係数 k_L を得るには，何らかの方法で比表面積 a を測定する必要がある．しかし，発酵槽の設計などの実用上は，k_L と a のそれぞれを求める必要はなく，その積である $k_L a$ の値を知れば十分なことが多い．

【例題 19.3】 ある微生物を 30℃ の気泡（空気）攪拌槽を用いて培養する．この微生物の生育を維持するには，培養液中の酸素濃度（臨界酸素濃度）を 0.022 mol/m³ に保つ必要がある．微生物による酸素消費速度は 0.168 mol/(s・m³) である．気泡攪拌槽の物質移動容量係数 $k_L a$ はいくら以上でなければならないか．

〈解〉気泡から培養液への酸素移動は液側境膜での抵抗が支配的であるとすると，定常状態における物質収支から，式 (19.28) の右辺が酸素消費速度に等しくなる．

$$k_L a(C^* - C_b) = 0.168 \text{ mol/(s·m}^3)$$

ここで，C_b は臨界酸素濃度である．例題 19.2 より $C^* = 0.245$ mol/m³ である．これらの値を上式に代入すると，必要な $k_L a$ が得られる．

$$k_L a = \frac{0.168}{0.245 - 0.022} = 0.753 \text{ s}^{-1} \quad 〈完〉$$

19.3

微生物の培養（第30回）

【キーワード】 増殖収率，比増殖速度，Monod の式，希釈率

微生物細胞を増殖させる装置を発酵槽 (fermenter) という．パン酵母のように，増殖に酸素を必要とする好気性微生物の培養では，通常は空気を微小な気泡として槽内に分散させて酸素を供給することが多く，ガス吸収 (19.2) の速度を考慮する必要がある．微生物の増殖過程と化学量論，増殖速度式，回分培養と連続培養および酸素の消費速度について述べる．

19.3.1 微生物反応の量論

微生物 X を増殖するには炭素源や窒素源などの種々の原料が必要であるが，それらを一括して基質 S と表すと，微生物は S を消費しながら自らも増加して生成物 P を与える自触媒的な挙動を示すことが多い．

$$S \xrightarrow{X} Y_{X/S}X + Y_{P/S}P \quad (19.29)$$

ここで，$Y_{X/S}$ は **増殖収率** (growth yield) または菌体収率 (cell yield)，$Y_{P/S}$ は代謝産物収率 (product

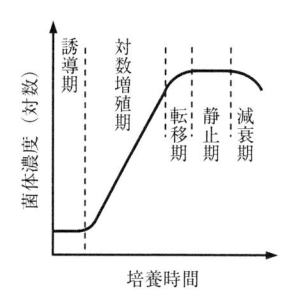

図 19.9 微生物の増殖曲線

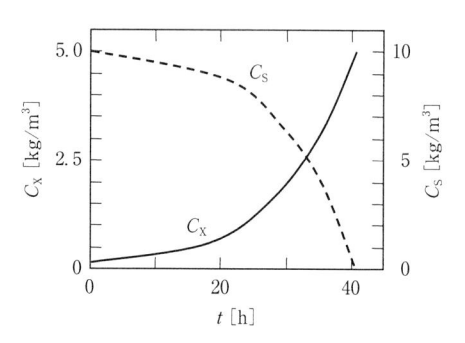

図 19.10 回分培養における菌体濃度 C_X と基質濃度 C_S の変化

yield) といい，ともに一種の化学量論係数である．増殖に伴う X，S および P の濃度変化をそれぞれ ΔC_X，ΔC_S，ΔC_P と表すと，$Y_{X/S} = \Delta C_X/(-\Delta C_S)$，$Y_{P/X} = \Delta C_P/(-\Delta C_S)$ である．したがって，厳密には選択率に相当するが，培養工学分野で一般的に使われている用語を用いる．また，ΔC_X および ΔC_S を時間の微小変化量 Δt で除すと，それぞれ菌体と基質の増加速度 r_X と r_S であるので，$Y_{X/S} = r_X/(-r_S)$ とも表現できる．

19.3.2 微生物の増殖速度

微生物を回分培養したときの菌体濃度 C_X の時間的な変化を増殖曲線と呼び，図 19.9 に示すように，誘導期，対数増殖期，転移期，静止期および減衰期に分けられる．

単位量の微生物が単位時間当たりに増殖する量を**比増殖速度**（specific growth rate）μ [s^{-1}] といい，次のように定義される．

$$\mu = \frac{1}{C_X}\frac{dC_X}{dt} \quad (19.30)$$

比増殖速度 μ と基質（たとえば，炭素源）の濃度 C_S の関係を記述する比増殖速度式にはいくつかあるが，式 (19.31) の **Monod の式**（Monod equation）は代表的な比増殖速度式の一つである．

$$\mu = \frac{\mu_{max}C_S}{K_S + C_S} \quad (19.31)$$

ここで，μ_{max} は最大比増殖速度，K_S は飽和定数である．

19.3.3 回分培養

比増殖速度が式 (19.31) で表されるとき，回分式培養槽内の菌体濃度の変化は次式で表される．

$$\frac{dC_X}{dt} = r_X = \mu C_X = \frac{\mu_{max}C_S C_X}{K_S + C_S} \quad (19.32)$$

一方，増殖には使われないが維持代謝のために消費される基質を考慮すると，基質濃度の変化は式 (19.33) で表される．

$$-\frac{dC_S}{dt} = -r_S = \frac{r_X}{Y^*_{X/S}} + mC_X \quad (19.33)$$

ここで，$Y^*_{X/S}$ は維持代謝により消費された基質を除いた真の増殖収率，m は維持定数である．

いま，m が小さいと仮定すると，C_S と C_X の間には次の関係が成立する．

$$C_S = \frac{C_{X\infty} - C_X}{Y_{X/S}} \quad (19.34)$$

ここで，$C_{X\infty}$ は初期基質濃度 C_{S0} で到達しうる菌体の最大濃度で，菌体の初期濃度を C_{X0} とすると，次式で表される．

$$C_{X\infty} = C_{X0} + Y_{X/S}C_{S0} \quad (19.35)$$

式 (19.34) を式 (19.32) に代入して解くと，回分培養における培養時間 t と菌体濃度 C_X の関係は次式で与えられる．

$$\mu_{max}t = \left(1 + \frac{K_S Y_{X/S}}{C_{X\infty}}\right)\ln\frac{C_X}{C_{X0}} - \frac{K_S Y_{X/S}}{C_{X\infty}}\ln\frac{C_{X\infty} - C_X}{C_{X\infty} - C_{X0}} \quad (19.36)$$

【例題 19.4】 炭素源の初期濃度 $C_{S0} = 10$ kg/m^3 で，ある微生物を $C_{X0} = 0.1$ kg/m^3 となるように植菌して回分培養した．$Y_{X/S} = 0.5$ kg-cell/kg-substrate，$K_S = 0.2$ kg/m^3，$\mu_{max} = 0.1$ h^{-1} として，菌体および基質濃度の時間的な変化を計算せよ．

〈解〉 C_{X0}，C_{S0} と $Y_{X/S}$ を式 (19.35) に代入すると，$C_{X\infty} = 0.1 + (0.5)(10) = 5.1$ kg/m^3 である．これらの数値を式 (19.36) に代入すると，

$$t = \frac{1}{0.1}\left[\left(1 + \frac{(0.2)(0.5)}{5.1}\right)\ln\frac{C_X}{0.1} - \frac{(0.2)(0.5)}{5.1}\ln\frac{5.1 - C_X}{5.1 - 0.1}\right]$$

であり，この式を用いて菌体濃度が C_X（$0.1 < C_X < 5.1$）になる時間 t が求められる．また，式 (19.34) よりこのときの基質濃度は $C_S = (5.1 - C_X)/0.5$ により算出できる．計算結果を図 19.10 に示す． 〈完〉

19.3.4 連続培養

撹拌槽型の装置を用いた連続培養（図 19.11）における菌体の物質収支は次式で与えられる．

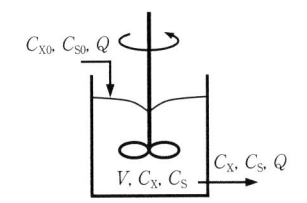

図 19.11 撹拌槽型連続培養装置

$$V\frac{dC_X}{dt} = QC_{X0} - QC_X + Vr_X \quad (19.37)$$

ここで，C_{X0} は流入する菌体濃度であり，一般には 0 である．Q は培地の流入および流出流量，V は培養槽の液量である．$C_{X0}=0$ とし，$r_X=\mu C_X$ に留意して式 (19.37) を整理すると，

$$\frac{dC_X}{dt} = -\frac{Q}{V}C_X + \mu C_X = (-D+\mu)C_X \quad (19.38)$$

ここで，$D(=Q/V)$ は**希釈率**(dilution ratio) と呼ばれ，液の平均滞留時間の逆数である．

定常状態では式 (19.38) の左辺は 0 であるから，

$$\mu = D = Q/V \quad (19.39)$$

が成立する．式 (19.39) は微生物の比増殖速度が培養液の供給速度によって規定されることを意味しており，培養液の供給速度を変えることにより比増殖速度 μ を制御できる．ただし，微生物の比増殖速度には限界があるので，式 (19.39) は $D<\mu_{\max}$ の範囲で成立する．

次に，基質に対する物質収支を考える．

$$V\frac{dC_S}{dt} = QC_{S0} - QC_S - V(-r_S) \quad (19.40)$$

ここで，C_{S0} は流入培地中の基質濃度，C_S は流出液中の基質濃度である．また，$-r_S$ は微生物による基質の消費速度であり，次式のように表現できる．

$$-r_S = \frac{1}{dC_X/(-dC_S)}\frac{1}{C_X}\frac{dC_X}{dt}C_X = \frac{1}{Y_{X/S}}\mu C_X \quad (19.41)$$

式 (19.41) を式 (19.40) に代入すると次式を得る．

$$\frac{dC_S}{dt} = D(C_{S0}-C_S) - \frac{1}{Y_{X/S}}\mu C_X \quad (19.42)$$

$\mu=D$ に留意すると，定常状態 $(dC_S/dt=0)$ においては，$Y_{X/S}$ は式 (19.43) で表される．

$$Y_{X/S} = \frac{\mu C_X}{D(C_{S0}-C_S)} = \frac{DC_X}{D(C_{S0}-C_S)} = \frac{C_X}{C_{S0}-C_S} \quad (19.43)$$

菌体の比増殖速度が Monod の式で表されるとき，式 (19.31) と式 (19.39) を等置すると，

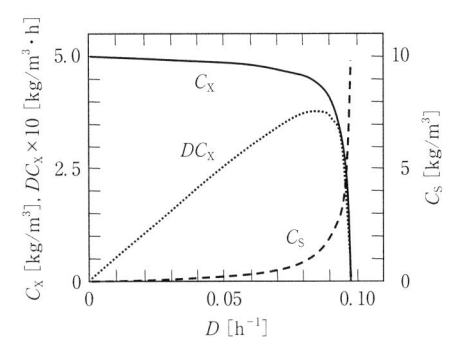

図 19.12 連続培養において希釈率が菌体濃度 C_X，基質濃度 C_S および生産性 DC_X に及ぼす影響

$$\mu = D = \frac{\mu_{\max}C_S}{K_S+C_S} \quad (19.44)$$

となる．これを変形すると，

$$C_S = K_S\left(\frac{D}{\mu_{\max}-D}\right) \quad (19.45)$$

が得られる．また，菌体濃度 C_X は式 (19.43) と式 (19.45) より

$$C_X = Y_{X/S}(C_{S0}-C_S) = Y_{X/S}\left[C_{S0}-K_S\left(\frac{D}{\mu_{\max}-D}\right)\right] \quad (19.46)$$

で表される．さらに，目的生産物が菌体である場合にはその生産性 DC_X は次式で与えられる．

$$DC_X = DY_{X/S}\left[C_{S0}-K_S\left(\frac{D}{\mu_{\max}-D}\right)\right] \quad (19.47)$$

【例題 19.5】 例題 19.4 と同様の培養を撹拌槽型の連続装置を用いて実施した．培養装置に供給する基質の濃度は $C_{S0}=10\,\mathrm{kg/m^3}$ で，菌体は含んでいない．定常操作されているときの菌体濃度，基質濃度および生産性に及ぼす希釈率の影響を求めよ．

〈解〉 例題 19.4 で与えられている諸値および $C_{S0}=10\,\mathrm{kg/m^3}$ を式 (19.45) と式 (19.46) に代入すると，基質濃度は $C_S=(0.2)[D/(0.1-D)]$ で，また菌体濃度は $C_X=(0.5)[10-(0.2)D/(0.1-D)]$ で求められる．得られた C_X に D を乗ずると生産性 DC_X が求められる．計算の結果を図 19.12 に示す．

菌体の生産性 DC_X は希釈率 D を大きくする（すなわち，供給流量を大きくする）と増加するが，最大の生産性を与える D を越えると急激に低下する．このように，流出液中の菌体濃度 C_X が 0（したがって，生産性 DC_X も 0）となる場合を wash out という．　　　　　〈完〉

19.3.5 好気性微生物の培養

好気性微生物の培養において，炭素源などの基質と同様に，酸素は菌体の増殖と維持代謝に使われるので，培養液中の酸素の消費速度 $-r_{ox}$ は次式で表される．

$$-r_{\text{ox}} = \frac{1}{Y^*_{\text{X/ox}}} r_{\text{X}} + m_{\text{ox}} C_{\text{X}} \qquad (19.48)$$

ここで，$Y^*_{\text{X/ox}}$ は維持代謝により消費された酸素を除いた真の増殖収率，m_{ox} は酸素に関する維持定数である．$-r_{\text{ox}}$ を菌体濃度 C_{X} で除すと，菌体の単位質量当たりの呼吸速度である比呼吸速度 q_{ox} を与える．

$$q_{\text{ox}} = \frac{-r_{\text{ox}}}{C_{\text{X}}} = \frac{1}{Y^*_{\text{X/ox}}} \frac{r_{\text{X}}}{C_{\text{X}}} + m_{\text{ox}} = \frac{1}{Y^*_{\text{X/ox}}} \mu + m_{\text{ox}} \qquad (19.49)$$

q_{ox} は培養液中の酸素濃度（溶存酸素濃度）C_{ox} の関数で，Michaelis-Menten 式に類似した次式で表される．

$$q_{\text{ox}} = \frac{q_{\text{ox,max}} C_{\text{ox}}}{K_{\text{ox}} + C_{\text{ox}}} \qquad (19.50)$$

ここで，$q_{\text{ox,max}}$ は最大呼吸速度である．また，K_{ox} は飽和定数で，酸素の飽和溶解度 C^*_{ox} の数 % 以下の値であることが多い．

培養に必要な酸素は空気を微細に気泡として培養液中に吹き込むことによって供給され，その速度過程には前回に取り扱ったガス吸収の理論が適用できる．

【例題 19.6】 例題 19.5 の装置を希釈率 $D = 0.08\text{ h}^{-1}$ で操作して，菌体を 10 kg-cell/h の速度で生産したい．なお，$Y^*_{\text{X/ox}} = 4.0 \times 10^{-2}$ kg-cell/mol-O_2，$m_{\text{ox}} = 0.5$ mol-O_2/(kg-cell・h) で，酸素濃度に依存しないと仮定する．また，$q_{\text{ox,max}} = 3.0$ mol-O_2/(m^3・h)，$K_{\text{ox}} = 1.0 \times 10^{-2}$ mol-O_2/m^3 とする．必要な培養槽の容積 V と物質移動容量係数 $k_{\text{L}}a$ はいくらか．

〈解〉 例題 19.5 において，$D = 0.08\text{ h}^{-1}$ における菌体濃度は $C_{\text{X}} = 4.6$ kg-cell/m^3，生産性が $DC_{\text{X}} = 0.368$ kg-cell/(m^3・h) である．したがって，$V = 150DC_{\text{X}} = 10/0.368 = 27.2 \text{ m}^3$ である．また，流量は $Q = V \times D = (27.2)(0.08) = 2.17 \text{ m}^3$/h である．次に，$q_{\text{ox}}$ を求める．定常状態では，$\mu = D$ であるので，

$$q_{\text{ox}} = \frac{1}{Y^*_{\text{X/ox}}} D + m_{\text{ox}} = \frac{1}{4.0 \times 10^{-2}} (0.08) + 0.5$$
$$= 2.5 \text{ mol-}O_2/(\text{kg-cell}\cdot\text{h}) \qquad (19.51)$$

培養槽における定常状態での酸素の物質収支は次式で与えられる．

$$QC_{\text{ox,0}} - QC_{\text{ox}} + k_{\text{L}}aV(C^*_{\text{ox}} - C_{\text{ox}}) - q_{\text{ox}} C_{\text{X}} V = 0 \qquad (19.52)$$

ここで，$C_{\text{ox,0}}$ は供給液中の酸素濃度である．また，C^*_{ox} は供給される空気中の酸素分圧に平衡な培養液中の酸素濃度で，例題 29.1 より $C^*_{\text{ox}} = 0.245$ mol/m^3 である．さらに，槽内の酸素濃度 C_{ox} は式 (19.51) と $q_{\text{ox,max}}$ および K_{ox} より，$C_{\text{ox}} = q_{\text{ox}} K_{\text{ox}}/(q_{\text{ox,max}} - q_{\text{ox}}) = (1.5)(0.01)/(3.0 - 2.5) = 0.03$ mol/m^3 である．培養液の供給および抜出しによって槽内に流入または槽から流出する酸素の速度（式 (19.52) の第 1 項と第 2 項）は，気泡から供給される酸素の速度（第 3 項）や菌体による酸素の消費速度（第 4 項）に比べて十分小さいと近似すると，

$$k_{\text{L}}a(C^*_{\text{ox}} - C_{\text{ox}}) = q_{\text{ox}} C_{\text{X}} \qquad (19.53)$$

となる．したがって，

$$k_{\text{L}}a = \frac{q_{\text{ox}} C_{\text{X}}}{C^*_{\text{ox}} - C_{\text{ox}}} = \frac{(2.5)(4.6)}{0.245 - 0.03} = 53.5 \text{ h}^{-1}$$

と求められる．

次に，式 (19.52) を式 (19.53) のように近似した妥当性について検証する．$QC^*_{\text{ox}} = (2.17)(0.245) = 0.532$ mol-O_2/h であり，第 1 項の $QC_{\text{ox,0}}$ はこれより小さい．また，第 2 項は $QC_{\text{ox}} = (2.17)(0.03) = 0.065$ mol-O_2/h である．一方，第 3 項と第 4 項はそれぞれ $k_{\text{L}}aV(C^*_{\text{ox}} - C_{\text{ox}}) = (53.5)(27.2)(0.245 - 0.03) = 313$ mol-O_2/h と $q_{\text{ox}} C_{\text{X}} V = (2.5)(4.6)(27.2) = 313$ mol-O_2/h で，第 1 項および第 2 項に比べて十分大きく，上記の近似は妥当である． 〈完〉

演 習

19.1 式 (19.10) の Michaelis-Menten 機構に従う酵素反応に対して，活性中間体 ES に対して定常状態の近似 ($dC_{\text{ES}}/dt = 0$) を適用して，式 (19.11) を導出せよ．

19.2 酵素反応速度式が式 (19.11) の Michaelis-Menten 式に従うとき，回分反応器に対する設計方程式 (19.12) を導出せよ．

19.3 酵素反応速度式が式 (19.11) の Michaelis-Menten 式に従うとき，CSTR に対する設計方程式 (19.13) を導出せよ．

19.4 β-ガラクトシダーゼ（ラクターゼ）は牛乳やホエイに含まれるラクトース（乳糖）をグルコースとガラクトースに加水分解する酵素である．種々のラクトース濃度 C_{S0} での初期反応速度 $-r_{\text{S0}}$ を測定し，以下の結果を得た．それらの結果から，(a) Michaelis 定数 K_{m} と最大反応速度 V_{max} を求めよ．(b) 20 mol/m^3 のラクトースを含む液を CSTR または PFR を用いて加水分解するとき，平均滞留時間（τ_{m} または τ_{p}）対 x_{s} のグラフを書き，PFR が CSTR よりつねに効率がよいことを示せ．

C_{S0} [mol/m^3]	25.0	22.7	18.4	13.5
$-r_{\text{S0}}$ [mol/($\text{m}^3\cdot$s)]	0.0323	0.0318	0.0308	0.0300
C_{S0} [mol/m^3]	12.5	7.30	4.60	2.04
$-r_{\text{S0}}$ [mol/($\text{m}^3\cdot$s)]	0.0297	0.0243	0.0195	0.0130

19.5 インベルターゼはスクロース（ショ糖）をグルコースとフルクトースに分解する反応を触媒する．インベルターゼを直径 2 mm の多孔性粒子に固定化する．スクロース濃度が K_{m} に比べて十分低く，反応が一次反応と近似できるとき，この固定化酵素の触媒有効係数はいくらか．なお，$K_{\text{m}} = 50$ mmol/L，$V_{\text{max}} = 3.3$ mmol/(L-固定化酵素粒子・min)，固定化酵素粒子内のスクロースの拡散係数 $D = 2 \times 10^{-6}\text{ cm}^2$/s とする．

19.6 炭酸飲料は，濾過水に糖液，香料，調味料などを加えたのち，二酸化炭素を溶解させてつくられる．二酸化炭素の溶解工程では，液温 10℃ の水溶液に二酸化炭素を 30% 含む 1 atm の空気を吹き込む．この液を 10℃ の雰囲気でボトルに 500 mL 充填し密閉する．このとき，ボトル上部に 50 mL のヘッドスペース（10℃ の空気）が生じる．後工程におけるボトル表面への結露を防止するため，ボト

ルは温水で室温（25℃）に加熱される．このとき，液に溶解した二酸化炭素の一部がヘッドスペースに放散し，ヘッドスペースの圧力が上昇する．二酸化炭素の溶解工程および加熱工程における溶液中の二酸化炭素は溶解平衡にあると仮定して，室温にあるボトルのヘッドスペースの圧力（これは溶液の圧力でもある）は何 Pa に上昇するか．

19.7 遺伝子組換酵母を 30℃ の気泡撹拌培養槽で培養して，タンパク質を製造する．酵母の増殖を維持するための臨界酸素濃度は $0.04\,\text{mol/m}^3$ であり，酵母を培養するために必要な酸素消費速度は $80\,\text{mol/(m}^3\cdot\text{h)}$ である．酸素源として 1 atm の (a) 空気および (b) 純粋な酸素を用いたとき，必要な物質移動容量係数 $k_\text{L}a$ はそれぞれいくらか．

19.8 例題 19.4 の回分培養で，$K_\text{S} \ll C_\text{S}$ と近似すると，菌体濃度が 2 倍になる時間はいくらか．

19.9 比増殖速度が Monod の式で表される微生物を連続培養する．培養槽に濃度 $C_{\text{S}0} = 100\,\text{kg/m}^3$ の基質溶液を流量 $Q = 0.4\,\text{m}^3/\text{h}$ で供給する．この液には菌体は含まれていない．$\mu_\text{max} = 0.6\,\text{h}^{-1}$，$K_\text{S} = 5.0\,\text{kg/m}^3$，$Y_\text{X/S} = 0.5\,\text{kg-cell/kg-substrate}$ とする．定常状態において培養槽から流出する液中の菌体濃度を $C_\text{X} = 45\,\text{kg/m}^3$ としたい．培養槽の容積 V はいくらにすればよいか．また，流出液中の基質濃度 C_S はいくらか．

第20章
主な食品加工装置とプロセス

[Q-20] 実際の食品製造ではどのような装置やプロセスが使われるのですか．また，第19章までに学んだことは，それらに役立ちますか？

解決の指針
実際の食品製造プロセスでは種々の装置が使われている．それらのうちのいくつかについて，それらの装置を開発・製造または使用している企業の研究者や技術者が装置の利用目的と概要について概説する．それらの装置をどのように設計または運転するのかと思いを巡らすと，これまでに学んだことが活かせるであろう．

本章で概説する装置またはプロセスと，それらの執筆企業は以下のとおりである．

20.1 プレート式殺菌装置
(株式会社日阪製作所)

20.2 レトルト殺菌装置
(株式会社日阪製作所)

20.3 通電加熱装置
(株式会社イズミフードマシナリ)

20.4 缶詰の殺菌装置
(大和製罐株式会社)

20.5 加熱撹拌装置
(株式会社カジワラ)

20.6 急速凍結装置
(テーブルマーク株式会社)

20.7 アイスクリーム製造装置
(森永乳業株式会社)

20.8 真空濃縮装置
(株式会社日阪製作所)

20.9 遠心薄膜蒸発装置
(株式会社日立プラントテクノロジー)

20.10 油脂の製造装置
(株式会社J-オイルミルズ)

20.11 抽出装置
(株式会社イズミフードマシナリ)

20.12 撹拌槽
(株式会社イズミフードマシナリ)

20.13 マーガリンの製造
(株式会社J-オイルミルズ)

20.14 油脂精製の濾過装置
(株式会社J-オイルミルズ)

20.15 醤油諸味の圧搾装置
(キッコーマン食品株式会社)

20.16 生醤油の濾過装置
(キッコーマン食品株式会社)

20.17 野菜の搾汁装置
(カゴメ株式会社)

20.18 膜型浄水装置
(株式会社日立プラントテクノロジー)

20.19 チーズホエイの脱塩濃縮装置
(森永乳業株式会社)

20.20 トマトジュースの逆浸透膜濃縮装置
(カゴメ株式会社)

20.21 CIP装置
(株式会社イズミフードマシナリ)

20.22 コーヒーの噴霧乾燥装置
(味の素ゼネラルフーヅ株式会社)

20.23 粉乳の製造装置
(森永乳業株式会社)

20.24 野菜の凍結真空乾燥装置
(ハウス食品株式会社)

20.25 中間水分食品の実例
(アヲハタ株式会社)

20.26 固定化酵素による油脂のエステル交換反応
(不二製油株式会社)

20.27 通気発酵による食酢の製造
(キユーピー醸造株式会社)

20.28 パン酵母の流加培養装置
(テーブルマーク株式会社)

20.1 プレート式殺菌装置

20.1.1 利用目的

牛乳に代表される液状食品の加熱・冷却にプレート式熱交換器が使われている．用途として，各種飲料，めんつゆ，たれ，醤油，酒，酢，牛乳，ミネラルウォーターなどの固形物を含有しない，低粘度液から中粘度液までの液状食品を対象にしている．プレート式熱交換器は大きさや形状，材質もさまざまである．装置の選定に際しては，液状食品の処理目的，液の物性，腐食性などを勘案し，プレート，ガスケットについて，最適な組合せを選定する．表20.1にプレートの特徴と用途を示した．

20.1.2 装置概要

プレート式熱交換器が牛乳のUHT殺菌機に採用されて久しいが，近年では乳飲料をはじめ，クリーム，流動食，ケチャップ，各種ソース類などの比較的高粘度の液体食品までその適応範囲が拡大し，従来のプレート熱交換器では要求に応えられないケースがでてきた．また，要求される仕様も増え，高度になってきている．従来の汎用プレートは，主に伝熱性能を重視し，コンパクトで高性能といった特徴をもち，酒，ミネラルウォーターなどの低粘度液体の殺菌には非常に適している．しかし，高粘度の液体の殺菌には，液体の歩留り（回収率）や洗浄性などに問題があるために，高い伝熱性能を保ちつつ，液置換性，洗浄性，長時間連続運転，保有液量が少ないといった機能性を高めた食品専用プレートが開発されている．

図20.1に代表的なプレートの写真を，図20.2に食品専用プレートを搭載したプレート式殺菌装置のフローと外観の写真を示す．装置は，原液タンク，送液ポンプ，予熱器，加熱器，ホールドパイプ，ブースターポンプ，冷却器，熱水ユニットなどから構成されている．液は一定流量で送液され，予熱器，加熱器で所定温度まで加熱される．ホールドパイプで所定時間だけその温度に保持され，その後，冷却器で冷却して一連の熱処理が完了する．食品専用プレートは，予熱器，加熱器，冷却器に使われている．このプレートにより，殺菌装置ではプレート内の液流が均一になり，歩留向

表20.1 プレートの特徴と主な用途例

種類	食品専用プレート（コルゲート）	汎用プレート（ヘリンボン）	汎用プレート（コルゲート）
特徴	液置換性，洗浄性，長時間連続運転，保有液量少など機能性重視	高性能，保有液量少，省スペース，低コストなど伝熱性能重視	中粘度からやや高粘度の対応
用途	ミルク，クリーム，醤油，ケチャップ，流動食	酒，焼酎，酢，ミネラルウォーター	醤油，たれ

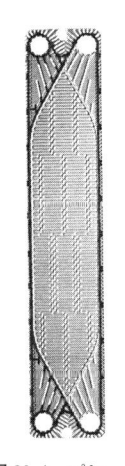

図20.1 プレート

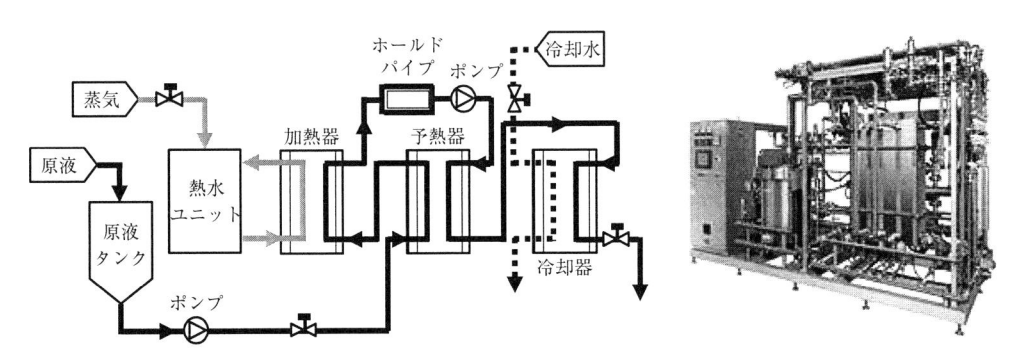

図20.2 プレート式殺菌装置のフローと外観

20.2 レトルト殺菌装置

20.2.1 利用目的

缶詰，レトルト食品に代表される金属製，ガラス製，プラスチック製，紙製などの容器に包装詰して加熱殺菌した食品は流通および貯蔵において商業的無菌性を維持する必要があり，これを確保するのに十分な加熱処理を行う目的でレトルト殺菌装置が用いられる．レトルト殺菌装置は殺菌方法の違いから，表20.2に示すような熱水スプレー式，熱水貯湯式，蒸気式などがある．容器や食品の種類，品質，安全性，生産性などを考慮し，最適な殺菌方法が選択される．

20.2.2 装置概要

一般に食品を常温におくと腐敗が起こり，ガスが発生したり毒素を産生することがある．これは，食品や環境に由来する微生物が食品を栄養源として繁殖することによる．食品を常温保存するには包装容器で完全に密封し，環境由来の微生物の侵入を阻止するとともに，食品に含まれる微生物を殺滅する必要がある．殺菌は一般に120℃近傍で行われる．完全に密封し高温で殺菌することにより，長期間常温で保存しても腐らない安全な食品が提供できる．確実な加熱殺菌を保証するためにレトルト殺菌装置が使用される．

図20.3に熱水スプレー式レトルト殺菌装置のフローと，熱水および冷却水をパウチに噴霧する部分の基本構造を示す．製品を殺菌処理する処理槽，循環水を加熱冷却するプレート式熱交換器，循環ポンプ，給水ポンプ，熱水または冷水を噴射するスプレーノズルなどから構成される．熱交換器による間接加熱・間接冷却が特徴である．

トレーに積載したパウチを処理槽に装填し，製品が潰からない程度まで給水する．処理槽の水を循環ポンプで熱交換器に送り，蒸気により間接加熱した後，処理槽内に設けたスプレーノズルで噴霧し，処理槽温度

表20.2 レトルト殺菌方式の特徴と主な適用製品の例

殺菌方式と装置	主な機器構成	加熱媒体	動作	特徴	適用製品例
熱水スプレー式	処理槽，プレート式熱交換器，スプレーノズル	熱水	容器に水を噴霧し，加熱・冷却する．水の加熱冷却にはプレート式熱交換器を使う	槽内温度の均一性が高い	PPカップ容器入りスープ，パウチ入り剥栗ドライパック，輸液ボトル，輸液バッグ，紙容器（リカルト）
熱水貯湯式	温水槽，処理槽，蒸気吹込管	熱水	容器を水に水没し，加熱・冷却する．加熱は温水槽で準備した熱水を，冷却は冷却水を使う	回転操作ができる	パウチ入リカレー/シチュー，ソーセージ，甘露煮（真空パック），カップ入リゼリー，水ヨウカン
蒸気式	処理槽，蒸気吹込管	水蒸気	容器に水蒸気を接触させて加熱．冷却は冷却水を使う	容器の装填量が多い	飲料缶（コーヒー，茶，スープ），瓶詰佃煮，魚介缶詰

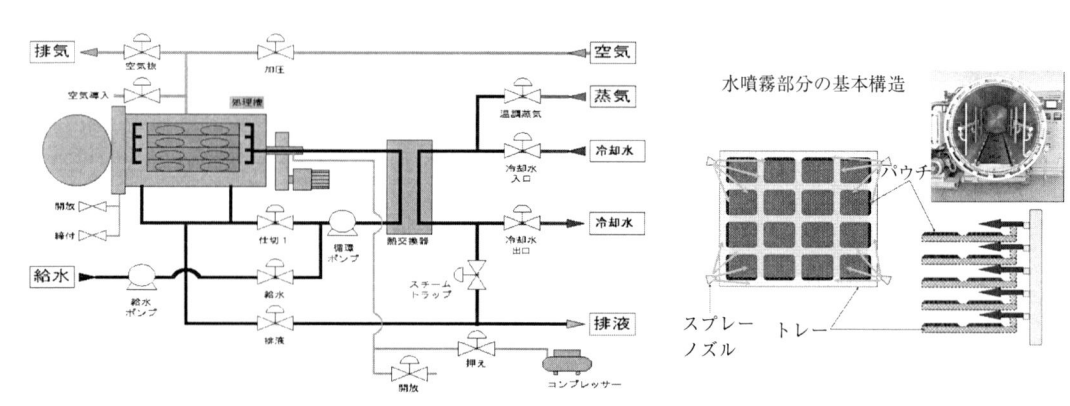

図20.3 熱水スプレー式レトルト殺菌装置のフローと水噴霧部分の基本構造

を上昇させる．循環水の温度が殺菌温度に達すると，コントロール弁によって蒸気量を微調整して殺菌温度を一定に保持する．加熱が完了すると，熱交換器への蒸気を止め，代わって冷却水を供給する．間接冷却された循環水は，加熱と同様にスプレーノズルから噴霧され，処理槽の温度が降下する．製品の冷却が終了後，処理槽の水を排液し，蓋を開放して製品を取り出し，一連の処理が完了する．

20.3

通電加熱装置

20.3.1 利用目的

食品に直接交流電圧を負荷することにより，食品がもつ電気抵抗によって発熱させ加熱する装置である．食品そのものが発熱するので，従来の熱交換器では困難であった高粘度および固形物入り食品も迅速かつ均一な加熱が可能で，食品に与える熱履歴を低減し，味などの劣化を抑えた加熱・殺菌処理ができる．

用途例として，固形物入り食品では，シチュー，カレー，スープ，ホワイトクリーム，ミートソース，フルーツジュースなど，ペースト状食品では，チーズ，ケチャップ，カスタードクリーム，介護食，ベビーフード，ソース類などがある．

20.3.2 装置概要

食品が加熱される原理は次のとおりである．

電気抵抗が $R[\Omega]$ の食品に電圧 $E[V]$ をかけたときに流れる電流 $I[A]$ はオームの法則から $I=E/R$ である．このときの電力 $P[W]$ は $P=EI$ であり，これに $E=IR$ を代入すると $P=I^2R$ となる．この電力を t 時間 $[h]$ 使用したときの電力量（電気エネルギー）は $Q=I^2Rt[Wh]$ である．これがジュールの法則であり，この電力量（電気エネルギー）をジュール熱と呼ぶ．この電気エネルギーはすべて熱エネルギーに変換されるので，このジュール熱を利用した加熱方法であることから，一般的にジュール加熱または Ohmic heating と呼ばれる．

食品の流れ方向に平行に電極を配置した加熱装置の加熱部分を図20.4に模式的に示す．サニタリーパイプの内部に成形ゴムで絶縁した対向する電極板を配置し，流れる食品に通電し加熱する．図20.5は，生産機の加熱部分の写真であるが，図20.4を直列に複数，水平方向に配置し，個々の電極へ配線したものである．

図20.5 通電加熱生産機の加熱部分

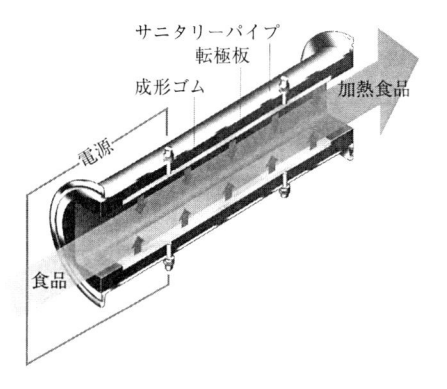

図20.4 通電加熱装置の加熱部分の模式図

20.4

缶詰の殺菌装置

20.4.1 利用目的

魚肉，畜肉，野菜および飲料などを常温で長期保管する最も実績のある方法として，缶詰製造技術がある．金属容器はその遮光性，密封性，ガス透過性，さらには堅ろう性に優れるため，世界中で広く普及しており，「安全・安心な食品保存方法」として食品の重要なカテゴリーを担っている．

表20.3に缶詰食品の殺菌方法の比較を示す．主として熱殺菌の視点から考えると，殺菌機には，①pH値が低い食品向けのパストライザー殺菌機，②中性域食品向けのレトルト殺菌機，③缶詰に充填する前に食品を高温短時間で殺菌する UHT 殺菌機に大別できる．

20.4.2 装置概要

缶詰食品の製造工程を図20.6に，殺菌処理手順を以下に示す．

（1）産地や輸送経路を厳しく管理された原材料は，異物混入などの受け入れ検査の後，必要に応じて解凍や粉砕処理を施す．

（2）調合時には異物混入に十分配慮し，決められた

表20.3 缶詰食品の殺菌方法

殺菌法	殺菌温度（例）	殺菌時間（例）	装置名	製造工程	缶詰製品例
低温殺菌	100℃以下	数十分～数時間	パストライザー	最終製品の殺菌	フルーツ缶詰
高温殺菌	100℃～約125℃	数十分～数時間	レトルト	最終製品の殺菌	魚肉缶詰
高温短時間殺菌	120℃～140℃	数秒～数分	UHT	無菌充填	一部の飲料

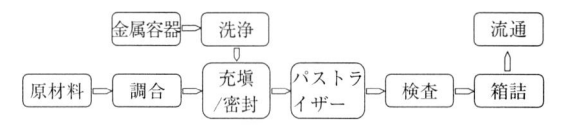

図20.6 缶詰食品の製造工程

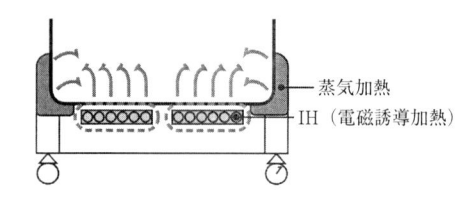

図20.7 釜構造

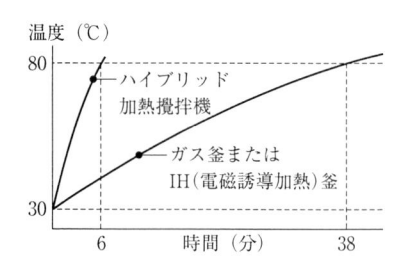

図20.8 昇温時間比較（水180Lを昇温した場合）

製品の処方に応じて調理する．また，充填・密封されるまで可能な限り滞留時間をつくらない．

（3）金属容器は，その衛生性に十分配慮しながら清浄な水で内面を洗浄する．

（4）充填・密封工程では，金属容器へ食品を充填する専用の高速充填機（シーマー）を用いる．密封工程では容器の気相部分（ヘッドスペース）を窒素などで置換し，食品の酸化の原因になる酸素濃度を低減させる．

（5）密封後は金属容器外部から間接的に加熱して内部の食品を殺菌する．この工程により食品缶詰の常温流通が可能になる．たとえばパストライザーは，缶詰食品を通過させながら熱水（通常60℃～95℃）のシャワーで加熱するトンネル形状の殺菌機である．加熱後は冷水で食品缶詰を冷却する機能も備えている．

（6）検査工程では，安全性を確保するため，すべての製品の密封性を検査する．密閉性は，内部が負圧となっている缶詰の蓋を電気的に振動させ，負圧に応じた音（振動周波数）を非接触で解析して検査する．

20.5 加熱攪拌装置

20.5.1 利用目的

食品加工における加熱攪拌機は，食材を均一にかき取りながら加熱・混合し，新しい味と物性をつくりだしていくという重要な役割を担っている．ハイブリッド加熱攪拌機は，複数の熱源を複合的に利用することで，短時間大量調理を可能にし，手作り同様の美味しい炒め物を製造することができる．

20.5.2 装置概要

ハイブリッド加熱攪拌装置は，電磁誘導加熱（IH）の特徴である高温加熱と，蒸気加熱の特徴である十分な熱量の供給により（図20.7），従来のガスによる加熱攪拌装置（以下，ガス釜という）と比較して約6倍（水を加熱する場合，図20.8）の熱量を供給できる．そのため，大量の炒め物やルーの生産においても短時間で強火調理を実現できた．従来の大量調理では，火力不足により炒めの際に野菜や肉のドリップが出て，煮物状態になったのに対し，ハイブリッド加熱攪拌装置は，短時間に強火で調理することによりドリップの排出を抑え，手づくりに近いシャキッとした美味しい炒め物を大量に生産することができる．また，生産性も飛躍的に向上した．

20.6 急速凍結装置

20.6.1 利用目的

冷凍食品は，農林畜水産物を選別・洗浄等の前処理後，目的とする成型や加熱などの調理を行ったものを凍結し，包装したものを冷凍状態で流通するものである．ここでいう凍結は，最大氷結晶生成帯（-1～-5℃）を急速に通過し，品温が-18℃に達する操作を意味する．凍結は冷凍食品の品質に大きく影響するため，対象とする食品に適した凍結装置の選択が重要である．

20.6.2 装置概要

急速凍結装置は，熱源の冷却方式と対象の食品に適した装置構造（様式）が選択される．

a. 冷却の方式　以下の3方法が選択される．

(1) 外部で圧縮された冷媒（アンモニア，フロン）が冷却管内で減圧される際の気化熱により空気を冷却し，得られた冷風を庫内に強制循環して食品から熱を除去し凍結する方法

(2) 液体窒素などを気化させた冷気を直接食品に吹きかけて急速に凍結する方法

(3) −50〜−30℃に冷却した塩化カリウム，アルコール溶液などの不凍液が循環している槽に食品を浸漬し，急速に凍結する方法

b. 凍結装置庫内の構造

(1) スパイラルフリーザー（図20.9）：冷凍庫内にスパイラルコンベヤーを設置した立体的な構造である．床占有面積はトンネルフリーザーの50〜70%で収まり，設置スペースの効率化が図れる．

(2) トンネルフリーザー（図20.10）：平面的で直線状の構造をもち，スパイラルフリーザーに比べて占有面積が大きい．平面的でシンプルなため，スパイラルフリーザーに比較して洗浄性が高い．近年，スリットノズルから冷風を垂直方向に高速で均一に吹き出し，製品に吹き当てることで熱伝達性を高め，凍結時間を短縮させた衝突噴流方式が開発された（図20.11）．製品に衝突した冷風はコアンダ効果（粘性流体が固体の曲面に沿って流れる向きを変化させる特性）により，製品を包み込むように流れ伝熱効率を高める．

(3) ガス凍結フリーザー：液体窒素などを気化させた冷気を直接食品に吹きかけて凍結する装置である．コンプレッサーなどの付帯装置を必要とせず，極低温まで急速に凍結することができるが，ランニングコストは高い．生鮮魚，生パティなどで利用されている．

(4) 浸漬凍結フリーザー：アルコール溶液などの不凍液に，フィルムパック製品などを直接漬け込む方式で，装置的にコンパクトである．水産・畜肉素材に対し細胞破壊を起こさないように，最大氷結晶生成帯を

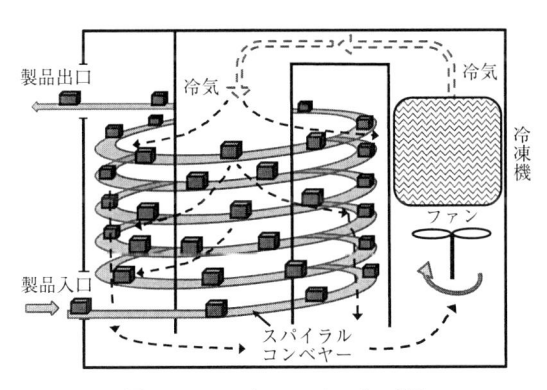

図20.9　スパイラルフリーザー略図

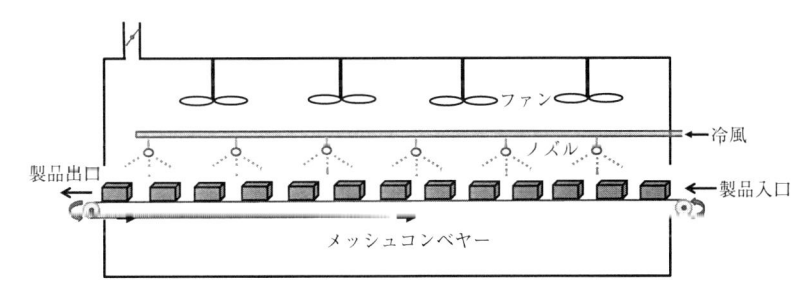

図20.10　トンネルフリーザー略図

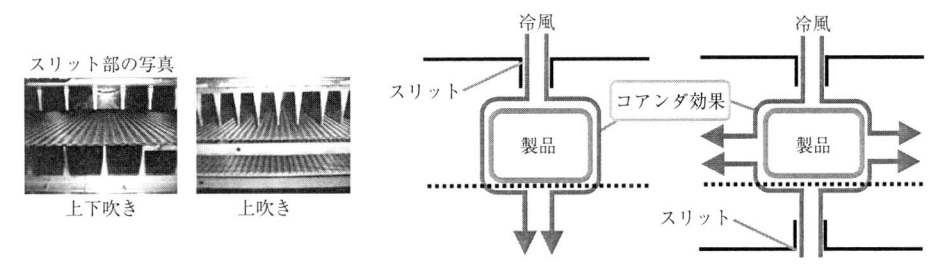

図20.11　衝突噴流式スリット（左）およびコアンダ効果イメージ（右）

短時間で通過させることで高品質に凍結できる．冷凍加工食品の凍結装置としては，一般的に経済性や運転管理面から，①スパイラルフリーザーや②トンネルフリーザーが使用されることが多い．

20.7 アイスクリーム製造装置

20.7.1 利用目的

アイスクリーム原料（ミックス）に空気を吹き込み，これを冷却しながら撹拌することにより，気泡，氷結晶，不凍水の混合物であるアイスクリームとなる．充填後のアイスクリームは，そのままでは氷結晶が成長して食感が悪くなるため，急速凍結を行い専用冷凍倉庫で保管される．

20.7.2 装置概要

アイスクリーム製造設備の概要を図20.12に示す．アイスクリームフリーザ（フリーザ）は，①アイスクリームミックスを冷却し微細な氷結晶をつくる，②氷結晶と気泡を均一に混合する，③ミックス中の脂肪を解乳化する，という役割をもつ．熱伝導性の高いニッケルを主な素材とした内筒と，他の素材による外筒から構成された二重円筒が，フリーザで微細な氷結晶をつくるために最も重要である．この内筒中にミックスと空気の混合物を導入し高速で撹拌する．同時に，アンモニアやフロンなどの冷媒を液体の状態で，冷凍機から内筒と外筒の間に供給する．冷媒は混合物から熱を奪い，水の一部を内筒の表面で凍結させる．蒸発しガスとなった冷媒は冷凍機で回収される．冷媒の蒸発速度を調節することにより，アイスクリームの温度を制御する．

内筒の表面にできた氷は，高速回転する撹拌機により，厚く成長する前に内筒から離脱し，微細な氷結晶となる．ミックス中の糖の含有量などにもよるが，氷の割合に依存して，アイスクリームのおおよその温度が決まる．アイスクリーム温度は，あまり低くすると硬くなり充填で問題が起きるため，一般には−4〜−6℃であるが，型（モールドといわれる）を使用する場合には−2〜−3℃である．

フリーザから吐出して容器に充填されたアイスクリームは，氷結晶の割合が少なく，不凍水の割合が多い．これを製品冷凍倉庫などで緩慢に冷却すると，氷結晶が成長し，滑らかさが失われ，ザラザラした食感となる．氷結晶の成長を防ぐために，専用の空冷設備を用いて氷結晶の成長速度より急速に，製品を冷却することが多い．

アイスクリームに使用する急冷設備の場合，以下の事項に注意する必要がある．①包装済みの製品を冷却することが多く，冷却効率が悪い．これを補うために製品の配置や風速の調整に工夫が必要である．②氷以外の成分（たとえば脂肪）から放出される結晶化熱などの影響があるため，冷却には一定の時間が必要である．③製品に霜や汚れが付着した場合，設備を出た後の工程で支障が発生することや製品を廃棄しなければならないため，設備内は清浄に保たれなければならない．

20.8 真空濃縮装置

20.8.1 利用目的

エキス，果汁，乳製品，豆乳，糖液などを濃縮する際には，味，色合い，ビタミンなどに対する熱の影響を極力抑えるために，100℃以下で水分を蒸発させる真空濃縮が適用される．真空濃縮装置には濃縮方法の違いからいくつかの方式がある（表20.4）．液の種類，特徴，物性，さらに装置の設置条件などに応じて適切な濃縮システムを選択する．

20.8.2 装置概要

果汁は一般に搾汁後に濃縮して体積を減らし保存する．濃縮の際の熱や酸化の影響を極力避けるために真空（減圧）濃縮が採用されることが多い．消費者のおいしさに対する要求と製造コスト削減のための省エネ対応に応える濃縮方式が求められる．温州みかんなどの果汁の濃縮では，加熱による味や香りの変化の軽減と，ランニングコストの削減を両立させるプレート式薄膜流下方式の濃縮装置が開発された．超ロングプレートで瞬間的に濃縮することにより，味や香りの変化を抑えるとともに，多重効用缶とサーモコンプレッ

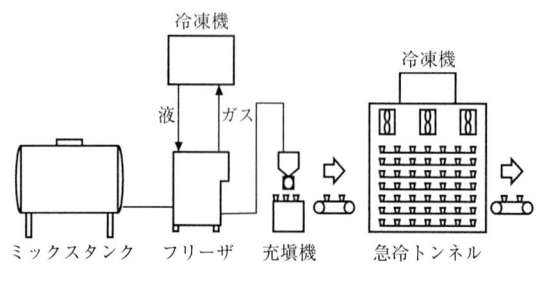

図20.12 アイスクリーム製造設備

20.8 真空濃縮装置

表20.4 真空濃縮装置の特徴と用途例

装置と方式	プレート式薄膜流下方式	プレート式強制循環方式	コイル回転方式
動作	流下薄膜蒸発 液がロングプレートを薄膜で降下しつつ蒸発する	蒸発フラッシュ蒸発 プレート式熱交換器で液を加熱し，セパレータタンク内でフラッシュ蒸発を行う	遠心薄膜蒸発 液をセパレーターに保有した状態で，伝熱チューブが回転することによって濃縮を行う
特徴	液の熱影響が少ない 多重効用缶で省エネ，分解洗浄可能	液の泡立ちを抑えて濃縮，高粘度まで対応	スケールの付着や焦げつきが少ない，高濃度濃縮（粘度10Pa・s）が可能，固形含有液の濃縮も可能
用途	ジュース類：オレンジ，アップル，グレープ，パイン，トマト エキス類：鳥ガラ，畜肉，魚介類，ビタミン類，酵素，酵母 糖類：着色，分解，変質を防ぎたい液体…オリゴ糖，蜂蜜など 牛乳，その他：短時間で濃縮したい液体	各種調味液，スープ，動・植物エキス，糖液類，煮詰用高濃縮液，アミノ酸，クロレラ，ジュース，低塩醤油，漢方薬抽出液	天然調味料，色素，生薬エキスなどの抽出液

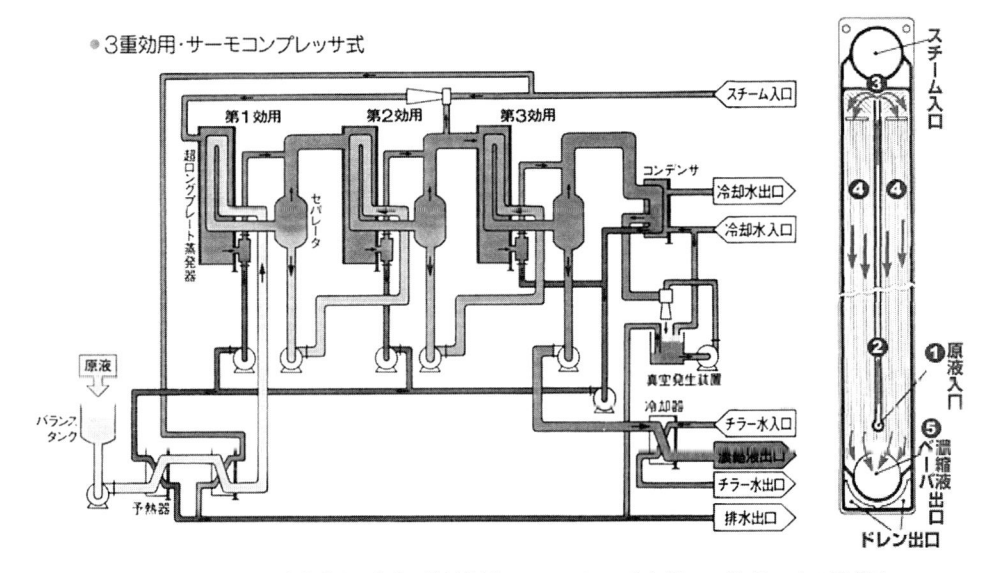

図20.13 プレート式薄膜流下方式の濃縮装置のフローチャートと超ロングプレートの模式図

1. 原液は蒸発ドレンなどの排熱で予熱された後，蒸発プレートの下部①に供給される．
2. 液状のままでさらに加熱されながら，プレートの中央部②を高流速で上昇し，プレート上部③でフラッシュする．
3. フラッシュした液と蒸気は均一に分散し，液はフルーテッドプレート④を薄膜状に降下しながら蒸発する．
4. プレートの下部にある出口⑤から，セパレータに導かれ，効率よく蒸気と濃縮液に分離される．

サーを組み合わすことで大幅な省エネを実現した．

図20.13にプレート式薄膜流下方式の濃縮装置のフローと超ロングプレートの模式図を示す．装置は，3重効用缶となっている．原液は予熱器で予熱され，第1効用缶に供給される．第1効用缶で蒸発生成した水蒸気が第2効用缶の加熱源となり，第2効用缶で発生した水蒸気が第3効用缶の加熱源となるという原理で，省エネが図られる．温州みかんの場合，8 Bx（Brix）

の原液が第1効用缶で20 Bx，第2効用缶で36 Bx，第3効用缶で60 Bx まで濃縮される．原液の受入れから濃縮液の取出しまでの時間は数分にまで縮め，熱による味や香りの変化を抑えることができる．

20.9
遠心薄膜蒸発装置

20.9.1 利用目的

キャンディーは，糖や油脂，香料などを混合してから加熱濃縮，冷却，成形して製造する．しかし，練乳をはじめとする乳製品などの原料を濃縮する場合には，蒸発面に焦げ付きが発生しやすい．とくに，加熱してから真空蒸発する装置では加熱部での焦げ付きが生じやすく，頻繁に洗浄する必要がある．遠心薄膜蒸発器では，原料を薄膜にし，加熱すると同時に真空蒸発させ，短時間で濃縮を終える．これによって焦げ付きを低減し，洗浄の間隔を長くして生産効率を上げる．

20.9.2 装置概要

図20.14に装置の内部構造を示す．まず，ジャケットに蒸気などの熱媒体を送り，円筒状のシェルの内面を加熱する．投入された原料をシェル内面と同心円状の回転翼で高速撹拌し，シェル内面上に安定した薄膜を形成させると同時に，薄膜表面を減圧し蒸発物を取り出す．シェル内面と薄膜との間の伝熱速度は，高速で回転する撹拌翼による伝熱面の更新により高い伝熱能力が確保され，焦げ付きが生じやすい原料や高粘性の原料でも真空濃縮を短時間で行うことができる．濃縮液はシェルの下部から取り出される．

装置の外観を図20.15に示す．この装置で750 kg/hのキャンディーを生産するための圧力と温度は，シェル内面は真空でその表面温度は205℃，ジャケット内の加熱用水蒸気は圧力1.72 MPaで205℃，モーター動力は15 kWである．

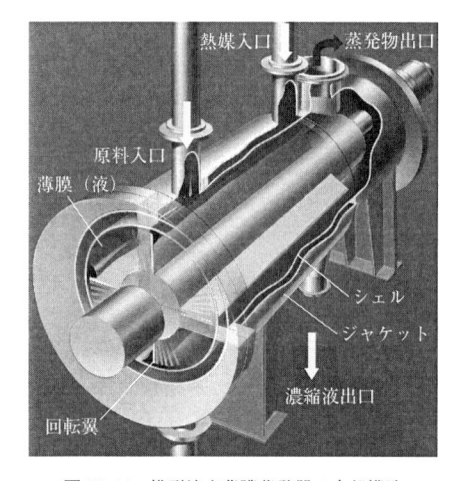

図20.14 横形遠心薄膜蒸発器の内部構造

図20.15 横型遠心薄膜装置の外観

20.10
油脂の製造装置

20.10.1 利用目的

油糧原料から油脂を取り出す方法として，①圧搾法，②抽出法，③圧抽法（圧搾法＋抽出法）の3通りが行われている．圧搾法はスクリュープレスなどにより物理的に油を搾り出す方法であり，菜種などの油脂分が多く含まれる油糧原料に対して採用される．この方法は，圧搾粕に10〜20％（w/w）の油分が残存する．抽出法は溶剤を使用して抽出する方法で，食品ではn-ヘキサン（以下，ヘキサンという）が溶剤に使用される．抽出後の脱脂粕に残存する油分が少なく採油性に優れる．

一般的には，原料の油分含量の低い大豆などは抽出法，油分含量の高い菜種やヒマワリなどの原料は圧搾法と抽出法を組み合わせた圧抽法が採用される．

20.10.2 装置概要

図20.16に大豆油の抽出装置の概要を示す．抽出の前処理段階で，精選，乾燥，割砕，圧延処理した大豆フレーク（厚み約0.3 mm）は，図20.17に示す抽出機内の分割されたセルに供給される．セルはフレークの供給量に応じた速度で排出側に移動する．一方，ヘキサンはフレーク排出側の上部から注入し，フレークの移動と逆方向にフレーク層を透過し，油分を抽出する．フレーク中の油分は，排出側に向かって低下し，

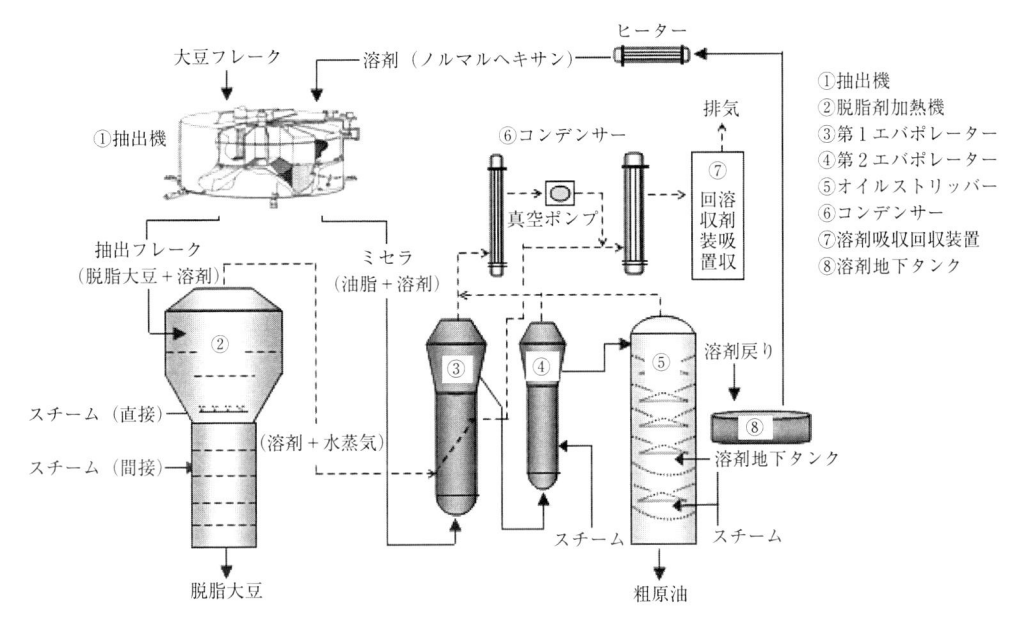

図 20.16 抽出装置の概要図

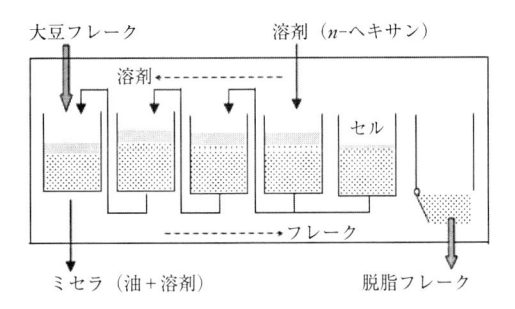

図 20.17 抽出機の溶剤抽出方法

ミセラ（ヘキサンと油の混合物）中の油分濃度は，フレークの供給側に近いほど高濃度になる．

抽出フレークにはヘキサンが約 30% 残存する．これを脱溶剤加熱機で直接または間接スチームを使用して，残存するヘキサンを完全に除去する．また同時に，大豆に多く含有するタンパク質を加熱処理して非水和性タンパク質に変性させる．

ミセラは蒸留ラインに送られ，真空下でヘキサンを蒸留する．第 1 エバポレーターは，脱溶剤加熱機の蒸気を熱源で利用して蒸留を行い，第 2 エバポレーターではスチームで油温を上げて蒸留する．最終のオイルストリッパーでは，直接スチームとの共沸により油中のヘキサンを除去する．ここで得られた油（粗原油）は，次の精製工程に送られる．抽出に使用したヘキサンは，溶剤タンクに回収され，再利用される．

20.11 抽出装置

20.11.1 利用目的

食品に使用される抽出原料（抽料）には，飲料用ではコーヒー豆，茶葉，だし用では魚類の節，乾燥コンブなどがある．抽出方式は原料や抽出方法により異なるが，抽出効率や抽出液の風味がよいことだけでなく，抽出粕の分離・取出しの作業性のよさ，高温多湿になりがちな作業環境の改善，多種の原料に対応できること，洗浄作業が容易であることなどが選定因子となる．食品産業で使用される主な抽出方式とその特徴を表 20.5 に示す．

20.11.2 装置概要

多機能抽出装置の構造を図 20.18 に示す．コーヒー，茶，だし，各種エキス，漢方薬などの原料により異なるすべての抽出方法に対応し，原料投入後のならしから抽出後の粕排出，洗浄までの自動運転が可能である．また，密閉構造により作業環境を改善できる．下蓋を閉じた状態で，フィルター上に原料を投入し，撹拌とならしを兼ねた羽根で原料の高さを整え，回転式シャワーノズルまたは温水供給スプレーボールから温水を供給して抽出を行う．抽出後は下蓋を開け，フィルター洗浄装置で原料粕を払い落とす．

表20.5 食品産業で使用される主な抽出方式とその特徴

抽出方式		ニーダー	混合タンク	抽出かご	スラリー連続抽出	多機能抽出器
適応品種例		茶, だし, 各種エキス	茶, だし, 各種エキス	茶, だし, 各種エキス, 漢方薬	コーヒー	コーヒー, 茶, だし, 各種エキス, 漢方薬
抽出	可能な方法	浸漬・静置, 浸漬・撹拌	浸漬・静置, 浸漬・撹拌	浸漬・静置, 浸漬・循環	浸漬・撹拌・微細化	ドリップ, 浸漬・静置, 浸漬・撹拌, 浸漬・循環, アロマ回収など
	繰り返し抽出	不可能	不可能	可能	不可能	可能
	抽出効率	普通	普通	低い	高い	高い
	抽出器構造	開放	密閉	開放	密閉	密閉
	抽出環境	高温高湿	良好	高温高湿	良好	良好
粕分離	方法	抽出器反転→粕分離タンク→抽出液受けタンク	スラリー排出→シフター→抽出液受けタンク	抽出液のみそのまま払い出し	スラリー排出→遠心分離機など→抽出液受けタンク	下蓋スクリーン
	分離環境	開放	密閉	開放	密閉	密閉
粕排出	方法	粕分離タンク反転	シフターの篩から手作業で排出	抽出かごをリフターで引き上げ, かごを開いて排出	遠心分離機などから手作業にて	下蓋を開いて排出
	作業性	簡単	高負荷	簡単	高負荷	簡単
洗浄性	抽出器	手洗浄	CIP	手洗浄	CIP	CIP
	粕分離	手洗浄	手洗浄	手洗浄	手洗浄	自動洗浄
	抽出液受けタンク	手洗浄	CIP	CIP	CIP	CIP

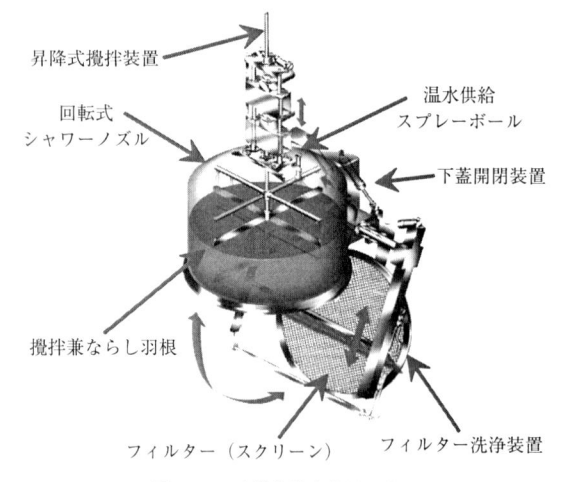

図20.18 多機能抽出装置概略図

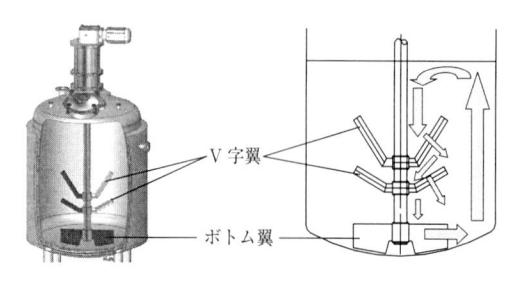

図20.19 VMIX撹拌槽の模式図

20.12 撹拌槽

20.12.1 利用目的

食品の製造過程では，溶解，調合などの工程に撹拌槽が用いられる．撹拌翼の種類としては，プロペラ，パドル，タービン，リボンなどが一般的であるが，食品の性状によっては均一性が確保できず，食品の品質に影響を及ぼすことがあるので，食品との適合性を見きわめたうえでの撹拌翼の選定が必要である．VMIX撹拌槽は，食品の性状によらず均一な撹拌を目的として開発された撹拌翼を装備した撹拌槽である．食品産業で使用される主な撹拌翼とVMIX撹拌翼との比較を表20.6に示す．

20.12.2 装置概要

VMIX撹拌槽の模式図を図20.19に示す．ボトム翼から強く吐出された液が槽壁に沿って上昇し，液面付近から軸に沿って下降流に変わり，2組のV字翼によって流れが細分化されボトム翼に到達し，循環を繰り返す．仕込量，固形物の有無によらず均一な混合性能を有する．

図20.20はVMIX翼と標準パドル2段翼について，

表20.6 食品産業で使用される主な撹拌翼の種類と特徴

撹拌翼の種類	プロペラ	パドル	タービン	リボン	VMIX
対象粘度	低	低〜中	低	高	低〜高
撹拌翼回転速度	高	中〜高	高	低	低〜中
用途例	調合（液液）	均一混合	溶解	高粘性液混合	全体均一混合

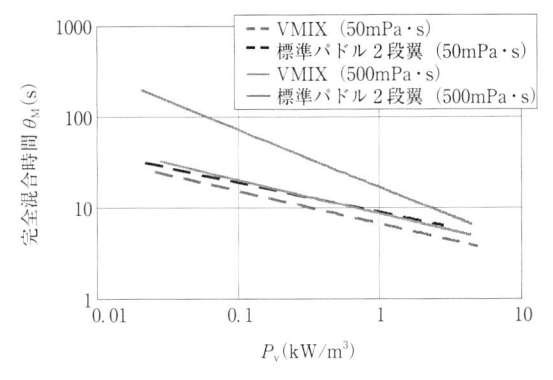

図20.20 液単位体積当たりの撹拌所用動力と完全混合時間の関係

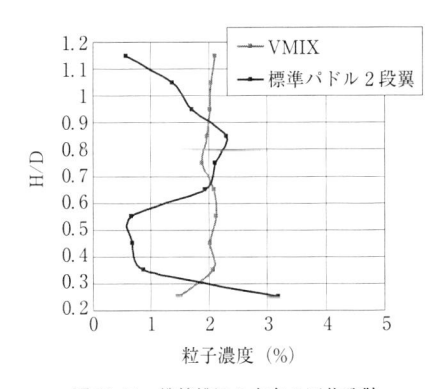

図20.21 撹拌槽深さ方向の固体分散

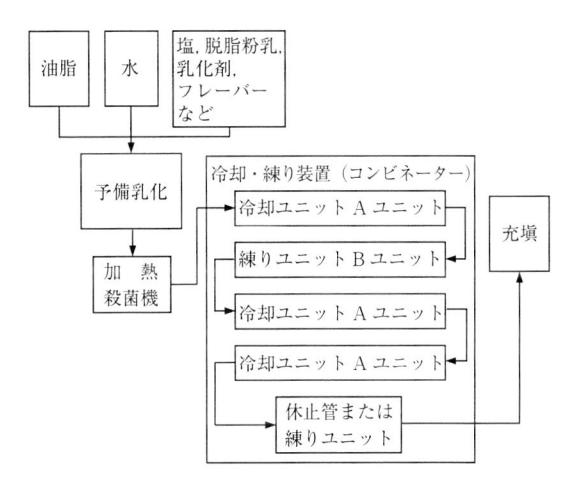

図20.22 コンビネーター式マーガリン製造工程例

図20.23 コンビネーター外観

粘度が50 mPa·sと500 mPa·sの2種の液に対する液単位体積当たりの撹拌所用動力（P_V）と完全混合時間（θ_M）の関係を比較したものである．500 mPa·sの液では，VMIX翼は標準パドル2段翼に比較して，半分以下の時間で完全に混合する．VMIX翼と標準パドル2段翼について，液中に分散させた固体粒子の撹拌槽深さ方向の濃度分布の比較を図20.21に示す．VMIX翼は標準パドル翼に比較してH/D（液深さ/槽径）にかかわらず均一に分散している．

20.13 マーガリンの製造

20.13.1 利用目的

マーガリンは家庭用では冷蔵庫から出したときのトーストへの塗りやすさ，口中での口溶け感とフレーバーおよび風味のリリースが重要である．また，製パン用のマーガリンでは製パン生地への練り込みやすさなどの作業性と，焼成後のパンのテクスチャーと風味の良好さが要求される．食品の設計では，食品およびその原料の物理的，化学的および生化学的特性の理解に加えて，工学の知識が必要不可欠である．

20.13.2 装置概要

図20.22にマーガリン製造フローを，図20.23にパイロットスケールのコンビネーターの写真を示す．

冷却・練り工程の装置としては，コンビネーター，パーフェクター，ボテーターなどがある．予備乳化槽において原料を均一に分散させ，加熱滅菌した後，冷却ユニットの内面に微細な油脂結晶を析出させながらスクレイパーで油脂結晶をかき取り，練りユニット

で乳化の程度（水滴径の分布，平均 0.5～1 μm 程度）と結晶の形態を整える．冷却ユニットでは冷却温度とスクレイパーの回転速度を，練りユニットではシャフトピンの回転数を調節することによって，マーガリンの塑性，硬さ，風味のリリースの程度を調整することができる．また，冷却ユニットと練りユニットの数とそれらの組み合わせ方も，高い生産速度で品質・機能を維持するためには重要である．

20.14 油脂精製の濾過装置

20.14.1 利用目的

油糧原料から採油した粗原油には，食用油脂としての色調，風味，保存安定性などを損なう油溶性の不純物が含まれる．これら不純物を除去するために，脱ガム，脱酸，脱色，脱臭の順に精製処理が行われる．脱色工程は，油脂中のカロチノイド系やクロロフィル系などの着色成分を除去する工程であり，色素を活性白土に吸着させ，その後濾過機で油と活性白土を分離（固液分離）する．活性白土は，粒子径が 20～30 μm と細かく，吸着部位である表面積が大きい．一般に，油と活性白土の分離には，加圧式のリーフフィルターとフィルタープレスが採用される．

20.14.2 装置概要

図 20.24 に縦置型のリーフフィルターを示す．濾過機は密閉構造で，リーフ（濾材）にはステンレス製の金網が使用される．まず，油と珪藻土の混合物を原液入口からポンプで送り，リーフ表面をプリコートし，濾過助剤で被膜を形成させる．次に，色素を吸着した活性白土と油の混合した原液を圧送し，リーフ面の濾過助剤の被膜を通過させて濾過を行う（図 20.25）．濾過の開始直後は，微量の活性白土が濾液側に洩れる可能性があるため，初期の濾液を除外してから油を取り出す．

リーフに一定のケーク層が形成した時点で原液の供給を停止し，以下の手順でケークを排出する．濾過機内に窒素ガスを投入し，残存油を濾過液出口部に押し出す．同時に，ケークに窒素ガスを吹き付け，ケークに付着する油を回収する．コニカル部の残存油はクッションタンクに抜き出す．油抜きが終了した後，バイブレーターで振動を与えてリーフに付着したケークを落とし，ケーク排出部より排出する．

以上のプリコートからケーク排出までの操作は，すべて自動制御で行われる．

20.15 醤油諸味の圧搾装置

20.15.1 利用目的

大豆と小麦の原料のすべてを製麹後，食塩水を加えて麹菌，乳酸菌，酵母で発酵させた諸味（もろみ）から，目的成分である醤油を圧搾により分離する工程で用いられる．醸造用の圧搾装置としては他にフィルタープレスがあるが，醤油諸味用で用いられる装置の特徴は，ケージ内で諸味を濾布に包み込み縦方向に圧力をかけて圧搾するところにある．圧搾操作は自重による搾出から始まり，以後徐々に圧力を上げ，最終圧力は約 6 MPa に達する．液体である製品の回収率を高めるために高圧を必要とする圧搾に適している．

20.15.2 装置概要

圧搾装置の概略を図 20.26 に示す．濾布材は，一般的にナイロン繊維が用いられる．包み込む大きさは 700 mm 角，1000 mm 角，1000×2000 mm などがある．この大きさになるように一定量の諸味を濾布内に包み

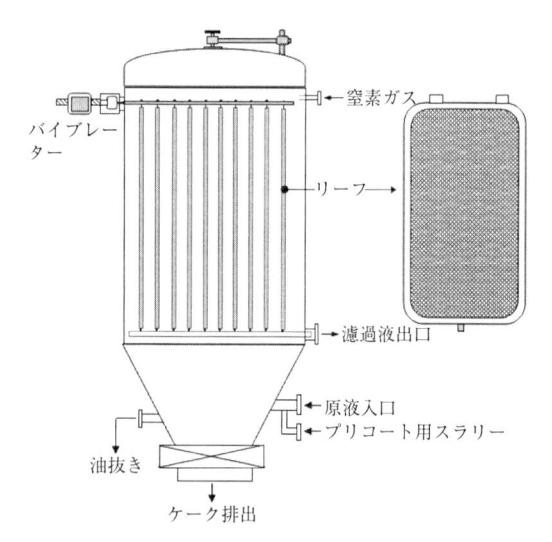

図 20.24　縦置型リーフフィルター

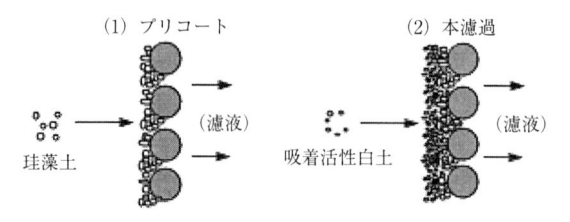

図 20.25　濾材面のケーク形成

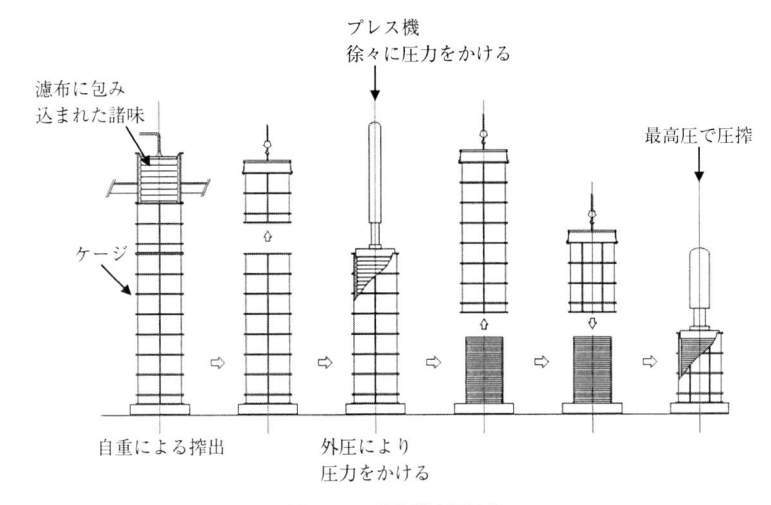

図 20.26 醤油諸味用圧搾

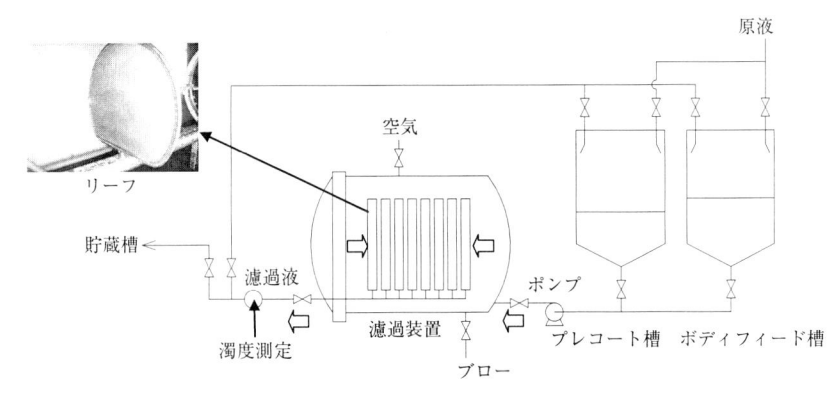

図 20.27 生醤油の密閉式加圧濾過装置

込み，これをケージ内で何層にも重ねる．はじめは諸味の自重により液体と固体を分離する．醤油は濾布を通過して布の外を流れ，下部でタンクに集められる．その後徐々に層状になった濾布に圧力をかけて固液分離を促進し，最終圧力約 6 MPa で圧搾され，可能な限り液体である醤油を取り出す（押切という）．圧搾終了後，濾布内には固体（醤油粕）が残り，濾布と分離（粕剥き）された後，粉砕され家畜の飼料などに利用される．

20.16

生醤油の濾過装置

20.16.1 利用目的

醤油諸味を圧搾し，得られた液体（生醤油）に含まれる不溶性の成分を除去して清澄化するために，珪藻土などの濾過助剤を用いた密閉式加圧濾過装置が用いられる．生醤油に含まれる不溶性物質の量と大きさを考慮し，かつ適切な濾過速度が得られるように濾過助剤の種類と量を決定し，目的に応じた濁度の液になるように操作する．

20.16.2 装置概要

濾材にはリーフ型やキャンドル型などがある．リーフ型はステンレス製の網目構造のものが多く，この表面に濾過助剤のケーク層を形成して液体の濾過操作を行う．図 20.27 にリーフ型の濾過装置の流れを示す．

1 枚のリーフは 2 枚の金網による二重構造になっており，リーフ表面から液が金網を通して内部に流れ，リーフが固定された下部の集水管を通して濾過装置外部に流れ出る．プレコート槽で生醤油と珪藻土を混合し，この槽と濾過装置との間を循環させることによりリーフ表面に珪藻土のケーク層を形成させ，目的濁度に達したら循環を終了し，バルブを切り替えて濾過液

を貯蔵槽に送る．その後，原液の質により，ボディフィード槽で適切な珪藻土濃度になるように原液を調整し，槽を切り替えて連続的に濾過する．濾過終了後，濾過装置内の液は空気を圧入することによりケーク層を通して濾過液として回収する．残液はブローバルブより排出する．処理後，濾材よりケーク層を剥離させるが，これらの一連の操作が自動化された装置も開発されている．

20.17

野菜の搾汁装置

20.17.1 利用目的

野菜および果実を搾汁する場合，その搾汁技術の優劣で商品の品質が決定される．とくに，果実に比べて，野菜は果菜類，根菜類，葉菜類に分かれ，それらの性質が異なる．そのため，飲料を製造する場合は搾汁の影響が大きい．

20.17.2 装置概要

a. 果菜類（トマト）：エキストラクター トマトジュースはへたをとった丸ごとのトマトを破砕機でつぶし，トマトに含まれるペクチン分解酵素を失活させるために加熱する．加熱までの時間を調節することで，舌触りやとろみが制御できる．具体的には，熱交換器で連続的に80℃以上に加熱した後，スクリュー型またはパドル型エキストラクターを用いて搾汁し，芯，種子，皮などを濾過して除く．搾汁率は通常70～85％である．

b. 根菜類（ニンジン）：遠心分離機（デカンター），フレッシュ・スクイーザー（FS） ニンジンの搾汁は遠心分離機（デカンター）を用いる．ニンジンには色を褐色に変化（褐変）させる酸化酵素が含まれるので，これを失活（ブランチング）させるために，丸ごと加熱する．その後，剥皮され，破砕，磨砕を行う．さらに，加熱して，デカンターやフィルタープレスを用いて搾汁する．加熱工程が多く，味の変化が起こる．

これらの弱点を克服し，酵素活性を制御することにより加熱工程をできるだけ少なくするとともに，「搾る」という単位操作を考慮して，FSを用いている企業がある．この装置は，回転するスクリューとそれ

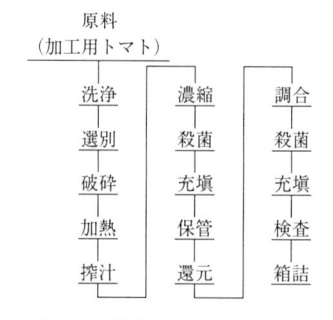

図20.28 濃縮還元トマトジュースの製造工程

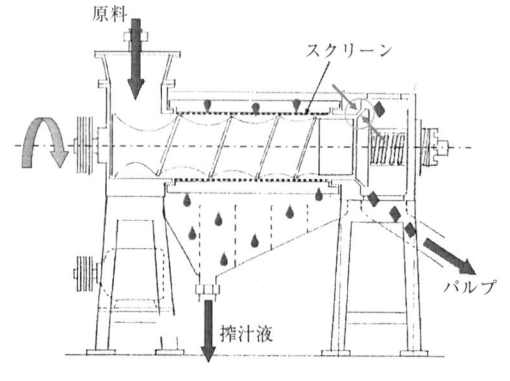

図20.29 エキストラクター

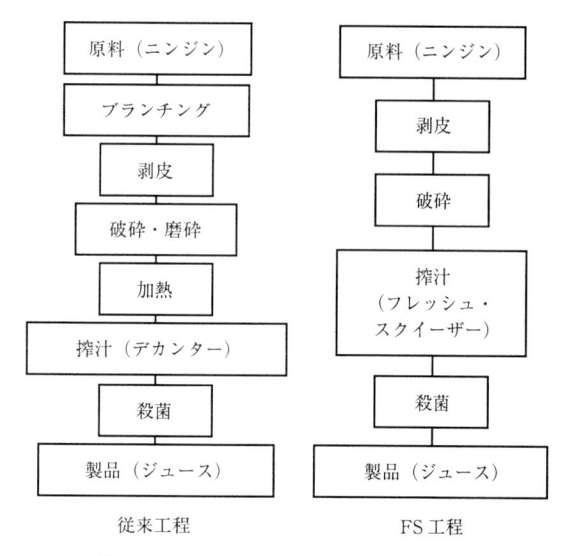

図20.30 ニンジンジュースの製造工程の比較

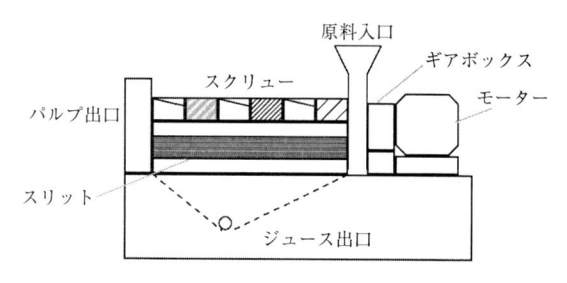

図20.31 フレッシュ・スクイーザー模式図

を覆っているスクリーンから構成されており，スクリューで搬送している間にスクリーンとスクリューとで圧搾する構造になっている．スクリューの回転数を変化させることで，処理量と搾汁率を調整できるため，従来方式よりも，キャロット果汁中のカロテノイド含量が高く，キャロット原料のパルプからもキャロットの美味しさを取り出すことが可能になった．

20.18

膜型浄水装置

20.18.1 利用目的

浄水場では，地下水や河川水などの原水に含まれる微小粒子を凝集沈殿により除去した後，砂濾過し，さらに塩素で消毒して水道水にしている．しかし，沈殿設備や砂濾過設備の設置面積が大きく，また感染症を引き起こすクリプトスポリジウム（原虫の一種）や大腸菌などの微小な粒子は除去しにくい．また，運転管理に専門的な技術を要するなどの問題がある．そのため，熟練した運転員を確保しにくい小規模な浄水場を中心に，微小粒子を除去でき，運転管理が容易な膜濾過装置の採用が広まってきた．また，大規模な浄水場でも導入例が出始めている．

20.18.2 装置概要

浄水用の膜は，セラミックまたはポリフッ化ビニリデン（PVDF）製の精密濾過（MF）膜が主流であるが，限外濾過（UF）膜も使用されている．膜材質と

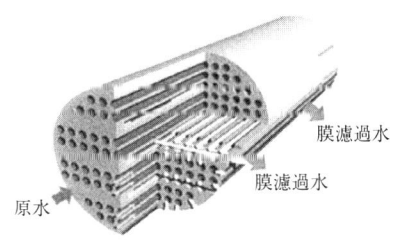

膜エレメント（外観）

図 20.32 セラミック精密濾過（MF）膜装置

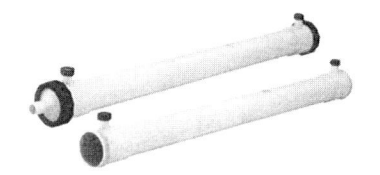

有機 MF 膜モジュール（外観）

図 20.33 有機精密濾過（MF）膜装置

しては有機膜が主流であったが，強度が強く寿命が長いセラミック膜も増加している．セラミック膜エレメントと装置の外観を図 20.32 に，有機膜エレメントを装填した有機膜モジュールと装置の外観を図 20.33 に示す．いずれの装置でも，ポンプで数十から数百 kPa に加圧した原水を膜モジュールに送るか，ポンプで濾過水側を数十 kPa で吸引して濾過する．

装置は膜モジュール，ポンプ，バルブ・配管のほかに，圧力計などの計測器，原水と処理水の貯槽，洗浄液槽，架台，電気盤などの機器で構成される．膜濾過することによって，原水中の微生物などの 0.1 μm 以上の粒子は除去されて，清澄な処理水が得られる．

一般には，濾過流量が一定になるように運転し，膜面への粒子の堆積に応じて供給圧力を上げて濾過流量の低下を防ぐ．所定の供給圧力になると，次亜塩素酸ナトリウムなどを使用して膜面を洗浄する．また，頻繁に逆洗を行い，濾過する装置が多い．

20.19

チーズホエイの脱塩濃縮装置

20.19.1 利用目的

乳業分野では膜技術は多方面に活用されている．ここでは一例として，チーズホエイの脱塩・濃縮について紹介する．チーズ製造過程において，原料乳に乳酸菌やレンネットを添加して凝乳させた後に副生する液体画分（ホエイ）には栄養成分が豊富に含まれ，食品

加工原料としてさまざまに活用されている．しかし，ホエイは一般に塩味が強く風味の点で好ましくないため，塩味の原因となるNa^+やK^+，Cl^-などの1価イオン成分の低減と，液の濃縮が同時に行えるナノ濾過技術により，ホエイの食品素材としての価値を高めることが広く行われている．

20.19.2 装置概要

供給液を連続的に処理する膜装置の一例を図20.34に示す．供給液はまず第一ステージで濃縮されて濃縮液と透過液に分けられる．第一ステージの濃縮液が第二ステージに送られて，同様に濃縮液と透過液に分けられる．さらに第三ステージへと続き，第三ステージでの濃縮液が製品として回収される．各ステージの透過液は合流して装置から排除される．ステージ数は設備により異なる．ナノ濾過膜エレメントは長さが約1 m，直径が数 cm〜20 cm程度の円筒形をしたスパイラル膜が多用され，設備の規模に応じて必要数の膜エレメントが装置に組み込まれる．

ホエイを数〜数十m^3/h程度の流量で装置に連続的に送液し，2〜3倍程度の濃縮を行うことが多い．すなわち，供給液の1/2〜1/3量を濃縮液として回収し，残余は透過液として排除される．濃縮倍率は，装置の濃縮液ラインに設置された調圧弁の開度により調節できる．すなわち，開度を小さくすると装置内の圧力は高くなり，透過流束が高まって濃縮倍率が上がる．透過液の性状は，原料ホエイから除かれた塩味成分が含まれる清澄な液である．原料ホエイからの1価イオン除去率は，たとえば，Na^+ 27%，K^+ 31%，Cl^- 53%といった報告例があるが，装置の運転方法や使用する膜のタイプの影響を受け，脱塩挙動は複雑である．

膜装置は使用後に定置洗浄（CIP）されるが，スパイラル膜をはじめとする多くの膜は有機高分子素材でつくられているため，強い酸やアルカリ，熱に対する耐性は大きくない．そこで,膜装置のCIPに際しては，一般的な食品機械とは違った方法が必要であり，膜装置用の洗剤が開発・利用されている．

20.20

トマトジュースの逆浸透膜濃縮装置

20.20.1 利用目的

野菜および果実加工品は，比較的加工度が低く，加工技術の優劣が最終商品の品質に大きく影響を与える．とくに加工技術では加熱の影響が大きい．そこで，野菜および果実加工において，非加熱濃縮できる膜技術が活用される．

具体的な例として，トマトについて述べる．トマトジュースは最近まで，そのほとんどがシーズンパックで製造されていた．シーズンパックとは，約3カ月間の夏の時期に収穫されるトマトをその時期に製品にする方式である．通常1年間製品として在庫をもつ．そこで，トマトを果汁で保存する場合，濃縮により体積を小さくするのが一般的になった．濃縮方法として真空加熱濃縮法があるが，トマトを加熱するので味やフレーバーが大きく変化する．また，熱履歴が少なく短

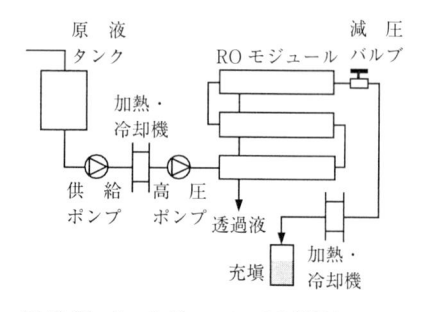

図20.35 トマトジュースのRO濃縮システム

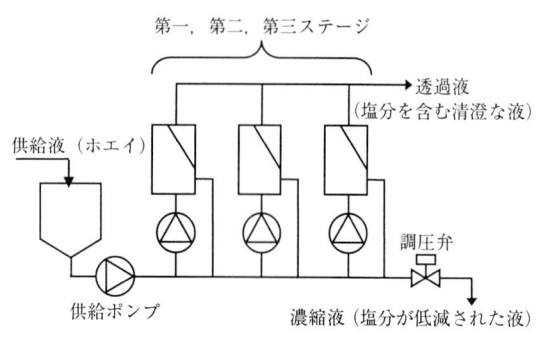

図20.34 ホエイのナノ濾過設備

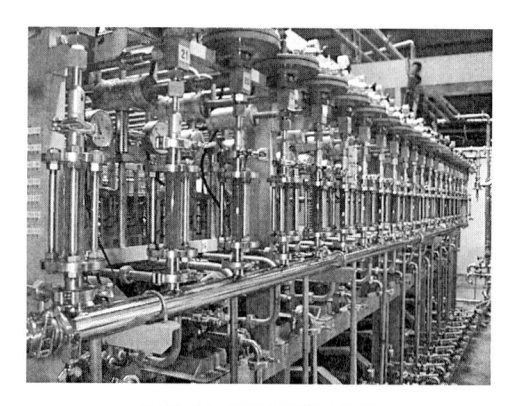

図20.36 逆浸透膜濃縮装置

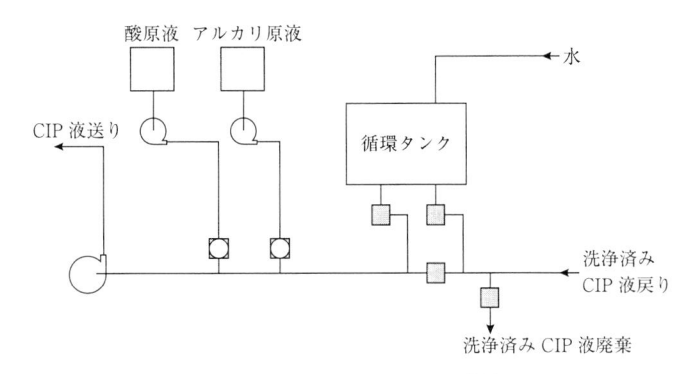

図20.37 シングルユースCIP装置

時間で加熱濃縮できる薄膜真空濃縮はパルプ質が多いため利用できなかった．

そこで，新しい濃縮方法として逆浸透膜を用いたRO濃縮技術が検討された．RO濃縮は，非加熱で濃縮できるため，濃縮中の品質変化を最小限に抑えることができる．この技術を用いることで，商品の需要に見合ったトマトジュースの周年製造が可能になり，品質の安定化と製品在庫の削減などのコストの低減に貢献した．また，国内農産物の価格競争力の低下に伴い，加工用トマトの国内調達が困難となる中，海外でのジュース用原料の生産・調達も可能となった．

20.2.2 装置概要

RO濃縮システムを図20.35に示す．このシステムは，原料であるトマトを搾汁し，前殺菌した後シングルパスで濃縮を行う．トマトジュースの濃縮品はパルプ質を含むため，他の果汁と比較して非常に高い粘度を示す．ROモジュール内の圧力損失が増加するため，RO膜には管状のモジュールを用いる．このシステムは高濃度の濃縮を目的として開発されたシステムであり，低流速条件下で約4倍の濃縮が可能であり，約90％以上のフレーバーが保持できる．

20.21 CIP装置

20.21.1 利用目的

CIP装置には，シングルユース方式とマルチユース方式がある．シングルユースは，汚れが多く洗剤の消耗が大きいラインに適用し，1回の洗浄で洗剤を使い捨て，洗剤効力を最大限に活用することを特徴とする．マルチユースは，洗剤を繰り返し使用する装置で経済的なCIP装置である．特に複数ラインを一つのCIP装置で洗浄する場合には，洗剤やエネルギーの消費が少なく効率的である．

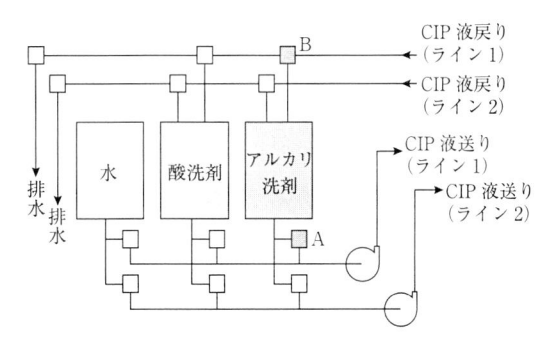

図20.38 マルチユースCIP装置

20.21.2 装置概要

CIP装置を構築するには，洗浄対象機器とパイプラインの構造特性にあった洗浄システムの選定が必要である．その他に洗浄効率にかかわる因子としては，洗剤の種類，濃度，温度および洗浄時間がある．

シングルユースCIP装置の基本フローを図20.37に示す．洗剤の回収再利用を行わないので規定濃度に調整した洗剤タンクを必要とせず，洗浄ラインを循環運転できる最低容量の循環用タンクを設置する．

マルチユースCIP装置（図20.38）は，洗剤を循環利用するので洗剤別にタンクが必要であり，タンク容量は洗浄対象ラインを円滑に循環できる容量を必要とする．たとえば，アルカリ洗剤でライン1を洗浄する場合はバルブAとバルブBを開け，アルカリ洗剤タンクとライン1の循環ラインをつくる．

20.22 コーヒーの噴霧乾燥装置

20.22.1 利用目的

インスタントコーヒー製造の中核となる乾燥工程は，種々の濃縮方法によって得られたコーヒー濃縮液

から水を除き，所定のかさ比重・色調の粒子をもったインスタントコーヒーを作製する工程である．商業的な乾燥方法としては，スプレードライ（噴霧乾燥）とフリーズドライ（凍結乾燥）が一般的である．製造コストは冷凍設備を用いないスプレードライのほうが安価であるが，高温の熱風を用いる乾燥法であるため，高品質なインスタントコーヒーを製造するには，乾燥粉末の揮発性香気成分（アロマ）の保持率向上が重要な課題である．

20.22.2 装置概要

スプレードライは熱風が流れる塔内にコーヒー濃縮液を噴霧し，水分を蒸発させ脱水する乾燥法である．並流式噴霧乾燥装置（スプレードライヤー）の概略を図20.39に示す．濃縮液は，噴霧ノズルで微粒子化するため，30 kg/cm^{2}前後に加圧して供給される．噴霧液滴は乾燥塔の塔頂から塔内を落下する間に熱風と接触して乾燥される．乾燥用熱風はフィルターを通した空気をバーナーで加熱し，塔頂より分散板（ディストリビューター）を通して噴霧された液滴と並流で供給され，サイクロンを経て系外に排出される．乾燥粒子は乾燥塔の底部より排出され，さらにパウダークーラーで常温付近まで品温を下げることで以降の品質変化を抑える．サイクロンで回収された微粒子は，パウダークーラーへ戻され製品化される．

消費者に常に同一品質のインスタントコーヒーを提供するには，①風味（香気成分保持）の改善と，②乾燥粉末のかさ比重を一定に制御することが重要である．一般に，乾燥における揮発性香気成分の保持率を改善するためには，乾燥に供するコーヒー濃縮液の固形分濃度を高くすることが有効であるが，同時に乾燥粉末のかさ比重の増加を抑制することが必要である．そのためには乾燥塔における熱風温度を制御することが有効である．並流式のスプレードライヤーでは，液が噴霧された直後の熱風の温度（熱風の塔内入口温度）を高くすることによって，かさ比重の増加を抑えることができる．噴霧液滴の周囲の温度が高いほど熱風から液滴への熱移動が速く，乾燥初期の急激な熱移動により液滴表面に乾燥層が速やかに形成される．液滴内の水が水蒸気となる際の液滴内部の圧力上昇によって液滴は膨化し，粒子径の大きな中空の乾燥粉末が得られ（図20.40），その結果としてかさ比重の増加を抑制することができる．この際，噴霧ノズル周辺の熱風入口温度を上昇させても，乾燥初期（定率乾燥期間）には沸点以上には液滴の温度は上昇せず，また乾燥塔底部の熱風温度を低く保つことと，乾燥粉末をパウダークーラーで速やかに冷却することにより，香気成分の損失は最小限に抑制できる．

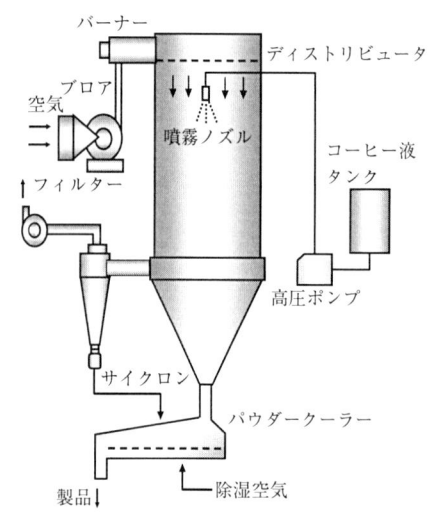

図20.39　スプレードライヤー装置概略図

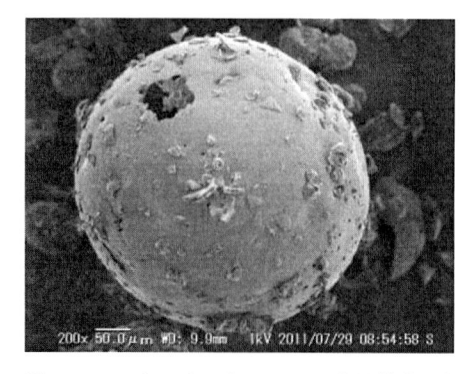

図20.40　スプレードライコーヒーの電子顕微鏡写真

20.23

粉乳の製造装置

20.23.1 利用目的

噴霧乾燥法は，工業的生産において品質，生産性，経済性などの面から，牛乳，ホエイ類，育児粉乳などの一般的な粉乳製造で広く使用されている．この方法は濃縮乳を高圧力または遠心力などで100〜200 μm程度に微粒化して表面積を大きくし，150〜180℃の熱風と接触させ瞬間的に乾燥させる方法である．熱風からの伝熱量がすべて原材料における水分蒸発に用いられる定率乾燥期において，噴霧液滴温度は，熱風の湿

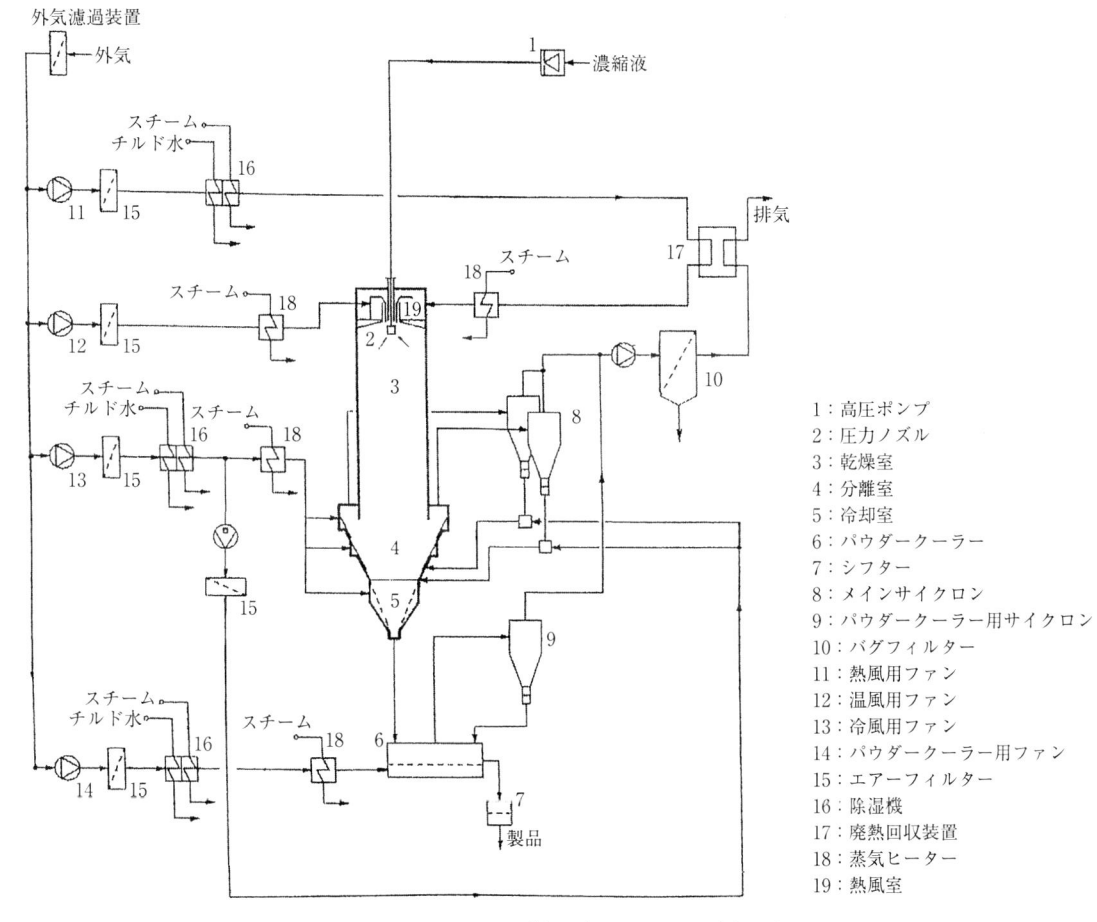

図20.41 トールフォーム型ドライヤーのフローダイアグラム

1：高圧ポンプ
2：圧力ノズル
3：乾燥室
4：分離室
5：冷却室
6：パウダークーラー
7：シフター
8：メインサイクロン
9：パウダークーラー用サイクロン
10：バグフィルター
11：熱風用ファン
12：温風用ファン
13：冷風用ファン
14：パウダークーラー用ファン
15：エアーフィルター
16：除湿機
17：廃熱回収装置
18：蒸気ヒーター
19：熱風室

球温度，すなわち45～50℃以上には上昇しないといわれている．乾燥速度が速く，牛乳のように熱に敏感な物質の乾燥に適している．

20.23.2 装置概要

粉乳製造に使われているトールフォーム型スプレードライヤーは，国内はもとより海外にも多数輸出され，高い評価と実績を得ている．その特徴を次に示し，図20.41にフローダイアグラムを示す．

(1) シングルノズル：運転および保守管理が簡単であるシングルノズル（MDノズル）で大量処理が可能である．

(2) 均一乾燥：乾燥塔上部で整流された熱風は液滴を伴い，粉末粒子間の水分偏差の少ない，均一な乾燥が行われる．

(3) 排出粉冷却設備：乾燥塔の下部で乾燥終了と同時に，製品に余分な熱を加えることなく冷却できる構造である．

(4) 連続運転：空気の流れ，液滴の流れを理想に近い状態に保ち，乾燥塔への粉の付着が少なく，長期間安定した連続運転が可能である．

(5) 経済性：分離効率の高いサイクロンの採用および乾燥塔への付着量が少ないので，製品の損失を最低限に押さえられる．また，長時間連続運転が可能で，システムの省エネルギー化，省人化もでき，経済効果が高い．

(6) 洗浄性：完全洗浄を前提としたシステムおよび構造となっているため，洗浄時間の短縮および洗浄作業の省人化が図られている．

(7) 自動化：自動運転システムを開発・実施しており，スプレードライヤーの自動運転が可能である．

(8) 環境保全：スクラバーやバッグフィルターを採用することにより，排風の騒音，粉塵の量を規制値以下まで低減可能である．

20.24

野菜の凍結真空乾燥装置

20.24.1 利用目的

乾燥野菜は，栄養素・彩り・食感の付与を目的にシチューやスープおよびめん類などの即席製品，ふりかけ，粉末調味料などの多くの食品に幅広く使用されている．野菜の乾燥方法としては，熱風乾燥法と凍結真空乾燥法がよく利用されている．熱風乾燥法は，乾燥時に熱によって組織が収縮し復元性が悪いので，野菜の種類によって選定が必要である．一方，凍結真空乾燥法は，ビタミンなどの栄養成分の変化が少なく，また多孔質になるため水が吸収されやすく復元性がよいという利点を有し，多くの野菜の乾燥に利用される．また最近では，膨化乾燥法という新しい乾燥法も注目されている．

20.24.2 装置概要

凍結真空乾燥法の工程および装置概略図をそれぞれ図20.42と図20.43に示す．原料はまず選別・洗浄後，野菜に含まれる酵素の作用を抑制するため，ブランチング処理を行う．処理した原料をトレーに並べ－30～－40℃付近まで凍結した後，凍結真空乾燥庫内を真空状態にして加熱し，食品中の氷を昇華して乾燥させる．昇華した水蒸気はコールドトラップで氷として付着凝固させる．所定水分値まで（約24時間）乾燥した後，選別し梱包する．凍結真空乾燥法による乾燥物は多孔質であるため，熱風乾燥法と比較して，酸化による退色や風味の変化が発生しやすい．酸化抑制のために充填時に窒素置換を行う方法があるが，コスト面

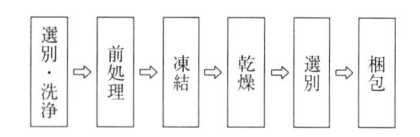

図20.42 凍結真空乾燥法の製造工程

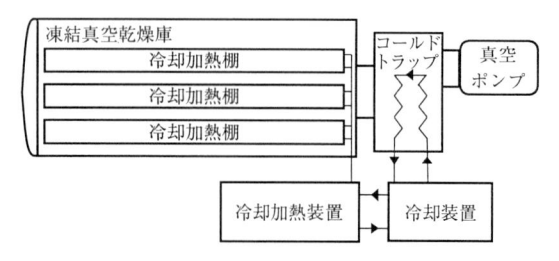

図20.43 凍結真空乾燥法の装置概略図

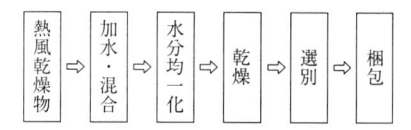

図20.44 熱風乾燥法の製造工程

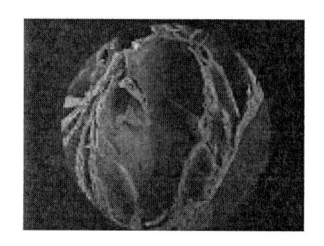

図20.45 膨化乾燥法により乾燥したニンジン断片の顕微鏡写真

で問題がある．一方，熱風乾燥法では退色速度はかなり遅くなるが，熱で組織が収縮するため，最終製品の利用に問題がある．このような課題を解決する方法の一つに，水分の瞬間的な蒸発による組織の膨張現象を利用した膨化乾燥法がある．図20.44に膨化乾燥法の工程を示す．熱風乾燥した野菜に膨化のために必要な水を加え混合し，数時間放置して水分を均一化した後，200～300℃の熱をかけて膨化させる．凍結真空乾燥法よりも空気に触れる表面積が小さいので酸化も抑制される．また，組織中に空洞部を保持させることができる（図20.45）ので液面に浮かせることができ，最終製品のスープに応用した場合，液面の見栄えも華やかにできる．このように，乾燥させる野菜の特性や使用する製品により，適切な乾燥法を選定することが重要である．

20.25

中間水分食品の実例

20.25.1 定　義

中間水分食品（intermediate moisture food）はジャムや塩辛のように，水分活性（a_w）を0.65～0.85程度に調整して，微生物に対する保存性を向上させた食品のことである．

20.25.2 解　説

肉や鮮魚，果実，野菜などの生鮮食品や，かまぼこ，ハム，玉子焼き，食パンといった水分の多い食品は水分活性が高く，きわめて短時間で微生物により腐敗する．一方，中間水分食品は塩や糖類の添加，または食品自体の乾燥・脱水により水分活性を低下させて，微

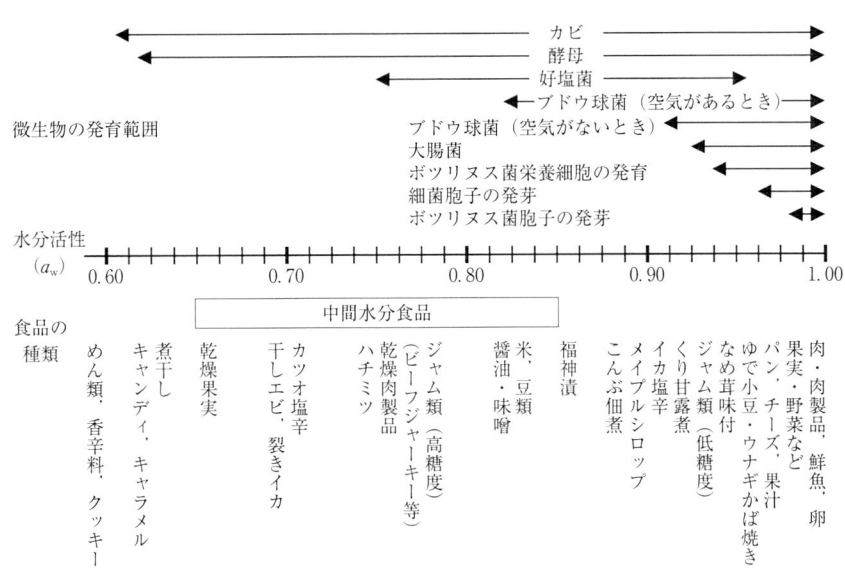

図20.46 代表的な食品の水分活性と微生物の生育可能域

生物が発育しにくい状態にある．ほとんどの細菌は $a_w = 0.90$ 以下では発育できない．ただし，空気のある状態でブドウ球菌や一部のビブリオは $a_w = 0.86$ でも発育し，好塩菌は $a_w = 0.75$ まで生育する．カビや酵母などの多くの真菌類は $a_w = 0.8$ 程度まで発育できるが，耐乾性カビや好浸透圧酵母では $a_w = 0.6$ 付近まで生育するものが知られている．したがって，多くの乾燥食品は中間水分食品よりさらに水分活性の低い $a_w = 0.6$ 前後またはそれ以下に保つことにより，微生物による腐敗や劣化を防止している．

近年，消費者の嗜好の変化により加工食品の低塩化や低糖化が進み，本来は中間水分食品であったジャム類や塩辛，佃煮の中には $a_w = 0.9$ を越えるものも多くなってきている．そのため水分活性だけでは保存性が確保できず，密封や殺菌，冷蔵などの技術と組み合わせることによって保存性を担保する加工食品が増えている．

20.25.3 製 法

(1) 乾燥法：水分を蒸発させて，肉や魚介類，野菜などの中の溶質を濃縮し，水分活性を低下させる方法．

(2) 平衡化法（湿式浸透法）：糖やグリセロール，食塩などの水分活性を低下させる成分を配合した溶液に食品素材を浸漬して成分の平衡化を図り，最終製品の水分活性を所定の値に調整する方法．

(3) 浸透法（乾式浸透法）：素材を事前に凍結乾燥して多孔質にした後に，水分活性を調整した溶液に浸漬することにより所定の水分活性が得られるようにする方法．

(4) 混合法：水分活性の異なる諸材料を混合，調理することにより，最終製品の水分活性が所定の値になるように調整する方法．

実際の食品製造では上述の方法の組合せや，浸透や均一化を促進するための加温や加圧・減圧などが行われることが多い．

20.26

固定化酵素による油脂のエステル交換反応

20.26.1 利用目的

食用油脂の加工技術には，硬化（水素添加）・分別・エステル交換（脂肪酸変換）がある．エステル交換の方法としては，化学触媒（Naメトキシドなど）を用いる場合と酵素（リパーゼ）を用いる場合があり，とくに1,3位選択性の高いリパーゼを用いることで，化

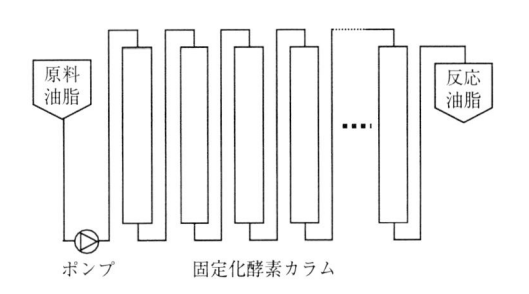

図20.47 充塡塔型リアクターのフロー例

学触媒では得られない特定のトリアシルグリセロール（構造脂質）を製造することができる。リパーゼを用いたエステル交換を行う目的は、①ココアバター代替脂のような特定のトリアシルグリセロール（例 StOSt）の製造、②環境負荷の軽減（化学触媒では後処理として水洗などが必要になるが、酵素処理の場合は不要）、③色調や風味の優れた製品の製造（温和な反応条件）などが考えられる。また、リパーゼを用いたエステル合成反応で、高純度ジアシルグリセロールの製造や植物ステロール脂肪酸エステルの合成なども行われている。一方、リパーゼの脂肪酸選択性の差異を用いて、高度不飽和脂肪酸（ドコサヘキサエン酸（DHA）など）を加水分解反応により濃縮することも実用化されている。

20.26.2 装置概要

チョコレートに用いられるココアバターは高価であるため、その代替脂が開発され、ココアバター代替脂と呼ばれている。通常この代替脂は、カカオ以外の植物（シアナッツやパーム）からの油脂を分別により、特定のトリアシルグリセロール（StOSt, POP など）を濃縮して製造されるが、とくにStOSt源であるシアナッツは野生樹であり、品質・価格ともに非常に不安定であった。その解決方法として、1, 3位選択性の高い酵素を用いて、StOStをステアリン酸とトリオレインを反応させることで製造することが行われている。これにより、品質・価格ともに安定することができた。また、同様のプロセスで、ベヘン酸とトリオレインからBOBという機能性の耐ブルーム脂の製造も行われている。なお、Stはステアリン酸、Oはオレイン酸、Pはパルミチン酸、Bはベヘン酸を表す。また、ブルームとはチョコレートの油脂が粗大化して白くなる現象をいう。

また、他の用途では同一工程で母乳成分に含まれる構造脂質 OPO や菜種油と MCT（中鎖脂肪酸トリアシルグリセロール）を反応させた健康油脂も実生産されている。

使用される固定化酵素は市販のシリカゲルやイオン交換樹脂、珪藻土などに固定化したものが用いられるが、自社で固定化する場合もある。その方式は水分量によっても異なるが、一般的には、低水分系の均一系で行われ、原料（St＋OOO）が固定化酵素を充填したカラム（多くは連続式）に通液され（図 20.47）、1, 3位のみが置換されたStOStが合成される。この場合、反応後の油脂と脂肪酸の分離は、分子蒸留などで行われることが多い。ちなみに、トリアシルグリセロール間の反応（たとえば、菜種油＋MCT など）の場合には、反応工程のみで後の分離工程は不要である。

20.27

通気発酵による食酢の製造

20.27.1 利用目的

食酢発酵（酢酸発酵）は好気的発酵であり、酸素を必要とする。古くから行われている静置発酵法では液表面でのみ発酵が行われるが、酸素供給が律速となり発酵に時間がかかる。通気発酵を行うことにより発酵速度が著しく向上するとともに、静置発酵よりも酸度の高い食酢を製造することが可能となる。現在、工業的に生産される食酢の大部分は通気発酵により製造されている。

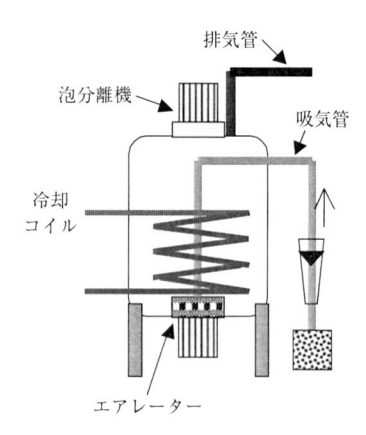

図 20.48　アセテータータイプ発酵装置

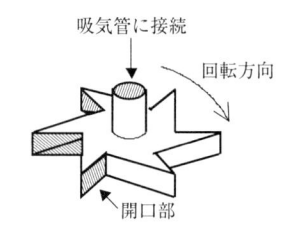

図 20.49　インペラー

図 20.50　ステーター

食酢の通気発酵には，通常アセテーターまたは類似の装置が用いられる．以前は他の形式の装置も使われていたが，現在では発酵効率のよいアセテータータイプが主流である．

20.27.2　装置概要

アセテータータイプの発酵装置の基本的な構造を図20.48に示す．発酵槽底部にエアレーターと呼ぶ，アセテータータイプの発酵装置に特有の自吸式通気撹拌装置を，発酵槽上部に泡分離機を備える．また，槽内部に冷却コイルを配置する．

エアレーターは中空構造の星型撹拌翼（インペラー，図20.49）と，それを囲むステーター（図20.50）およびステーターのカバーで構成される．ステーターには放射状にクサビ形の邪魔板を配置する．インペラーを高速回転させることにより羽根の後ろ側に負圧を生じさせて吸気を行う．発酵液はインペラーの上面より吸い込まれ，空気と混合される．気液混合物はインペラーとステーターの間に生じる強いせん断力により微細化され，ステーターの開口部から噴出される．この噴流により発酵液全体を撹拌する．エアレーターはこれだけで通気と撹拌の機能を兼ね備えており，一般的な通気発酵装置におけるコンプレッサーエアーによる通気と平羽根タービン翼による撹拌の組み合わせに比べて所要動力が少ない．

20.28 パン酵母の流加培養装置

20.28.1　利用目的

目的に応じたパン酵母を効率よく培養するためには，各パン酵母の性質に合致した栄養源，温度，通気量，pHの制御を行う必要がある．以下の流加培養装置は，これらの条件を制御し，目的に応じたパン酵母のみを効率よく増殖させる．

20.28.2　装置概要

内容量が150Lの培養装置の外観を図20.51に，またその構造図を図20.52に示す．

a. 培養条件

(1) 栄養源：糖源，窒素源，無機塩類，ビタミン類などがある．なかでも糖源の供給は，呼吸により資化できる量を超えて加えると，発酵が起こり糖の資化効率が低下するため，パン酵母の増殖速度に合わせて供給する必要がある．そのため，同量の糖源を供給する場合でも，培養開始時にすべての糖源を添加するより

図 20.51　150 L 容の培養槽の外観

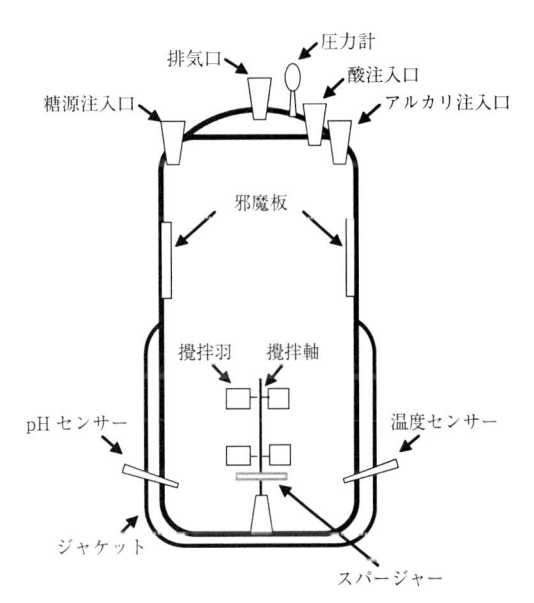

図 20.52　培養槽の構成図

も，増殖に合わせて添加したほうが（流加培養），菌体収量が数倍～十数倍高くなる．

(2) 温度：一般的には，増殖速度が高い25～35℃で制御する．さらに詳細な温度は，各パン酵母の性質や外的要因（温度制御にかかる費用や雑菌管理）により決める．

(3) 通気量：毎分，液量に対して1.0～1.5倍の通気を行う．通気の目的は，好気的な状態を維持することによる発酵の抑制，過剰炭酸ガスの排除，培養液中の均一化である．これらの目的のため，培養装置には

撹拌軸と撹拌羽,スパージャー,邪魔板があり,通気効率を高めている.

(4) pH:一般的には,pH3.5〜7の範囲で培養する.ただし,中性領域に近づくにつれ雑菌による汚染の危険性が高まる.

b. 殺菌条件 雑菌の混入を防ぐため,培養開始前に培養槽内を高温加熱処理により殺菌する.

付　　録

付録A

食品工学を学ぶための数学的基礎事項

A.1　数値および図微積分

A.1.1　数値積分
数値積分は定積分

$$I = \int_a^b f(x)\,dx \tag{A.1.1}$$

を数値的に求めるものであり，幾何学的には図A.1に示すように，a と b の間の曲線 f と x 軸で囲まれた部分の面積を求めることである．被積分関数 f は式で与えられることもあれば，数値表として与えられることもある．

a. 方形公式： 積分区間 $[a, b]$ を n 個の長さ $h = (b-a)/n$ の小区間に分割し，各小区間で f を定数関数 $f(x_i^*)$ で近似する．ここで，x_i^* は i 番目の小区間の中点である．

$$I = \int_a^b f(x)\,dx = h[f(x_1^*) + f(x_2^*) + \cdots + f(x_n^*)]$$
$$= h \sum_{i=1}^n f(x_i^*) \tag{A.1.2}$$

小区間の幅が等間隔でない場合には，i 番目の小区間の幅は $x_i - x_{i-1}$ と表されるので，次式となる．

$$I = \sum_{i=1}^n [(x_i - x_{i-1})f(x_i^*)] \tag{A.1.3}$$

小区間の中点での f の値 $f(x_i^*)$ が得られない場合には，次のような近似法が採用されることがある．

小区間 $[x_{i-1}, x_i]$ での f を定数関数 $f(x_{i-1})$ で近似する方法を後退差分法による積分という．小区間が等間隔であるとき，積分値は次式で計算される．

$$I = \int_a^b f(x)\,dx = h[f(x_0) + f(x_1) + \cdots + f(x_{n-1})]$$
$$= h \sum_{i=1}^n f(x_{i-1}) \tag{A.1.4}$$

一方，小区間 $[x_{i-1}, x_i]$ での f を定数関数 $f(x_i)$ で近似する方法を前進差分法による積分という．小区間が等間隔であるとき，

$$I = \int_a^b f(x)\,dx = h[f(x_1) + f(x_2) + \cdots + f(x_n)]$$
$$= h \sum_{i=1}^n f(x_i) \tag{A.1.5}$$

で計算される．

b. 台形公式： 被積分関数 f を区分的一次関数（f の曲線を結んだ弦からなる台形）に近似する方法である．等間隔の場合には，

$$I = \int_a^b f(x)\,dx = h[f(x_0)/2 + f(x_1) + \cdots + f(x_{n-1}) + f(x_n)/2] \tag{A.1.6}$$

となる．また，小区間が不等間隔のときには，

$$I = \int_a^b f(x)\,dx$$
$$= \sum_{i=1}^n \{(x_i - x_{i-1})[f(x_{i-1}) + f(x_i)]/2\} \tag{A.1.7}$$

で計算される．

【例題 A.1】 区間を10等分割して台形公式により
$I = \int_a^b e^{-x^2}\,dx$ を解け．

〈解〉 積分区間 $[0, 1]$ を10分割して各点での被積分関数の値を計算すると表A.1を得る．また，区間を等分割したので，$h = 0.1$ である．したがって，これらを式（A.1.6）に代入すると，

$I = (0.1)[1.0000/2 + 0.99005 + \cdots + 0.44486 + 0.36788/2]$
$= 0.74621$　　　　　　　　　　　　　　　〈完〉

c. Simpson の公式： 被積分関数を区分的二次関数に近似する方法である．積分区間 $[a, b]$ を偶数個（$2n$）の等しい長さの小区間 $h = (b-a)/2n$ に分割する．区間 $[x_0 \leq x \leq x_2]$（$= x_0 + 2h$）上で関数 $f(x)$ を（x_0,

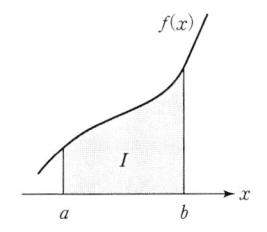

図 A.1　積分の概念

表 A.1　被積分関数の値

x_i	0	0.1	0.2	0.3	0.4	0.5
$f(x_i)$	1.00000	0.99005	0.96079	0.91393	0.85214	0.77880
x_i	0.6	0.7	0.8	0.9	1.0	
$f(x_i)$	0.69768	0.61263	0.52729	0.44486	0.36788	

f_0), (x_1, f_1), (x_2, f_2) を通る Lagrange 多項式（二次式）で近似する．ただし，f_i は $f(x_i)$ を意味する．

ここで，Lagrange の補間公式について説明する．関数 $f(x)$ の数値表が与えられているが，表中に示された x 値の間の関数値 $f(x)$ が必要なことがある．このように，与えられた数表から途中の関数値を求めることを補間という．通常の補間法では，問題の x の近傍で f が多項式 p で近似されると仮定して，その多項式の x における値を f の x における近似値と見なす．

Lagrange の補間法では，数値表で与えられた x_0, x_1, $\cdots$, x_n（等間隔である必要はない）における関数値 $f_i = f(x_i)$ $(i=0, 1, \cdots, n)$ より，x における関数の値を次式 $p_n(x)$ で補間する．

$$f(x) \approx p_n(x) = \sum_{k=0}^{n} \frac{l_k(x)}{l_k(x_k)} f_k \quad (\text{A.1.8})$$

ここで，
$$\left.\begin{array}{l} l_0(x) = (x-x_1)(x-x_2)\cdots(x-x_n) \\ l_k(x) = (x-x_0)\cdots(x-x_{k-1})(x-x_{k+1})\cdots(x-x_n) \\ l_n(x) = (x-x_0)(x-x_1)\cdots(x-x_{n-1}) \end{array}\right\}$$
$$(0 < k < n) \quad (\text{A.1.9})$$

である．

式（A.1.8）および（A.1.9）より，(x_0, f_0), (x_1, f_1), (x_2, f_2) を通る二次の Lagrange 多項式 $p_2(x)$ は次のようになる．

$$p_2(x) = \sum_{k=0}^{2} \frac{l_k(x)}{l_k(x_k)} f_k = \frac{l_0(x)}{l_0(x_0)} f_0 + \frac{l_1(x)}{l_1(x_1)} f_1 + \frac{l_2(x)}{l_2(x_2)} f_2$$
$$= \frac{(x-x_1)(x-x_2)}{(x_0-x_1)(x_0-x_2)} f_0 + \frac{(x-x_0)(x-x_2)}{(x_1-x_0)(x_1-x_2)} f_1$$
$$+ \frac{(x-x_0)(x-x_1)}{(x_2-x_0)(x_2-x_1)} f_2 \quad (\text{A.1.10})$$

ここで，小区間が等間隔（区間幅 h）のとき分母は，
$$(x_0-x_1)(x_0-x_2) = (-h)(-2h) = 2h^2$$
$$(x_1-x_0)(x_1-x_2) = h(-h) = -h^2$$
$$(x_2-x_0)(x_2-x_1) = 2h \cdot h = 2h^2$$

となる．さらに，$s = (x-x_1)/h$ とおくと，
$$\left.\begin{array}{l} x-x_0 = x-(x_1-h) = (x-x_1)+h = sh+h = (s+1)h \\ x-x_1 = sh \\ x-x_2 = x-(x_1+h) = (x-x_1)-h = sh-h = (s-1)h \end{array}\right\}$$
$$(\text{A.1.11})$$

となる．これらより，式（A.1.10）は
$$p_2(s) = \frac{s(s-1)}{2} f_0 - (s+1)(s-1) f_1 + \frac{(s+1)s}{2} f_2$$

となる．次に，関数 $f(x)$ を x に関して x_0 から x_2 まで積分することを考える．式（A.1.11）から明らかなように，x に関して x_0 から x_2 まで積分することは，s に関して -1 から 1 まで積分することに相当する．さらに，$dx = h\,ds$ であるので，

$$\int_{x_0}^{x_2} f(x)\,dx \approx \int_{x_0}^{x_2} p_2(x)\,dx = \int_{-1}^{1} p_2(s)\,h\,ds$$
$$= h\left(\frac{1}{3} f_0 + \frac{4}{3} f_1 + \frac{1}{3} f_2\right)$$

同様の計算を，区間 $[x_2, x_4]$, $[x_4, x_6]$, $[x_{2n-2}, x_{2n}]$ について行うと，

$$\int_{x_0}^{x_{2n}} f(x)\,dx = \int_{x_0}^{x_2} f(x)\,dx + \int_{x_2}^{x_4} f(x)\,dx + \cdots + \int_{x_{2n-2}}^{x_{2n}} f(x)\,dx$$
$$= \frac{h}{3}(f_0 + 4f_1 + f_2) + \frac{h}{3}(f_2 + 4f_3 + f_4)$$
$$+ \cdots + \frac{h}{3}(f_{2n-2} + 4f_{2n-1} + f_{2n})$$
$$= \frac{h}{3}(f_0 + 4f_1 + 2f_2 + 4f_3 + 2f_4 + \cdots$$
$$+ 2f_{2n-2} + 4f_{2n-1} + f_{2n}) \quad (\text{A.1.12})$$

となる．式（A.1.12）を Simpson（シンプソン）法による積分公式という．Simpson 法は方形や台形公式に比較して，区間数が少なくても精度よく積分値が求まるが，区間幅が等間隔であることと区分数が偶数であることに留意する．

【例題 A.2】 定積分 $\int_0^1 x^2 e^x\,dx$ の値を，区間 $[0, 1]$ を 20 等分して方形，台形，Simpson の 3 方法で計算し，結果を比較しなさい．

〈解〉 被積分関数 $f(x) = x^2 e^x$ の各 x および区分中間点の値をもとに，式（A.1.5）および（A.1.7）からそれぞれ方形公式，台形公式による積分値を計算する．Simpson の公式では，式（A.1.12）より隣接する 2 区間に関して $f_{2n-2} + 4f_{2n-1} + f_{2n}$ を計算し，これをもとに積分値を計算する．表 A.2 に計算結果を解析解と比較して示す．いずれの方法も誤差は 1% 以下と低いが，中でも Simpson 法は精度がよい． 〈完〉

A.1.2 図積分 定積分は被積分関数 $f(x)$ と x 軸で囲まれた部分の面積を求めることである．そこで，次のようにして積分値を求めることができる．

均質な方眼紙に $f(x)$ をプロットして滑らかな曲線で結ぶ．描いた図形の必要な部分（被積分区間）を切り抜き，その重量を天秤で正確に測定する．また，同一の方眼紙から基準となる正方形または長方形（面積は既知）を切り抜き，その重量を測定する．両者の重量比から積分値を求める．このような方法を図積分という．

【例題 A.3】 第 4 章の例題 4.1 を図積分法および数値積分法により解け．

表 A.2 方形，台形および Simpson の公式による数値積分結果の比較

x_i	区分の中点の $f(x)$ の値	$f(x_i)$	方形公式	台形公式	Simpson の公式
0.00		0.00000			
0.05	0.00064	0.00263	0.00003	0.00007	0.00036
0.10	0.00606	0.01105	0.00030	0.00034	
0.15	0.01771	0.02614	0.00089	0.00093	0.00274
0.20	0.03648	0.04886	0.00182	0.00187	
0.25	0.06340	0.08025	0.00317	0.00323	0.00819
0.30	0.09956	0.12149	0.00498	0.00504	
0.35	0.14619	0.17384	0.00731	0.00738	0.01759
0.40	0.20461	0.23869	0.01023	0.01031	
0.45	0.27628	0.31758	0.01381	0.01391	0.03202
0.50	0.36281	0.41218	0.01814	0.01824	
0.55	0.46593	0.52431	0.02330	0.02341	0.05276
0.60	0.58756	0.65596	0.02938	0.02951	
0.65	0.72978	0.80932	0.03649	0.03663	0.08133
0.70	0.89486	0.98674	0.04474	0.04490	
0.75	1.08527	1.19081	0.05426	0.05444	0.11957
0.80	1.30371	1.42435	0.06519	0.06538	
0.85	1.55311	1.69039	0.07766	0.07787	0.16964
0.90	1.83664	1.99228	0.09183	0.09207	
0.95	2.15777	2.33360	0.10789	0.10815	0.23408
1.00		2.52027	2.71828	0.12601	0.12630
		積分値	0.71743	0.71998	0.71828
		誤差	0.00118	0.00236	0.00000
		解析値	0.71828		

〈解〉 温度 T の変化を図 4.4 から読み取り，これをもとに L を計算すると表 A.3 のようになる．

台形公式および Simpson の公式による式 (4.12) の数値積分結果はそれぞれ $F_0 = 1.454$ および 1.440 となる．図 4.4 の L の曲線部分を切り取って秤量し，これから求めた F_0 の値は 1.470 となり，約 1% の誤差である． 〈完〉

A.1.3 数値微分 数値微分とは，数値で与えられた関数 f の導関数の近似値を求めることである．関数 $f(x)$ の微分は次式で定義される．

$$f'(x) = \lim_{h \to 0} \frac{f(x+h) - f(x)}{h} \quad (A.1.13)$$

したがって，間隔 $h (= x_{i+1} - x_i)$ が小さければ，関数 $f(x)$ の x_i における導関数の粗い近似として次式が成立する．

$$f'(x_i) \approx \frac{f(x_{i+1}) - f(x_i)}{h} \quad (A.1.14)$$

数値微分のより正確な近似式は，Lagrange の補間公式を用いて以下のように得られる．A.1.1c. で述べたように 3 点 $(x_0, f_0), (x_1, f_1), (x_2, f_2)$ を通る二次式は式 (A.1.10) で近似される．これを x に関して微分すると，

$$f'(x) \approx \frac{dp_2(x)}{dx} = \frac{(2x - x_1 - x_2)}{(x_0 - x_1)(x_0 - x_2)} f_0$$

表 A.3 各温度での致死率価 L の値

t [min]	T [℃]	$L \times 10^2$	t [min]	T [℃]	$L \times 10^2$
0.0	15.1	0.000	47.5	109.1	6.525
2.5	21.7	0.000	50.0	109.1	6.525
5.0	33.8	0.000	51.3	108.5	5.679
7.5	46.4	0.000	52.5	106.1	3.259
10.0	64.5	0.000	53.8	94.1	0.203
12.5	76.6	0.004	55.0	83.2	0.017
15.0	85.0	0.025	56.3	73.6	0.002
17.5	92.3	0.134	57.5	65.7	0.000
20.0	96.5	0.353	58.8	58.5	0.000
22.5	100.1	0.813	60.0	53.1	0.000
25.0	102.5	1.417	61.3	48.2	0.000
27.5	104.3	2.149	62.5	44.0	0.000
30.0	106.7	3.744	63.8	40.4	0.000
32.5	107.3	4.302	65.0	37.4	0.000
35.0	108.5	5.679	66.3	35.0	0.000
37.5	108.5	5.679	67.5	32.6	0.000
40.0	108.5	5.679	68.8	30.2	0.000
42.5	108.5	5.679	70.0	28.9	0.000
45.0	109.1	6.525			

$$+ \frac{(2x - x_0 - x_2)}{(x_1 - x_0)(x_1 - x_2)} f_1 + \frac{(2x - x_0 - x_1)}{(x_2 - x_0)(x_2 - x_1)} f_2$$

ここで，間隔が等間隔なときには，分母がそれぞれ $2h^2, -h^2, 2h^2$ であることに留意すると，

$$f'(x) \approx \frac{dp_2(x)}{dx} = \frac{(2x - x_1 - x_2)}{2h^2} f_0 + \frac{(2x - x_0 - x_2)}{h^2} f_1$$

$$+\frac{(2x-x_0-x_1)}{2h^2}f_2 \qquad (A.1.15)$$

式 (A.1.15) に $x=x_0$ を代入すると,

$$f'(x_0) \approx \frac{-3f_0+4f_1-f_2}{2h} \qquad (A.1.16a)$$

を得る.同様に,式 (A.1.15) に $x=x_1$ と $x=x_2$ を代入すると,

$$f'(x_1) \approx \frac{-f_0+f_2}{2h} \qquad (A.1.16b)$$

$$f'(x_2) \approx \frac{f_0+4f_1+3f_2}{2h} \qquad (A.1.16c)$$

となる.ここで式 (A.1.16b) は,x_i における微係数は 2 点 (x_{i-1}, f_{i-1}) と (x_{i+1}, f_{i+1}) を結んだ直線の勾配で近似できることを示す.

【例題 A.4】 アセトン-水混合溶媒中で臭化 t-ブチル (t-BuBr) の加水分解反応を行い (25℃),下表の結果を得た.数値微分法により初期反応速度を求めよ.

時間 t[h]	0	5	10	15
t-BuBr 濃度 C[mol/L]	0.1000	0.0776	0.0602	0.0467

〈解〉 式 (A.1.16a) を用いて,$t=0$ における t-ブチルの加水分解反応速度を計算すると,

$$-\frac{dC}{dt}\Big|_{t=0} = \frac{-(3)(0.1000)+(4)(0.0776)-(0.0602)}{5}$$
$$= 4.98 \times 10^{-3} \text{ mol}/(\text{L} \cdot \text{h})$$

が得られる. 〈完〉

A.1.4 図微分 関数 $f(x)$ をプロットして滑らかな曲線で結ぶ(曲線 BC).微分値を求めたいところで鏡を紙面に対して垂直に立てる.ほぼ真上からみながら,鏡に映った線分 AB の像 AB′ が線分 AB と滑らかに連なるように鏡の面を調節する.このとき,鏡の面は A 点における関数 $f(x)$ の法線を与える.法線に直角な直線を引き,その勾配を求めれば,関数 $f(x)$ の点 A における微係数の値が求められる.このような方法を図微分といい,注意深く行えば誤差は比較的少ない.なお,法線の勾配から(接線の勾配)= $-1/$(法線の勾配)の関係を用いて微係数を求めるときには,横軸と縦軸の目盛幅に注意を要する.

【例題 A.5】 $y=x^2$ のグラフを描き $x=0.5$ における接線の傾きを求めよ.
〈解〉 図 A.2 の方法に従って $y=x^2$ の曲線上の点 (0.5, 0.025) における法線を引き,それに直角な直線を引く.その直線の勾配を求めるとほぼ 1 である. 〈完〉

A.2 微分方程式の解析的解法

A.2.1 変数分離形の微分方程式 多くの一階微分方程式は,代数的な操作によって,

$$g(y)dy = f(x)dx \qquad (A.2.1)$$

の形に書き換えることができる.このような形の方程式は,x は右辺にだけ,y は左辺にだけ現れるので,変数分離形という.式 (A.2.1) の両辺を積分すると,

$$\int g(y)dy = \int f(x)dx + c \qquad (A.2.2)$$

が得られる.ここで c は定数である.f と g が連続関数であれば式 (A.2.2) の積分は存在し,式 (A.2.1) の一般解が得られる.

なお,農学や工学などでは,一般解ではなく,ある条件を満たす特殊解を求めたいことが多い.そのような場合には,初期条件から積分定数 c の値を決定する必要がある.

【例題 A.6】 液相反応 A→B の反応速度 $-r_A$ は次の一次反応式で表される.

$$-r_A = -\frac{dC_A}{dt} = kC_A \qquad (A.2.3)$$

ここで,k は速度定数である.本反応を回分式反応器で行ったときの成分 A の濃度 C_A を時間 t の関数として表せ.ただし,成分 A の初期濃度は C_{A0} である.
〈解〉 式 (A.2.3) は次のように変数が分離できる.

$$\frac{dC_A}{C_A} = -kdt \qquad (A.2.4)$$

したがって,式 (A.2.4) の両辺を積分すると,

$$\int \frac{dC_A}{C_A} = -k\int dt + c$$
$$\ln C_A = -kt + c \qquad (A.2.5)$$

ここで,初期条件 $t=0$ で $C_A=C_{A0}$ より,

$$c = \ln C_{A0} \qquad (A.2.6)$$

よって,解は

$$\ln C_A = -kt + \ln C_{A0}$$
$$C_A = C_{A0}e^{-kt} \qquad (A.2.7)$$

なお,上記では一般解を求めたのちに,初期条件を用いて積分定数 c を決定したが,$t=0$ で $C_A=C_{A0}$ であり,かつ $t=t$ で $C_A=C_A$ であることから,式 (A.2.4) を次の定積分によって解くと,これらの過程が簡単になる.

$$\int_{C_{A0}}^{C_A} \frac{dC_A}{C_A} = -k\int_0^t dt$$
$$\ln \frac{C_A}{C_{A0}} = -kt$$
$$C_A = C_{A0}e^{-kt} \qquad (A.2.8) \quad \langle 完 \rangle$$

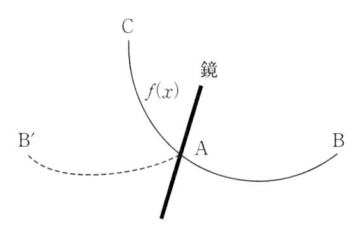

図 A.2 鏡を用いて曲線の法線と接線を求める方法

A.2.2 一階線形微分方程式

一階微分方程式が

$$y' + f(x)y = r(x) \quad (A.2.9)$$

の形で表されるとき「微分方程式は線形である」という．さらに，$r(x) \equiv 0$ のとき，方程式は同次であるといい，そうでないときは，非同次であるという．

一階線形同次微分方程式

$$y' + f(x)y = 0 \quad (A.2.10)$$

は $dy/y = -f(x)dx$ と変数分離形となる．一方，式 (A.2.9) の非同次方程式の一般解は次式

$$y(x) = e^{-h}\left[\int e^h r\, dx + c\right], \quad h = \int f(x)dx \quad (A.2.11)$$

で与えられる．ここで，c は定数である．

【例題 A.7】 次の逐次反応の各段階は一次反応速度式に従う．

$$A \xrightarrow{k_1} R \xrightarrow{k_2} P \quad (A.2.12)$$

ここで，k_1 と k_2 はいずれも速度定数である．回分反応器を用いて本反応を行ったときの各成分濃度の経時変化を記述する式を導け．ただし，本反応は均一液相反応である．ただし，反応初期の成分 A の濃度は C_{A0} であり，成分 R や P は存在しない．

〈解〉 各成分濃度の変化は次式で表される．

$$\frac{dC_A}{dt} = -k_1 C_A \quad (A.2.13)$$

$$\frac{dC_R}{dt} = k_1 C_A - k_2 C_R \quad (A.2.14)$$

$$\frac{dC_P}{dt} = k_2 C_R \quad (A.2.15)$$

式 (A.2.13) は変数分離形の式であり，例題 A.5 より

$$C_A = C_{A0} e^{-k_1 t} \quad (A.2.16)$$

である．式 (A.2.16) を式 (A.2.14) に代入して整理すると，次式を得る．

$$\frac{dC_R}{dt} + k_2 C_R = k_1 C_{A0} e^{-k_1 t} \quad (A.2.17)$$

式 (A.2.17) は一階線形非同次方程式である．したがって，その解は式 (A.1.11) を適用して次のように求められる．

$$h = \int k_2 dt = k_2 t \quad (A.2.18)$$

$$C_R = e^{-k_2 t}\left[\int e^{k_2 t} k_1 C_{A0} e^{-k_1 t} dt + c\right] = e^{-k_2 t}\left[\frac{k_1 C_{A0}}{k_2 - k_1} e^{(k_2 - k_1)t} + c\right] \quad (A.2.19)$$

ただし，$k_1 \neq k_2$ である．初期条件 $t = 0$ で $C_R = 0$ より，

$$c = -\frac{k_1 C_{A0}}{k_2 - k_1} \quad (A.2.20)$$

よって，

$$C_R = C_{A0} \frac{k_1}{k_2 - k_1}[e^{-k_1 t} - e^{-k_2 t}] \quad (A.2.21)$$

また，$k_1 = k_2$ のときには，

$$C_R = k_1 C_{A0} t e^{-k_1 t} \quad (A.2.22)$$

である．したがって，物質収支より $C_S = C_{A0} - C_A - C_R$ で計算できる． 〈完〉

A.2.3 定数係数の二階同次線形方程式

a, b を定数として微分方程式が

$$y'' + ay' + by = 0 \quad (A.2.23)$$

で表されるとき，式 (A.2.23) を定数係数の二階同次線形方程式という．

λ を適当に選んだとき，

$$y = e^{\lambda x} \quad (A.2.24)$$

が式 (A.2.23) の解になると仮定する．式 (A.2.24) の導関数は，$y' = \lambda e^{\lambda x}$，$y'' = \lambda^2 e^{\lambda x}$ であるので，これらを式 (A.2.23) に代入すると，

$$(\lambda^2 + a\lambda + b)e^{\lambda x} = 0 \quad (A.2.25)$$

が得られる．したがって，λ が二次方程式

$$\lambda^2 + a\lambda + b = 0 \quad (A.2.26)$$

の解であれば，式 (A.2.24) は式 (A.2.23) の解である．式 (A.2.26) を式 (A.2.23) の特性方程式という．二次方程式 (A.2.26) には判別式 ($= a^2 - 4b$) の値により三つの解があり，それぞれの場合の一般解は次のようになる．

式 (A.2.26) が異なる二つの実数解 λ_1 と λ_2 をもつとき ($a^2 - 4b > 0$)，一般解は次式となる．

$$y = c_1 e^{\lambda_1 x} + c_2 e^{\lambda_2 x} \quad (A.2.27a)$$

ここで，c_1 と c_2 は定数であり，二つの条件が与えられれば決定できる．

次に式 (A.2.26) が実重解 λ をもつとき ($a^2 - 4b = 0$) は，一般解は次式となる．

$$y = (c_1 + c_2 x)e^{\lambda x} \quad (A.2.27b)$$

c_1 と c_2 は上記と同様に定数である．

さらに，式 (A.2.26) が共役複素解 $\lambda_1 = p + iq$ と $\lambda_2 = p - iq$ をもつとき ($a^2 - 4b < 0$) の一般解は次のようになる．

$$y = e^{px}(A\cos qx + B\sin qx) \quad (A.2.27c)$$

ここで，A と B は条件によって定まる定数である．

A.3 常微分方程式の数値解法

微分方程式が非線形の場合は解析的に解けないことが多く，数値的に解く必要がある．いくつかの解法について述べる．

A.3.1 Euler 法

一階常微分方程式

$$y' = f(x, y) \quad (A.3.1)$$

で，解が満足すべき一つの条件 $y(x_0) = y_0$ が与えられている初期値問題を考える．$y(x)$ を x の近傍 $(x + h)$ で Taylor 級数展開すると，

$$y(x + h) = \sum_{n=1}^{\infty} \frac{h^n}{n!} f^{(n)}(x) = y(x) + hy'(x) + \frac{h^2}{2} y''(x) + \cdots \quad (A.3.2)$$

となる．式 (A.3.1) より $y'=f$ であり，また $y''=f'$，…である．したがって，式 (A.3.2) を書き直すと，

$$y(x+h) = y(x) + hf + \frac{h^2}{2}f' + \cdots \quad (A.3.3)$$

となる．h が小さいとき，h^2, h^3, … を含む項は非常に小さくなり，粗い近似として次式が成り立つ．

$$y(x+h) \approx y(x) + hf(x,y) \quad (A.3.4)$$

この式を用いて式 (A.3.1) を解く方法を Euler 法という．

まず，初期条件 $x=x_0$ で $y=y_0$ を用いて，$x_1=x_0+h$ における y の値 y_1 を式 (A.3.4) から求める．

$$y_1 = y_0 + hf(x_0, y_0) \quad (A.3.5a)$$

これが $y(x_1) = y(x_0+h)$ の近似値となる．次に $x_2 = x_1 + h = x_0 + 2h$ での近似値を

$$y_2 = y_1 + hf(x_1, y_1) \quad (A.3.5b)$$

により計算する．以下，同様の計算を繰り返す．本法の精度は増分 h の大きさに依存し，一般に h が細かいほど精度がよい．ただし，h を細かくすると計算回数が多くなること，および計算機での丸め誤差が蓄積することに留意する必要がある．

A.3.2 改良および繰返し Euler 法 上述した Euler 法は計算が簡単であるが，x_0 から x_1 の微係数として区間の入口 x_0 での値を用いているため，精度はあまり高くない．区間の両端 x_0 と $x_1=x_0+h$ において微係数を算出し，それらの平均値を採用することが好ましい．しかし，区間の出口 x_1 での y_1 の値が不明であるので，式 (A.3.5a) で算出した y_1 をその近似値 $y_1^{(1)}$ と見なし，次式によって y_1 の第 2 近似値 $y_1^{(2)}$ を求める．

$$y_1^{(2)} = y_0 + h\frac{f(x_0, y_0) + f(x_1, y_1^{(1)})}{2} \quad (A.3.6)$$

x_2, x_3, … における y 値についても同様である．この方法を改良 Euler 法という．

このようにして得られた $y_1^{(2)}$ を再び式 (A.3.6) に代入して，y_1 の改善値 $\bar{y}_1$ を求め，両者の誤差が許容値 ε より小さくなるまで繰り返し計算する方法を繰返し Euler 法という．

微分方程式の数値解法には，この他 Runge-Kutta 法および Runge-Kutta-Gill (RKG) 法がある．詳細は省略するが，これらの方法は常微分方程式を数値的に解く方法として最も広く用いられ，かつ精度も高い．

A.4 最小二乗法と対数グラフ

A.4.1 線形最小二乗法 測定値などの変数間の関係が線形な式で与えられるとき，測定値に最も適合するパラメータを決定する方法について述べる．

a. $y=ax+b$ の最小二乗法： 測定点の組 (x_1, y_1), (x_2, y_2), …, (x_n, y_n) が与えられているとき，直線

$$y = a + bx \quad (A.4.1)$$

が測定点に最も適合する a と b の値は，測定点と直線との距離（垂直方向）の二乗和が最小になるように決定される．

x 座標の値が x_i のとき，直線上の点の y 座標は $a+bx_i$ である．したがって，(x_i, y_i) から直線までの距離は $|y_i - (a+bx_i)|$ で与えられ，それらの二乗和 q は

$$q = \sum_{i=1}^{n}(y_i - a - bx_i)^2 \quad (A.4.2)$$

となる．q は a と b に依存し，q が最小となるための必要条件は，

$$\frac{\partial q}{\partial a} = -2\sum_{i=1}^{n}(y_i - a - bx_i) = 0 \quad (A.4.3a)$$

$$\frac{\partial q}{\partial b} = -2\sum_{i=1}^{n}x_i(y_i - a - bx_i) = 0 \quad (A.4.3b)$$

である．これより，

$$an + b\sum_{i=1}^{n}x_i = \sum_{i=1}^{n}y_i \quad (A.4.4a)$$

$$a\sum_{i=1}^{n}x_i + b\sum_{i=1}^{n}x_i^2 = \sum_{i=1}^{n}(x_iy_i) \quad (A.4.4b)$$

となる．式 (A.4.4a) と式 (A.4.4b) を正規方程式という．これらの式を連立して解くことにより，パラメータ a と b が得られる．

$$a = \frac{\sum y_i \sum x_i^2 - \sum x_i \sum(x_iy_i)}{n\sum x_i^2 - (\sum x_i)^2}$$

$$= \frac{\bar{y}\sum x_i^2 - \bar{x}\sum(x_iy_i)}{\sum x_i^2 - \bar{x}\sum x_i} \quad (A.4.5a)$$

$$b = \frac{n\sum(x_iy_i) - \sum x_i \sum y_i}{n\sum x_i^2 - (\sum x_i)^2}$$

$$= \frac{\sum(x_iy_i) - \bar{x}\sum y_i}{\sum x_i^2 - \bar{x}\sum x_i} \quad (A.4.5b)$$

ただし，

$$\bar{x} = \frac{\sum x_i}{n} \quad (A.4.6a)$$

$$\bar{y} = \frac{\sum y_i}{n} \quad (A.4.6b)$$

である．ここで $\sum$ は $\sum_{i=1}^{n}$ を意味する．

【例題 A.8】 原点を通る直線の式（A.4.7）に最も適合する b を求める方法を述べよ．
$$y = bx \quad (A.4.7)$$
〈解〉 式（A.4.4b）で $a=0$ であるから，
$$b \sum_{i=1}^{n} x_i^2 = \sum_{i=1}^{n} (x_i y_i)$$
となり，
$$b = \sum_{i=1}^{n} (x_i y_i) \Big/ \sum_{i=1}^{n} x_i^2$$
が得られる． 〈完〉

b. m 次元線形最小二乗法： 次に，一般形である m 次元線形最小二乗法について考える．m 個の独立変数 $x_1, \cdots, x_m$ の関数 y がこれらの変数の一次関数の和として，次式のように表されたとする．
$$y = p_1 x_1 + p_2 x_2 + \cdots + p_m x_m \quad (A.4.8)$$
ここで p_m はパラメータである．n 組のデータ $(x_1^1, x_2^1, \cdots, x_m^1, y^1)$, $(x_1^2, x_2^2, \cdots, x_m^2, y^2)$, $\cdots$, $(x_1^n, x_2^n, \cdots, x_m^n, y^n)$ が与えられたとき，最小二乗法によりパラメータ $p_1, p_2, \cdots, p_m$ が以下のように決定される．なお，$n \geq m$ であり，上つきの数字 i は第 i 組のデータであることを示す．

式（A.4.2）から二乗和 q は次式で与えられる．
$$q = \sum_{i=1}^{n} (y^i - f^i)^2 ; f^i = p_1 x_1^i + p_2 x_2^i + \cdots + p_m x_m^i$$
$$= \sum_{i=1}^{n} [y^i - (p_1 x_1^i + p_2 x_2^i + \cdots + p_m x_m^i)]^2 \quad (A.4.9)$$
である．q が最小となる必要条件は，
$$\frac{\partial q}{\partial p_1} = 0, \quad \frac{\partial q}{\partial p_2} = 0, \quad \cdots, \quad \frac{\partial q}{\partial p_m} = 0 \quad (A.4.10)$$
である．これらの条件を用いて正規方程式を求めると，次のようになる．

$$\begin{vmatrix} \sum(x_1 x_1) & \sum(x_1 x_2) & \cdots & \sum(x_1 x_m) \\ \sum(x_2 x_1) & \sum(x_2 x_2) & \cdots & \sum(x_2 x_m) \\ \cdots & \cdots & \cdots & \cdots \\ \sum(x_m x_1) & \sum(x_m x_2) & \cdots & \sum(x_m x_m) \end{vmatrix} \cdot \begin{vmatrix} p_1 \\ p_2 \\ \cdots \\ p_m \end{vmatrix} = \begin{vmatrix} \sum(x_1 y) \\ \sum(x_2 y) \\ \cdots \\ \sum(x_m y) \end{vmatrix}$$
$$(A.4.11)$$

したがって，式（A.4.11）の連立方程式を解けば，パラメータ $p_1, p_2, \cdots, p_m$ を得ることができる．

A.4.2 非線形な式の線形化 非線形な式を適当に変形することによって線形な式を導くことができる場合がある．いくつかの例を示す．
$$y = \frac{bx}{a+x} \quad (A.4.12)$$
両辺の逆数をとると，

$$\frac{1}{y} = \frac{a}{b} \frac{1}{x} + \frac{1}{b} \quad (A.4.13a)$$

また，式（A.4.13a）の両辺に x を乗じると，
$$\frac{x}{y} = \frac{a}{b} + \frac{1}{b} x \quad (A.4.13b)$$
となる．したがって，$1/y$ と $1/x$ または x/y と x を変数とみなせば，式（A.4.13）は線形な式である．

指数関数
$$y = ax^b \quad (A.4.14)$$
は両辺の対数をとると，
$$\log y = \log a + b \log x \quad (A.4.15)$$
となる．したがって，$\log y$ と $\log x$ を変数と見なせば，線形な式である．同様に，
$$y = ae^{bx} \quad (A.4.16)$$
も次のように線形な形に変換できる．
$$\log y = \log a + (b \log e) x \quad (A.4.17)$$

また，次の複雑そうにみえる式も線形な形に変形できる．
$$y = \exp(-b^{nx}) \quad (A.4.18)$$
両辺の対数を 2 回とると，
$$\log(-\log y) = n \log x + \log(b \log e) \quad (A.4.19)$$
となり，$\log(-\log y)$ と $\log x$ を新しい変数と見なす．

さらに，従属変数 y が m 個の独立変数のべき乗の積で表されるとき，
$$y = K x_1^a x_2^b \cdots x_m^n \quad (A.4.20)$$
両辺の対数をとると，
$$\log y = \log K + a \log x_1 + b \log x_2 + \cdots + n \log x_m$$
$$(A.4.21)$$
となり，式（A.4.8）と同形になる．

【例題 A.9】 気体の粘度 μ [Pa·s] と温度 T [K] の間には，近似的に次式の関係式が成立する．
$$\mu = bT^a \quad (A.4.22)$$
種々の温度における酸素の粘度からパラメータ a と b の値を決定せよ．

T[℃]	0	20	50	100	200	400
$\mu \times 10^5$ [Pa·s]	1.92	2.03	2.18	2.44	2.90	3.69

〈解〉 式（A.4.22）は式（A.4.14）と同形であるので，式（A.4.22）の両辺の対数をとると，
$$\log \mu = \log b + a \log T \quad (A.4.23)$$
が得られ，$\log \mu$ と $\log T$ の間に直線関係がある．μ と T の関係を両対数方眼紙にプロットすると図 A.3 が得られる．直線の傾きから $a = 0.725$ が得られ，$T = 373$ K における粘度は 2.44×10^{-5} Pa·s であるから，$b = 3.33 \times 10^{-7}$ となる． 〈完〉

【例題 A.10】 温度 T(K) における液体の粘度 μ [Pa·s] は，

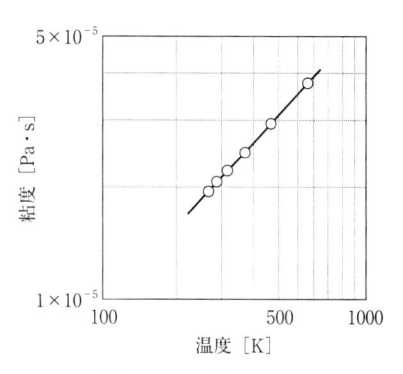

図A.3 両対数プロット

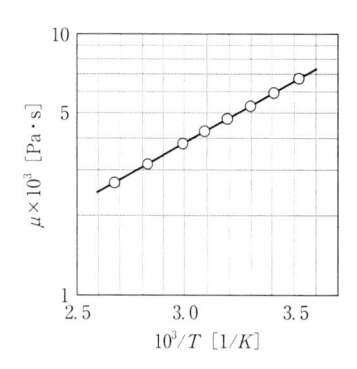

図A.4 片対数プロット

近似的に次式で表される．
$$\mu = be^{a/T} \quad (A.4.24)$$
下表のトルエンの粘度について，パラメータ a と b を決定せよ．

T [℃]	10	20	30	40	50	60	80	100
$\mu \times 10^4$ [Pa·s]	6.67	5.86	5.22	4.66	4.20	3.81	3.19	2.71

〈解〉 式（A.4.22）の両辺の対数をとると，
$$\log \mu = \log b + (a \log e)/T \quad (A.4.23)$$
と式（A.4.17）と同形であるので，$\log \mu$ と $1/T$ の間に直線関係がある．そこで，μ を対数目盛，$1/T$ を普通目盛の片対数方眼紙にプロットすると図A.4が得られる．直線の傾きから $a = 1.05 \times 10^3$ K が得られ，$1/T = 0.00392$ のとき粘度が 0.001 Pa·s であるので，$b = 1.63 \times 10^{-5}$ を得る． 〈完〉

付録B

主な食品の物性値

B.1 粘度

表B.1 粘度

物質	温度 [℃]	粘度 [mPa·s]
気体		
空気	20	1.81×10^{-2}
	0	1.37×10^{-2}
二酸化炭素	100	1.83×10^{-2}
メタンガス	20	1.09×10^{-2}
液体		
純水	20	1.002
	100	0.282
グリセロール	30	1070
エタノール	20	1.20
液体食品		
オリーブオイル	25	84
牛乳	20	2.12
脱脂乳	25	1.4
大豆油	30	40
ショ糖水溶液 (80 wt%)	21	1.92
リンゴジュース (20°Brix)	27	2.1
リンゴジュース (60°Brix)	27	30
コーンシロップ (固形分48 wt%)	27	53

B.2 比熱

表B.2.1 純物質・固体の比熱

物質	温度 [℃]	比熱 [kJ/(kg·K)]
水	0	4.176
水	25	4.179
氷	0	2.062
空気	27	1.618
ショ糖		1.255
食塩		1.130〜1.339
エタノール	20	2.43
酢酸	20	2.05
炭水化物	0	1.549
タンパク質	0	2.008
脂肪	0	1.984
せんい質	0	1.846
灰分	0	1.093
ポリエチレン (低密度)	20	2.22〜2.30
ポリエチレン (高密度)	20	1.93〜2.30
ゴム	20	2.009
銅	20	0.383
鉄	20	0.452
コルク板	30	1.9
木綿	20	1.3

表 B.2.2　食品の比熱

食品	水分 [wt%]	凍結温度 [℃]	比熱（未凍結） [kJ/(kg・K)]	比熱（凍結） [kJ/(kg・K)]
代表的食品				
牛乳	87.5	−0.56	3.89	2.05
チーズ	38	−2.2	2.09	1.3
バター			1.38	1.05
アイスクリーム	62	−2.8	3.27	1.88
卵白	87		3.849	
卵黄	48		2.803	
パン	45		2.81	
大豆油			1.88〜2.05	
オリーブオイル			1.92〜2.05	
肉類・魚類				
牛肉（赤身）	68	−1.7	3.22	1.67
牛肉（乾燥）	5.0〜1.5		0.92〜1.42	0.80〜1.09
豚肉	60	−2.2	2.85	1.34
マトン	90		3.891	
タラ		−2.2	3.77	2.05
代表的食品				
米	10.5〜13.5		1.757〜1.841	
豆	74.3	−1.1	3.31	1.76
豆（乾燥）	9.5		1.17	0.92
トウモロコシ（生）	73.9	−1.7	3.31	1.76
ニンジン	88.2	−1.4	3.77	1.93
ニンジン（乾燥）	4.4		2.092	
クマネギ	87.5	−1.1	3.77	1.93
クマネギ（乾燥）	3.3		1.966	
キュウリ	97		4.1	
ホウレンソウ	85〜90		3.766〜3.933	
ホウレンソウ（乾燥）	5.9		1.799	
マッシュルーム	90		3.933	
マッシュルーム（乾燥）	30		2.343	
バレイショ	75		3.515	
バレイショ（乾燥）	6.1		1.715	
カボチャ	90.5		3.85	1.97
サツマイモ	68.5	−1.9	3.14	1.67
リンゴ	84.1	−2	3.6	1.88
オレンジ	87.2	−2.2	3.77	1.93

B.3 熱伝導率

表 B.3 熱伝導率

食品	水分 [wt%]	脂肪 [wt%]	温度 [℃]	熱伝導率 [W/(m·K)]	食品	水分 [wt%]	脂肪 [wt%]	温度 [℃]	熱伝導率 [W/(m·K)]
一般食品			−6〜−11	0.418	農産物				
			−15〜−11	1.092	ニンジン	90		28	0.604
卵白			38	0.553	キュウリ	95.4		28	0.597
卵黄			32	0.324	タマネギ	87.3		28	0.574
凍結全卵			−6〜−10	0.968	カボチャ	87.7		26.1	0.5
牛乳	90		22.6	0.573	バレイショ	81.4		25.5	0.533
クリーム	60.4	16.7	20	0.36	トマト	92.3		28	0.425
コンデンスミルク	77	7.7	20	0.46	イチゴ	88.8		28	0.461
チェダーチーズ	37.2	32	20	0.31	バナナ	75.7		27	0.481
クリームチーズ	55.4	32	20	0.38	リンゴ	88.5		28	0.422
バター	16.5	80.6	0	0.2	モモ	88.5		28	0.581
マーガリン	16	81.7	0	0.2	パイナップル	84.9		27	0.549
オリーブオイル			20	0.167	オレンジ	85.9		28	0.58
肉類・魚類					レモン	91.8		28	0.451
牛肉	85	0.9	2	0.502	グレープフルーツ	90.4		26	0.549
			−10	1.38					
			−20	1.51					
豚肉	72	6.1	4	0.46					
			−5	1.17					
			−20	1.34					
			−11	1.048					
タラ	83	0.1	0	0.543					
			−20	1.51					
サケ	67	12.6	0	1.09					
			−10	1.15					
			−20	1.23					
イカ	78.6	3.4	20	0.475					
エビ	75.3	1.2	20	0.49					

B.4 平衡水分吸着量

表 B.4 種々の食品および食品素材の GAB パラメータ

品名	温度 [℃]	水分活性範囲	q_m [kg-水/kg-固形分]	K_{GAB}	c
寒天	22	0.01〜0.98	0.1330	0.736	47.05
カラギーナン	22	0.01〜0.98	0.1160	0.903	42.31
ゼラチン	22	0.01〜0.98	0.0920	0.938	114.09
カゼイン Na	25	<0.92	0.0720	0.862	6.15
ペクチン（LM）	22	0.01〜0.98	0.0830	0.954	7.23
ペクチン（HM）	25	0.01〜0.98	0.0800	1.579	757.21
セルロース	20	<0.95	0.0510	0.806	16.60
アミロース	20	<0.90	0.0900	0.724	16.16
デンプン	20	<0.90	0.1010	0.740	17.60
チーズ	22	0.10〜0.99	0.051	0.859	126.65
脱脂粉乳	25	0.38〜0.89	0.043	0.929	56.42
凍結乾燥コーヒー	20	0.05〜0.50	0.039	1.182	19.16
噴霧乾燥コーヒー	20	0.05〜0.60	0.032	1.285	18.94
アーモンド	25	0.46〜0.92	0.027	0.919	11.24
トウモロコシ粉	26	0.11〜0.96	0.074	0.794	118.33
小麦粉	25	—	0.0644	0.91	22.23
バレイショ	25	0.11〜0.86	0.083	0.774	8.50
米	4	0.10〜0.96	0.072	0.735	5.49

B.5 拡散係数

表 B.5.1 種々の食品中の水の拡散係数

媒体	含水率 [kg-水/kg-固形分]	温度 [℃]	拡散係数 [m²/s]	活性化エネルギー [kJ/mol]
米	0.20	30	0.40×10^{-10}	40
ドウ	0.40	30	5.0×10^{-10}	40
パン	0.30	30	2.0×10^{-10}	40
クッキー	0.15	30	0.5×10^{-10}	40
パスタ	0.15	30	0.3×10^{-10}	40
バレイショ	0.30	30	5.0×10^{-10}	45
ニンジン	0.30	30	2.0×10^{-10}	45
タマネギ	0.10	30	0.5×10^{-10}	45
ダイズ	0.20	30	0.8×10^{-10}	45
リンゴ	0.50	30	2.0×10^{-10}	60
バナナ	0.50	30	2.0×10^{-10}	60
干しぶどう	0.40	30	1.5×10^{-10}	60
挽牛肉	0.60	30	1.0×10^{-10}	35
豚ソーセージ	0.20	30	0.5×10^{-10}	35
タラの身	0.50	30	2.0×10^{-10}	35
ニシン	0.50	30	0.8×10^{-10}	35
サバ	0.40	30	0.5×10^{-10}	35

表 B.5.2 種々の食品および食品素材の拡散係数

拡散物質	媒体	温度 [℃]	拡散係数 [m²/s]
水	グルコース (50%)	50	0.47×10^{-10}
NaCl	寒天ゲル (0〜50%)	25	$3 \sim 15 \times 10^{-10}$
NaCl	ピクルス	25〜49	$5.3 \sim 15 \times 10^{-10}$
NaCl	ポテト	25	$3.7 \sim 4.2 \times 10^{-10}$
NaCl	豚肉	$-2 \sim 25$	$1.4 \sim 3.6 \times 10^{-10}$
NaCl	ゴーダチーズ	12〜20	$1.9 \sim 3.3 \times 10^{-10}$
NaCl	ニシン	2〜20	$0.85 \sim 3.1 \times 10^{-10}$
NaCl	マグロ	30	11.4×10^{-10}
NO_2^-	牛肉の腱	5	$2.3 \sim 3.5 \times 10^{-10}$
ショ糖 (0〜75%)	水	25〜35	$5.88 \sim 0.314 \times 10^{-10}$
ショ糖	寒天 (0.79%)	5	2.47×10^{-10}
ショ糖	ビート	23〜75	$1.6 \sim 7.2 \times 10^{-10}$
ショ糖	サトウキビ	65〜75	$6.8 \sim 11.3 \times 10^{-10}$
ラクトース	チーズカード	25	$2.5 \sim 5.3 \times 10^{-10}$
ソルビン酸	寒天ゲル (1.5%)	25	$0.5 \sim 7.35 \times 10^{-10}$
アスコルビン酸	ポテト	25	5.45×10^{-10}
クエン酸	ポテト	25	4.3×10^{-10}
酢酸	ニシン	2〜20	$1.6 \sim 6.57 \times 10^{-10}$
エタノール	寒天ゲル (5.1%)	5	3.93×10^{-10}

B.6 糖類のガラス転移の開始温度と中間温度

表 B.6 糖類のガラス転移の開始温度と中間温度

糖類	T_g [℃] 開始温度	中間温度	糖類	T_g [℃] 開始温度	中間温度
ペントース			二糖類		
アラビノース	−2	3	ラクトース	101	—
リボース	−20	−13	ラクトロース	79	88
キシロース	6	14	マルトース	87	92
ヘキソース			メリビオース	85	91
フルクトース	5	10	スクロース	62	67
フコース	26	31	トレハロース	100	107
ガラクトース	30	38	オリゴ糖		
グルコース	31	36	ラフィノース	70	77
マンノース	25	31	糖アルコール		
ラムノース	−7	0	マルチトール	39	44
ソルボース	19	27	ソルビトール	−9	−4
			キシリトール	−29	−23

付録 C

単位換算表

表 C.1　長さ

m	ft	in
1	3.281	39.37
0.01	0.03281	0.3937
0.001	3.281×10^{-3}	0.03937
0.3048	1	12
0.02540	0.08333	1

表 C.2　質量

kg	lb	t
1	2.205	0.001
0.001	2.205×10^{-3}	10^{-6}
0.4536	1	4.536×10^{-4}
1000	2205	1

表 C.3　密度

kg/m^3	g/cm^3	lb/ft^3
1	0.001	0.06243
10^4	1000	6.243×10^4
1000	1	62.43
16.02	0.01602	1

表 C.4　力

N	dyn	kgf	lbf
1	10^5	0.1020	0.2248
10^{-7}	1	0.1020×10^{-6}	2.248×10^{-6}
9.807	9.807×10^5	1	2.205
4.448	4.448×10^5	0.4536	1

表 C.5　圧力

Pa	kgf/cm^3	mmHg	atm	bar
1	1.020×10^{-5}	7.501×10^{-3}	9.869×10^{-3}	10^{-5}
9.807×10^4	1	735.6	0.9678	0.9807
0.1	1.020×10^{-6}	7.501×10^{-4}	9.869×10^{-3}	10^{-6}
133.3	1.360×10^{-3}	1	1.316×10^{-3}	1.333×10^{-3}
1.013×10^5	1.033	760.0	1	1.013
105	1.020	750.1	0.9869	1

表 C.6　エネルギー，仕事量，熱量

J	erg	cal	Btu	kW·h
1	10^7	0.2389	9.478×10^{-4}	2.777×10^{-7}
10^{-7}	1	2.389×10^{-8}	9.869×10^{-14}	2.777×10^{-14}
4.186	4.186×10^7	1	3.968×10^{-8}	1.162×10^{-6}
1055	1.055×10^{10}	252.0	1	2.931×10^{-4}
3.600×10^6	3.600×10^{12}	8.599×10^5	3412	1

表C.7 動力，仕事率，工率

W	kgf·m/s	PS	HP	cal/s
1	0.1020	1.360×10^{-3}	1.341×10^{-3}	0.2389
9.807	1	0.01333	0.01335	2.343
735.5	75.00	1	0.9863	175.7
745.7	76.04	1.014	1	178.1
4.186	0.4269	5.692×10^{-3}	5.615×10^{-3}	1

表C.8 熱伝導率

W/(m·K)	kcal/(m·h·℃)	Btu/(ft·h·°F)
1	0.8600	0.5782
1.163	1	0.6723
1.730	1.488	1

表C.9 粘度

Pa·s	kg/(m·h)	P	lb/(ft·s)
1	3600	10	0.6720
2.778×10^{-3}	1	2.778×10^{-3}	1.867×10^{-3}
0.1	360	1	0.06720
1.488	5357	14.88	1

表C.10 伝熱係数

W/(m²·K)	kcal/(m²·h·℃)	Btu/(ft²·h·°F)
1	0.8600	0.1762
1.163	1	0.2048
5.674	4.880	1

付録D

飽和水蒸気表

表D.1 飽和水蒸気表

温度 [℃]	[K]	圧力 [kPa]	エンタルピー [kJ/kg]	蒸発潜熱 [kJ/kg]
0	273.15	0.6108	2502	2502
20	293.15	2.337	2538	2454
40	313.15	7.375	2574	2407
50	323.15	12.33	2592	2383
55	328.15	15.74	2601	2371
60	333.15	19.92	2610	2359
65	338.15	25.01	2618	2346
70	343.15	31.16	2627	2334
75	348.15	38.55	2635	2321
80	353.15	47.36	2644	2309
85	358.15	57.80	2652	2296
90	363.15	70.11	2660	2283
95	368.15	84.53	2668	2270
100	373.15	101.3	2676	2257
105	378.15	120.8	2684	2244
110	383.15	143.3	2691	2230
115	388.15	169.1	2699	2216
120	393.15	198.5	2706	2202
125	398.15	232.1	2713	2188
130	403.15	270.1	2720	2174
140	413.05	361.4	2733	2144
150	423.15	476.0	2745	2113

付録E

重要数値および換算式

表E.1 主要数値および換算式

真空中の光速度	2.99792458×10^8 m/s
アボガドロ数	6.022×10^{23} 1/mol
ファラデー定数	9.649×10^4 C/mol
ボルツマン定数	1.381×10^{-23} J/K
ステファン-ボルツマン定数	5.670×10^{-8} W/(m²·K⁴)
重力の加速度	9.807 m/s²
	32.174 ft/s²
気体定数	8.314 J/(mol·K)
	0.08205 L·atm/(mol·K)
	1.987 cal/(mol·K)
	1.986 Btu/(lb-mol·K)
理想気体の0℃，1 atm における分子容積	22.41×10^{-3} m³/mol
	359.0 ft³/lb-mol
空気の平均分子量	28.97 g/mol
絶対温度	$T[\text{K}] = t[℃] + 273.15$
	$T[\text{R}] = t[°\text{F}] + 459.67$
摂氏温度と華氏温度	$t[℃] = (t[°\text{F}] - 32) \times 5/9$
	$t[°\text{F}] = 32 + t[℃] \times 9/5$

記　号　表

記号	他の記号	記号の意味	単位
A		面積	m^2
a		温度伝導度	m^2/s
		抽質量	kg, mol
		単位体積当たりの表面積（比表面積）	m^2/m^3
a_w	a_W	水分活性	―
C		濃度	mol/m^3, kg/m^3
		C 値（クック値）	min
C_b		流体本体における濃度（bulk 濃度）	mol/m^3, kg/m^3
C_i		初期濃度，界面濃度	mol/m^3, kg/m^3
C_R	C_p, C_r	抵抗係数	―
C_S		基質濃度	mol/m^3, kg/m^3
		湿り空気比熱	$J/(kg\text{-}air \cdot K)$
C^*		平衡濃度	kg/m^3, mol/m^3
c	C_p, c_p	比熱容量	$J/(kg \cdot K)$
c		抽出液中の抽質の濃度	―
D		D 値	min
		直径	m
		拡散係数	m^2/s
		希釈率	―
		留出液量	mol/s
Da_I		第 1 Damköhler 数	―
d	d_p	直径，粒子径	m
d_S		固形分の真密度	kg/m^3
d_W		水の真密度	kg/m^3
E		活性化エネルギー	J/mol
		抽出液流量	kg, mol
		ヤング率	Pa
E_f		有効係数	―
Eu		Euler 数	
F		力	$kg \cdot m/s^2$
		流量	mol/s, kg/s
F_c		遠心力	N
F_D		粒子が受ける抵抗力	N
F_m		F 値	min
F_p		致死率，基準温度でのプロセスの F 値	―
F_o		z 値が 10℃ のときの F_p 値	―
Fr		Froude 数	
f		摩擦係数，Fanning の摩擦係数	―
G		ガス流量	mol/s, kg/s
		ギブス自由エネルギー	J/mol
		せん断（ずり）弾性率（剛性率）	Pa
ΔG		自由エネルギー変化量	J/mol
Gr		Grashof 数	―
g		重力加速度	m/s^2

記 号 表

H	Q	エンタルピー	J/kg, J/mol
		液柱高さ	m
H	K_H, H', m	Henry 定数	Pa, —
H_v	$\Delta H, \Delta H_v, \Delta H_l$	蒸発潜熱	J/kg, J/mol
ΔH_{ads}		等量吸着熱	J/mol
ΔH_m		凍結潜熱	J/kg
ΔH_S		水蒸気凝縮潜熱	J/kg
h		熱伝達係数（伝熱係数）	W/(m^2·K)
		高さ（深さ）	m
J		乾燥速度	kg-water/(m^2·s)
J_V		単位質量当たりの乾燥速度	kg-water/(kg-dry solid·s)
J_v	J_V	濾過流束	m/s
j		拡散流速	kg/(m^2·s)
k		反応速度定数	1/s
		熱伝導率	W/(m·K)
		境膜物質移動係数	mol/(m^2·Δ推進力·s)
k_B		Boltzmann 定数	J/K
k_e		有効熱伝導率	W/(m·K)
k_G	k_g	ガス側境膜物質移動係数	mol/(m^2·Δ推進力·s)
k_L		液側境膜物質移動係数	mol/(m^2·Δ推進力·s)
K	k	総括物質移動係数	mol/(m^2·Δ推進力·s)
		体積弾性率	Pa
K_{eq}		平衡定数	—
K_{GAB}		GAB 定数	—
K_p		Darcy の透過係数	m/(s·Pa)
K_m		Michaelis 定数	mol/m^3
L		長さ	m
		致死率	—
L_w		攪拌翼長	m
M		分子量	kg/kmol
		抽剤と抽量の混合液量	kg, mol
m		質量	kg
N		生存菌数	—
		物質流束	mol/(m^2·s)
		回転数	1/s
		吸着サイト数	—
Nu		Nusselt 数	—
n		モル数	mol
		粒子個数	—
P		水蒸気圧	Pa
		全圧	Pa
		所用動力	W
P_W		水蒸気分圧	Pa
$P_{W,sat}$	P_0	飽和水蒸気分圧	Pa
P_t	p_t	全圧	Pa
ΔP	Δp	圧力差	Pa
Pr		Prandtl 数	—
p		圧力，分圧，蒸気圧	Pa
Pe		Péclet 数	—
Q		体積流量	m^3/s
		伝熱量，流入熱量	J/s
ΔQ		移動熱量	J

記号表

		意味	単位
q		熱流束	J/m²·s
		吸着量	kg-吸着質/kg-吸着剤
q_m		単分子吸着量	kg-吸着質/kg-吸着剤
R		ガス定数	J/(mol·K)
		円管半径	m
		還流比	—
		抽残液流量	kg, mol
R_c	R_g	ケークの抵抗	1/m
R_m		濾材の抵抗	1/m
Re		Reynolds 数	—
Re_p		粒子 Reynolds 数	—
RH		相対湿度（関係湿度）	—
r	r_0	円管半径	m
r		反応速度	mol/(m³·s)
r_s	r_S	反応速度	mol/(m³·s)
S		断面積，表面積	m²
		エントロピー	J/K
		抽剤流量	mol/s
S_B		固定層単位体積当たりの外表面積	m²/m³
S_p		比表面積	m²/kg
S_V		粒子の比表面積	m²/m³
Sc		Schmidt 数	—
Sh		Sherwood 数	—
T		温度，流入温度	K, ℃
T_A		空気温度	K, ℃
T_d		露点，水滴温度	K, ℃
T_g		ガラス転移温度	K, ℃
T_S	T_s	水蒸気飽和温度	K, ℃
T_{WB}		湿球温度	K, ℃
ΔT		温度差	K, ℃
$(\Delta T)_{ln}$		対数平均温度差	K, ℃
TDT		加熱致死時間	min
t		時間	s
$t_{1/2}$		反応の半減期	s
U		総括伝熱係数	W/(m²·K)
		流速	m/s
u		流速	m/s
		x 軸方向流速	m/s
		ずれ	m
u_{ce}		遠心沈降終末速度	m/s
u_t		終末速度	m/s
V		体積	m³
		蒸気流量	mol/s
		抽剤量	kg, mol
V_L		モル体積	m³/mol
V_{max}		最大反応速度	mol/(m³·s)
V_t		空気体積	m³
v		体積分率	—
		比容積	m³/kg
		速度	m/s
		抽剤量	kg, mol
		y 軸方向流速	m/s
		粒子体積	m³

		単位濾過膜面積当たりの濾液量	m^3/m^2
v_z		円管内の軸方向速度	m/s
$\bar{v}_z$	v_{av}, U_0	円管内流れの断面平均速度	m/s
W		流量	kg/s
		体積流量	m^3/s
		缶出液量	mol/s
We		Weber 数	—
W_S		固形分重量	kg
W_W		水蒸気重量,水重量	kg
w		湿量基準含水率(水分)	—
X		平均値	
		凍結相厚み	m
		含水率	kg-water/kg-dry solid
x		モル分率	m
		質量分率	—
		反応率	—
x_S		反応率	—
x_w		湿量基準の含水率,水蒸気のモル分率	—
Y		絶対湿度	kg-water vapor/kg-dry air
Y_{sat}		飽和絶対湿度	kg-water vapor/kg-dry air
y		モル分率	m
		質量分率	—
Z_c		遠心効果	—
Z_a		吸着帯の長さ	m
z		z 値	℃
α		比揮発度(相対揮発度)	—
		抽剤比	—
		比抵抗	m/kg
β		体積膨張係数	1/K
δ		境膜厚さ	m
ε		空隙率	—
		放射率	—
		ひずみ	—
γ		せん断ひずみ	—
		表面張力	N/m
$\dot{\gamma}$		せん断速度	1/s
λ		Darcy の摩擦係数	—
μ		粘度	Pa・s
		化学ポテンシャル	J/mol
		比増殖速度	1/s
μ_{app}		見かけ粘度	Pa・s
ν		動粘度	m^2/s
$\Delta \Pi$		浸透圧差	Pa
θ		角度	rad
ρ		密度	kg/m^3
ρ_B		充填密度	kg/m^3
ρ_f		流体密度	kg/m^3
ρ_p		粒子密度	kg/m^3
ρ'_W		水蒸気濃度	kg/m^3
σ		表面張力	N/m
		Stefan-Boltzmann 定数	W/(m^2・K^4)
		せん断応力	Pa
		Staverman の反射率	—

σ_y		降伏応力	Pa
τ_{xy}		y 軸に垂直な面に働く x 方向のせん断応力	Pa
τ_m	τ_p, t_r	平均滞留時間	s
τ_w		壁面せん断応力	Pa
ϕ		Thiele 数	—
ω		質量分率	—
		角速度	1/s

演習の略解

【第2章】 (2.1) 1013 hPa, 760 mmHg. (2.2) 8.314 J/(K·mol). (2.3) バターは通常ポンド (lb) 単位で販売されており，半ポンドが約 225 g である. (2.4) 96.3 mph. (2.5) $\tau = 2\pi(l/g)^{1/2}$.

【第3章】 (3.1) 蒸発水量 = 875 kg, 析出食塩量 = 25 kg. (3.2) $t = \tau_m \ln 2$. (3.3) $T = 190$℃. (3.4) (1) $t = 356$ s. (2) $T = 85.7$℃.

【第4章】 (4.1) 式 (4.2) に $N = N_0/10$, $t = D$ を代入して求める. (4.2) $D_{121℃} = 0.164$ min. (4.3) F_p の値が 0.72 不足，冷却開始時間は 63.7 min 後. (4.4) 破壊率は 110℃ で 5.27%, 121℃ で 1.64%. (4.5) 0.00839 min^{-1}. (4.6) $E = 294$ kJ/(K·mol).

【第5章】 (5.1) $T = T_1 - (T_1 - T_2)(x/L)$. (5.2) $q = 36.5$ J/(m^2·s·K). 熱損失は約 1.8 倍大きくなる. (5.3) ボルトからの熱損失の割合は 48.5%. (5.4) 24.1 h. (5.5) $A_{av} = 2\pi(R_2 - R_1)/\ln(R_2/R_1) = (A_2 - A_1)/\ln(A_2/A_1)$. (5.6) $T_2 = 119.9$℃, $Q_o = 96.6$ W. (5.7) $T_2 = 38.6$℃, $h_o = 4.33$ W/(m^2·K). (5.8) $t = 678$ s. (5.9) $A = 0.20$ m^2. (5.10) $A = 0.28$ m^2.

【第6章】 (6.1) $\tau_2 = 6.4$ h. (6.2) $\tau = 0.52$ h. (6.3) $t'/t = 14.0$, 融解層の成長速度は凍結層の 10 倍以上遅い.

【第7章】 (7.1) $Q = 3.82 \times 10^9$ J/h, $F_S = 1.74 \times 10^3$ kg/h. (7.2) $A = 1.23$ m^2. (7.3) $A_1 = A_2 = A_3 = 20.22$ m^2, $\Delta T_1 = 28.7$ K, $\Delta T_2 = 21.0$ K, $\Delta T_3 = 20.3$ K.

【第8章】 (8.1) 1.54 時間, 8.25 時間. (8.3) $\dfrac{1}{K_L} = \dfrac{1}{k_L} + \dfrac{K_H}{k_G}$.

【第9章】 (9.1) 0.254. (9.2) 0.280. (9.3) ① $D = 33.3$ kmol/h, $W = 66.7$ kmol/h, ② 6.4 段, ③ 7 段目.

【第10章】 (10.1) $Y = 93.8$%. (10.2) (1) $E_1 = 66.7$ kg, $y_{AE_1} = 0.10$, $R_1 = 33.3$ kg, $x_{AR_1} = 0.16$, (2) $E_2 = 61.0$ kg, $y_{AE_2} = 0.045$, $R_2 = 32.3$ kg, $x_{AR_2} = 0.080$, (3) $Y = 78.5$%, (4) $S = 227$ kg.

【第11章】 (11.1) $U_a = \sqrt{2gz}$, $Q = (\pi d^2/4)\sqrt{2gz}$, $t = (D/d)^2 \sqrt{2h/g}$. (11.2) $u = (g\sin\theta/\nu)y(2h - y)$.

(11.3) $H_{total} = \dfrac{\bar{v}_w^2}{2g}\left(\lambda_a + \lambda_b\dfrac{L_b}{D_w} + \lambda_c + \lambda_d + \lambda_d\dfrac{L_d}{D_w} + \lambda_e\right)$
$+ \dfrac{\bar{v}_n^2}{2g}\left(\lambda_f\dfrac{L_f}{D_n} + \lambda_g + \lambda_h\dfrac{L_h}{D_n} + \lambda_i\right)$, $P = Q\rho g H_{total}$.

【第12章】 (12.1) 拡散の流体力学的特性時間は $\tau_f = L^2/D_{AB}$ となる. (12.3) (1) $n = 0.047$ (1/s), $P = 4.1 \times 10^{-2}$ W. (2) $P = 0.16$ W. (3) $P = 0.19$ W.

【第13章】 (13.1) $E = 8.17$ MPa.

【第14章】 (14.1) $u_t = 0.742$ m/h, $A = Q/u_t = 1.05$ m^2. (14.2) $u_{ce} = 0.0208$ m/s. (14.3) 80 μm 粒子：$u_t = 0.248$ m/s, 10 μm 粒子：$u_t = 3.87 \times 10^{-3}$ m/s. (14.4) $t = 42.5$ min, 濾過速度 = 3200 s/m^3. (14.5) 10 L. (14.6) 3 時間.

【第15章】 (15.3) ① a：NF 膜あるいは RO 膜, b：UF 膜, c：NF 膜あるいは RO 膜, d：RO 膜. (15.4) 約 1.8 倍.

【第16章】 (16.1) 701 m^2/g. (16.2) (1) $C = 1.31$, $q = 197$, (2) $C = 0.0103$, (3) $C = 0.494$, $q = 99.5$.

【第17章】 (17.1) ① RH = 50%, $Y = 0.0134$, ② RH = 55%, $Y = 0.0042$. (17.2) $Y = 0.0111$, $T_{wb} = 25.7$℃. (17.4) 定率乾燥速度 = 0.004 kg/(m^2·s^1). (17.5) 162 min. (17.6) A では乾燥できないが，B では乾燥できる. (17.7) A：$Y = 0.0074$, B：$Y = 0.022$. (17.8) 44.56 h. (17.9) 1.47 mm.

【第19章】 (19.4) (a) $K_m = 3.81$ mol/m^3, $V_{max} = 0.0374$ mol/m^3·s. (b) CSTR：$\tau_m = 101.9 x_S/(1 - x_S) + 534.8 x_S$, PFR：$\tau_p = 101.9 \ln[1/(1 - x_S)] + 534.8 x_S$, $\tau_p = 1.738 \ln[1/(1 - x_S)] + 8.86 x_S$ となるので，PFR の反応効率が常に高い. (19.5) $E_f = 0.757$. (19.6) 149 kPa. (19.7) (a) $k_L a = 0.108$ 1/s, (b) $k_L a = 0.0197$ 1/s. (19.8) 3.0 h. (19.9) $V = 1.0$ m^3, $C_S = 10$ kg/m^3.

索 引

ア 行

圧搾　84, 86
圧縮率　74

一階線形同次微分方程式　165
一階線形微分方程式　165
移動現象論　2

エキスペラー　87
エネルギー収支　11
エネルギー方程式　13
円管内流れ　61
遠心脱水　81, 82
遠心沈降　81
遠心沈降終末速度　82
遠心分級　83
遠心分離　81
遠心濾過　81, 82

応力　73
押出し流れ反応器　126
温度境界層　23
温度-組成線図　47
温度伝導度　32

カ 行

加圧濾過　84
回収部操作線　50
解凍　31
回分式吸着　99
回分式混合　69
回分操作　126
界面　94
界面活性剤　105
界面張力　103
改良 Euler 法　166
化学吸収　129
拡散　67

拡散係数　113, 171
攪拌混合　67
攪拌所用動力　71
ガス吸収　129
可塑剤　122
片対数方眼紙　168
活性化エネルギー　16, 18, 120
活性炭　94
加熱殺菌　15
加熱操作　3
加熱致死時間　16
ガラス　122
ガラス転移　115, 122
　　──の開始温度と中間温度　172
ガラス転移点　122
カランドリア　36
含水率　111
慣性力分級　83
完全混合槽型連続反応器　126
乾燥　107
乾燥速度　111
還流比　49

気液平衡　46
希釈率　133
基礎次元　6
擬塑性流体　75
基本単位　6
逆浸透法　88, 89
吸収　121
吸着　94, 121
吸着等温線　95
吸着熱　98
共晶　123
共沸混合物　47
境膜　44
境膜物質移動係数　130
共有混合物　123

組立単位　6
クロスフロー濾過　90, 91

ケーキング　118
ケークレス濾過器　86
ケーク濾過(器)　84, 86
結晶　122
結晶質　114
ゲル層　92
減圧濾過　84
限界含水率　112
限外濾過法　88, 89
減少指数　17
原溶媒　52
減率乾燥期間　111

高温殺菌　15
高温短時間殺菌　19
工学基礎　1
剛性率　74
降伏応力　75
効用数　37
向流　28
誤差　7
固定化酵素　126
固定層吸着　99
混合度　69

サ 行

三角図　54
残渣　84
酸性食品　18

次元　6
次元解析　8
示差走査熱量測定　122
指数法則　74
自然対流伝熱　4
失活　116
湿球温度　109
質量保存則　10
市乳製造プロセス　3
死滅速度定数　15

湿り空気比熱 108
蛇管型熱交換器 4
ジャケット式熱交換器 27
自由体積 122
終末速度 79
終末沈降速度 81
重力分級 82
準粘性流体 75
状態図 123
蒸発缶 36
蒸発潜熱 109
蒸発濃縮 36
触媒有効係数 129
食品工学 1
食品の熱劣化 16, 18
シリカゲル 94

水蒸気圧 40, 107
水蒸気濃度 107
水分活性 40, 112, 115, 121
水分吸着等温線 121
水分脱着等温線 112, 114
数値積分 161
数値微分 163
スケールアップ 4, 70
図積分 162
図微分 164

正規方程式 166
生存曲線 15
清澄濾過 84
精密濾過法 88, 89
積算(累積)分布 80
設計方程式 127
接触角 104
絶対湿度 107
線形最小二乗法 166
せん断 73
せん断弾性率 74
せん断粘稠化流動 75
せん断流動化流動 75

総括伝熱係数 25
総括物質移動係数 100, 130
増殖曲線 132
相対揮発度 46
相対湿度 108
層流 59
測定値 7

タ 行

第1 Damköhler 数 71
台形公式 161
対数グラフ 166
対数平均温度差 28
対数平均径 79
体積弾性率 74
タイライン 54
ダイラタント流体 75
対流伝熱 21
多回抽出 53
多重効用蒸発缶 37
縦弾性率 73
単位 6
単位操作 3
単回抽出 54
単蒸留 48
弾性体 73
断熱飽和温度 110
単分子層吸着水 121

チキソトロピー流体 75
致死率 17
致死率価 16
致死率曲線 17
チーズホエイ 89
チャンネル流れ 61
中間水分食品 122
抽剤 52
抽剤比 53
抽残物 53
抽出 52
抽出液 53
抽料 53
チューブ式熱交換器 27
超高温殺菌 19
超臨界流体 56

定圧濾過 85
低温殺菌 15
低温長時間殺菌 19
抵抗係数 80
抵抗力 80
低酸性食品 18
定常エンタルピー収支 11
定常状態 2, 10
定常状態近似法 127
定常物質収支 10

定率(恒率)乾燥期間 111
てこの原理 54
デッドエンド濾過 90
電気透析法 88
伝導伝熱 21
伝熱係数 109
伝熱物性 31
伝熱モデル 32

凍結 31
凍結濃縮 36
同次 165
動粘度(動粘性係数) 60
等量吸着熱 98

ナ 行

1/7 乗則分布 63
ナノ濾過法 88, 89

二階同次線形方程式 165
二重円管型熱交換器 4
二重境膜説 130
乳化 70
乳化剤 70

ぬれ 104

熱移動速度 2
熱コンダクタンス 23
熱死滅 15
熱耐性曲線 15
熱伝達係数 24
熱伝導率(熱伝導度) 22, 32, 170
熱破壊曲線 16
熱力学 2
熱流束 22
粘弾性体 76
粘弾性流体 76
粘度(粘性係数) 59, 158

濃厚非晶質溶液 123
濃縮 36
濃縮部操作線 50
濃縮ホエイタンパク質水溶液 89
濃度境膜 130
濃度分極 91

ハ 行

バイオリアクター 126
破過曲線 101
発酵槽 131
半回分操作 126
反応吸収 129
反応速度定数 120
反応率 127

引き延ばし・折り畳み 67
非揮発度 46
非晶質 114, 122
ヒステリシス 95, 97
ひずみ 73
非線形な式の線形化 167
比増殖速度 132
飛沫捕集器 36
非定常エンタルピー収支 12
非定常状態 2, 10
非定常物質収支 11
非同次 165
非同次方程式 165
非ニュートン流体 74
比熱 31, 168
比表面積 131
微分方程式の数値解法 165
氷結晶 123
氷結率 31
表面張力 103
頻度因子 120
頻度分布 80

ファウリング 88
フィルタープレス 86
不均一反応 128
付着 102
付着層 92
物質移動係数 109
物質移動方程式 13
物質収支 10
物理吸収 129
プリコート剤 86
篩 83
篩分け 83
プレート式熱交換器 27
プレートポイント 54
分級 82
分散 67

分子拡散 42
分離板型遠心沈降機 82

平均径 79
平均滞留時間 127
平均流速 63
平衡含水率 113, 114
平衡水分吸着量 170
平行平板間流れ 61
平板境界層流れ 62
並流 28
変数分離形 164
変性 116

方形公式 161
放射伝熱 21
飽和水蒸気 38
飽和水蒸気圧 108
飽和水蒸気表 173
飽和絶対湿度 108
飽和度 108
ボディフィード法 86

マ 行

膜透過流束
膜濃縮 36
膜分離法 88
摩擦係数 34
摩擦損失水頭 64
マノメータ 57

ミクロブラウン運動 122
乱れ強さ 63
密度 31

無菌化 15
無次元数 7, 9

モジュール 89

ヤ 行

ヤング率 73

有効数字 7

溶解度曲線 54
容量係数 131

ラ 行

ラバー 122
乱流 59

律速段階法 127
粒子径分布 79
粒子レイノルズ数 80
流通操作 126
両対数方眼紙 167

レオペクシー流体 75
連続式混合 69
連続操作 126

濾液 84
濾過 84
濾過助剤 86
濾過装置 86
濾過流束 85
濾材 84, 86
露点 110
露点線 47

欧 文

Antoine の式 47
Arrhenius プロット 18

Bernoulli の式 58
BET 式 95, 96
Bingham 流体 75
Blasius の公式 65
Blasius 分布 62

C 値 18
CIP 105
Clausius-Clapeyron の式 47
Clostridium botulinum 17
Couette 流れ 60

D 値 15
Darcy の式 84, 90
Darcy の摩擦係数 64

Euler 法 165

F 値 16
Fanning の摩擦係数 64

索引

Fick の法則　42, 43, 67
Fourier の法則　22
Freundlich 式　97

GAB 式　95, 97
GAB パラメーター　170
Grashof 数　25

Hagen-Poiseuille の法則　62
Henry 定数　129
Henry の式　42, 97
Henry の法則　129
Hooke の法則　73

Kelvin の式　41

Lagrange 多項式　162
Lagrange の補間公式　162
Langmuir 式　95

m 次元線形最小二乗法　167
Maxwell モデル　76
McCabe-Thiele の作図　50
Monod の式　132

Navier-Stokes 方程式　60
Neumann の解　34
Newton の法則　58
Newton の冷却の法則　24
Nusselt 数　24

Pascal の原理　57
Péclet 数　69
Plank の解　33
Prandtl 数　25

Raoult の法則　46
Rayleigh の式　48
Reynolds 数　8, 24, 59
Ruth の濾過理論　85

Sauter 平均径　79
Sherwood 数　44
SI 単位　6
Simpson の公式　161
Stefan-Boltzmann の法則　21
Stokes 式　79
Stokes の沈降速度　81

TDT 曲線　16
Thiele 数　129
Torricelli の問題　66

Voigt モデル　77

x-y 線図　47

Young-Laplace の式　41

z 値　15, 16

食 品 工 学	定価はカバーに表示

2012 年 4 月 5 日　初版第 1 刷
2025 年 9 月 25 日　　　第 8 刷

編集者	日本食品工学会
発行者	朝　倉　誠　造
発行所	株式会社 朝倉書店
	東京都新宿区新小川町 6-29
	郵便番号　　162-8707
	電　話　03（3260）0141
	Ｆ Ａ Ｘ　03（3260）0180
	https://www.asakura.co.jp

〈検印省略〉

Ⓒ 2012〈無断複写・転載を禁ず〉　　印刷・製本　デジタルパブリッシングサービス

ISBN 978-4-254-43114-8　C 3061　　　　　　　　　　Printed in Japan

JCOPY ＜出版者著作権管理機構 委託出版物＞
本書の無断複写は著作権法上での例外を除き禁じられています．複写される場合は，
そのつど事前に，出版者著作権管理機構（電話 03-5244-5088, FAX 03-5244-5089,
e-mail: info@jcopy.or.jp）の許諾を得てください．

食品工学ハンドブック

日本食品工学会編

43091-2　C3061　　　　B5判　768頁　本体32000円

食品工学を体系的に解説した初の便覧。簡潔・明快・有用をむねとしてまとめられており、食品の研究、開発、製造に携わる研究者・技術者に役立つ必携の書。〔内容〕食品製造基盤技術(流動・輸送／加熱・冷却／粉体／分離／混合・成形／乾燥／調理／酵素／洗浄／微生物制御／廃棄物処理／計測法)食品品質保持・安全管理技術(品質評価／包装／安全・衛生管理)食品物性の基礎データ(力学物性／電磁気的物性／熱操作関連物性／他)食品製造操作・プロセス設計の実例(11事例)他

食品技術総合事典

食品総合研究所編

43098-1　C3561　　　　B5判　616頁　本体23000円

生活習慣病、食品の安全性、食料自給率など山積する食に関する問題への解決を示唆。〔内容〕I. 健康の維持・増進のための技術(食品の機能性の評価手法)、II. 安全な食品を確保するための技術(有害生物の制御／有害物質の分析と制御／食品表示を保証する判別・検知技術)、III. 食品産業を支える加工技術(先端加工技術／流通技術／分析・評価技術)、IV. 食品産業を支えるバイオテクノロジー(食品微生物の改良／酵素利用・食品素材開発／代謝機能利用・制御技術／先進的基盤技術)

食品安全の事典

日本食品衛生学会編

43096-7　C3561　　　　B5判　660頁　本体23000円

近年、大規模・広域食中毒が相次いで発生し、また従来みられなかったウイルスによる食中毒も増加している。さらにBSEや輸入野菜汚染問題など、消費者の食の安全・安心に対する関心は急速に高まっている。本書では食品安全に関するそれらすべての事項を網羅。食品安全の歴史から国内外の現状と取組み、リスク要因(残留農薬・各種添加物・汚染物質・微生物・カビ・寄生虫・害虫など)、疾病(食中毒・感染症など)のほか、遺伝子組換え食品等の新しい問題も解説

食品大百科事典

食品総合研究所編

43078-3　C3561　　　　B5判　1080頁　本体42000円

食品素材から食文化まで、食品にかかわる知識を総合的に集大成し解説。〔内容〕食品素材(農産物、畜産物、林産物、水産物他)／一般成分(糖質、タンパク質、核酸、脂質、ビタミン、ミネラル他)／加工食品(麺類、パン類、酒類他)／分析、評価(非破壊評価、官能評価他)／生理機能(整腸機能、抗アレルギー機能他)／食品衛生(経口伝染病他)／食品保全技術(食品添加物他)／流通技術／バイオテクノロジー／加工・調理(濃縮、抽出他)／食生活(歴史、地域差他)／規格(国内制度、国際規格)

日本の伝統食品事典

日本伝統食品研究会編

43099-8　C3577　　　　A5判　648頁　本体19000円

わが国の長い歴史のなかで育まれてきた伝統的な食品について、その由来と産地、また製造原理や製法、製品の特徴などを、科学的視点から解説。〔内容〕総論／農産：穀類(うどん、そばなど)、豆類(豆腐、納豆など)、野菜類(漬物)、茶類、酒類、調味料類(味噌、醤油、食酢など)／水産：乾製品(干物)、塩蔵品(明太子、数の子など)、調味加工品(つくだ煮)、練り製品(かまぼこ、ちくわ)、くん製品、水産発酵食品(水産漬物、塩辛など)、節類(カツオ節など)、海藻製品(寒天など)

［食べ物］香り百科事典

日本香料協会編

25250-7　C3058　　　　B5判　696頁　本体28000円

果物、野菜、山菜、穀類、キノコ、海藻、香辛料、畜肉、魚介、飲料、アルコールその他の約350の食材の香りをとりあげて簡潔に解説した、五十音配列の辞典。内外の資料から調査した香気成分のデータを掲載。〔内容〕イチゴ／グレープフルーツ／スダチ／バナナ／マンゴー／アオノリ／ケール／シュンギク／ナス／ネギ／パセリ／ノビル／ライムギ／マツタケ／ミックススパイス／アロエ／シナモン／アーモンド／サンマ／ポーク／コーヒー／ラム／しょうゆ／ミルク／他

日本乳業技術協会 細野明義・日獣大 沖谷明紘・
京大 吉川正明・京女大 八田 一編

畜産食品の事典（新装版）

43100-1 C3561　　　　B 5 判 528頁 本体18000円

畜産食品はその栄養機能の解明とともに、動物細胞工学技術の進展により分子レベル・遺伝子レベルでの研究も目覚ましい。また免疫・アレルギーとの関係や安全性の問題にも関心が高まっている。本書は乳・肉・卵および畜産食品微生物に関連する主要テーマ125項目について専門としない人達にも理解できるよう簡潔に解説を付した。〔内容〕総論（畜産食品と食文化／畜産食品と経済流通／畜産・畜産食品と環境、衛生・安全性・関連法規）各論（乳／食肉／食用卵／畜産食品と微生物）

上野川修一・清水　誠・鈴木英毅・髙瀬光徳・
堂迫俊一・元島英雅編

ミ ル ク の 事 典

43103-2 C3561　　　　B 5 判 580頁 本体18000円

ミルク（牛乳）およびその加工品（乳製品）は、日常生活の中で欠かすことのできない必需品である。したがって、それらは生産・加工・管理・安全等の最近の技術的進歩も含め、健康志向のいま「からだ」「健康」とのかかわりの中でも捉えられなければならない。本書は、近年著しい研究・技術の進歩をすべて収めようと計画されたものである。〔内容〕乳の成分／乳・乳製品各論／乳・乳製品と健康／乳・乳製品製造に利用される微生物／乳・乳製品の安全／乳素材の利用／他

前東北大 竹内昌昭・東京海洋大 藤井建夫・
名古屋文理短大 山澤正勝編

水 産 食 品 の 事 典 （普及版）

43111-7 C3561　　　　A 5 判 452頁 本体12000円

水産食品全般を総論的に網羅したハンドブック。〔内容〕水産食品と食生活／食品機能（栄養成分,生理機能成分）／加工原料としての特性（鮮度、加工特性、嗜好特性、他）／加工と流通（低温貯蔵、密封殺菌、水分活性低下法、包装、他）／加工機械・装置（原料処理機械、冷凍解凍処理機械、包装機械、他）／最近の加工技術と分析技術（超高圧技術、超臨界技術、ジュール加熱技術、エクストルーダ技術、膜処理技術、非破壊分析技術、バイオセンサー技術、PCR法）／食品の安全性／法規と規格

吉澤　淑・石川雄章・蓼沼　誠・長澤道太郎・
永見憲三編

醸造・発酵食品の事典 （普及版）

43109-4 C3561　　　　A 5 判 616頁 本体16000円

醸造・醸造物・発酵食品について、基礎から実用面までを総合的に解説。〔内容〕総論（醸造の歴史、微生物、醸造の生化学、成分、官能評価、酔いの科学と生理作用、食品衛生法等の規制、環境保全）／各論〈〈酒類〉清酒、ビール、ワイン、ブランデー、ウイスキー、スピリッツ、焼酎、リキュール、中国酒、韓国・朝鮮の酒とその他の日本酒、〈発酵調味料〉醬油、味噌、食酢、みりんおよびみりん風調味料、魚醬油、〈発酵食品〉豆・野菜発酵食品、畜産発酵食品、水産発酵食品）

元お茶の水大 小林彰夫・前明治製菓 村田忠彦編

菓 子 の 事 典

43063-9 C3561　　　　A 5 判 608頁 本体22000円

菓子に関するすべてをまとめた総合事典。菓子に興味をもつ一般の人々にも理解できるよう解説。〔内容〕総論（菓子とは、菓子の歴史・分類）／原料／和菓子（蒸し菓子、焼き菓子、流し菓子、練り菓子、岡仕上げ菓子、半生菓子、干菓子、飾り菓子）／洋菓子（スポンジケーキ、バターケーキ、クッキー、パイ、シューアラクレーム、アントルメ、他）／一般菓子（チョコレート、キャンデー、スナック、ビスケット、チューインガム、米菓、他）／菓子商品の基礎知識（PL法、賞味期限、資格制度、他）

日本冷凍食品協会監修

冷 凍 食 品 の 事 典

43064-6 C3561　　　　B 5 判 488頁 本体20000円

核家族化、女性の就労、高齢者の増大などにより食事形態の簡素化が進み、加工食品の比重が高く、その中でも外食産業における調理加工食品にみられるように、冷凍食品の占める割合は大きい。本書は、冷凍食品のすべてについて総合的に解説。〔内容〕基礎（総論、食品冷凍の科学）／製造（農産・水産・畜産冷凍食品、調理冷凍食品）／装置・機械／生産管理（品質管理、環境対策）／衛生管理（HACCP）／規格・規準／検査／流通／消費／製品開発／フローズンチルド食品

前東大 荒井綜一・東大 阿部啓子・神戸大 金沢和樹・
京都府立医大 吉川敏一・栄養研 渡邊　昌編

機能性食品の事典

43094-3　C3561　　　　B5判　480頁　本体18000円

「機能性食品」に関する科学的知識を体系的に解説。様々な食品成分(アミノ酸，アスコルビン酸，ポリフェノール等)の機能や，食品のもつ効果の評価法等，最新の知識まで詳細に解説。〔内容〕I.機能性食品(機能性食品の概念／機能性食品をつくる／他)，II.機能性食品成分の科学(タンパク質／糖質／イソフラボン／ユビキノン／イソプレノイド／カロテノイド／他)，III.食品機能評価法(疫学／バイオマーカー／他)，IV.機能性食品とニュートリゲノミクス(実施例／味覚ゲノミクス／他)

日本ビタミン学会編

ビタミン総合事典

10228-4　C3540　　　　B5判　648頁　本体20000円

1996年刊行の『ビタミンの事典』を全面改訂。科学技術の進歩に伴うビタミンの新しい知見を追加。健康の維持・増進へのビタミンの役割についても解説。〔内容〕ビタミンA／ビタミンD／ビタミンE／ビタミンK／ビタミンB_1／ビタミンB_2／ビタミンB_6／ナイアシン／パントテン酸／葉酸／ビタミンB_{12}／ビオチン／ビタミンC／カロテノイド／フラボノイド／不飽和脂肪酸／ユビキノン(コエンザイムQ)／ビオプテリン／活性リン脂質／ピロロキノリンキノン／カルニチン／付録

日本食品免疫学会編

食品免疫・アレルギーの事典

43110-0　C3561　　　　B5判　488頁　本体16000円

さまざまなストレスにさらされる現代社会において，より健康な生活をおくるために，食事によって免疫力を向上させ，病気を予防することが重要となってくる。また，安全な食生活をおくるためには，食品の引き起こすアレルギーの知識が欠かせない。そのために必要な知識を提供することを目的として，食品免疫学・食品アレルギー学における最新の科学的知見を，基礎から応用までまとめた。現代の食生活と健康の関係を考えるのに欠かすことのできない内容となっている

おいしさの科学研 山野善正総編集

おいしさの科学事典

43083-7　C3561　　　　A5判　416頁　本体12000円

近年，食への志向が高まりおいしさへの関心も強い。本書は最新の研究データをもとにおいしさに関するすべてを網羅したハンドブック。〔内容〕おいしさの生理と心理／おいしさの知覚(味覚，嗅覚)／おいしさと味(味の様相，呈味成分と評価法，食品の味各論，先端技術)／おいしさと香り(においとおいしさ，におい成分分析，揮発性成分，においの生成，他)／おいしさとテクスチャー，咀嚼・嚥下(レオロジー，テクスチャー評価，食品各論，咀嚼・摂食と嚥下，他)／おいしさと食品の色

皆川　基・藤井富美子・大矢　勝編

洗剤・洗浄百科事典（新装版）

25255-2　C3558　　　　B5判　952頁　本体30000円

洗剤・洗浄のすべてを網羅。〔内容〕洗剤概論(洗剤の定義・歴史・種類・成分・配合・製造法・試験法・評価)／洗浄概論(繊維基質の洗浄，非水系洗浄，硬質表面の洗浄)／洗浄機器概論(家庭用洗浄機，業務用洗浄機，超音波洗浄機，乾燥機)／生活と洗浄(衣生活・食生活・住生活における洗浄，人体の洗浄，生活環境における洗浄)／医療・工業・その他の洗浄(医療，高齢者施設，電子工業，原子力発電所，プール，紙・パルプ工業，災害時)／洗剤の安定性と環境／関連法規

前京大 荻野文丸総編集

化学工学ハンドブック

25030-5　C3058　　　　B5判　608頁　本体25000円

21世紀の科学技術を表すキーワードであるエネルギー・環境・生命科学を含めた化学工学の集大成。技術者や研究者が常に手元に置いて活用できるよう，今後の展望をにらんだアドバンスな内容を盛りこんだ。〔内容〕熱力学状態量／熱力学的プロセスへの応用／流れの状態の表現／収支／伝導伝熱／蒸発装置／蒸留／吸収・放散／集塵／濾過／混合／晶析／微粒子生成／反応装置／律速過程／プロセス管理／プロセス設計／微生物培養工学／遺伝子工学／エネルギー需要／エネルギー変換／他

上記価格（税別）は2025年8月現在